胚胎型仿生电子系统设计与优化方法

朱　赛　孟亚峰　王　涛　孟田珍　李丹阳　吕贵洲　编著

哈爾濱工業大學出版社

内 容 简 介

本书主要介绍了胚胎型仿生电子系统的设计方法和优化方法，分别从胚胎型仿生电子系统结构及修复机制、胚胎型仿生电子系统可靠性分析与优化、胚胎型仿生电子系统应用与实验等方面进行了研究分析，介绍了胚胎型仿生电子系统的结构设计方法，研究了基于可靠性的胚胎型仿生电子系统优化方法，同时结合典型电路模块及相控阵雷达阵列天线，介绍了胚胎型仿生电子系统的应用及实验方法。

本书是作者近年来在此领域研究工作的总结，适合于电子系统设计人员及相关研究人员阅读，也可作为电子系统设计、雷达天线设计、可靠性设计与维修工程等相关专业研究生和高年级本科生的参考书。

图书在版编目（CIP）数据

胚胎型仿生电子系统设计与优化方法/朱赛等编著.
—哈尔滨：哈尔滨工业大学出版社，2025.9.
ISBN 978-7-5767-2256-7
Ⅰ. TN02
中国国家版本馆 CIP 数据核字第 2025Q702R2 号

策划编辑　薛　力
责任编辑　薛　力
封面设计　刘　乐
出版发行　哈尔滨工业大学出版社
社　　址　哈尔滨市南岗区复华四道街 10 号　邮编 150006
传　　真　0451-86414749
网　　址　http://hitpress.hit.edu.cn
印　　刷　哈尔滨市石桥印务有限公司
开　　本　787 mm×1 092 mm　1/16　印张 17.25　插页 3　字数 452 千字
版　　次　2025 年 9 月第 1 版　2025 年 9 月第 1 次印刷
书　　号　ISBN 978-7-5767-2256-7
定　　价　97.00 元

前　言

自组织、自修复、自适应是生物体生长、生存、适应不同环境的基础，这些迷人的特性深刻吸引着电子系统设计工作者。设计具有自组织、自修复、自适应能力的仿生电子系统，成为电子设计工作者孜孜追求的目标。围绕仿生电子系统的自组织、自修复、自适应能力，研究者开展了深入研究，特别是在胚胎型仿生电子系统的自修复方面，开展了大量研究，初步取得了一些成果。本书是在总结国内外相关研究成果的基础上，结合本单位近年来的研究成果编著而成，旨在抛砖引玉，为相关领域的研究人员提供借鉴和参考。

本书共 3 篇 13 章。第 1 篇介绍胚胎型仿生电子系统结构及修复机制，主要包括第 1~4 章。第 1 章主要介绍了电子细胞阵列的理论基础；第 2 章主要介绍了胚胎型仿生电子系统的设计方法，重点介绍了电子细胞阵列结构设计方法；第 3 章介绍了阵列体系结构改进与自修复机制；第 4 章介绍了一种细胞簇结构的胚胎电子细胞阵列。第 2 篇介绍胚胎型仿生电子系统可靠性分析与优化，主要包括第 5~9 章。第 5 章主要介绍了典型胚胎电子细胞阵列数学描述方法；第 6 章介绍了胚胎电子细胞阵列优化设计方法；第 7 章介绍了胚胎电子细胞阵列应用设计过程电子细胞粒度优选方法；第 8 章介绍了基于 Markov 状态图法的胚胎电子细胞阵列可靠性分析方法；第 9 章介绍了温储备胚胎电子细胞阵列可靠性分析方法。第 3 篇主要介绍胚胎型仿生电子系统应用与实验，重点介绍了胚胎型仿生电子系统的实验方法及在阵列天线上的应用，包括第 10~13 章。第 10、11、12 章分别介绍了基于胚胎型仿生电子系统的 FIR 数字系统、脉冲压缩电路及加法器的设计与实现；第 13 章介绍了基于胚胎型仿生电子系统的相控阵雷达阵列天线自修复设计。

本书是作者近年来在此领域研究工作的总结，鉴于理论水平和学识有限，书中难免存在不当之处，恳请读者批评指正。

作　者

2025 年 5 月

目　　录

第 1 篇　胚胎型仿生电子系统结构及修复机制

第 1 章　电子细胞阵列理论基础

电子细胞阵列是胚胎电子学的硬件基础,是实现自修复数字电路的基本条件。电子细胞阵列的结构设计,细胞阵列的分化机制和自修复机制是当前胚胎型仿生硬件的主要研究内容。通过电子细胞阵列设计实现具有自修复能力的电路的灵感源自多细胞生物个体的生长分化过程,典型的电子细胞阵列结构是一个由具有相同结构的电子单元构成的二维阵列。本章从电子细胞阵列相关的生物学原理出发,对电子细胞阵列的总体结构进行介绍,同时对电子细胞的组成进行详细的说明,然后就如何确定阵列中每一个细胞需要表达的功能即阵列的分化进行研究,最后对细胞的自修复原理和自修复机制进行概括总结。

1.1　相关生物学原理

在我们生活的周围,生物自适应和自修复的事例比比皆是。实现具有类似生物自适应、自修复能力的高可靠性电子系统首先需要研究生物的自修复能力,学习生物的自修复机制。

经过长期不断的进化,为了自我保护,减少其他生物或者环境中的因素对自身的伤害,自然界中的生物具备了惊人的自修复能力,通过自我防御延长自身存在的时间。

一般来讲,越低等的生物自我修复能力越强,越容易受到伤害的部位恢复的时间越短。片蛭是自然界中典型的再生生物,被切断后,其断面能够判断头部或者尾部的位置,只有尾部的部分会重新长出一个头,只有头的部分会重新长出一个尾巴来,如图 1-1 所示,常见的具有类似能力的生物还有蚯蚓等。

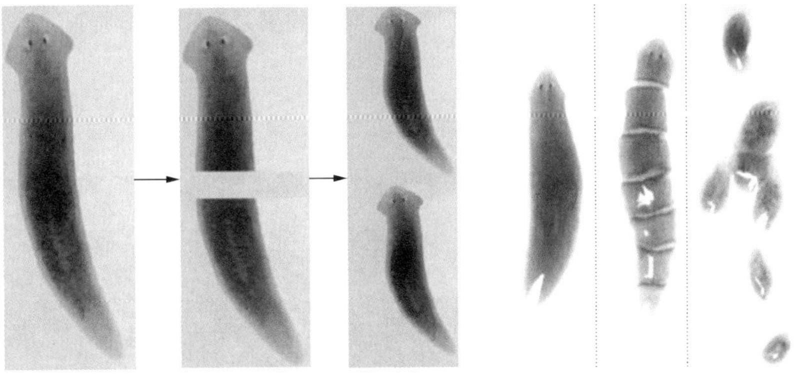

图 1-1　片蛭的自修复能力

另一类自然界中自修复的普遍现象是生物主动舍弃身体的一部分，以逃避伤害，而身体的这一部分能够再生。以章鱼为例，如图 1-2 所示，当章鱼遇到敌害时，触腕会被敌方牢牢地抓住，这时候章鱼就会主动断掉被抓住的触腕，通过断触腕的蠕动迷惑敌方，趁机逃走。触腕断掉后，伤口处的血管会极力地收缩，伤口不会流血，几小时后，血管畅通，第二天伤口初步闭合，数周后长出新的触手，只要十几天就能长到原来触腕的 1/3。此外，海参在最危险的时候能将自己的五脏抛出而不会死去，几十天后，长出新的五脏；螃蟹、壁虎、蝾螈、蜥蜴都可以再生四肢或尾巴；海星只要还剩 1 个瓣，不久就会恢复原样等。

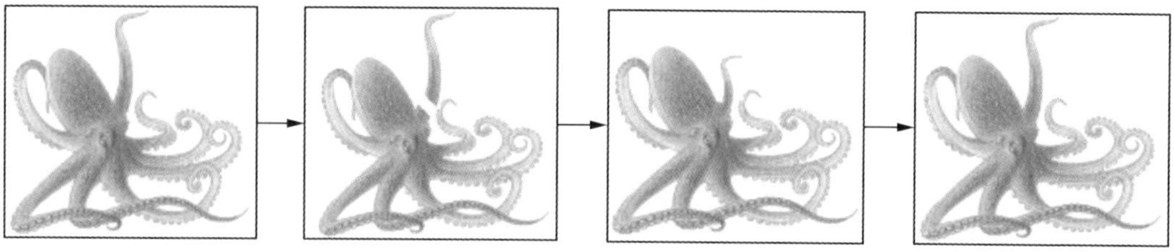

图 1-2　章鱼的自修复过程

总结以上生物体实现自修复的过程，自修复可以划分为两个阶段——复制和分化。在复制阶段受伤的细胞组织周围会聚集产生具有多种分化能力的多功能干细胞，形成胚基，然后进入分化阶段；分化过程中，多功能干细胞在基因的调控作用下逐渐分化形成功能各异的正常体细胞，最终实现生物体的自我修复。

具体来说，生物体体细胞通过复制和分化完成自修复的过程，与受精卵生长发育成成熟个体的过程极为相似。卵子受精后首先进入复制阶段，细胞开始有丝分裂。每个细胞会产生两个子细胞，同时母细胞的 DNA 被完整地保留到它的两个子细胞中，逐渐形成一团未分化的具有相同遗传物质的细胞。复制到一定阶段，开始进入分化过程。这些细胞会根据自己在胚胎中所处的位置，或主动发出，或被动接受一个一个的指令，提取出特定的基因进行表达，分化形成神经细胞或者外分泌上皮细胞等功能各异的细胞。在这个过程中，每个细胞都可以凭借自己拥有的信息和周围细胞送来的信息确定自身表达基因的片段，使细胞分化形成具有差异性的细胞，共同构成了复杂精巧的器官，组成高可靠的生物系统。

电子细胞阵列正是受到上述生物过程的启发，通过模拟生物体复制和分化的过程，实现电路系统的故障自修复。

1.2　电子细胞阵列基础

沿用生物学术语，结构相同能够执行多种功能的电子单元称为电子细胞，电子细胞所组成的阵列称为电子细胞阵列(或称胚胎电子阵列)，电子细胞功能的确定过程叫作电子细胞的分化或电子细胞阵列的分化。

与生物体个体分化过程类似,电子细胞阵列主要具备两个特征:一是电子细胞具有相同的结构,许多能够执行各种功能的电子细胞组成电子细胞阵列;二是电子细胞可以实现不同的功能,电子细胞间通过相互协作,共同表达目标电路的功能。

电子细胞阵列是一种新的硬件结构,通过模仿自然界中多细胞个体复制和分化的过程,设计具有检错和自修复能力的数字电路。

具体来说,当电路中发生故障,它能够自动移除和替换故障的电子细胞单元,保持整个电路功能不变。也就是说,电路的自修复能力是通过移除和替换故障电子细胞单元实现的。

1.3　电子细胞阵列组成

在生物中,依靠细胞的分裂和分化从一个受精卵分化成一个个体,但在电子学中,硅芯片不可能以这样的方式生长,一旦芯片制成,它的容量是一定的。不过可以仿照生物学原理,不通过单个电子细胞自身的复制来产生空间,而是通过很多电子细胞来填补这个空间,通过适当的电子细胞间的连接和差异性个体功能表达完成电子阵列的构建。

典型的电子细胞阵列是由结构相同的电子细胞构成的排列均匀的二维阵列。胚胎型电子细胞阵列的基本结构如图 1-3 所示。

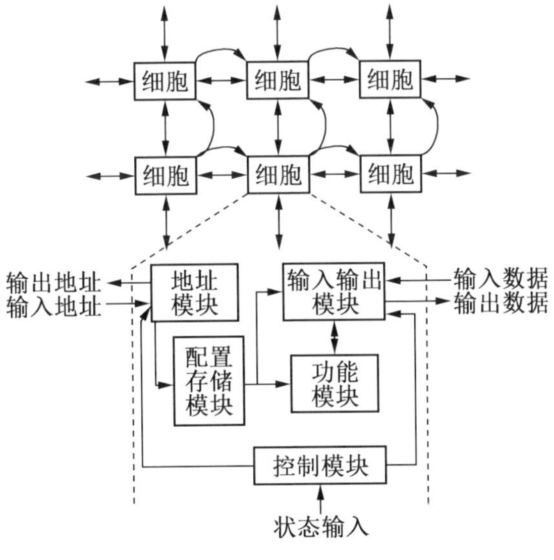

图 1-3　胚胎型电子细胞阵列的基本结构

阵列中每个细胞都具有表达阵列中任何细胞功能的能力,但根据自身在阵列中所处位置的不同,其定义的功能也不同,类似于生物细胞的基因表达过程。控制每一个电子细胞所表达的功能的数据信息就是细胞的基因,所有的电子细胞的控制信息(也就是多个基因)的组合就是电子细胞的配置存储模块信息,对应生物中的染色体。而细胞基因的表达过程就是基因对细胞功能的控制过程。

阵列中的每个细胞通过地址模块确定自己的位置,选择相应的配置存储信息对功能模块和输入输出模块进行配置,功能模块根据配置信息表达自己特定的某一功能,输入输出模块根据配置信息确定自己各个方向的输出数据,控制模块根据阵列的状态信息和修复机制实现地址的重新计算和输入输出模块的重置。

电子细胞配置信息对各个模块的相互作用确定了细胞所表现的功能与细胞间实际的连接关系,细胞阵列成为一个有机的而非简单罗列组合的整体,实现目标电路的功能。如果阵列中的电子细胞出现故障,阵列将自动重构完成修复,实现电子阵列的自修复和容错能力。阵列重构的基本过程是改变细胞之间的连接,将故障细胞从细胞阵列中移除,启用空余细胞完成电路功能。常见的移除方式有:行移除机制,将故障细胞所在行的细胞全部移除;列移除机制,将故障细胞所在列的细胞全部移除;单细胞移除机制,仅将单个故障细胞移除。

整体来看,硬件结构上每个细胞完全相同,细胞阵列均匀。功能实现上,每个细胞分化为不同的功能单元,协作实现目标电路功能。

1.2.2　电子细胞的基本结构

类似于生物体,每个电子细胞也有环境信息、遗传物质、基因的表达等。当前电子细胞主要有两大类结构:通用型电子细胞和专用型电子细胞。所谓“通用”,指任意功能的电路都可以通过电子细胞所组成的阵列实现。而“专用”则是指在细胞组成阵列上只能实现某类功能的电路。一般来讲,通用型细胞的粒度相对于专用型细胞要小得多,相对来说实现一个具体电路需要的阵列规模就比较大,但两种细胞的基本组成不变。每一个电子细胞基本包含地址模块、配置存储模块、功能模块、输入输出模块和控制模块(I/O)模块五大模块。各模块的主要功能如下。

(1)地址模块。

地址模块获得的是细胞自身所在的位置,也就是确定细胞所处的环境。电子细胞的地址主要有两种形式:坐标地址形式和顺序地址形式。坐标地址形式就是将整体阵列视为一个二维平面,如图 1-4(a)所示,存在横坐标轴和纵坐标轴。每一个细胞坐落于(X,Y)(X,Y 均为非负整数)的位置。顺序地址形式是将细胞顺序编号,如图 1-4 (b)所示,细胞地址为 1, 2, 3, 4……

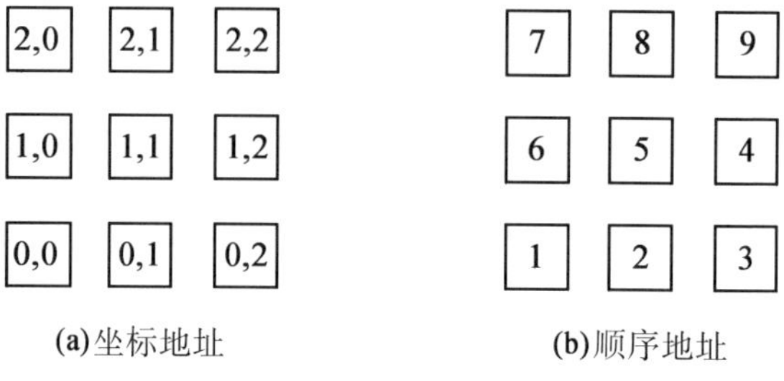

图 1-4　电子细胞阵列的细胞地址示意图

对于坐标地址，细胞有上下左右 4 个相邻细胞，细胞之间的连接更为简便，地址模块和控制模块的设计实现相对容易。但是细胞的修复方式、修复能力受到限制，难以充分利用硬件资源，对于相同规模的电子细胞阵列，其自修复的最大次数较小。

而顺序地址细胞之间的连接很复杂，就地址而言，每个细胞只有两个邻居，与其他细胞的连接较为复杂，同时，细胞阵列的分化更为困难。但是，它能够很方便地实现单细胞移除，其修复次数能够达到理论上的最大值，资源利用率高。

(2)配置存储模块。

配置存储模块决定着细胞本身能够表达的功能，同时决定着细胞要表达的功能和细胞间的连接关系。其输入信号为细胞的地址，输出信号为当前细胞的配置信息。配置信息主要包含两大部分，功能模块的配置信息和输入输出模块的配置信息。整个配置存储模块结构上类似细胞的细胞核，包含着细胞阵列的遗传物质，具有电子阵列中每个细胞需要表达的基因信息。从功能上来讲，就是根据当前的环境(地址)，选择电子细胞需要表达的基因，并将该基因送往电子细胞的功能模块和输入输出模块。电子细胞配置存储模块的示意图如图 1-5 所示。

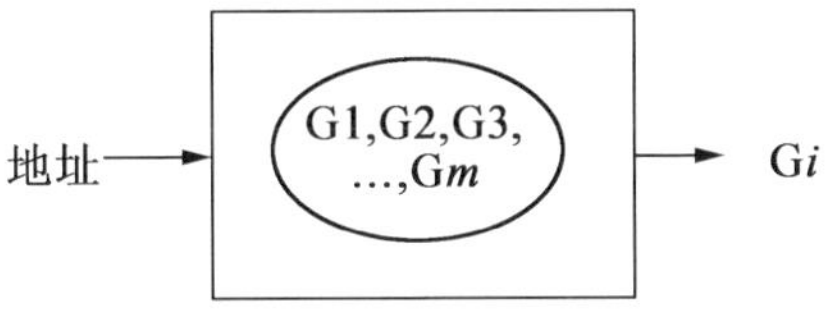

图 1-5　电子细胞配置存储模块的示意图

(3)功能模块。

功能模块就是执行细胞功能的模块，是整个细胞的核心所在。细胞的地址模块、配置存储模块在特定的细胞的设计中是可以删减的，但是功能模块是不可或缺的。

细胞的功能相当于整个电路功能的一个个子功能。将能够通过互连组合实现目标电路功能的电路单元定义为这些电路的公约电路，类似于数学中的公因式，公式越多，种类越复杂，其公因式越简单。一般情况下，目标电路范围越广，其最大公约电路粒度越小。由于通用型电子细胞阵列的目标电路大部分为数字电路，而专用型的细胞阵列的目标电路为某类专项功能的数字电路，通用型细胞结构相对于专用型细胞结构，其功能粒度较小，功能模块结构较为单一。目前，通用型电子细胞的功能模块一般通过多路选择器或查找表两种基本电路单元进行构建，具体结构由功能模块的具体设计决定。

(4)输入输出模块。

输入输出模块的主要功能就是接收细胞各个方向的输入，确定细胞各个方向的输出。该模块的输入信息包括从相邻细胞得到的各个方向的输入、功能模块的输出、细胞的配置信息及控制模块的输出，模块的输出信息为细胞各个方向的输出。以四输入四输出的细胞结构为例，细胞阵列的输入输出模块示意图如图 1-6 所示。通过输入输出模块，细胞中的其他模块可以读取相邻细胞的输出信息，同时向相邻细胞发送信息。

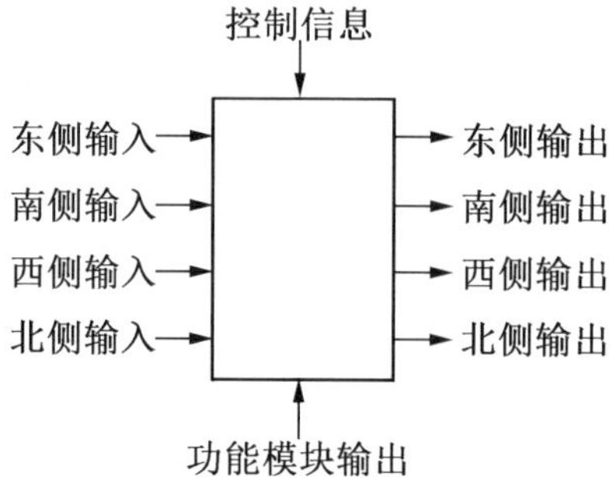

图 1-6 输入输出模块示意图

(5)控制模块。

电子细胞的控制模块主要保证电子细胞阵列整体的容错能力。在细胞无故障状态下,保证细胞的正常运行,在细胞本身发生故障的时候,细胞变成透明。控制模块主要任务就是确定细胞当前的状态,进一步控制细胞的地址和输入输出模块。通常情况下细胞的控制模块并不是集中的一个系统,而是分散在电子细胞中,部分与地址模块设计在一起,部分与输入输出模块设计在一起,还有一部分单独存在,主要通过简单的多路开关和门电路实现,其具体的设计与细胞的自检测机制和自修复机制直接相关。

1.4 电子细胞阵列的分化

电子细胞阵列分化是从阵列的角度来看的,是从一堆细胞杂乱的组合连接到能够互相协作表达某一具体电路功能的过程。从单个电子细胞的角度来讲就是细胞分化的过程,就是确定每一个细胞的配置信息的过程,是确定细胞配置存储模块存储内容的过程。

将确定的内容写入配置存储模块之后,细胞阵列启动时,每个电子细胞根据自身的环境信息(细胞的地址),从配置存储器模块读取相应的配置信息,对细胞的功能和与相邻细胞的连接关系进行配置,确定每个细胞的具体功能和与周围细胞数据通信的方向,电子细胞阵列就成为一个有机的整体,能够实现特定的电路功能。其分化过程主要通过人为指定或者二叉决策图(binary decision diagrams,BDD)的方法实现。

二叉决策图是布尔函数的一种表示方式,图中每一个非终止节点表示一个布尔变量,它有 0 和 1 两个分支,若变量取真,则进入 1 分支,若变量取非,则进入 0 分支。其终止节点为 0 或 1。

用二叉决策图实现电子细胞阵列分化的一般实现步骤为:①根据目标电路的功能绘出相应的卡诺图(若不是时序电路,则写出电路功能对应的真值表);②根据卡诺图画出相对应的二叉决策图;③将二叉决策图中每一个判定节点映射到电子细胞上。

以模四计数器为例:输入 I=1 时计数器加 1,输出 S1S0 为 00→01→10→11;输入为 I=0 时计数器减 1,S1S0 为 11→10→01→00。其状态转移图如图 1-7 所示。其对应的卡诺图如图 1-8 所示。

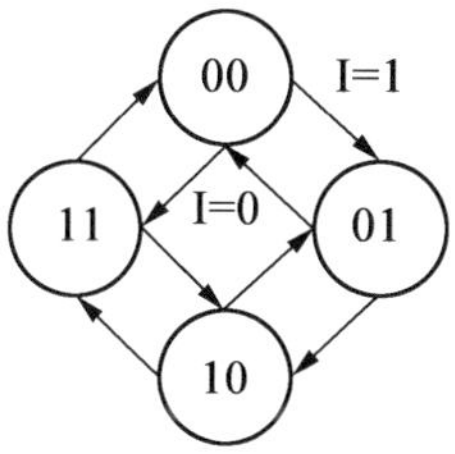

图 1-7　模四计数器状态转移图

C \ I	0	1
00	0	1
01	1	0
11	0	1
10	1	0

S1+

S1S0 \ I	0	1
00	1	1
01	0	0
11	0	0
10	1	1

S0+

图 1-8　模四计数器卡诺图

其中 S1+代表 S1 下一时刻的输出，S0+代表 S0 下一时刻的输出。通过卡诺图化简得到下一时刻的输出与当前的输入的逻辑关系式可以写成式(2-1)形式。

$$\begin{cases} S0+=\overline{S0} \\ S1+=\overline{S1}\cdot\overline{S0}\cdot I+S1\cdot S0\cdot I+\overline{S1}\cdot S0\cdot\overline{I}+S1\cdot\overline{S0}\cdot\overline{I} \end{cases} \quad (2-1)$$

其相应的二叉决策图如图 1-9(a)所示。将其映射到电子阵列上，如图 1-9(b)所示，其中每一个虚线框代表一个电子细胞。

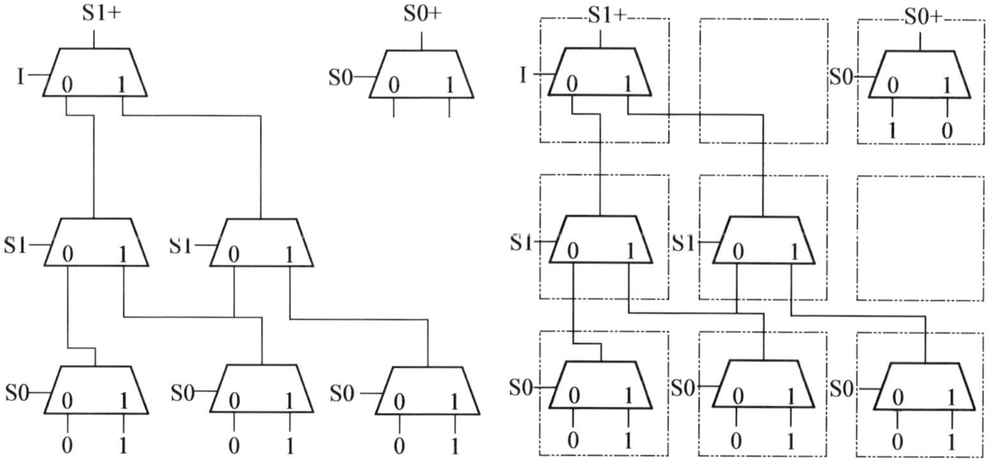

(a)初始结构　　(b)映射结构

图 1-9　模四计数器的二叉决策

考虑细胞与细胞之间连接的问题,每一个方向有一个输入和一个输出,9个细胞足够用。因此,实现一个模四计数器共需要9个细胞,通过BDD(二叉决策图)映射每一个细胞执行的具体功能得以确定,细胞的配置存储信息也能够得到,细胞阵列的分化完成。

从图中可以看出每一个细胞的基本功能是一个二路选择器,同时选择器的三个输入也需要选择器选择。二叉决策图映射的方式比较适用于多路选择器结构的电子细胞的分化。

当前,随着目标电路规模的扩大,电子细胞的粒度也有所增大,大多情况下选用查找表结构。基于查找表结构的细胞阵列分化多是人为指定的,存在自动化程度低,只适用于小规模阵列等问题。

1.5 细胞阵列的自修复机制

自修复是电子细胞阵列区别于其他硬件结构的主要特征。类似于生物组织的自修复,故障细胞退出阵列,利用新的细胞代替原来的细胞,电子细胞不能通过母细胞的分裂来产生,需要准备有多余的细胞备用。定义所有参与到阵列功能中的细胞为工作组,当其中某一个细胞发生故障时,它会自动退出工作组,新的细胞参与进来,共同完成目标电路的功能。故障细胞退出工作组、备用细胞进入工作组的方式就是细胞阵列的自修复机制。细胞阵列的自修复机制主要有两大类:行(列)移除机制和单细胞移除机制。

1.5.1 行(列)移除机制

行移除机制和列移除机制是一致的。以行移除机制为例,初始状态时,所有工作细胞集中在阵列的一侧,而备用细胞集中在阵列的另一侧。假定细胞从上到下,从左到右进行编号,备用细胞位于阵列的下部,如图1-10所示。图中无填充的方格代表参与到阵列功能中的正常细胞;填充灰色的方格代表备用的细胞。图中图例适应于整个1.5节,以下不再介绍。

对于行(列)移除机制来说,一行(列)中的电子细胞是一个整体,或者都是工作组中的细胞,或者都是备用细胞,或者都是被移除的废弃的细胞。当某个电子细胞发生故障时,其状态信息就会发生改变,然后故障细胞所在行中的每一个细胞都会接收到要移除的信息,自行退出到细胞阵列之外,作为废弃的细胞不再发挥任何功能。从硬件结构上来讲,故障细胞还在,从功能上来讲,故障细胞已经消失。阵列中的细胞重新计算自己的地址,根据地址选择相应的配置存储信息,执行相应的功能。此时,部分原来的备用细胞会获得新的地址,参与到整个阵列的功能表达之中来,成为工作组中的一分子。如图1-10(a)所示,原来前3行细胞共同执行目标电路功能。当第2行第2个细胞发生故障时,第2行全部移除,第4行细胞从备用状态变成工作状态,如图1-10(b)所示。再有细胞故障时,按同样的规则处理,如图1-10(c)所示。

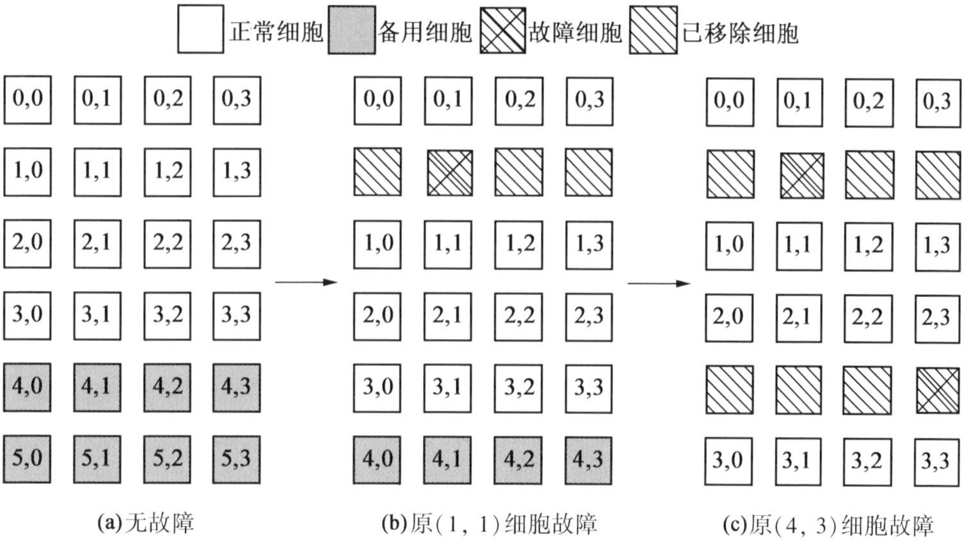

图 1-10　行移除机制

对于行(列)移除机制来讲,备用细胞的行(列)数就是细胞阵列能够修复的最大次数。当出现一个故障时,一整行(列)细胞随之消失。行(列)移除机制在很大程度上造成了硬件资源的浪费。但是硬件资源消耗的增加伴随着设计上的简易和时间消耗上的减少,同时细胞阵列的布线简单,不涉及复杂的算法,适合硬件实现。

1.5.2　单细胞移除机制

单细胞移除机制是指:当某个细胞发生故障时,仅将故障细胞移除,其他细胞基本保持不变。具体的移除策略分为两种:一种是以坐标作为细胞地址的单细胞移除策略,称之为基于坐标地址的单细胞移除策略;另一种是通过顺序编号作为细胞地址的单细胞移除策略,称之为基于顺序地址的单细胞移除策略。下面将对这两种策略分别进行介绍。

基于坐标地址的单细胞移除策略如图 1-11 所示。当细胞发生故障时,首先进行的是同行间的重构。故障细胞变为透明,同行中后面细胞的列地址依次减 1,相应地执行的功能也随之改变。当同一行中没有备用的细胞时,或者备用细胞的数目小于故障细胞的数目时,则将整行细胞移除,后面的细胞的行地址依次减 1。再有细胞发生故障时重复以上过程,直至阵列中的备用细胞用尽。

基于坐标地址的单细胞移除策略显著地提高了硬件资源的利用率,但是硬件资源的利用率并没能达到理想状态,在大多数情况下备用细胞的个数要大于自修复的次数。同时,在同行间重构的同时,同列细胞之间的连接需要发生改变,地址上在同一列的细胞在硬件结构上并不一定同列,每行细胞之间需要添加重布线逻辑块,以保证同列细胞之间能够相互通信,细胞阵列的复杂度增加。

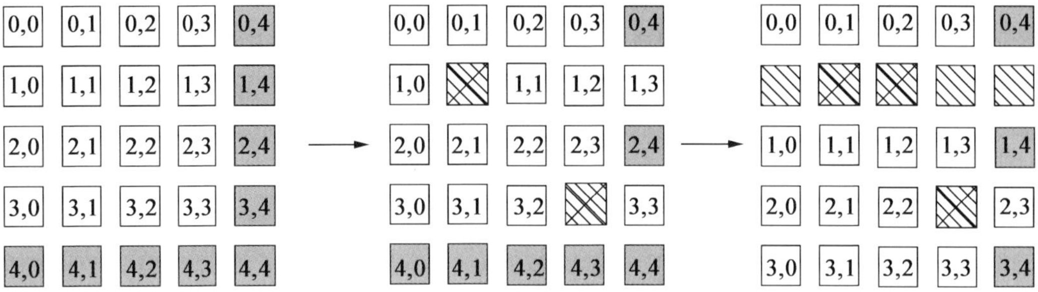

图 1-11　基于坐标地址的单细胞移除策略

基于顺序地址的单细胞移除策略如图 1-12 所示。当某个细胞发生故障时,故障细胞退出工作组,直接变为透明。后面细胞的地址依次减 1,各自所执行的功能也相继后移。

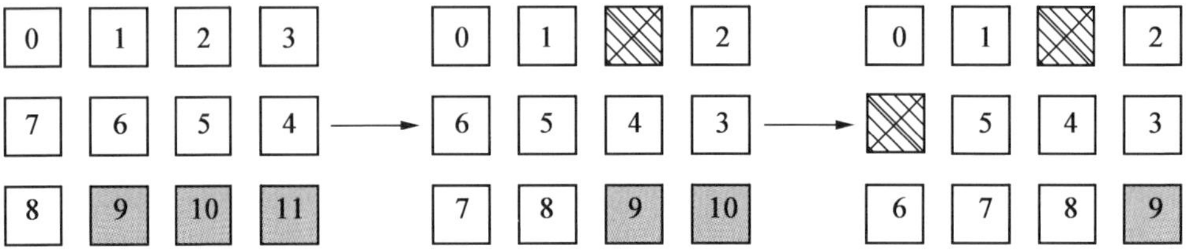

图 1-12　基于顺序地址的单细胞移除策略

对于顺序地址的细胞阵列来说,其备用细胞的个数等于能够自修复的次数,达到了理论上的最大值,能够更有效地利用硬件资源。但是,顺序地址的细胞阵列通过在阵列底部添加片上网络(network on chips, NoC)来实现细胞之间的相互连接,细胞阵列的复杂度更高。

1.6　本章小结

本章从生物学原理、电子细胞阵列的基本结构、分化过程及自修复机制 4 个方面对电子细胞阵列的基本理论进行了介绍,为后面基本细胞阵列及自修复的设计、细胞阵列及自修复机制的改进奠定了基础,同时为数字电路的设计实现提供了理论依据。

第 2 章　电子细胞阵列结构设计

本章以第 1 章介绍的电子细胞阵列的基本结构(图 1-3)为基础,对电子细胞的主要模块、细胞间连接问题进行详细的分析,然后从工程应用的角度对各个模块进行具体的设计,提供了各个模块具体硬件实现的方法。最后以一个典型的数字逻辑电路全加器为例,证明本章设计方法的正确性和可行性。

2.1　地址模块与细胞阵列连接设计

从图 1-3 可以看出,细胞阵列由多个结构相同的细胞单元组成,地址是细胞确定自身所处环境的唯一途径,细胞根据自身所处环境表达特定功能。所以地址对整个阵列有着至关重要的作用。

如果把坐标地址看作二维的,顺序编号的地址可以视作坐标编号其中的一个维度,二者的设计是保持一致的。这里以将细胞单元位置信息抽象为坐标的坐标地址为例进行设计。

单个细胞内地址模块的设计如图 2-1 所示。这种地址模块结构简单便于硬件实现。直接对输入地址进行加 1 操作,然后根据故障信息选择输出地址。在细胞无故障状态[对于行(列)移除则是细胞所在行(列)中所有细胞无故障]时故障信息为 0,将加 1 后的地址输出。反之,故障信息为 1,将输入地址直接进行输出。

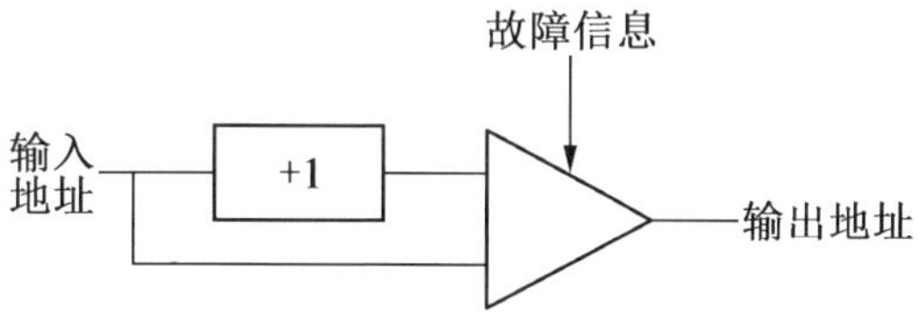

图 2-1　地址模块的设计

将单个细胞内的地址设计完成之后,下一步就是考虑细胞与细胞之间地址连接问题。因为细胞地址为坐标形式,有横纵坐标两个参量,并且横纵坐标是相互独立的。在具体设计实现时,将横纵坐标地址线分开,类似地球的经纬线,将细胞阵列分割为网状结构。横线传递 x 地址,纵线传递 y 地址。细胞地址为(x,y)形式。具体连接如图 2-2(a)所示,在每个细胞内部,有两个图 2-1 所示结构,一个用来获取 x 的值传递给右边的细胞,一个用来获取 y 的值传递给上面的细胞。地址线单向导通,地址数据单向传递。根据图 2-2(a)所设计的电子阵列细胞地址如图 2-2(b)所示。

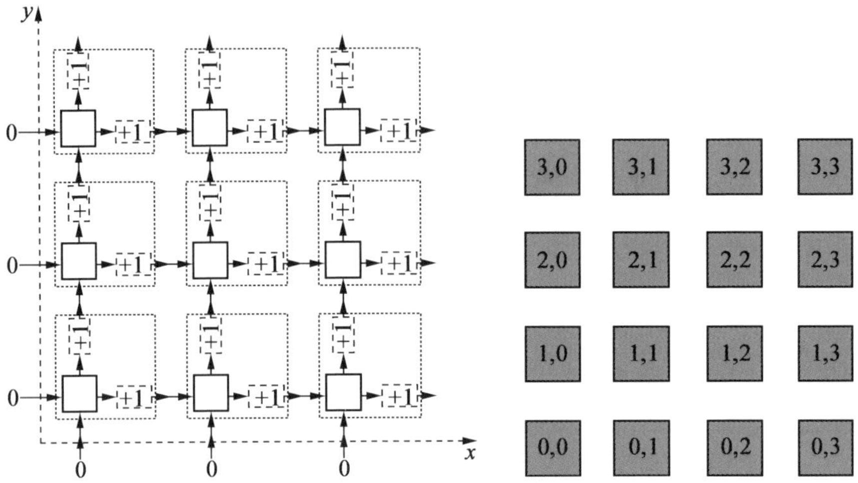

(a)细胞地址模块连接　　(b)细胞阵列地址

图 2-2　阵列地址设计

通过故障信息控制地址线的输出，当细胞发生故障需要移除时，其在阵列中将被视为透明的，直接将输入地址作为输出地址，无故障时，细胞正常表达功能，将输入地址加 1 作为输出地址。当自修复机制为行（列）移除机制时，整行（列）都要移除，$x(y)$ 轴地址不用变化，$y(x)$ 轴地址直接输出不进行加 1，如此，便可使阵列具备自修复功能。

2.2　功能模块与输入输出模块设计

2.2.1　功能模块设计

功能模块是细胞单元的核心，多个配置好的功能模块在一定的连接关系下能够完成预期电路功能。由于电子细胞的硬件结构相同，功能模块的功能需要具有一定的通用性。

当前，电子细胞的功能模块主要有两类：多路选择器结构和查找表结构。MUX 结构功能粒度小、结构简单，理论上只要规模足够大，就能够实现任意逻辑功能的电路。每一个细胞的根本功能就是一个二选一的选择器。但是对于选择器两个输入及控制信号来说，都是不确定的。有可能是 0、1，也有可能是细胞单元 4 个方向中任一个方向的输入。因此两个输入是从 0、1、南侧输入、东侧输入、西侧输入及北侧输入中选择，而控制信号为细胞任意输入的选择。MUX 结构功能模块设计如图 2-3 所示。图中 Sin、Win、Ein、Nin 为细胞南、西、东、北各个方向的输入。S1、S2、S3 为功能模块的配置信息。

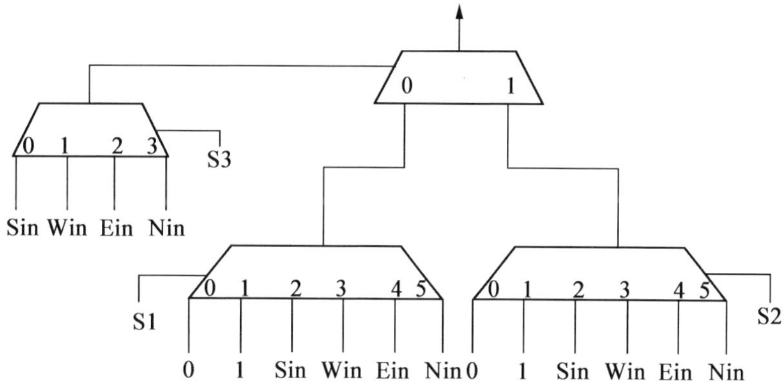

图 2-3　MUX 结构功能模块设计

选用多路选择器构成的功能模块的主要原因在于其结构简单、可靠性高，同时，分化过程较为简单，可以直接通过二叉决策图映射为多路选择器网络，二叉决策图的每一个节点对应一个电子细胞。由于多路选择器结构的细胞单元功能粒度较小(一个二路选择器)，理论上只要阵列规模够大，所有的数字电路都可以实现。

基于查找表(look-up table，LUT)结构的功能模块有效地增大了电子细胞的功能粒度。查找表本质上就是一个随机存取存储器(random access memory，RAM)。它把数据写入 RAM 之后，每当输入一个信号就等于输入一个地址进行查表，读出地址对应的内容，进行输出。查找表广泛应用于现场可编程门(field programmable gate array，FPGA)的组合逻辑运算中，对于 n 输入的查找表来讲，只要改变存储器内容，就可以实现任意 n 输入的组合逻辑，细胞功能单元的粒度增大，实现相同的电路功能需要较少的细胞，整体布线更为简易。相对于多路选择器结构的功能单元来讲，相当于具有了丰富的布线资源。同时，查找表将复杂的运算(如多位乘法)直接转化为了真值表形式，大大减少了硬件资源的消耗，提高了运算的速度。LUT 结构的功能模块设计如图 2-4 所示。

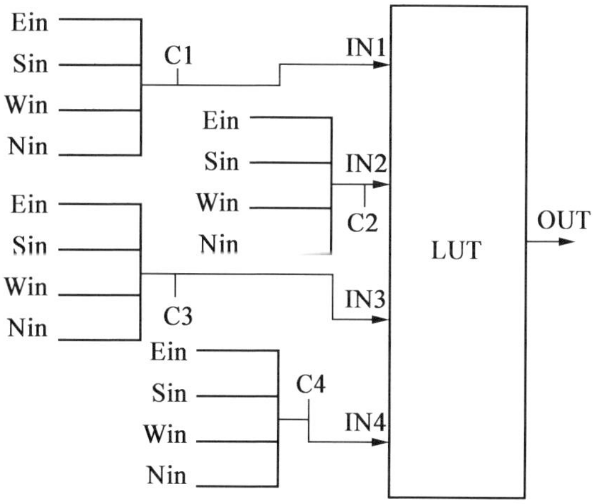

图 2-4　LUT 结构功能模块设计

图 2-4 中 Ein、Sin、Win、Nin 为东、南、西、北 4 个方向的输入。C1、C2、C3、C4 为 4 个输入的选择控制信息。考虑到细胞的通用性，一般采用可变查找表，即真值表对于每一个细胞来讲是可变的。LUT 中存储的真值表内容和多路选择器的控制信号就是此功能模块的配置信息。

LUT 结构在大规模电路的设计中具有明显优势。当前所实现的具有自修复能力的较大规模的数字电路都是采用 LUT 结构。由于其细胞数目较少，细胞的布局布线简单，设计的复杂性与 MUX 相比明显降低。

MUX 结构和 LUT 结构各具优势，但是同时也各有不足。MUX 结构的功能模块单元粒度过小，随着阵列规模的扩大，其布局布线的难度也随之增大，不太适用于大规模电路。而对于 LUT 结构来说，LUT 中存储的真值表长度与输入个数存在平方关系，每增加一个输入项，存储器的容量就增大一倍，整个阵列规模的缩小并没有解决硬件资源的消耗问题。由于细胞粒度的增大，阵列的可靠性也有所降低。在具体的电路设计中，需要在设计的复杂性和系统的可靠性之间寻求平衡。

2.2.2 输入输出模块设计

细胞的输入输出数据是细胞间协作的介质，同样关系着整个细胞阵列的功能。细胞需要向东、南、西、北 4 个方向的相邻细胞读入及输出数据，4 个方向读入数据是被动的，由相邻细胞确定，而 4 个输出是主动的。首先，由于 4 个方向输入输出个数有限，在完成电路功能时，不可避免地要使细胞发挥线或总线的功能，因此在设计时，4 个方向的输出都能将自己所在方向外的其他 3 个任意方向的输入直接进行输出，同时细胞功能模块的输出也必须能够通过输入输出模块向 4 个方向输出。输入输出模块的设计如图 2-5 所示。

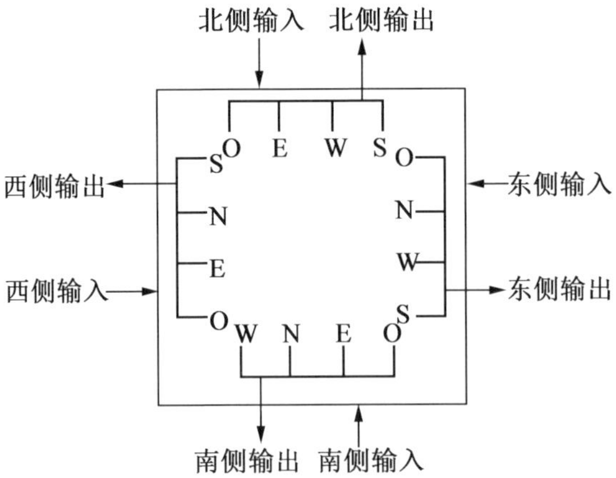

图 2-5 输入输出模块设计

图 2-5 中，E、N、W、S 分别代表东、北、西、南 4 个方向的输入。O 为功能模块的输出。输入输出模块的每一个方向都有一个多路选择器，从细胞的配置信息中选择相应的配置位对多路选择器进行配置，从细胞本身的输入和功能模块的输出中选择作为细胞的输出。

2.3　配置存储模块及控制模块设计

2.3.1　配置存储模块设计

配置存储模块的作用在于保存配置位串,并根据地址模块的细胞地址从存储的配置数据组中选取相应的配置位串对功能模块、输入输出模块等进行配置。配置存储模块的大小与细胞阵列的规模直接相关,存储着细胞可能用到的所有配置信息,但每个细胞实际使用时仅用到极少的信息,配置存储模块的大量冗余导致了胚胎电子阵列资源消耗过大的问题,很多学者也在致力于解决这个问题,但目前没有明显有效且通用的方法。大多数情况下仍需要选用每个细胞内包含全部配置信息的方法。

配置存储模块本质也是 RAM,与功能模块的 LUT 不同的是,RAM 存储的内容在细胞设计时已经确定,不经由其他模块控制。根据细胞的地址在 RAM 中寻址,读出对应的存储内容,完成细胞其他模块的配置信息。不管细胞内存储的配置信息数目的多少,其结构是一致的,如图 2-6 所示。图 2-6 中,Addr 代表细胞的当前的地址,Conf 代表输出的当前的配置信息。

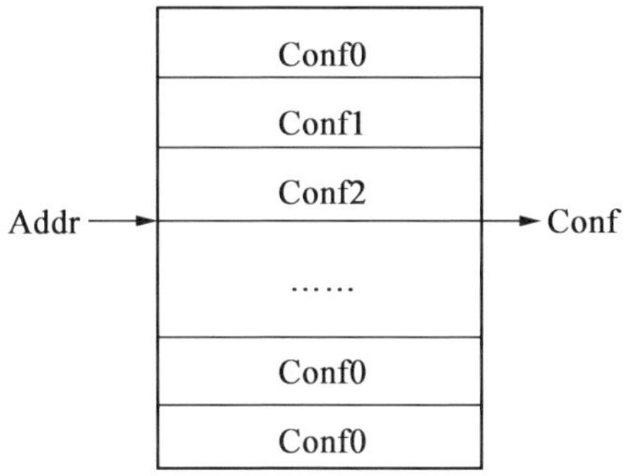

图 2-6　配置存储模块结构

根据以上功能模块的设计,对于功能单元为 MUX 结构的电子细胞来讲,其配置存储器模块需要存储输入输出模块 4 个方向输出的控制信息,每个方向需要两个配置位;功能模块两个输入,每个输入也需 3 个配置位;一个控制端的控制信息,需两个配置位;总共 $2×4+3×2+2=16$ 位。MUX 结构细胞配置信息如图 2-7 所示。其中 W、S、N、E 为东、南、西、北 4 个方向输出的控制信息位,S1、S2 为两个输入项的控制位,S3 为控制端的控制位。

对于 LUT 结构的电子细胞来讲,以 4 输入 1 输出的 LUT 为例,其真值表需要存储 $2^4=16$ 位;控制 LUT 输入 4 个多路选择器各需两个配置位,共需 $2×4+16=24$ 位配置信息,再加上输入输出模块的 8 位配置信息,共 32 位。配置模块每个配置信息的形式为如图 2-8 所示。

其中,W、S、E、N 为东、南、西、北 4 个方向输出的控制信息位,C1、C2、C3、C4 为 4 个输入项的控制位。LUT truth value 为 LUT 存储的真值表。

S3		S2			S1			N		W		S		E	
15	14	13	12	11	10	9	8	7	6	5	4	3	2	1	0

图 2-7　MUX 结构细胞配置信息

LUT truth value				C4		C3		C2		C1		N		W		S		E	
31	18	…	16	15	14	13	12	11	10	9	8	7	6	5	4	3	2	1	0

图 2-8　LUT 结构细胞配置信息

2.3.2　控制模块设计

控制模块对细胞的功能及阵列的自修复功能起着决定性作用,它控制着细胞是否能够发挥作用,控制模块的输入为故障信息。以基本的行(列)移除来说,当细胞或同行(列)任一细胞出现故障时,控制模块将故障信息输出到地址模块,控制地址模块的输出,地址模块不加 1,直接将输入进行输出。同时,控制细胞的数据输出,直接将细胞单元上下两侧(左右两侧)输入输出导通,整行(整列)电子细胞都变为透明,图 2-9(a)为正常情况下阵列的连接关系,图 2-9(b)为列移除后阵列的连接关系。

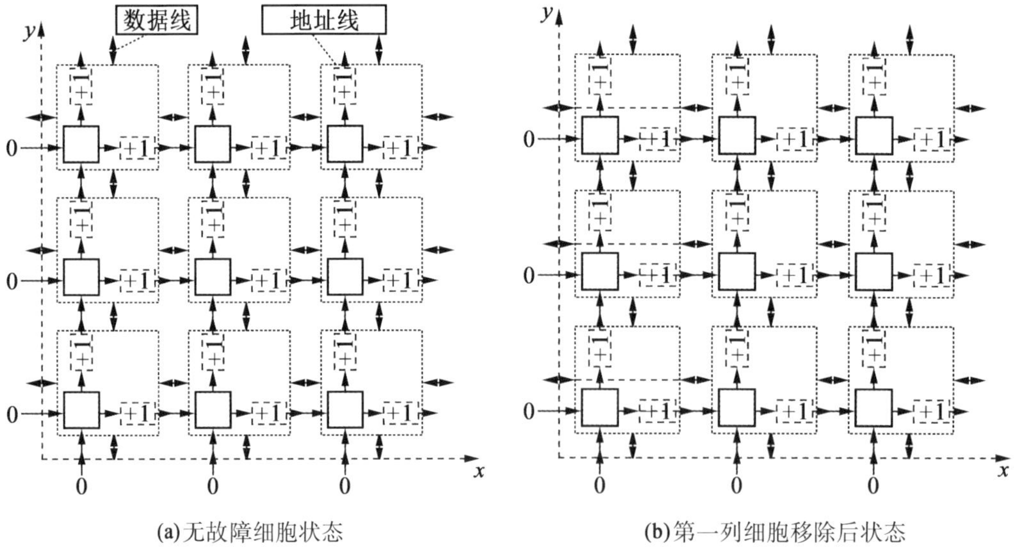

(a)无故障细胞状态　　(b)第一列细胞移除后状态

图 2-9　列移除机制的设计实现

细胞的控制模块不单单是一个模块,还分布在其他模块中。地址模块的设计中已经有所考虑,通过状态信息选择地址的输出,最重要的是细胞状态信息的获取。当细胞自身发生故障时,细胞自身的状态信息变为故障。对于行(列)移除机制来说,其他同行(列)的细胞发生故障时,当前细胞也要变为故障状态。也就是说,只要有一个 1,同行(列)的细胞状态都置为 1。因此,在设计时,选用或门,通过对同行(列)所有的细胞的故障信息进行或运算获得当前细胞的状态,如图 2-10 所示。其中 $F(y,m)$ 表示第 y 列第 m

行细胞的故障信息。Fy 为第 y 列所有细胞的状态信息。$F(n,x)$ 表示第 n 列第 x 行细胞的故障信息。Fx 为第 x 行所有细胞的状态信息。

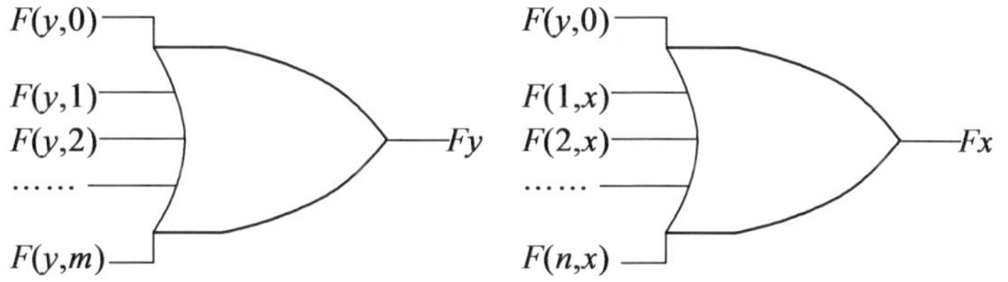

(a)行移除机制　(b)列移除机制

图 2-10　控制模块的设计

尽管行移除机制与列移除机制原理一致,但具体的选择还是要依据阵列的布局来确定。对于列移除机制来说,阵列的输入输出都应位于细胞的西侧或东侧。而行移除机制的阵列的输入输出都应位于细胞的北侧或南侧。以输出在两个细胞的北侧为例进行说明,选用列移除机制时,如图 2-11(a)所示,其中 O1、O2 为无故障细胞时的输出,O1′、O2′为第二行第二列发生故障,第二列被移除情况下的输出,输出端口发生了变化,与自修复的本质属性不合。而采用行移除机制,如图 2-11(b)所示,同样为第二行第二列细胞发生故障,第二行被移除。冗余的细胞在无故障时直接作为南北连通的导线来用,一旦有细胞出现故障,行移除,冗余细胞地址将发生变化,配置信息也发生改变,不再是原来的南北连通状态。但对于整个细胞阵列来说,输出仍然不变,满足自修复功能。

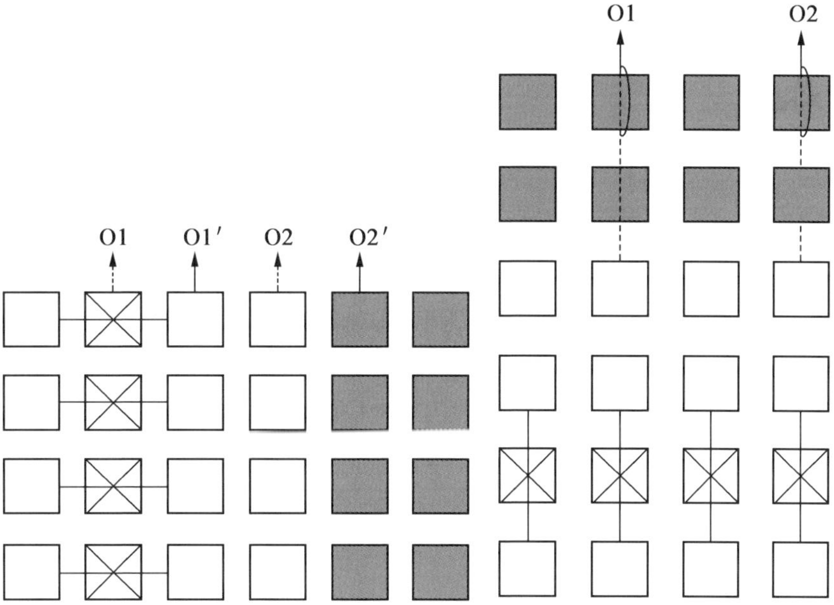

(a)列移除情况　(b)行移除情况

图 2-11　行移除、列移除机制选择

2.4 细胞阵列的设计

根据以上设计，单个细胞的结构如图 2-12(a)所示(功能模块选择的是 MUX，可替换为 LUT)，多个细胞组成的电子阵列如图 2-12(b)所示。阵列中细胞之间的连接是固定的。细胞间连接关系的改变由细胞内的输入输出模块的多路选择器进行控制。

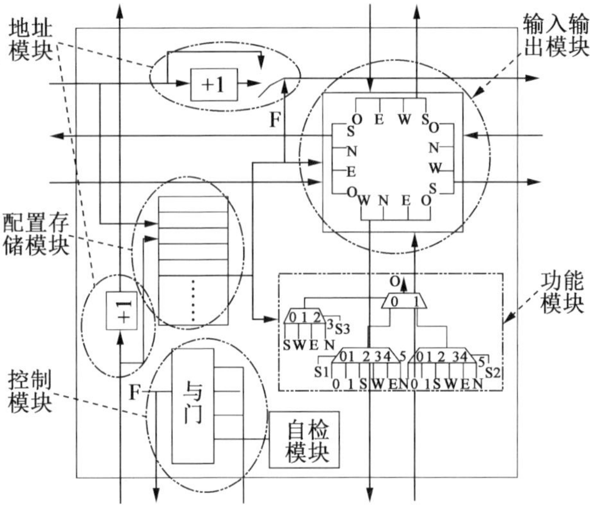

(a)细胞内部各模块连接

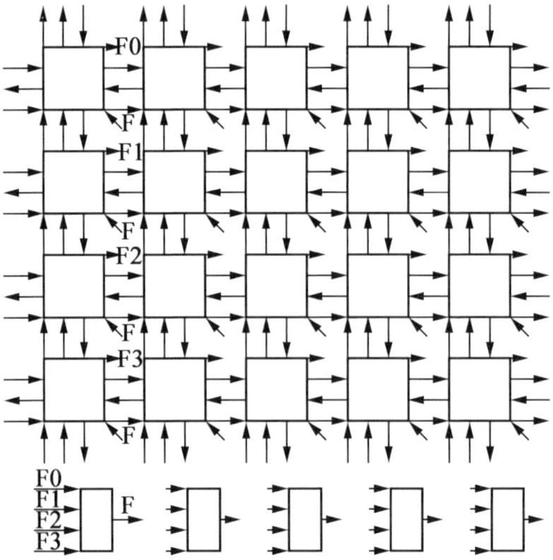

(b)细胞间连接

图 2-12 细胞阵列结构设计图

2.5 具有自修复能力的全加器仿真设计

针对前几节的设计,基于现场可编程门的集成软件环境(integrated software environment,ISE)仿真平台进行了全加器的设计与仿真。首先,分析电路功能,通过第 1 章所介绍的二叉决策图实现细胞分化的流程,初步完成阵列的布局。其次,根据自修复方式调整细胞输入输出的方向。再次,根据阵列的布局写出每个细胞的配置信息。最后,将配置信息填入细胞的配置存储模块,按照以上的设计完成电子细胞阵列的仿真。

2.5.1 阵列布局

首先根据电路的功能确定细胞阵列的规模、细胞间的连接关系及每个细胞应表达的功能。全加器的功能函数表达式如式(2-1)所示:

$$(S,C')=A+B+C \tag{2-1}$$

式中,A、B 为全加器的两个输入;C 为之前的进位;S 为相加的结果;C'为现在的进位。全加器的真值表见表 2-1。

表 2-1　全加器的真值表

A	B	C	S	C'
0	0	0	0	0
0	0	1	1	0
0	1	0	1	0
0	1	1	0	1
1	0	0	1	0
1	0	1	0	1
1	1	0	0	1
1	1	1	1	1

由此表得到卡诺图,由卡诺图转化的二叉决策图如图 2-13 所示。

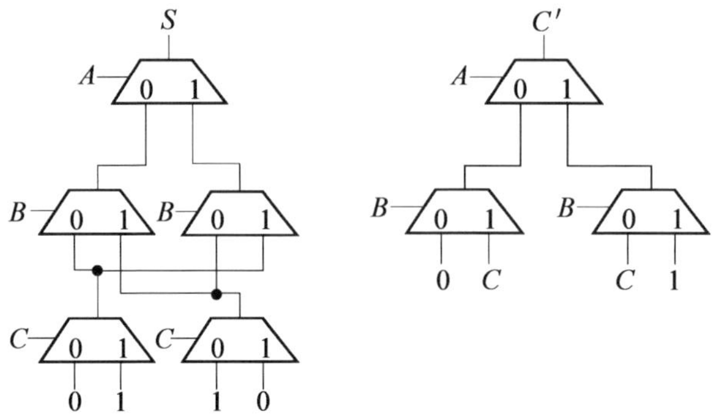

图 2-13 全加器电路的二叉决策图

通过二叉决策图可以得出整个细胞阵列至少需要 8 个细胞作为功能细胞。对于经典的四输入四输出细胞结构，及细胞间近邻连接阵列结构来说，阵列布局应如图 2-14(a)所示，但是很快就会发现 11 细胞需要 01 细胞功能模块的输出，同时需要 00 细胞的功能模块的输出，而 00 细胞的北侧东侧输出都已确定，没有其他输出线，也无法通过 10 细胞绕行，因此我们在下方再加入 1 行，用来将 00 细胞的输出传递给 11 细胞。整个阵列设计布局及内部连线关系如图 2-14(b)所示。

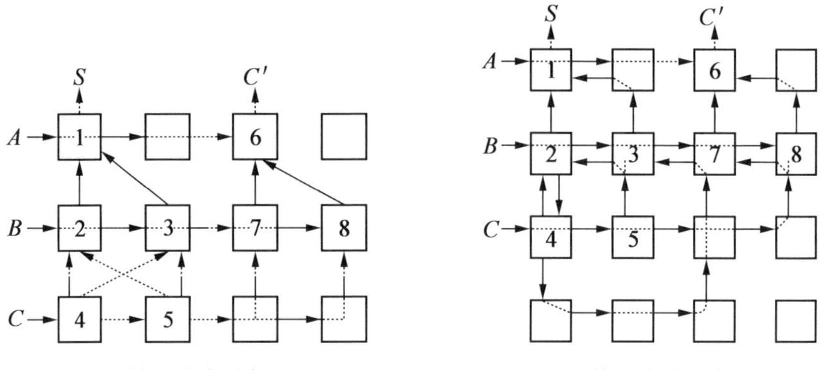

(a)初始细胞阵列布局　　(b)最终细胞阵列布局

图 2-14 全加器的细胞阵列布局

从图 2-14(b)可以看出阵列的输入在细胞的西侧，输出在细胞的北侧。选择行移除或者列移除机制需要把输入移向南北方向(选择行移除)或者把输出移到东西方向(选择列移除)。对于前者，因为 1、2、4 号细胞北侧或者南侧均有空闲，直接移动输入方向。对于后者，1 号细胞西侧输出空闲，6 号细胞东侧输出空闲，直接移动输出方向。对于当前细胞阵列来讲，两种策略不分伯仲，都不太合适。

所谓自修复，就是在发生故障时，能够自行修正，输入输出维持正常，这样对于实际应用是最佳的，但不方便观察修复的过程。而如图 2-14(b)所示，当细胞发生故障时，会从不同的细胞输出端口输出运行结果，通过观察几个细胞阵列的输出端口的变化可以更直观地看到细胞自修复的原理和效果。因此，后面的仿真验证选用了列移除机制，输入选在细胞的西侧，输出选在细胞的北侧，阵列的布局不变，同时增加两列空闲细胞备用。

2.5.2　配置模块实现

从图 2-14(b)所示的细胞阵列中可以看出，每个细胞的控制信息只可能是西侧的输入信息，且细胞的各个方向的输出只能是南侧输入、西侧输入、北侧输入及功能模块的输出。因此，为节省存储信息，本次采用了 14 位，如图 2-15 所示。图中各个标识的含义与图 2-7 保持一致。

S2			S1			W		S		N		E	
13	12	11	10	9	8	7	6	5	4	3	2	1	0

图 2-15　全加器电子细胞配置信息图

根据图 2-14(b)标记出每一个细胞的东、南、西、北 4 个方向的输出，功能模块的两个控制信息的来源，根据输入输出模块和功能模块的具体设计判定每一个控制信息，写出细胞阵列的配置存储信息。每个细胞地址对应的全加器配置信息见表 2-2。

表 2-2　全加器配置信息表

地址		配置数据													
0	0	x	x	x	x	x	x	x	x	x	x	x	x	1	0
0	1	x	x	x	x	x	x	x	x	x	x	x	x	0	1
0	2	x	x	x	x	x	x	x	x	x	x	0	1	x	x
0	3	x	x	x	x	x	x	x	x	x	x	x	x	x	x
1	0	0	0	1	0	0	0	x	x	1	1	1	1	0	1
1	1	0	0	0	0	0	1	x	x	x	x	1	1	0	1
1	2	x	x	x	x	x	x	x	x	x	x	0	0	0	1
1	3	x	x	x	x	x	x	x	x	x	x	0	1	x	x
2	0	1	0	0	0	1	0	x	x	x	x	1	1	0	1
2	1	1	0	0	0	1	0	0	0	x	x	1	1	0	1
2	2	1	0	0	0	0	0	0	0	x	x	1	1	0	1
2	3	0	0	1	0	1	0	0	0	x	x	1	1	x	x
3	0	1	0	0	0	1	0	x	x	x	x	1	1	0	1
3	1	x	x	x	x	x	x	0	0	x	x	x	x	0	1
3	2	1	0	0	0	1	0	x	x	x	x	1	1	x	x
3	3	x	x	x	x	x	x	0	0	x	x	x	x	x	x

2.5.3 仿真结果及分析

根据前面细胞的设计及配置信息的确定，通过 ISE 进行了电子细胞阵列的仿真。全加器细胞阵列图如图 2-16（见书后插页）所示。图中，A、B、C 为全加器的输入，O1、O2、O3、O4、O5 分别为电子阵列每一列北侧的输出。按照 2-14(b) 中阵列的布局，正常情况下 O1 应输出 S，O2 应输出 C'。

令 $A=0$、$B=1$、$C=1$。在 5 ns 时刻，第一行第一列细胞发生故障，即 Fault_00 = 1，其余细胞一直保持正常状态。其仿真结果如图 2-17 所示。

从图 2-17 中可以看出运行结果为：S(O1) = 0，C'(O3) = 1。因此，所设计的阵列能够实现全加器的功能。在 5 ns 时刻，第一列有细胞发生故障时，输出从 O1、O3 变成了 O2、O4，第一列细胞发生了移除，且最终的功能输出结果保持正确，说明了所实现的全加器具有自修复能力。

2.6 本章小结

本章给出了胚胎型仿生硬件的设计实现方法，着重介绍了细胞的各个模块及细胞之间的连接问题。首先对基本理论进行了介绍，其次介绍了具体的设计方法，最后以一个典型的数字电路为例，介绍了如何应用上述设计实现具体电路，验证了设计的正确性和可行性。理论上讲，只要阵列规模足够大，以上设计的细胞阵列能够实现任意功能的数字电路。

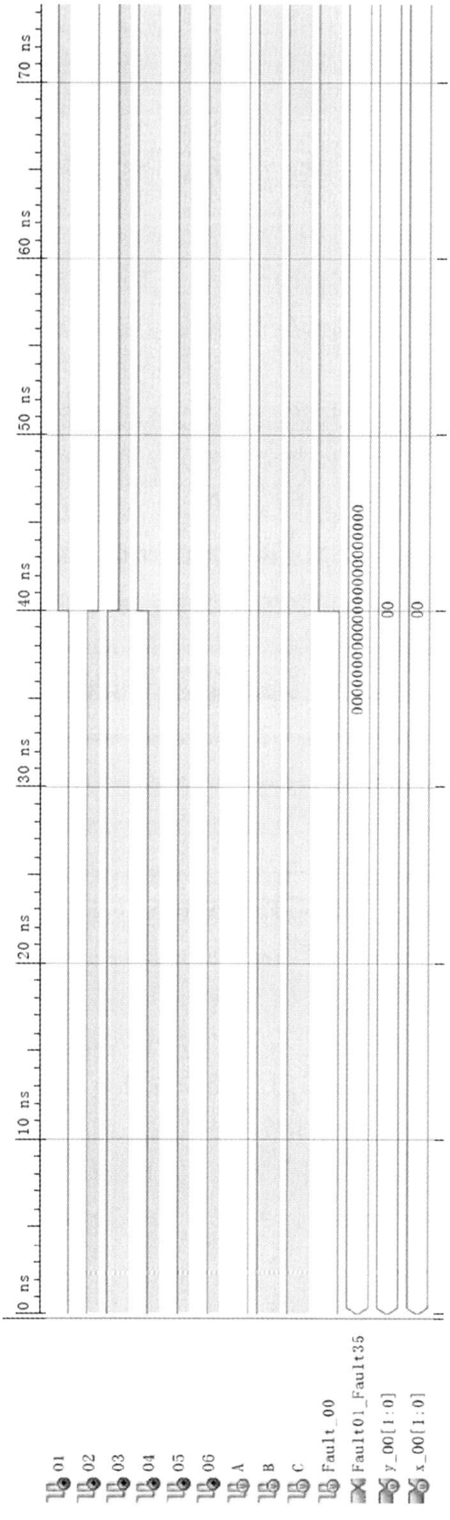

图 2-17　全加器的仿真结果图

第3章　阵列体系结构改进与自修复机制

从第1章和第2章可以看出当前的电子细胞阵列存在较大的硬件资源开销。在保持设计的复杂度和时间资源开销的情况下，有效地减少硬件资源的消耗，对于胚胎型仿生硬件来讲，有着重要意义。

本章将基本的多细胞阵列结构进行了改进，将细胞进行了分类，有效地减少了配置存储模块的冗余度，提出了单细胞替换的自修复方式，避免了自修复过程中细胞的浪费情况。在当前阵列结构和自修复策略的基础上，电子细胞阵列的自修复次数达到了理论最大值。阵列中各层电子细胞具体模块的设计沿用第2章各个模块的设计，本章不再涉及具体模块的具体设计。

3.1　多细胞阵列结构

3.1.1　整体结构

由于通用型电子细胞的粒度都比较小，对于大规模电路的实现，设计过程复杂，分化过程困难，资源利用率低。对于电子细胞阵列结构来说，阵列规模越大，设计越复杂，布局布线越困难。因此，本章提出了一种多细胞阵列体系结构，对电子细胞进行了分类和分块，降低了细胞阵列的规模；同时，改进了细胞阵列的自修复机制，通过正常细胞直接替换故障细胞保证整个阵列的功能不变。多细胞阵列结构如图3-1所示。

整个细胞阵列结构可划分为3层，上层定义为修复层，每一个细胞中包含底层每一个细胞的配置信息，能够替代底层发生故障的细胞工作完成阵列自修复；中间层定义为控制层，为控制单元，主要实现将上层无故障的细胞按某种规则分配给底层发生故障的细胞；下层定义为工作层，为细胞阵列，在无故障的情况下可以独立地实现预期电路功能，但不具有自修复能力。

修复层为细胞简单排成的阵列，细胞与细胞之间无直接连接，是一个个单独的个体。各自连接到控制层，从控制块接收自己的地址和环境信息，并将自己的输出发送给控制块。

控制层本质上是一个开关控制器。它接收来自故障细胞的地址和环境信息，并将其送到上层无故障细胞中，同时，将上层细胞的输出传回底层发生故障的细胞。它的工作是选取上层无故障细胞替换下层故障细胞，保证在有空闲细胞的情况下可以修复故障细胞，同时避免出现两个故障细胞同时抢一个备用细胞的情况。

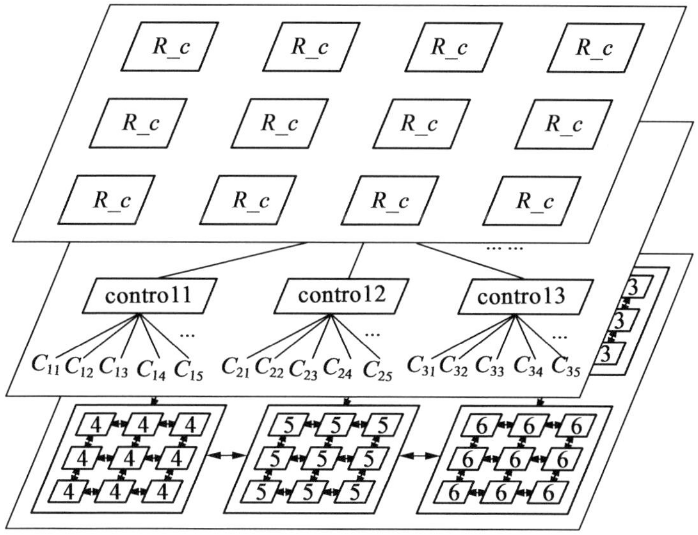

图 3-1　多细胞阵列结构

工作层是电子细胞组成的二维阵列，细胞和细胞直接互相交换数据协作实现目标电路功能。通过典型二维阵列的细胞分化过程得到每一个细胞的配置信息，完成细胞功能模块和输入输出模块的配置。每一个细胞有 5 个方向的输入输出，除与其周围四邻连接外还要能够与控制块进行连接，但是否与控制块进行连接受细胞故障状态的控制。

3.1.2　细胞分类

多细胞阵列结构实现了阵列电路功能与自修复的分离。底层细胞用于电路功能；上层细胞用于自修复；中间控制层用于控制自修复过程。首先根据阵列中电子细胞的位置、功能和细胞状态的不同，对细胞进行分类。

首先，按照功能和位置划分：位于底层工作层的细胞主要功能是实现电子细胞阵列的功能，除未发生故障情况外，这种细胞持续执行某一特定功能，维持电路的功能。这里定义为工作细胞。修复层细胞在底层无故障情况下，对于电路功能来讲并不发挥作用，只有底层出现故障细胞时，为了阵列的自修复，细胞才会发挥作用。这里定义为修复细胞，也为备用细胞。

其次，考虑阵列的资源消耗问题。典型的电子细胞阵列中每个细胞具备所有细胞的配置信息。配置存储模块的利用率与电子细胞阵列的规模成反比。当电路较为复杂时，所需要的电子细胞增多，配置存储模块资源的浪费现象更为明显。

追根溯源，在受精卵的分化过程中，细胞都是通过有丝分裂生成的，每个细胞都包含与受精卵相同的染色体。但是，电子细胞的硬件结构是预先设计好的，每一个都是一个相互独立的个体。同时，多细胞阵列结构的设计实现了电路功能与自修复设计的分离，底层只执行电路功能，不发生重构。因此，设计底层细胞时，配置模块仅需包含自身的配置信息，相应的电子细胞也只能表达特定的功能。由于这种电子细胞不包含阵列全部的配置存储信息,不需要配置存储模块,类似生物学中的原核细胞,这里称之为原核电子细胞,本书中简称原核细胞。与原核细胞相对应,包含电子阵列中所有细胞配置信息的细胞称为真核电子细胞,本书中简称真核细胞。真核细胞和原核细胞划分的主要依据为细胞的结构中是否包含配置存储模块。

3.2 阵列结构设计

新的阵列结构与典型二维电子阵列结构不同的是:①细胞结构进行了一定的改变;②阵列的结构立体化,修复方式灵活化。这里将分别介绍阵列各层的具体设计实现。

3.2.1 修复层的设计

细胞阵列的修复原理就是将故障细胞的输入在故障状态信号的控制下发送给空闲的备用细胞,然后将空闲的备用细胞的输出作为工作细胞的输出给该工作细胞周围的细胞。整体效果就是空闲细胞替换了故障细胞执行其工作,并把正确结果传回给故障细胞,以维持整个阵列的正常运行。为了保持阵列的自修复能力,备用细胞应该能够替代工作层任意细胞工作,也就是说修复层的细胞需要包含电子细胞阵列的全部配置信息,因此,修复层细胞为真核细胞。

修复层细胞通过控制层读取和输出数据,细胞与细胞之间不需要进行通信,因此,修复层细胞只需要一个方向的输入输出,不需要地址模块。由于输入和输出都包含多种信息,需要在原有 I/O 的基础上,在细胞的输入端添加数据分配器,在细胞的输出端添加数据组合器。分配器是完成信号的拆解和分配,将输入数据拆分为地址信息和环境信息,送入配置存储模块、功能模块和 I/O 模块。组合器完成信号的接收和组合,接收 I/O 模块 4 个输出及自检模块输出的状态信息,进行组合用来作为细胞的输出。修复层的备用细胞要根据故障细胞的地址和 4 个方向的输入替代其工作,因此功能模块、自检模块及 I/O 模块与工作层的原核细胞保持一致,设计方法与第 2 章相同。配置存储模块将工作层每一个原核细胞的配置信息存入配置存储模块,与地址一一对应,具体结构也沿用第 2 章的设计。整体来看,修复层真核细胞细胞结构设计如图 3-2 所示。

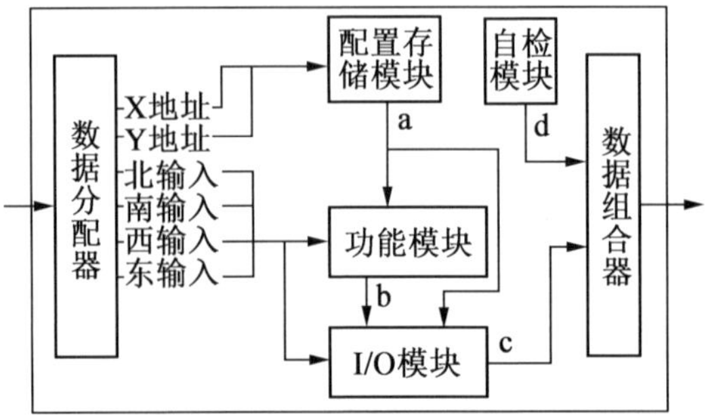

图 3-2 修复层真核细胞的细胞结构设计

首先,修复层细胞接收经由控制层传递而来、源自工作层的细胞的地址信息和环境信息(X、Y 地址及 4 个方向的输入)。这些信息本身是一个整体,首先通过数据分配器,将各个信息分别独立出来,然后传送给配置存储模块和 I/O 模块。由于备用细胞配置存储模块和功能模块同工作细胞一致,也同样存在发生故障的情况,因此修复细胞同样需要自检模块故障信息的输出。I/O 模块的输出及备用细胞自身的故障信息通过数据组合作为一个整体传向控制层。在备用细胞无故障的情况下,其 I/O 模块输出经由控制层传向工作层对应的故障信息。而修复层细胞发生故障后并不进行任何操作,只是弃之不用。控制块在选择备用细胞的时候将其自动跳过,备用细胞的具体选取策略将在控制层的设计中进行介绍。

3.2.2　控制层设计实现

控制层是工作层和修复层相互联系的纽带,控制存在故障细胞的细胞阵列的修复过程。控制块要解决的问题本质上是一个判断分配的问题,如图 3-3 所示,x1、x2、x3……为工作细胞,y1、y2……为修复层细胞。能够将故障的工作细胞识别并在存在备用细胞的情况下将故障细胞的功能转移到备用细胞上是控制块的任务。问题的关键在于①两个细胞同时发生故障时,备用细胞的选择;②备用细胞的随时更新。

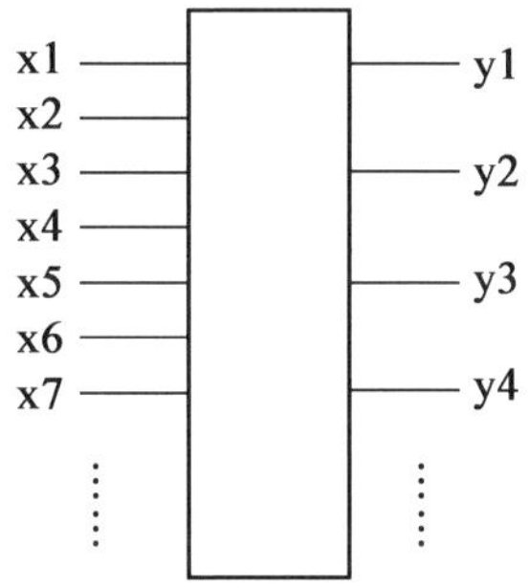

图 3-3　控制层功能示意图

鉴于细胞整体的规模较大,控制层若直接与每个细胞相连所需要的布线资源过大,而且工作层的细胞也进行了分组设计,因而控制层也进行拆分。每一个组有一个小的控制块,再通过一个大的控制块控制小的控制块,即单细胞替换的过程分为两级:一个是整个备用细胞到各个组的分配;一个是组所得到的备用细胞到各个故障的工作细胞的分配。控制层的设计如图 3-4 所示。

其中,C_{Sn} 为修复层中编号为 n 的备用细胞。C_{min} 为工作层中第 m 组,编号为 n 的细胞。控制模块的分组,可以有效地降低细胞阵列的布线资源,提高自修复的效率。但是,每一个控制块的功能与整体控制层的功能是一致的,核心问题还是备用细胞的分配问题。

解决备用细胞分配问题的方法,主要有两种思路:一种是先坏的先安排空闲细胞策略;一种是对所有当前故障的细胞统一进行安排。第一种方法看起来简单方便,每次修复时控制层所做的改变少。但是,一旦两个细胞同时出现故障,控制模块就会陷入死局,因为故障的细胞彼此之间是没有优先权的。另一种是预先设置好优先权,一旦优先权高的细胞坏了就安排在最先的位置,其余故障细胞的安排都后移,这样可以只用逻辑单元不涉及复杂的算法就能解决细胞同时发生故障的状况。从阵列的可靠性及硬件实现的简单有效性角度综合考虑,选择第二种思路。控制模块的设计方法如图 3-5 所示。

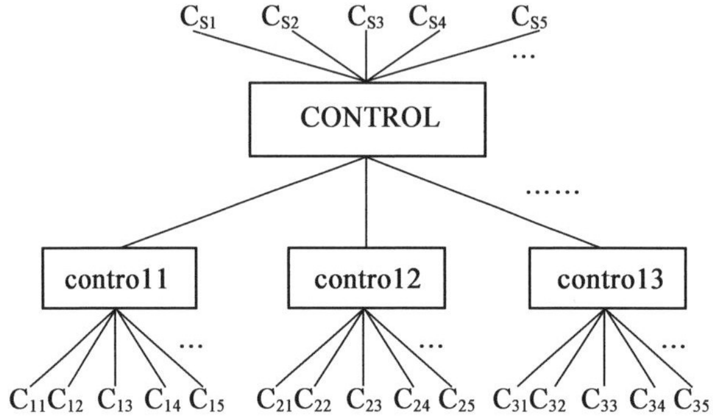

图 3-4 控制层的设计

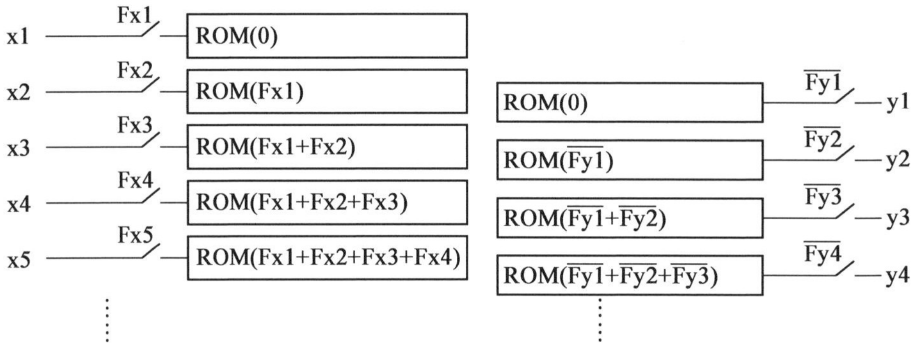

图 3-5 控制模块的设计方法

图 3-5 中,Fxn 为第 n 个工作细胞的故障状态信号(故障时为 1,正常时为 0),Fym 为第 m 个备用细胞的故障状态信号,与工作细胞相同,出现故障时从低电平变为高电平。ROM 为一个中介存储器,yn 对应第 n 个备用细胞的输入。这里细胞的编号是随意顺序指定的,只要保证与细胞个体一一对应即可,与工作层细胞的地址信息是相互独立的。

控制模块的输入信息为细胞的故障信息、地址信息和环境信息,在输入中提取出其故障信息对控制模块的存储器进行控制。当某个工作细胞发生故障时,先判断其优先权,将其细胞的地址和环境信息存入对应的位置。例如:1 号细胞发生故障,存入地址 0,然后 8 号细胞发生故障存入地址 1,然后 3 号细胞发生了故障,由于优先级顺序为 1>3>8,则 3 号细胞的信息存入地址 1,8 号细胞的信息改存入地址 2。再然后 5、6 号细胞同时发生故障,优先级顺序为 1>3>5>6>8,则 5 号细胞的信息存入地址 2,6 号细胞的信息存入地址 3,8 号细胞的信息改存入地址 4。

后面控制模块的存储器的数据到备用细胞的过程类似。因为备用细胞只在无故障状态下接受任务，代替工作细胞执行其功能，此次数据传送过程通过备用细胞的故障信息控制。当备用细胞无故障时读取器从控制模块的存储中读取信息。其读取地址的先后也与优先级有关，备用细胞的编号是其优先级，编号越小，优先级越高。在所有细胞都没有故障的情况下，1 号细胞读取 0 地址，2 号细胞读取 1 地址，3 号细胞读取 2 地址……。假若 2 号细胞发生故障，则其后面的细胞读取的地址都往前移 1 位。若再有 5 号细胞 6 号细胞发生故障，则 6 号细胞后面细胞读取的地址再往前移两位，按此规律类推。

由于先判断了备用细胞的故障状态，一旦出现故障，在分配之前就能够被绕开。同样工作细胞一旦出现故障，后面细胞的分配都后移，给当前故障细胞让路，有效地解决了备用细胞的分配问题。修复细胞的输出沿相同路径传回故障的工作细胞。具体实现中需要注意时间问题，故障的工作细胞读取修复细胞传回数据的时间要在发送数据的时间上加少量延时。

3.2.3　工作层设计实现

工作层细胞采用了原核细胞结构，能够有效地降低硬件资源的消耗，是合理的、高效的。但是对于大规模电路的设计来讲，仅仅用来实现电路功能的细胞阵列规模就已经非常庞大，以第 11 章介绍的脉冲压缩电路为例，以 4 输入 1 输出的 LUT 为单个细胞的基本功能，通过复杂烦琐的计算，其阵列规模大约为 40×40 = 1 600。对于实现细胞阵列的分化来讲，即使采用演化硬件技术方法，依然是一个特别艰巨的任务。为了减小细胞阵列的规模，降低硬件资源的消耗及电路设计的复杂度，本章提出了一种胚胎型电路设计的方法，通过对电路功能的分解实现底层细胞的分组，每一个组视作整个单层二维细胞阵列的子阵列，执行一个独立的电路功能，为整体电路功能的子部分。每一组的细胞阵列采用第 2 章的设计方法，是一个基本电子细胞阵列。工作层电子阵列结构示意图如图 3-6 所示。

图 3-6 中，数字相同的细胞表示同一组细胞。不同组的细胞配置存储模块不同，同时，不同组的细胞阵列规模也不一定相同。整体的组与组之间进行连接，实现目标电路的功能。每个组的功能及每个组的规模都需要视具体电路而定。

然后，分析单个工作细胞的结构。首先通过典型二维阵列的细胞分化过程得到每一个细胞的配置信息，完成细胞功能模块和输入输出模块的配置。工作层细胞与经典细胞结构基本一致，主要是其配置信息不需要再通过细胞的地址进行查找，同时，输入输出模块多了一个方向的输入输出。在细胞发生故障时，将自身信息传送给备用细胞，备用细胞将输出传回。在细胞中通过开关选择细胞的输出来自自身还是来自备用细胞。在无故障的情况下，将自身的输出作为细胞的输出，当出现故障时将备用细胞的输出作为自身的输出，以保证电路功能的正常。工作细胞发送给控制层的信息包含：①自己的故障状态；②自己的位置信息（地址坐标）；③自己的环境信息（从周围 4 个细胞接收的输入）；④从控制层接收的信息：自己 4 个方向的输出。

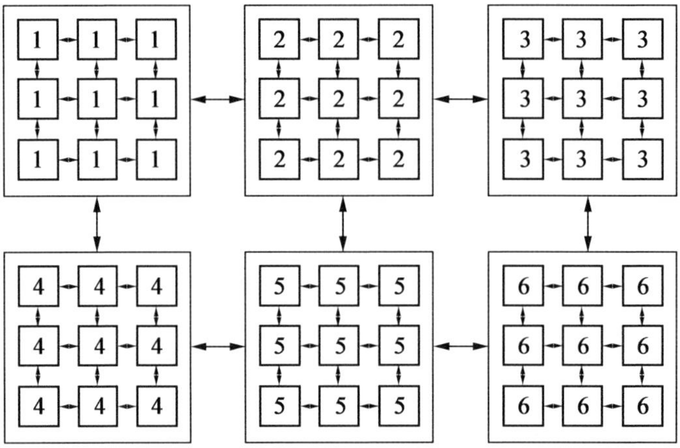

图 3-6　工作层电子阵列结构示意图

与典型电子细胞结构进行比较：首先，配置存储模块消失，只需要将当前细胞的配置信息以常量的形式通过一个寄存器存储；其次，细胞的地址模块不再通过状态信息进行控制，x、y 都直接加 1 然后输出给相邻细胞；功能模块和自检模块不进行改变；输入输出设计在之前 I/O 的基础上添加了环境信息输出，以及备用细胞输入和输出选择几个模块。根据输出信息需要包含的内容，自检模块的输出、地址模块的输出和 I/O 模块的输出都连接至细胞的环境输出模块。备用细胞的输入、I/O 模块的输出及自检模块的输出都连接至细胞的输出选择模块，细胞根据自己状态选择备用细胞的输入或 I/O 模块的输出作为自己的输出；细胞的控制模块体现在输出选择模块。工作层原核细胞的结构如图 3-7 所示。

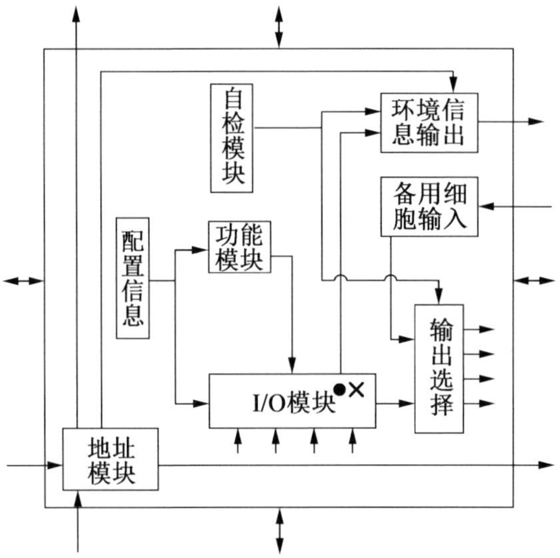

图 3-7　工作层原核细胞结构

3.3　单细胞替换自修复策略

单细胞替换自修复策略就是通过备用细胞直接替换故障细胞实现阵列自修复的策略。以上阵列的设计中,每一个备用细胞(修复层)都可以与每一个工作层的原核细胞相连,控制层解决了空闲细胞分配的问题,这些为单细胞替换的实现提供了硬件基础。单细胞替换机制的自修复过程如下:

Step1　细胞发生故障。判断故障细胞位置。若为工作层细胞则执行 Step2,若为修复层细胞则执行 Step6。

Step2　故障信息置 1,计算当前故障细胞数目,判断故障数目是否大于修复层无故障修复细胞的数目。若不大于,则执行 Step3,否则执行 Step10。

Step3　故障细胞申请控制层存储器位置,首先是组控制块处理同一组中细胞的优先级,重新安排故障细胞的信息存储位置,优先级高的则地址靠前,优先级低的则地址靠后。故障细胞的信息存储组控制器对应的 ROM 中。然后组控制器向总控制器申请地址,按照组的优先级获取总控制器中相应的地址,故障细胞的故障信息存如总控制器 ROM 中。

Step4　无故障的修复细胞读取自身对应的总控制器 ROM 中地址的数据,并将自身的输出返回给控制层,进而返回故障的工作细胞。

Step5　故障细胞输出正常,跳转 Step8。

Step6　发生故障的修复细胞其故障信息置 1,细胞阵列的无故障修复数目减 1。

Step7　判断故障数目是否大于修复层无故障修复细胞的数目。若不大于,则执行 Step8,否则执行 Step10。

Step8　根据修复细胞的优先级重新计算每个无故障修复细胞对应的控制层 ROM 地址。读取新的来自故障工作细胞的信息,然后返回输出值。

Step9　故障自修复完成,电路功能正常。流程结束。

Step10　阵列失去自修复能力,整个电路出现故障。流程结束。

陈列结构自修复流程图如图 3-8 所示。图 3-8 中,故障数初始值为 0,随着工作细胞故障的增多而增大;修复数初始值为修复细胞的个数,其随着修复细胞故障的增多而减小。

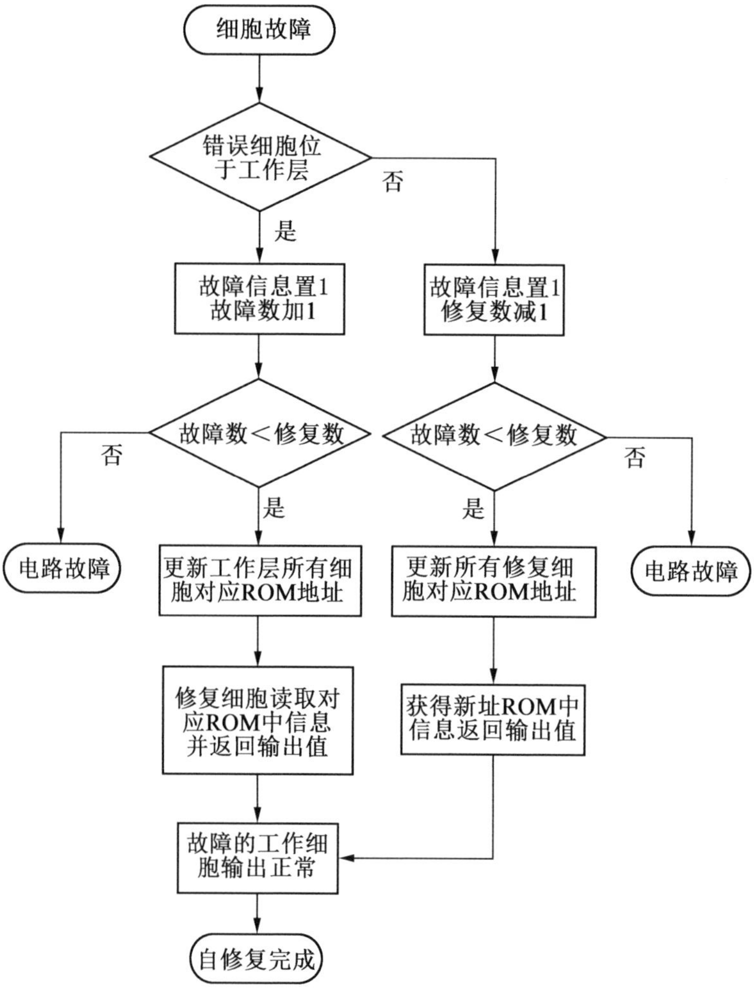

图 3-8 阵列结构自修复流程图

3.4 资源消耗与自修复能力分析

为了方便证明所提出的电子细胞阵列的可行性与资源消耗和自修复能力的优越性，本节选用了本身阵列规模较小的阵列进行分析和验证，不进行功能的分解，只采用一个阵列，相当于工作层子阵列为 1 的特殊情况。这样既可以简化验证过程，同时更能体现多细胞阵列结构及单细胞替换机制的优势。下面将从理论分类和仿真验证两个方面进行说明。

3.4.1 理论分析

从资源消耗和自修复能力两个方面来讲，自修复机制都有着明显优势，下面以 4×4 阵列加 8 个备用细胞为例进行对比说明。

对于单细胞替换机制来说，每一个备用细胞只要空闲，就有取代细胞阵列中任何一个故障细胞（工作细胞或修复细胞）的可能性，能够修复一个故障的细胞。因此，8 个备用细胞能够修复 8 次细胞层次发生的故障，且每一次修复都是一个连线关系的轻微变动。其硬件资源消耗以所设计的单个细胞所需的完整的一条配置信息为单位计算，其中 16 个细胞为工作细胞，采用原核细胞结构，每个细胞只包含自身的配置信息，资源消耗记为 1 条；8 个细胞为修复细胞，采用原核细胞结构，每个细胞都包含 16 个工作细胞的配置信息，配置存储模块所需硬件资源记为 16 条，共计 1×16+16×8=144 条。

对于行（列）移除机制，8 个备用细胞构成 2 行或 2 列的冗余，只能够完成 2 次故障细胞的修复，其自修复能力与细胞替换的自修复策略相距甚远。对于硬件资源消耗，以相同的单位计算，24 个细胞每个都为 16 条，配置存储模块所需的硬件资源共计 16×24=384 条。

对于通过坐标消去法的单细胞移除机制，能够修复 5~8 次，但修复 8 次的概率极小。同时，修复时需要阵列重新布线，无论其自修复能力还是修复代价都要逊于单细胞替换的自修复策略。资源消耗上，配置存储模块所需的硬件资源同样为 384 条。

而其他新的细胞顺序编号的单细胞移除机制，能够实现 8 次故障细胞的修复，相对于单细胞替换修复机制，其设计和重布线明显复杂。总体而言，本章提出的自修复策略能够在不明显增加细胞阵列设计复杂度的基础上，在不明显提高阵列自修复时间的条件下，有效显著地增加细胞阵列的自修复能力。

3.4.2 实例验证

为了验证所提出的电子细胞阵列的可行性与资源消耗和自修复能力的优越性，本章通过 ISE 软件对第 2 章中的全加器进行了再设计。细胞布局与 2.5 节介绍的相同，这样也间接说明了单细胞替换的自修复机制没有增加电路设计的复杂度。为了方便对结果进行比较，在设计时，同样采用了 8 个备用细胞。其阵列结构如图 3-9 所示（见书后插页）。

仿真时设定 5 ns 后（2,1）顺序编号为 5 的细胞发生故障，15 ns 时（1,1）顺序编号为 1 的细胞发生故障，25 ns 时第 1 个备用细胞发生故障，35 ns 时（2,2）顺序编号为 6 的细胞发生故障，45 ns 时（2,4）顺序编号为 8 的细胞发生故障，55 ns 时第 2 个备用细胞发生故障，65 ns 时（1,2）顺序编号为 2 的细胞发生故障，75 ns 时第 4 个备用细胞发生故障，85 ns 时（3,3）顺序编号为 11 的细胞发生故障。单细胞替换机制全加器仿真结果图如图 3-10 所示。

从图 3-10 中我们可以看出首先细胞阵列能够实现电路功能，其次电路具备自修复能力。阵列结构能够在 75 ns 后即 8 个细胞（包含备用细胞）发生故障时依然能够实现电路功能，在第 9 个细胞发生故障，即 85 ns 时才发生整个电路故障，就是说阵列有 8 次修复的能力。通过实验验证我们可以得到单细胞替换的自修复机制是可行的，且能够达到最大的自修复能力。然后通过 ISE 的综合看资源消耗情况。单细胞替换的资源消耗如图 3-11（a）所示，用到的 Slice 数目为 29，4 输入 LUT 输入为 58，IOB 数目为 33。

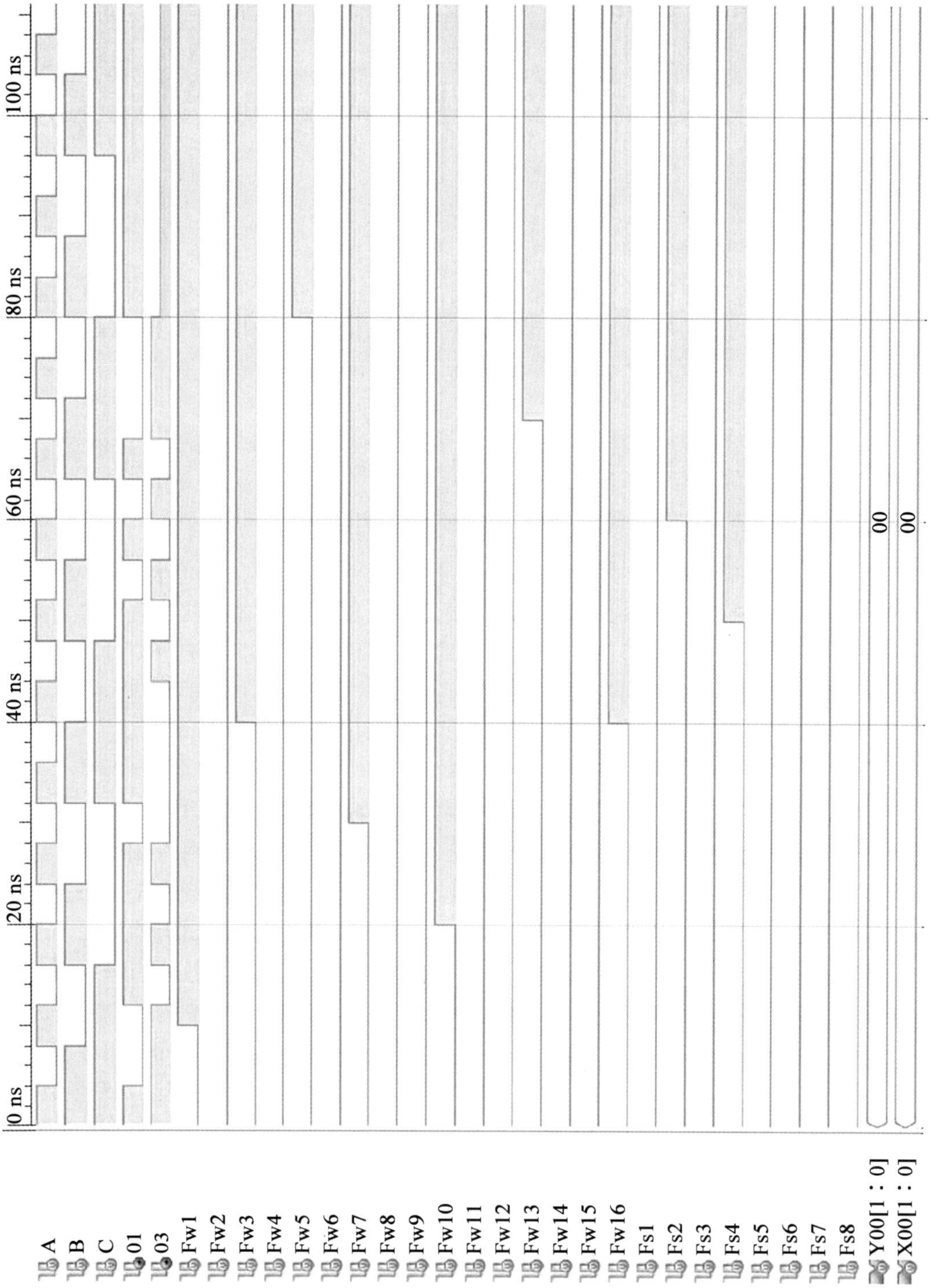

图 3-10　单细胞替换机制全加器仿真结果图

设备利用率概览(预估值)			
逻辑利用率	使用的	可用的	利用率
切片数量	29	768	3%
四输入查找表数量	58	1536	3%
配置完成的IO块数	33	124	26%

(a)单细胞替换资源消耗

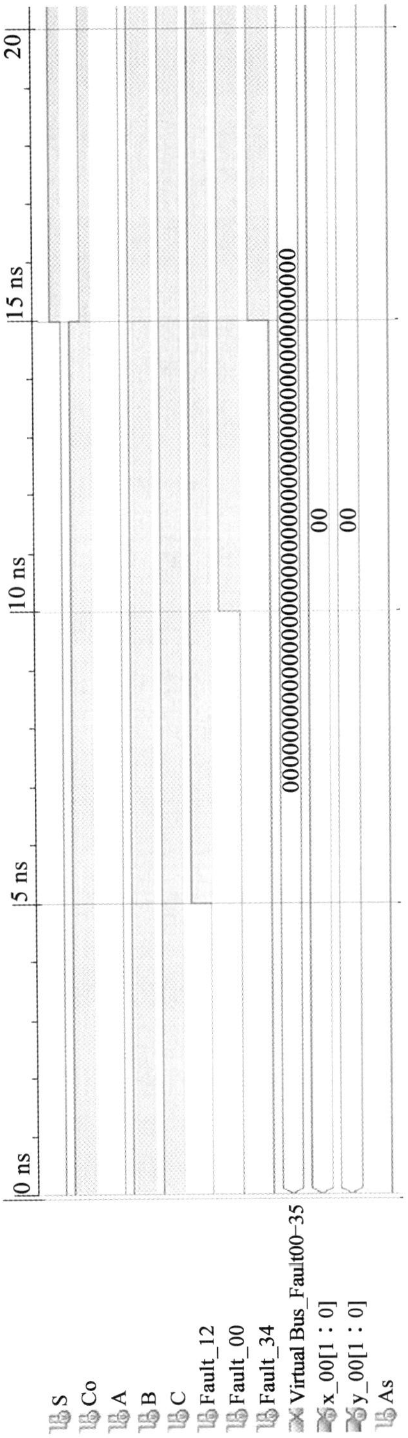

(b)列移除仿真结果

设备利用率概览(预估值)			
逻辑利用率	使用的	可用的	利用率
切片数量	129	768	16%
四输入查找表数量	258	1536	16%
配置完成的IO块数	33	124	26%

(c)列移除资源消耗

图 3-11　全加器资源消耗与列移除仿真结果

然后分析列移除机制的自修复能力及资源消耗情况。上一章为了方便观察自修复的原理和过程,阵列所组成的电路在自修复的时候从不同的端口输出。现在为了对比,和工程应用保持一致,输出端口不进行改变,即 S 从最上面一行最左边第一个细胞的西侧输出,而 C′从最上面一行最右边细胞的东侧输出。设定 5 ns 后第 2 行第 3 列编号为(1,2)的细胞发生故障,15 ns 时第 1 行第 1 列编号为(0,0)细胞发生故障,25 ns 时第 4 行第 5 列编号为(3,4)细胞发生故障,仿真结果如图 3-11(b)所示。

从图 3-11(b)中可以看出输出在 25 ns 第 3 个细胞发生故障时就出现故障,细胞阵列的自修复能力仅为两次。与单细胞替换机制的 8 次相比,差距很大。同时,列移除机制的资源消耗如图 3-11(c)所示。全加器用到的 Slice 数目为 129,4 输入 LUT 输入为 258,IOB 数目为 33。通过对比,可以明显看出单细胞替换的资源消耗要比行(列)移除机制的资源消耗少。

3.5 本章小结

本章首先提出了多细胞阵列体系结构,将阵列的功能实现与自修复设计进行了分离,设计了多细胞阵列体系结构。然后结合生物中真核原核细胞的概念,引入了真核原核电子细胞。对多细胞阵列的自修复机制进行了设计,提出了单细胞替换机制,在具有 n 个备用细胞的条件下能够修复 n 个故障细胞。细胞阵列设计实现较为简单,资源利用率高,以此为基础设计的电路系统不仅可以快速地自修复,同时能够修复更多数目、更多类别的故障细胞。

从阵列结构可以看出,单细胞替换的自修复对于布线要求较高。在自修复机制的选择中需要根据阵列的自修复能力及布线条件来综合考虑。但是工作层分组设计的方法是通用的,真原核细胞结构是通用的,只是,此时原核细胞定义为只包含一组配置信息的电子细胞,有少量的配置存储信息。

总体而言,本章通过阵列功能的分解、细胞的分组降低了电路设计的复杂度和硬件资源的消耗;通过真核、原核结构的引入进一步减少了硬件资源消耗;通过应用单细胞替换机制,提高了电路系统的自修复能力,增强了其可靠性。

第4章　基于细胞簇结构的胚胎电子细胞阵列

目前,胚胎电子细胞阵列中仍然存在电子细胞硬件资源消耗大、自修复过程中资源浪费严重、冗余资源利用率低及可靠性低等问题。

电子细胞硬件资源消耗大,主要是因为电子细胞中过量的基因存储。在经典的胚胎电子细胞结构中,单个电子细胞需要存储整个阵列、整行整列细胞或者周围电子细胞的基因信息,导致电子细胞中的基因存储模块过于庞大,而且随着电子细胞阵列规模的扩大,电子细胞的硬件资源消耗急剧增长,严重限制了胚胎电子细胞阵列的应用。

电子细胞阵列的可靠性、资源利用率等与阵列的自修复方法有关。目前常见的自修复方法主要有行(列)移除方法和单细胞移除方法。其中行(列)移除方法简单有效,是最常用的自修复方法,但是行列移除在自修复的过程中会造成大量的资源浪费,资源利用率较低,导致阵列的可靠性相对较低。单细胞移除的自修复方法可以充分利用阵列中的资源,可靠性较高,但是受经典的胚胎电子细胞阵列结构限制,随着阵列规模的增加,硬件级实现单细胞移除的设计难度较大。

因此,为了有效地解决胚胎电子细胞阵列中基因存储硬件资源消耗大、冗余资源利用率低、可靠性低等问题,就需要对阵列结构进行改进,尽可能地减少电子细胞中的基因备份数量,同时能够在硬件级实现电子细胞的单细胞移除。基于这种思想,本章提出一种新的基于电子细胞簇结构的胚胎电子细胞阵列,详细介绍了电子细胞簇的具体设计方法,提出了一种簇内基因移位的新的故障自修复方法,对电子细胞簇的功能进行了仿真,并分析了电子细胞簇的硬件资源消耗和基于簇结构的电子细胞阵列的可靠性。仿真和分析结果表明,新的电子细胞簇结构,不仅可以实现单细胞移除,而且单个电子细胞仅需要存储自身的基因信息,不需要基因备份,电子细胞的硬件资源消耗大大降低,阵列的可靠性得到提高。

4.1　基于簇的胚胎电子细胞阵列结构

4.1.1　经典结构的胚胎电子细胞阵列

(1)基于二维网格结构的胚胎电子细胞阵列。

经典的胚胎电子细胞阵列是由电子细胞和细胞间的连线构成的二维网格结构,如图4-1所示。

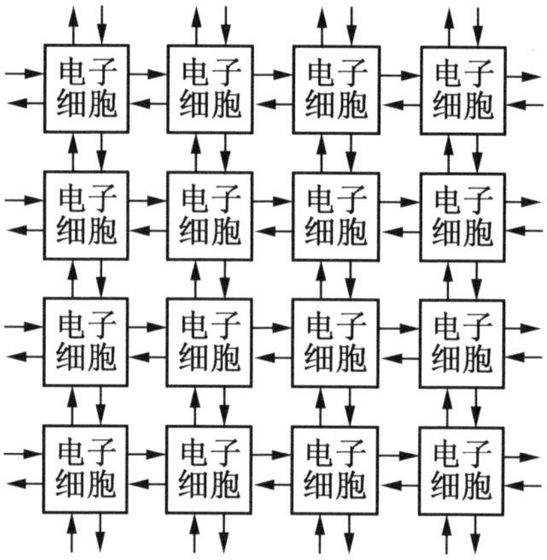

图 4-1 胚胎电子细胞阵列

阵列中每个电子细胞的结构完全相同,一般由基因模块、地址模块、功能模块和开关盒等构成,具体结构如图 4-2 所示。

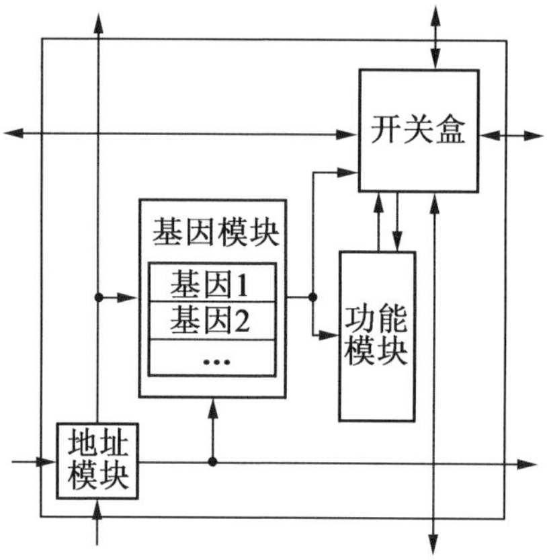

图 4-2 经典的胚胎电子细胞结构

存储着电子细胞具体逻辑功能和细胞与周围细胞连接关系等信息的编码信息称为基因编码或基因;电子细胞在特定基因的控制下实现相应的功能称为基因表达。电子细胞中的基因模块存储着整个阵列(或整行整列)电子细胞的全部基因,每个电子细胞根据地址模块确定自身在阵列中的位置,并确定相应的基因表达。电子细胞中正在表达的基因控制开关盒实现电子细胞与相邻电子细胞间的信号传递,并控制功能模块实现具体的组合和时序逻辑功能。

(2)经典的故障自修复方法。

常见的故障自修复方法主要有行(列)移除自修复方法和单细胞移除自修复方法,如图 4-3 所示。当电子细胞阵列中工作的电子细胞出现故障时,行(列)移除的自修复方法是将故障细胞所在的整行(整列)的电子细胞全部移除,将阵列中空闲行(列)的电子细胞变为工作电子细胞,恢复阵列的逻辑功能。在单细胞移除自修复方法中,当故障电子细胞所在的行(列)中存在空闲电子细胞时,同一行中,故障电子细胞之后的电子细胞依次移位,空闲电子细胞变为工作电子细胞,实现故障修复。

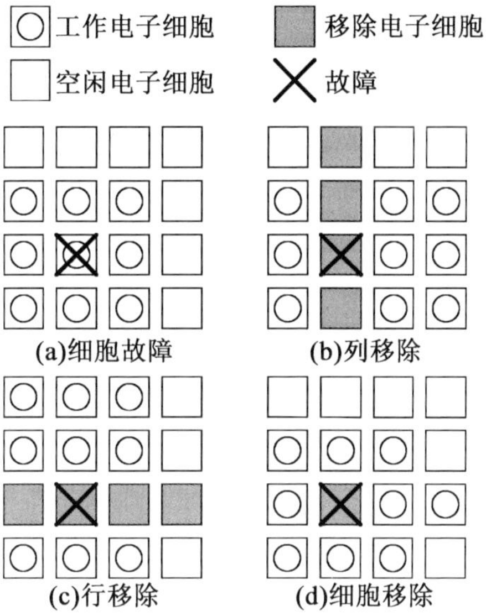

图 4-3　自修复方法

总体上看,经典的胚胎电子细胞结构和自修复方法还存在较多限制。在电子细胞结构上,经典的胚胎电子细胞结构中每个电子细胞都需要存储大量的冗余基因信息,随着阵列规模的增大,存储基因信息需要消耗大量的硬件资源,导致每个电子细胞的硬件资源消耗急剧增加,限制了阵列的规模。在自修复方法上,行(列)移除自修复方法硬件实现简单,但是修复 1 个故障需要移除整行(整列)的电子细胞,资源浪费大,修复代价高;单细胞移除自修复方法修复 1 个故障仅需要移除 1 个电子细胞,但是硬件实现困难。而且随着阵列规模的增加,这两种修复方法在应用中受到的限制也越来越大。因此,为了解决这些问题,本章提出一种基于簇结构的新型胚胎电子细胞阵列。

4.1.2　基于电子细胞簇的阵列结构

一定数量的电子细胞通过内部连接聚集在一起,形成电子细胞簇。一定数量的电子细胞簇之间通过通用布线矩阵(general routing matrix, GRM)连接就构成了基于簇的电子细胞阵列。基于簇的电子细胞阵列如图 4-4 所示。

阵列中所有电子细胞和电子细胞簇的结构都是相同的。电子细胞簇由控制单元、内部连接资源和一定数量的电子细胞构成。在一个电子细胞簇内,通过内部连接,电子细胞的功能输出可以传递给簇内其他电子细胞,而且在簇内控制单元的控制下,电子细胞之间可以相互传递基因信息,并共享簇内检测资源。基于这些簇结构所具有的特性,本章提出一种基于测试资源共享的簇内故障检测方法和基于簇内基因移位的故障自修复方法。

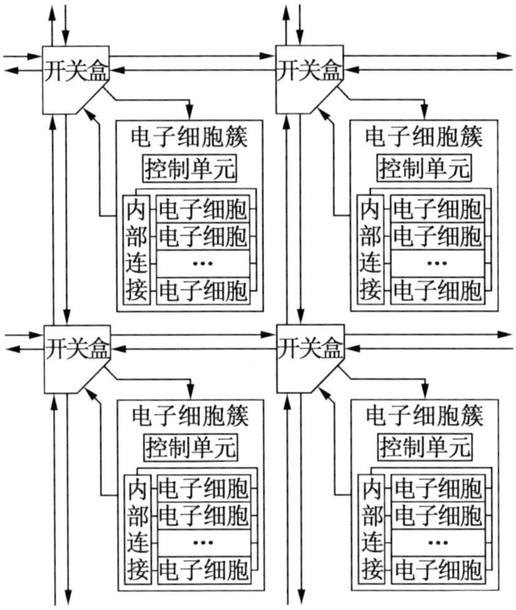

图 4-4 基于簇的电子细胞阵列

4.1.3 基于测试资源共享的簇内故障检测

将簇内故障检测记为 CIST(cluster-in self test),CIST 的基本结构如图 4-5 所示。CIST 结构主要由控制单元内的测试激励产生器和测试响应分析器构成。在控制单元的控制下,测试激励产生器产生并行的测试激励信号,送往簇内所有的电子细胞,电子细胞产生的测试响应返回控制单元,经过测试响应分析器处理,判断电子细胞是否发生故障。

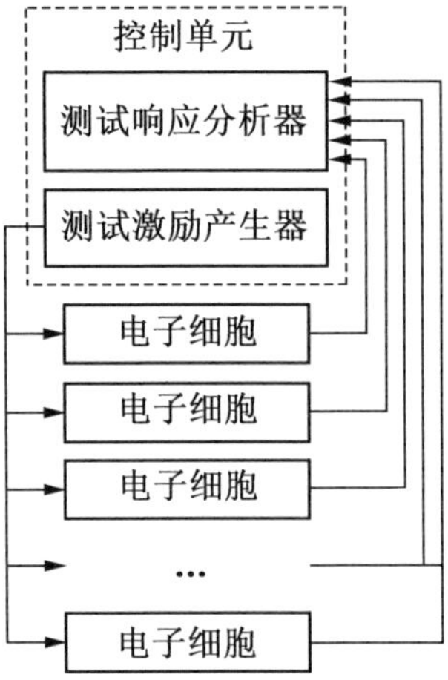

图 4-5 CIST 的基本结构

CIST 将簇内电子细胞的故障检测任务交给控制单元完成,簇内电子细胞可以共享簇内的测试资源,简化了电子细胞的结构。

4.1.4　基于簇内基因移位的故障自修复方法

如图 4-6 所示,C1、C2、C3 代表电子细胞阵列中的 3 个电子细胞簇,假设每个电子细胞簇中有 4 个工作电子细胞和 2 个空闲电子细胞,ⓐ~ⓛ表示工作电子细胞表达的不同基因。当电子细胞簇发生故障时,首先进行故障检测,确定所有电子细胞的正常或故障状态;然后簇内电子细胞的基因开始自上而下进行移位,初始状态时最上方的基因移位至簇内自上而下第 1 个正常状态的电子细胞,第 2 个基因移位至第 2 个正常状态的电子细胞,其余的基因依次按照这种方法进行移位,直到所有需要表达的基因都移位至正常状态的电子细胞时,基因移位停止,此时所有的基因都能够正常表达,实现故障的自修复。基因移位完成时,每个基因移位的距离实际上是此时基因所在正常状态电子细胞上方故障细胞的数量。

例如,当 C1 中表达基因ⓒ的电子细胞发生故障时,经检测,C1 中第 1、2、4、5 个电子细胞正常,因此第 1、2 个电子细胞仍然表达基因ⓐ和基因ⓑ,基因ⓒ移位至第 4 个细胞,基因ⓓ移位至第 5 个细胞,此时第 4、5 两个细胞上方均只有 1 个故障细胞,因此基因ⓒ、ⓓ移位的距离均为 1。当 C2 中相邻的电子细胞发生故障时,经过检测 C2 中第 1、4、5、6 个细胞正常,因此第 1 个细胞仍然表达基因ⓔ,第 4、5、6 个细胞分别表达基因ⓕ、ⓖ、ⓗ,第 4、5、6 细胞上方均有 2 个故障细胞,因此基因的移位距离为 2。当 C3 中不相邻的电子细胞发生故障时,经检测,第 2、3、5、6 个细胞正常,基因ⓘ、ⓙ、ⓚ、ⓛ分别移位至第 2、3、5、6 个细胞,第 2、3 个细胞上方有 1 个故障细胞,因此,基因ⓘ、ⓙ移位距离为 1,第 5、6 细胞上方有 2 个故障细胞,因此基因ⓚ、ⓛ移位距离为 2。

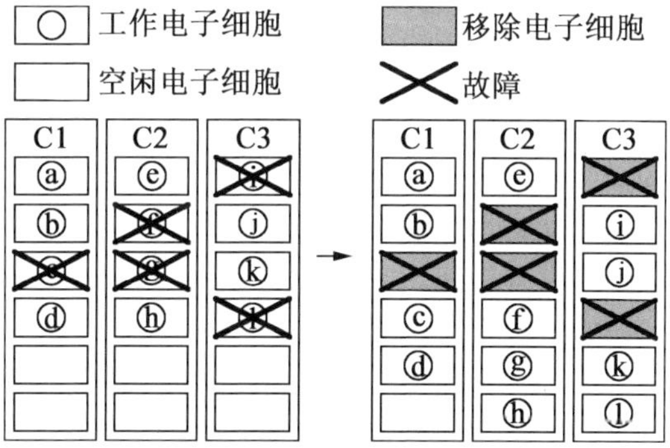

图 4-6　簇结构电子细胞阵列的自修复方法

4.2　电子细胞簇

电子细胞簇由控制单元、簇内开关盒和一定数量的电子细胞构成,具体结构如图 4-7 所示。电子细胞簇中所有的电子细胞结构完全相同,每个电子细胞仅存储自身的基因。在这些电子细胞中,并不是所有的电子细胞的功能输出都能够向电子细胞簇外输出,其中能够向电子细胞簇外输出的电子细胞称为功能细胞或工作细胞,不能向电子细胞簇外输出且不实现具体逻辑功能的电子细胞称为空闲细胞或备份细胞。当电子细胞阵列实现具体的电路功能时,每个电子细胞簇中实现与电路功能相关的具体逻辑功能的基因称为功能基因,每个电子细胞簇能够包含的功能基因的最大个数称为基因容量,在电子细胞簇中只有功能细胞能够表达功能基因,因此基因容量即为电子细胞簇中功能细胞的个数。电子细胞簇中电子细胞的总个数称为细胞容量。基因容量和细胞容量是描述电子细胞簇的两个非常重要的参数,基因容量和细胞容量确定了电子细胞簇的结构和规模。

如图 4-7 所示,记电子细胞簇中的功能细胞个数为 N,则电子细胞簇的基因容量为 N,则经过功能分化,每个电子细胞簇内功能基因的个数只能等于或者少于 N。电子细胞簇中空闲细胞的个数为 M,电子细胞总个数为 S。虽然功能细胞的个数是确定的,但是电子细胞簇中任意位置上的空闲细胞都可以通过基因移位和簇内开关盒选择变为功能细胞。在自修复的过程中,基因按照从上到下顺序移位,因此在电子细胞簇完成功能分化的初始时刻,上方的电子细胞首先被配置为功能细胞,剩下的下方电子细胞被配置为空闲细胞。整个电子细胞簇有 K 个输入,记为 CI,电子细胞簇的输出个数与功能细胞的个数相同,为 N,记为 CO。控制单元的主要功能是产生 CIST 激励,对激励响应进行分析,并控制簇内开关盒进行输出信号的选择,实现电子细胞的 CIST,并控制电子细胞进行基因移位。簇内开关盒在控制单元的控制下,从 S 个电子细胞的输出中选择 N 个输出作为电子细胞簇的输出 CO,并将 CO 反馈至每个电子细胞的输入端。与电子细胞簇的输入 CI 和输出 CO 连接的开关盒实现不同电子细胞簇之间的信号传递。

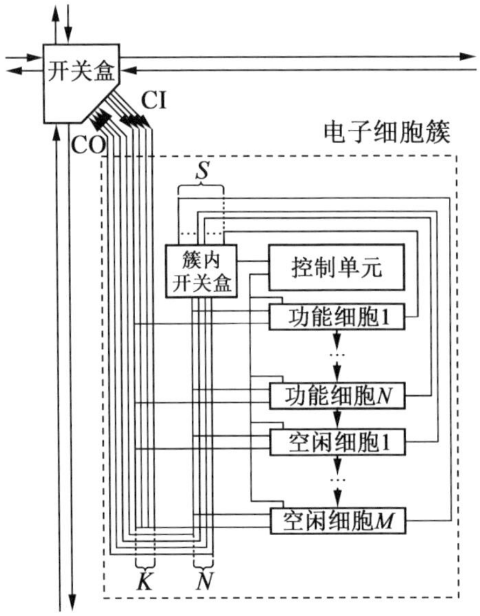

图 4-7 电子细胞簇结构

4.2.1 簇内电子细胞

电子细胞簇中的电子细胞主要由功能模块和基因寄存器两部分构成,具体的结构如图 4-8 所示,“输入信号”即为图 4-7 中电子细胞簇的输入 CI 和反馈输出 CO。功能模块主要实现电子细胞的组合和时序逻辑功能,其中组合逻辑功能由 1 个 16 选 1 的多路选择器 MUX 实现,MUX 的输入为存储在基因寄存器中的“逻辑功能”基因。时序功能由 1 个 D 触发器实现,本书中称为功能 D 触发器。功能 D 触发器的输入与一个由“移位控制”信号控制的 2 选 1 多路选择器相连接,多路选择器其中一个输入信号“移位输入”来自上方相邻电子细胞中功能 D 触发器产生的“移位输出”。功能 D 触发器输出的“移位输出”信号送至下方相邻电子细胞。因此,簇内所有电子细胞中的功能 D 触发器连接起来构成寄存器链,这样设计不仅可以实现所有功能 D 触发器的扫描测试,而且在故障自修复过程中,功能 D 触发器内的时序状态可以通过寄存器链进行传递,这一功能在时序逻辑的自修复中非常重要。基因寄存器的主要功能是存储电子细胞的基因信息,由一定数量的功能 D 触发器构成,簇内相邻电子细胞之间的基因寄存器可以实现基因信息的并行移位。

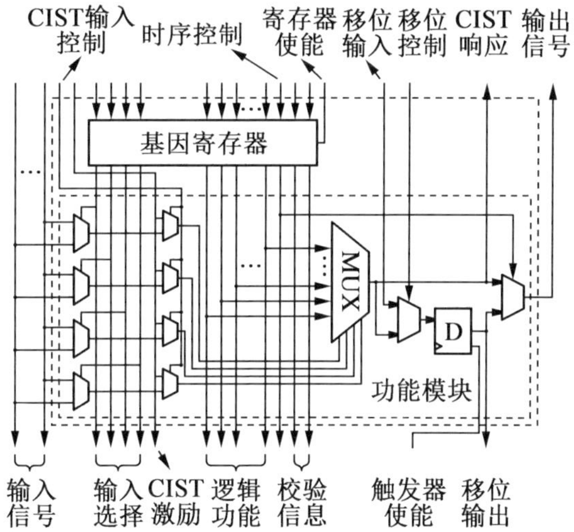

图 4-8　簇内电子细胞结构

在电子细胞阵列运行过程中,电子细胞主要处于 3 种状态,即正常工作状态、故障检测状态和移位修复状态。在电子细胞阵列实现逻辑功能时,电子细胞处于正常工作状态,此时 MUX 的 4 个控制端经过由“CIST 输入控制”信号控制的多路选择器和由存储在基因寄存器中的“输入选择”基因控制的多路选择器,连接至“输入信号”,实现组合逻辑功能。功能 D 触发器在“移位控制”信号和“时序控制”基因的控制下,实现时序逻辑功能。“输出信号”为电子细胞的功能输出。当电子细胞阵列启动故障检测时,电子细胞处于故障检测状态,电子细胞簇内的控制单元发出“CIST 输入控制”信号和“CIST 激励”信号,将“CIST 激励”信号加载至 MUX 的 4 个控制端,此时 MUX 输出的“CIST 响应”信号返回给控制单元,同时存储在基因寄存器中的“校验信息”基因也返回至控制单元,控制单元根据“CIST 响应”和“校验信息”进行响应分析,完成故障检测。当电子细胞簇内的故障检测结束时,电子细胞进入移位修复状态。在移位自修复过程中,基因寄存器在“寄存器使能”信号控制下实现基因移位,与此同时,功能 D 触发器在“触发器使能”信号和“移位控制”信号的控制下实现时序状态的传递。

图 4-8 中输入信号的个数记为 J,则由图 4-7 可知,J 为功能细胞个数 N 和细胞簇输入个数 K 之和。则多路选择器从 J 个信号中选择 1 个信号输出需要$\lceil \log_2(J) \rceil$位控制信号。校验信息是为电子细胞的故障检测和诊断提供判断信息的基因数据。本书中仅考虑 MUX 的固定型故障,校验信息为 2 位的基因数据。记基因编码的长度(数据位数)为 L,则 L 满足式(4-1)。

$$L=4\times\lceil \log_2(J) \rceil+19 \tag{4-1}$$

基因编码的具体组成见表 4-1。表 4-1 中[*]表示相关基因在编码中的具体位置,基因编码的最高位为[L-1],最低位为[0]。在基因编码中,[L-1,19]为 $4\times\lceil \log_2(J) \rceil$位输入选择基因,[18,3]位置上的数据为 16 位逻辑功能基因,[2]位置上的数据为 1 位时序控制基因,[1,0]位置上的数据为 2 位校验信息基因。校验信息基因可以用来对基因编码进行校验,也可以为电子细胞的故障诊断提供特征信息。本书设计的校验信息基因主要针对逻辑功能基因,用来为电子细胞的固定型故障的诊断提供特征信息。当逻辑功能基因中含有编码 1 和编码 0 时,则校验信息为 10;当逻辑功能基因中仅含有编码 1 时,校验信息为 11;当逻辑功能基因中仅含有编码 0 时,校验信息为 00。因此,当对电子细胞进行故障检测诊断时,如果得到的特征信息与校验信息基因不符,则判断为故障,否则,判断为正常。

表 4-1 基因编码的具体组成

输入选择	逻辑功能	时序控制	校验信息
[L-1,19]	[18,3]	[2]	[1,0]

在图 4-2 所示的经典的胚胎电子细胞结构中,每个电子细胞都需要存储大量冗余的基因,随着阵列规模的增加,基因存储需要的硬件资源过大,成为限制阵列规模的主要原因。而簇结构中的电子细胞只需要存储自身的基因,不需要存储其他电子细胞的基因,因此基因存储所需的硬件资源消耗大大降低。而且,由于电子细胞中没有开关盒模块,基因编码的长度也有所降低。另外,簇内电子细胞具有相对完善的簇内故障检测系统,而且通过簇内基因移位的修复方式,可以有效修复时序电路故障,与经典的胚胎电子细胞相比具有一定的优势。

4.2.2 簇内开关盒

簇内开关盒的功能是从 S 个电子细胞的输出中选择 N 个输出作为电子细胞簇的输

出，并将输出反馈至簇内的电子细胞。通过对簇内开关盒的控制，可以保证在基因移位自修复的过程中，电子细胞所连接的输入信号不发生变化，而且电子细胞簇的输出也不发生变化，因此，在基因移位的过程中不需要改变基因信息，与电子细胞簇连接的开关盒也不需要重新配置，使电子细胞簇在硬件级实现自修复。

为了对簇内开关盒的功能进行具体的说明，假设电子细胞簇中含有 6 个电子细胞，其中有 4 个功能细胞分别表达基因 a 至基因 d，剩余 2 个细胞为空闲细胞。则簇内开关盒需要从 6 个电子细胞的输出信号中选择 4 个信号输出，如图 4-9 所示。

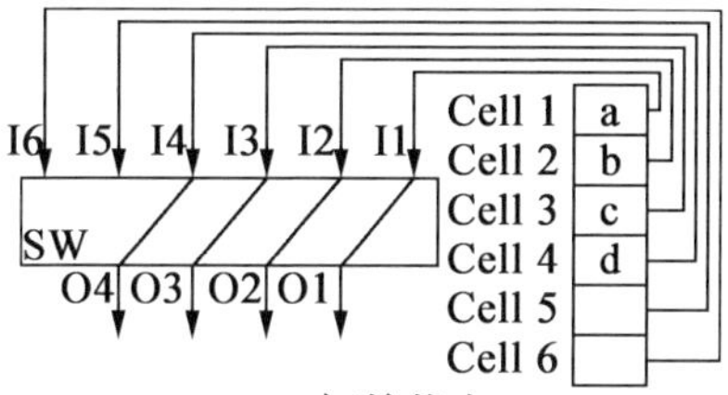

(a)初始状态

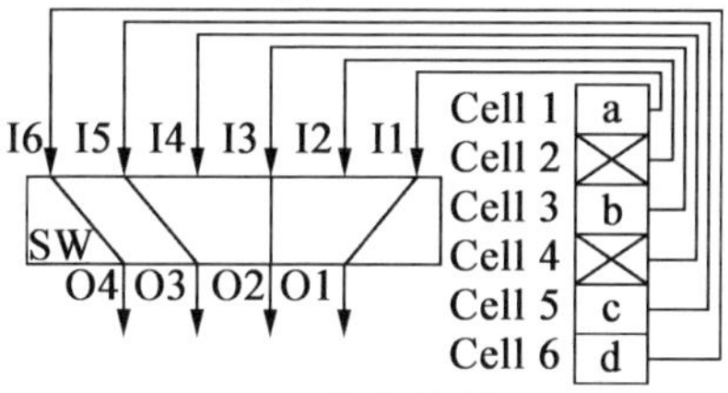

(b)位移选择

图 4-9　簇内开关盒移位选择功能

SW 为簇内开关盒，Cell 1～Cell 6 为电子细胞簇内的 6 个电子细胞，a、b、c、d 为 4 个功能基因。I1～I6 为簇内开关盒的 6 个输入端，分别与电子细胞 Cell 1～Cell 6 的输出连接，O1～O4 为簇内开关盒的 4 个输出端。如图 4-9(a)所示，在电子细胞簇完成功能分化的初始状态，电子细胞 Cell 1～Cell 4 为默认的 4 个功能细胞，分别表达 a、b、c、d 4 个基因功能，簇内开关盒的输出端口 O1～O4 默认选择输入端口 I1～I4 的信号输出。如图 4-9(b)所示，当电子细胞 Cell 2 和 Cell 4 出现故障时，基因 b、c、d 进行移位，Cell 3 表达基因 b，空闲细胞 Cell 5 和 Cell 6 表达基因 c 和 d，变为功能细胞，簇内开关盒中各输出端口选择的输入端口也相应移位，O2 端口选择 I3 输出，O3 端口选择 I5 输出，O4 端口选择 I6 输出。

图 4-9 中的簇内开关盒 SW 由 4 个 3 选 1 多路选择器构成，具体结构如图 4-10 所示。4 个多路选择器分别在控制信号“00”“01”“10”“11”的控制下实现对输入端 I1～I6 的选择。

当簇内电子细胞的个数为 S，功能细胞的个数为 N，空闲细胞的个数为 M 时，簇内开关盒的结构如图 4-11。$I_1 \sim I_S$ 为簇内开关盒的 S 个输入端，$O_1 \sim O_N$ 为簇内开关盒的 N 个输出端，$mux_1 \sim mux_N$ 为构成簇内开关盒的 N 个多路选择器，每个多路选择器输入端个数为 $M+1$，$f_1 \sim f_N$ 为分别控制 $mux_1 \sim mux_N$ 的 N 个控制信号。则多路选择器 mux_i 的输入为

$I_i \sim I_{i+M}$，控制信号为 f_i，f_i 的位宽为$\lceil \log_2(M+1) \rceil$。

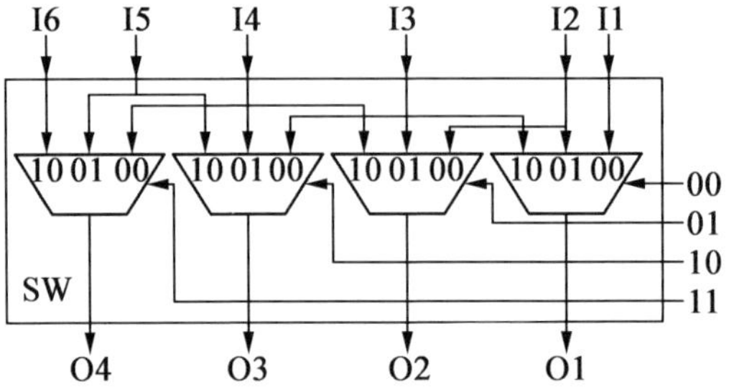

图 4-10 6 输入 4 输出的簇内开关盒

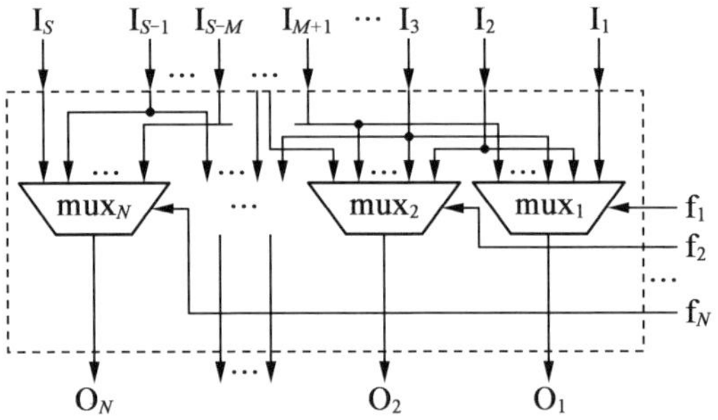

图 4-11 簇内开关盒结构

4.2.3 控制单元

控制单元的主要功能是实现对电子细胞簇内电子细胞的故障检测、基因移位的控制和簇内开关盒的控制。控制单元主要由“4 位计数器”“细胞计数器”“故障计数器”“更新计数器”“功能校验器”“细胞状态寄存器”“簇内开关盒控制信号寄存器”和“移位信号控制寄存器”等构成。电子细胞中采用 16 选 1 的多路选择器作为主要的逻辑单元，因此，采用“4 位计数器”产生 CIST 激励。“功能校验器”主要根据“校验信息”和“CIST 响应”对所有的电子细胞进行故障判断。“功能校验器”对各个电子细胞故障诊断的结果存储在“细胞状态寄存器”中。“细胞计数器”的功能是从第 1 个电子细胞开始，对所有的电子细胞进行遍历。“故障计数器”和“更新计数器”的主要功能是分别计算电子细胞中故障细胞和正常细胞的个数。“移位信号控制寄存器”为电子细胞中基因和功能 D 触发器提供移位控制信号。“簇内开关盒控制信号寄存器”为簇内开关盒提供控制信号。控制单元的组成结构如图 4-12 所示，图中粗实线表示多路信号线。

控制单元的主要输入信号主要包括来自阵列的“故障信号”“复位信号”和来自簇内电子细胞的“校验信息”“CIST 响应”，主要输出包括送往阵列的“修复完成”“故障个数”“故障进位”“正常个数”“正常进位”信号和送往电子细胞的“CIST 激励”信号、“移位控制信号”和送往簇内开关盒的“簇内开关盒控制信号”。

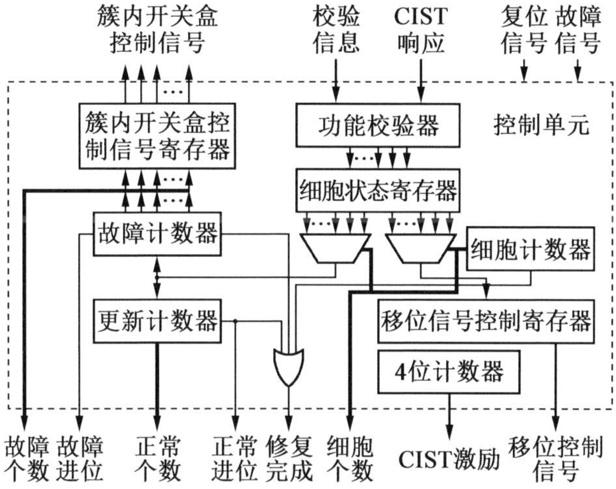

图 4-12　控制单元组成结构

在故障自修复的过程中,控制单元按照运行状态,可分为复位状态、CIST 故障检测状态和移位控制状态。当控制单元接收到来自阵列的“故障信号”和“复位信号”时,控制单元被激活,首先进入复位状态,控制单元中所有的计数器和寄存器同步复位。复位完成后,控制单元进入 CIST 故障检测状态,对簇内所有电子细胞采用并行检测的方法,“4 位计数器”产生 4 位的 CIST 激励信号送往所有的电子细胞,“功能校验器”接收来自所有电子细胞的“CIST 响应”信号和存储在电子细胞基因寄存器中的“校验信息”,“功能校验器”根据“校验信息”对“CIST 响应”信号进行分析和判断,并将判断结果送往“细胞状态寄存器”。“细胞状态寄存器”更新后,CIST 故障检测状态结束,“细胞计数器”激活,控制单元进入移位控制状态。“细胞状态寄存器”输出各电子细胞的状态信息,“细胞计数器”控制多路选择器从第 1 个电子细胞开始遍历所有的电子细胞,依次输出各个电子细胞的状态。“移位控制信号寄存器”根据细胞状态寄存器的输出产生“移位控制信号”,控制所有电子细胞的基因移位和功能 D 触发器移位。“故障计数器”和“更新计数器”根据输出的电子细胞状态值,进行计数,当电子细胞发生故障时,“故障计数器”计数,否则“更新计数器”计数,当更新计数器计数时,激活“簇内开关盒控制信号寄存器”存储当前“故障计数器”中的“故障个数”信号,此时的“故障个数”信号即为簇内开关盒中相应多路选择器的控制信号。“故障计数器”的最大计数值为电子细胞簇中空闲细胞的个数,如果计数值超过空闲细胞个数,说明电子细胞簇没有足够的电子细胞实现故障自修复,“故障计数器”输出“故障进位”信号,控制单元返回“修复完成”信号,修复失败。“更新计数器”的最大计数值为电子细胞簇中正常细胞的个数,当计数值达到最大计数值时,“更新计数器”输出“更新进位”信号,此时基因移位已经完成,簇内开关盒也已经在“簇内开关盒控制信号寄存器”的控制下实现移位选择,控制单元返回“修复完成”信号,修复成功。另外,在控制单元正常工作情况下,“细胞计数器”的计数值等于“故障计数器”和“更新计数器”的计数值之和,否则,计数器出现故障,因此,可以利用这一特点对控制单元进行简单的故障自检。

(1)计数器。

控制单元中“4 位计数器”“细胞计数器”“故障计数器”和“更新计数器”都是典型的具有计数、保持、置位等功能的同步计数器,并且具有进位输出,具有相似的结构形式。计数器的设计方法很多,本节以“4 位计数器”为例,给出一种基于功能 D 触发器和多路选择器的设计方法,如图 4-13 所示。

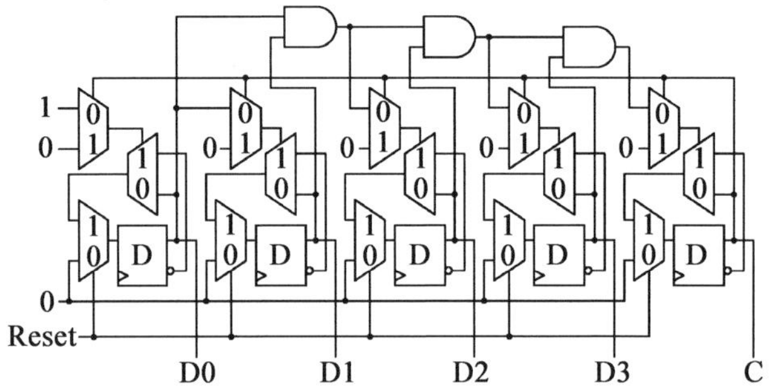

图 4-13 4 位计数器

“4 位计数器”中有 5 个功能 D 触发器,4 个用来完成计数功能,1 个用来保存进位结果。“Reset”为置位信号,低电平置位。D3 ~ D0 为计数器输出,D0 为最低位,D3 为最高位。“C”为进位输出,触发沿来临时,即当 D3 ~ D0 为“1111”时,进位触发器更新进位数据,进位输出“C”为 1,同时锁定 5 个触发器,“4 位计数器”保持当前的计数值。“细胞计数器”“故障计数器”和“更新计数器”与“4 位计数器”的结构非常相似,只是计数器中触发器个数和控制逻辑稍有不同,这里不再赘述。

(2)功能校验器。

功能校验器根据来自各个电子细胞的“CIST 响应”信号,判断响应信号中是否存在逻辑 0 信号和逻辑 1 信号,然后将校验结果与来自电子细胞的“校验信息”进行比较,判断电子细胞故障。如图 4-14 所示,“Check 1” ~ “Check *S*”为阵列中所有的 *S* 个电子细胞的故障检测结果。每个电子细胞的“CIST 响应”信号送往一对与功能 D 触发器构成反馈连接的与门和或门,分别实现对响应信号中逻辑 0 和逻辑 1 的检测,并将检测结果与来自细胞的校验信息进行对比,图中“COMP”为比较器,当检测结果与校验信息相同时,输出逻辑 1,否则输出逻辑 0。

(3)细胞状态寄存器。

细胞状态寄存器的具体结构如图 4-15 所示。细胞状态寄存器的输入主要为功能校验器输出的 *S* 个电子细胞的故障检测结果和“Reset”复位信号,输出为细胞状态信号和移位状态信号。其中,输出细胞状态信号的 *S* 个触发器存储着簇内电子细胞的正常或故障状态信息,将这些触发器称为“当前细胞状态寄存器”。“当前细胞状态寄存器”只在电子细胞阵列初始化时进行置位,在自修复的过程中不进行置位,保留着簇内电子细胞自完成功能分化至当前时刻的状态信息。输出移位状态信号的 *S* 个触发器存储着电子细胞簇的移位状态信息，将这些触发器称为“移位状态寄存器”。“移位状态寄存器”在进行故障自修复前需要进行置位。

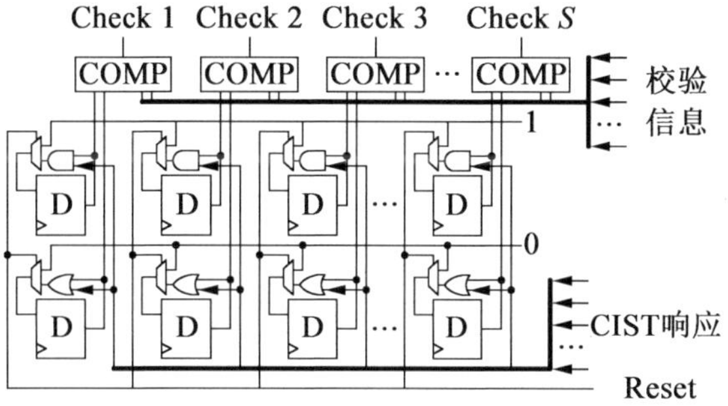

图 4-14　功能校验器

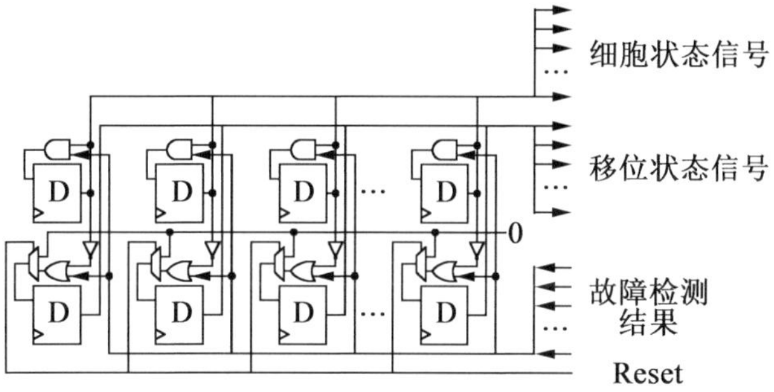

图 4-15　细胞状态寄存器

因为功能校验器输出的故障检测结果中，逻辑“1”表示细胞无故障，逻辑“0”表示细胞有故障，因此逻辑“1”表示电子细胞的正常状态，逻辑“0”表示电子细胞的故障状态。“当前细胞状态寄存器”初始时刻置位为全“1”，“移位状态寄存器”在置位时置位为全“0”。“当前细胞状态寄存器”的输出与故障检测结果相“与”，作为“当前细胞状态寄存器”的输入。“当前细胞状态寄存器”中存储的细胞状态数据取反，与故障检测结果相“或”作为“移位状态寄存器”的输入。因此，当某个电子细胞被判断为故障后，该电子细胞的状态将被“当前细胞状态寄存器”记录为故障状态“0”，直至系统失效或发生重构，避免了间歇故障等故障的影响。只有当原本正常的电子细胞（“当前细胞状态寄存器”中记录为“1”）变为故障状态（故障检测结果为“0”）时，“移位状态寄存器”在触发沿到来时才记录为“0”，即移位，否则记录为“1”，即不移位。因此，只有新的故障发生时，簇内电子细胞才发生移位。

（4）控制信号寄存器。

簇内开关盒控制信号寄存器存储着簇内开关盒的控制信号，由 N 行 $\lceil \log_2(M+1) \rceil$ 列功能 D 触发器构成，具体结构如图 4-16 所示。N 为电子细胞簇中的工作细胞个数，M 为空闲细胞个数。$f_1 \sim f_N$ 为控制簇内开关盒中 N 个多路选择器的控制信号。

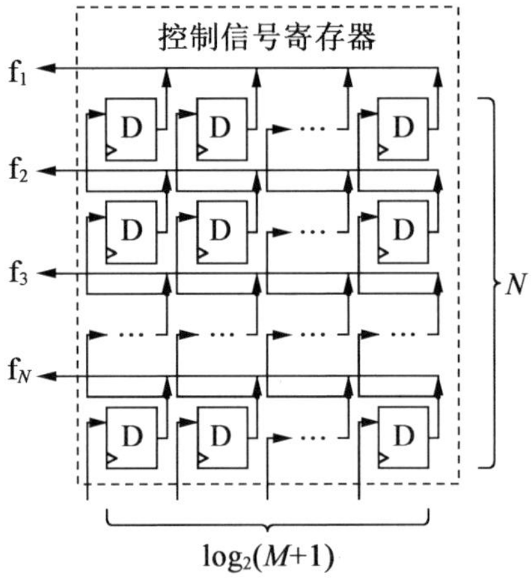

图 4-16 簇内开关盒控制信号寄存器

(5)移位信号控制寄存器。

移位信号控制寄存器产生控制电子细胞基因寄存器和功能 D 触发器移位的控制信号。移位信号控制寄存器具体结构如图 4-17 所示。

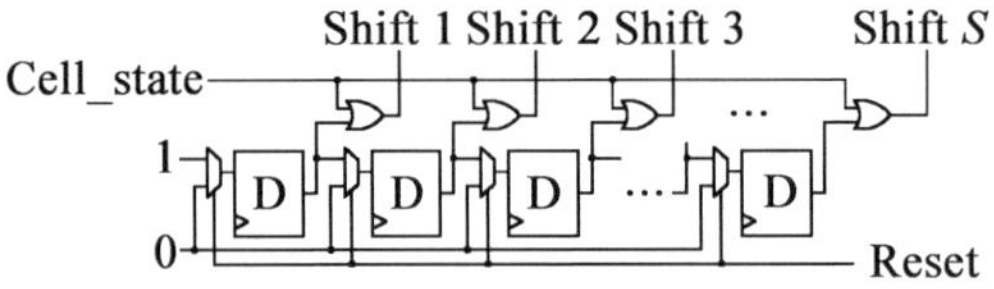

图 4-17 移位信号控制寄存器

“Reset”为置位信号,低电平置位,置位后寄存器内功能 D 触发器的值为 0。“Cell_state”为来自细胞状态寄存器的细胞状态信号,“Cell_state”为 1 时表示细胞正常,为 0 时表示细胞发生故障。“Shift 1”~“Shift S”分别为控制 S 个电子细胞移位的控制信号,当控制信号为逻辑 0 时,对应的电子细胞中基因寄存器和功能 D 触发器移位,否则,不移位。随着细胞计数器计数,移位信号控制寄存器中 S 个功能 D 触发器内存储的逻辑值依次由 0 变为 1,即依次锁定相应的控制信号为逻辑 1。

4.3 簇内故障检测与自修复仿真实验

为了对电子细胞簇的功能进行验证,在 Xilinx ISE Design Suite 12.2 环境下进行仿真实验。实验选用如图 4-18 所示的 3 输入 4 输出的累计加法器作为目标电路,用一个电子细胞簇实现累计加法器的功能。实验中设定电子细胞簇内电子细胞个数为 6,其中 4 个为功能细胞,2 个为空闲细胞,则电子细胞簇的输出为 4,电子细胞簇的输入个数设为 10。

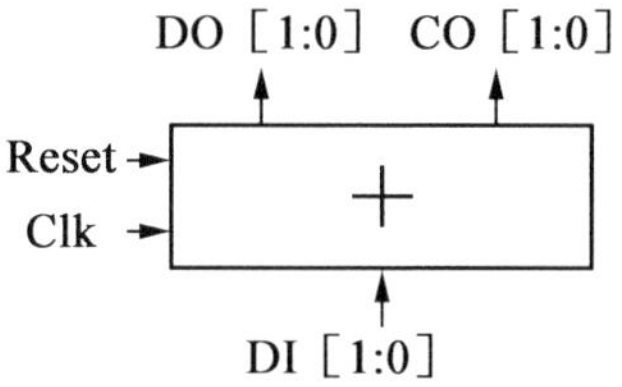

图 4-18　累计加法器

图 4-18 所示为具有置位和自检功能的 2 位累计加法器,“Reset”为置位输入,“Clk”为时钟,“DI[1:0]”为 2 位数据输入,“DO[1:0]”为 2 位数据输出,“CO[1:0]”为 2 位自检输出。累计加法器采用时钟上升沿触发,主要功能是将输入数据与当前加法器中存储的数据相加,计算相加的结果,并在时钟上升沿将计算结果保存至加法器,实现计算累加和的功能。本节中,累计加法器的输出端“DO[1:0]”输出当前加法器中存储的数据,“CO[1:0]”输出当前输入数据,为“DI[1:0]”与存储数据“DO[1:0]”之和。因此,可以根据“CO[1:0]”“DI[1:0]”和“DO[1:0]”3 个数据的关系实现累计加法器的自检。当任意时刻出现“CO[1:0]”的输出值不为“DI[1:0]”和“DO[1:0]”之和的情况,则电路发生故障。

电子细胞簇实现累计加法器时,需要 4 个电子细胞单元,各电子细胞的布局布线结果如图 4-19 所示。图 4-19 中电子细胞簇的输入为 10 位数据线,最高位设定为输入逻辑 0。低 3 位分别为置位输入“Reset”,和 2 位数据输入“DI”。“DO”和“CO”4 位数据线为电子细胞簇的输出,分别为累加器的 2 位数据输出和 2 位自检输出。“gene 1”~“gene 6”为电子细胞簇内存储的基因。其中“gene 1”~“gene 4”为功能基因,“gene 5”和“gene 6”为空闲基因。

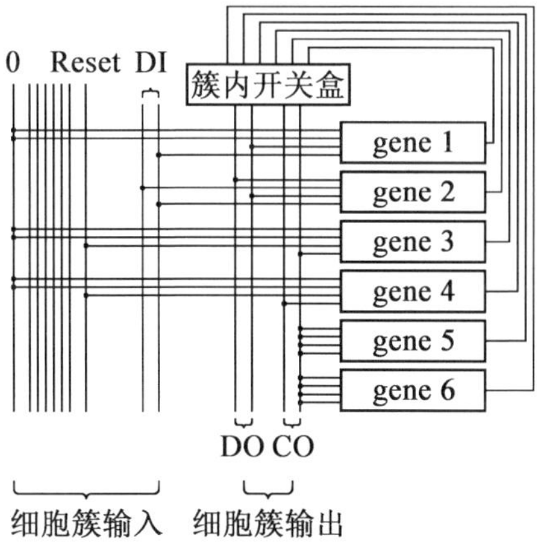

图 4-19　累计加法器的布局布线结果

基因编码共由 35 位 0/1 数据构成,采用 16 进制表示,见表 4-2。

表 4-2 基因编码

基因	编码
gene 1	6e9233332
gene 2	1a9243bc2
gene 3	6eb044446
gene 4	6eb0c4446
gene 5	000000004
gene 6	000000004

累计加法器仿真结果如图 4-20 所示(见书后插页)。cluster_in[9:0]为电子细胞簇的 10 位数据输入线,cluster_in[2]为置位信号,cluster_in[1:0]为累计加法器的 2 位数据输入。cluster_out[3:0]为电子细胞簇的 4 位输出信号,cluster_out[3:2]为 2 位累计加法器的数据输出,cluster_out[1:0]为 2 位自检输出。d_state1~d_state6 为 6 个电子细胞中功能 D 触发器的状态。completed 为修复完成信号,高电平表示修复完成。fault_carry 为故障进位信号,高电平表示修复失败。update_carry 为更新进位信号,高电平表示修复成功。bist_gen[3:0]为 4 位 CIST 激励信号。fault 为故障信号,高电平表示电子细胞簇出现故障。fault_load 为故障注入信号,高电平表示注入固定 1 型故障,低电平表示注入固定 0 型故障。Reset 为置位信号,低电平有效。load 为基因配置信号,高电平时表示电子细胞簇在进行基因配置。clk 为系统时钟。

如图 4-20 所示,一个时钟周期为 20 ns。0~110 ns 电子细胞簇进行基因配置。110~200 ns 电子细胞簇正常运行累计加法器功能,cluster_out[1:0]的值为 cluster_out[3:2]的值和 cluster_in[1:0]的值之和。因为 cluster_in[9:0]不变,因此每个时钟上升沿,累计加法器的数据输出值加 1。200 ns 时刻,对第 2 个电子细胞注入固定 1 型故障,此时 cluster_out[1:0]值为"11",cluster_out[3:2]值为"11",cluster_in[1:0]值为"01",自检到故障,假设系统在此时立即激活电子细胞簇进入故障自修复过程。修复过程主要分为 3 个步骤,具体如下:

(1)控制单元置位。在接收到故障信号时,控制单元首先对计数器、寄存器等进行置位。如图 4-20 中的 200~220 ns,Reset 信号保持 1 个系统时钟的低电平,控制单元在时钟上升沿完成置位。

(2)簇内故障检测。控制单元中的"4 位计数器"产生 CIST 激励信号,"功能校验器"接收 CIST 响应信号,并进行故障检测判断,将判断结果保存至"细胞状态寄存器"。如图 4-20 所示,210~530 ns,bist_gen[3:0]产生"0000"~"1111"共 16 个 CIST 激励信号,与此同时,"功能校验器"完成故障检测和判断。550 ns,判断结果存储在"细胞状态寄存器"。

(3)移位修复。控制单元中"细胞计数器"从第 1 个细胞开始计数,控制多路选择器依次输出存储在"细胞状态寄存器"中的各电子细胞状态,电子细胞根据状态值进行移位,“故障计数器”和“更新计数器”根据状态值分别进行计数。550～570 ns,输出第 1 个电子细胞状态,细胞正常,不发生移位,更新计数器计数;570～590 ns,输出第 2 个细胞状态,细胞故障,第 2 至第 6 个电子细胞的基因和功能 D 触发器进行移位,故障计数器计数;590～650 ns,第 3 至第 5 个细胞均正常,不发生移位,650 ns 时更新计数器计数到达最大值,update_carry 进位输出信号变为高电平,同时 completed 修复完成信号变为高电平,故障修复完成,修复成功。

650～700 ns 电子细胞簇重新实现累计加法器功能,且 650 ns 电子细胞簇恢复至 200 ns 故障发生之前时刻的计算状态,计算可继续运行,不需要重新开始进行计算,这对于需要长时间连续运算的系统来说,具有十分重要的意义。这种电子细胞簇结构及自修复方法不仅可以通过基因移位实现硬件故障的自修复,而且在自修复过程中保存了系统运行的中间状态,节省了大量的运算时间,提高了系统的可靠性和工作效率。

4.4　可靠性及硬件资源消耗分析

4.4.1　可靠性分析

当经典的胚胎电子细胞阵列和基于电子细胞簇结构的胚胎电子细胞阵列实现相同的电路时,设实现电路需要的电子细胞个数为 P,阵列中空闲电子细胞个数为 Q,记电子细胞的总个数为 V。经典的胚胎电子细胞阵列中工作细胞的行数为 α,列数为 β,采用列移除的自修复方法,为使这种情况下阵列的 MTTF(平均无故障时间)值最大,设电子细胞阵列的行数为 α,列数为 φ。电子细胞簇中电子细胞个数为 S,基因容量为 N,空闲细胞个数为 M,阵列中电子细胞簇的个数为 U,当功能细胞个数为 4～10 时,电子细胞簇的延时、面积等性能最优,本节中设定电子细胞簇基因容量为 4。采用簇内基因移位的自修复方法,为了尽量保守地估计电子细胞簇阵列的 MTTF 值,V、α、β、φ、U 和 M 的取值如式(4-2)和式(4-3)。

$$\begin{cases} V=P+Q \\ \alpha=\lceil \sqrt{P} \rceil \\ \beta=\lceil \dfrac{P}{\alpha} \rceil \\ \varphi=\lceil \dfrac{V}{\alpha} \rceil \end{cases} \tag{4-2}$$

$$\begin{cases} U=\lceil \dfrac{P}{4} \rceil \\ M=\lfloor \dfrac{Q}{U} \rfloor \end{cases} \tag{4-3}$$

假设每个电子细胞的可靠度为 $r(t)=e^{-\lambda t}$,其中 $\lambda=10^{-6}\ h^{-1}$。则采用行移除的经典胚胎电子细胞阵列的可靠度记为 $R_a(t)$：

$$R_a(t) = \sum_{i=\beta}^{\varphi} C_{\varphi}^{i} e^{-\lambda\alpha t i}(1 - e^{-\lambda\alpha t})^{\varphi-i} \tag{4-4}$$

MTTF 值记为 $MTTF_a$：

$$MTTF_a = \int_0^{+\infty} R_a(t)\,dt \tag{4-5}$$

基于电子细胞簇的电子细胞阵列的可靠度记为 $R_c(t)$：

$$R_c(t) = \left(\sum_{j=4}^{4+M} C_{4+M}^{j} e^{-\lambda t j}(1 - e^{-\lambda t})^{4+M-j}\right)^{U} \tag{4-6}$$

MTTF 值记为 $MTTF_c$：

$$MTTF_c = \int_0^{+\infty} R_c(t)\,dt \tag{4-7}$$

在总的电子细胞个数相同的情况下，当阵列中实现的电路规模和空闲细胞个数变化时，由图 4-21 可以看出：

(1) 当电路规模确定时，随着电子细胞阵列中空闲电子细胞个数的增加，$MTTF_a$ 和 $MTTF_c$ 的值升高，而且 $MTTF_c$ 的上升速度远大于 $MTTF_a$，$MTTF_c$ 的值也远大于 $MTTF_a$。说明基于簇结构的胚胎电子细胞阵列的资源利用率更高，因此 MTTF 值更高。

(2) 当阵列中空闲细胞个数不足电路规模的 1/4 时，经典电子细胞阵列的 MTTF 值高于簇基因容量为 4 的胚胎电子细胞阵列。这主要是因为受到簇结构中基因容量和细胞容量的限制，当阵列中空闲电子细胞个数不足电路规模的 1/4 时，无法保证每个电子细胞簇中至少存在 1 个空闲细胞，导致可靠性低。因此，为了保证具有更高的可靠性，可以根据电路规模的大小，选用不同基因容量和细胞容量的电子细胞簇结构。

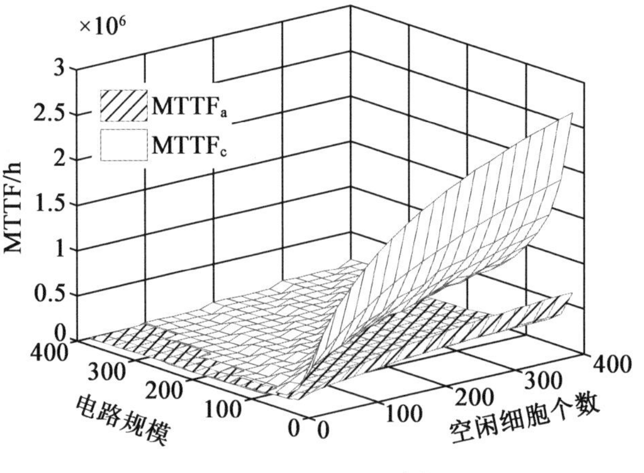

图 4-21 MTTF 对比

4.4.2 硬件资源消耗分析

以 MOS 管数量估计电子细胞簇的硬件资源消耗。设定电子细胞簇的基因容量为 N，空闲细胞个数为 M，细胞容量为 S，电子细胞簇输入个数为 K。当 K 的值为 $2N+2$ 时，电子细胞簇在逻辑利用率和簇输入个数之间达到较好的平衡，因此本节设定 K 值为 $2N+2$。

由 4.2 节已经给出的电子细胞簇中电子细胞、簇内开关盒、控制单元等结构，估计电子细胞簇的 MOS 管数量。假设本节中所有的多路选择都由 2 选 1 多路选择器组合而成，记 1 个 2 选 1 多路选择器的 MOS 管数量为 A，基于传输管结构的 2 选 1 多路选择器的 MOS 管数量为 8，功能 D 触发器的 MOS 管数量为 24，与门、或门的 MOS 管数量为 6，异或门的 MOS 管数量为 9，非门的 MOS 管数量为 2。

（1）簇内开关盒的资源消耗模型。

簇内开关盒的结构如图 4-11 所示，由 N 个 $M+1$ 输入的多路选择器构成，这些多路选择器由 2 选 1 多路选择器级联构成，簇内开关盒的 MOS 管数量记为 HS：

$$\mathrm{HS} = A \times \sum_{i=1}^{\lceil \log_2(M+1) \rceil} \lceil (M+1)/2^i \rceil \times N \tag{4-8}$$

（2）控制单元的资源消耗模型。

4 位计数器的结构如图 4-13 所示，包括 4 位数据输出和 1 位进位输出，每个输出对应 1 个 D 触发器和 3 个 2 选 1 多路选择器，另外包括 3 个与门构成的进位控制逻辑。4 位计数器的 MOS 管数量记为 HC_1：

$$\mathrm{HC}_1 = (24+A\times3)\times5+6\times3 \tag{4-9}$$

细胞计数器、故障计数器和更新计数器与 4 位计数器的结构非常相似，仅计数位数和进位控制逻辑稍有不同，在进行硬件资源消耗估计时进位控制逻辑可忽略不计。细胞计数器的 MOS 管数量记为 HC_2：

$$\mathrm{HC}_2 = (24+A\times3)\times(\lceil \log_2(S) \rceil+1)+6\times(\lceil \log_2(S) \rceil-1) \tag{4-9}$$

故障计数器、更新计数器与细胞计数器的计数位数相同，3 个计数器具有相同的 MOS 管数量，故障计数器的 MOS 管数量记为 HC_3，更新计数器的 MOS 管数量记为 HC_4：

$$\mathrm{HC}_3 = \mathrm{HC}_4 = \mathrm{HC}_2 \tag{4-10}$$

功能校验器的结构如图 4-14 所示，每个 CIST 响应信号对应 2 个功能 D 触发器、2 个 2 选 1 多路选择器、1 个与门、1 个或门和 1 个 4 输入比较器。4 输入比较器由 2 个 2 输入异或门和 1 个 2 输入或门构成。功能校验器的 MOS 管数量记为 HC_5：

$$\mathrm{HC}_5 = (24\times2+A\times2+6\times2+9\times2+6)\times S \tag{4-11}$$

控制信号寄存器的结构如图 4-16 所示，由 N 行、$\lceil \log_2(M+1) \rceil$ 列的功能 D 触发器构成，MOS 管数量记为 HC_6：

$$\mathrm{HC}_6 = 24\times N\times\lceil \log_2(M+1) \rceil \tag{4-12}$$

细胞状态寄存器的结构如图 4-15 所示，由 $2S$ 个功能 D 触发器、S 个 2 选 1 多路选择器、S 个 2 输入与门、S 个 2 输入或门和 S 个非门组成，MOS 管数量记为 HC_7：

$$\mathrm{HC}_7 = S\times(2\times24+A+2\times6+2) \tag{4-13}$$

移位信号控制寄存器的结构如图 4-17 所示，每个移位控制信号对应 1 个功能 D 触发器、1 个 2 选 1 多路选择器和 1 个或门，MOS 管数量记为 HC_8：

$$\mathrm{HC}_8 = (24+A+6)\times S \tag{4-14}$$

如图 4-12 所示,控制单元中还包括 $2S$ 个输入的多路选择器和 1 个 3 输入或门(由 2 个 2 输入或门级联构成)。则总的 MOS 管数量记为 HC_9:

$$HC_9 = 2 \times A \times \sum_{i=1}^{\lceil \log_2 S \rceil} \lceil S/2^i \rceil + 6 \times 2 \tag{4-15}$$

控制单元总的 MOS 管数量记为 HC:

$$HC = \sum_{i=1}^{9} HC_i \tag{4-16}$$

(2)电子细胞的资源消耗模型。

电子细胞结构如图 4-8 所示,其中基因寄存器为电子细胞的基因存储模块,由 L 个功能 D 触发器构成,L 为基因长度,如式(4-17),基因寄存器的 MOS 管数量记为 HG:

$$HG = 24 \times L \tag{4-17}$$

电子细胞中除去基因存储模块,还包括 4 个 $K+N$ 个输入的多路选择器、1 个 16 输入的多路选择器、6 个 2 选 1 多路选择器和 1 个功能 D 触发器构成。16 输入的多路选择器由 15 个 2 选 1 多路选择器级联而成,$K+N$ 输入的多路选择器由 $\sum_{i=1}^{\lceil \log_2(K+N) \rceil} \lceil (K+N)/2^i \rceil$ 个 2 选 1 多路选择器级联而成。因此,电子细胞的 MOS 管数量记为 HE:

$$HE = HG + A \times \sum_{i=1}^{\lceil \log_2(K+N) \rceil} \lceil (K+N)/2^i \rceil \times 4 + A \times 21 + 24 \tag{4-18}$$

(3)电子细胞簇的资源消耗模型。

记构成电子细胞簇的总的 MOS 管数量为 H:

$$H = HS + HC + HE \times S \tag{4-19}$$

记簇内开关盒在电子细胞簇中的资源占用率为 U_S:

$$U_S = \frac{HS}{H} \tag{4-20}$$

记控制单元在电子细胞簇中的资源占用率为 U_C:

$$U_C = \frac{HC}{H} \tag{4-21}$$

记电子细胞在电子细胞簇中的资源占用率为 U_E:

$$U_E = \frac{HE \times S}{H} \tag{4-22}$$

记基因寄存器在电子细胞簇中的资源占用率为 U_G:

$$U_G = \frac{HG \times S}{H} \tag{4-23}$$

当电子细胞簇的基因容量在 4~10 变化,空闲细胞个数在 1~10 变化时,电子细胞簇中各模块的资源占用率如图 4-22 所示。随着基因容量和空闲细胞个数的变化,簇内开关盒、控制单元和电子细胞在整个电子细胞簇中的资源占用率主要呈现以下两个特点:

(1)控制单元、电子细胞的资源占用率基本保持稳定,其中电子细胞的资源占用率最高,约为0.8;控制单元的资源占用率较低,约为0.2;簇内开关盒的资源占用率最低,可忽略不计。

(2)随着基因容量的增大和空闲细胞个数的增加,电子细胞所占的比例越来越大,控制单元所占的比例越来越小。当基因容量为4,空闲细胞个数为1时,电子细胞的资源占用率为0.775 2;控制单元的资源占用率为0.221 5。当基因容量为10,空闲电子细胞个数为10时,电子细胞的资源占用率升高至0.847 6,控制单元的资源占用率降低至0.133 2。

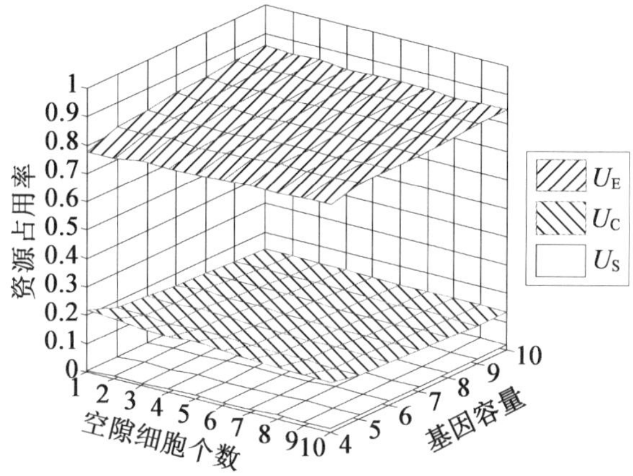

图4-22　硬件资源占用率

如图4-23所示,随着空闲细胞个数和基因容量的变化,基因存储器的资源占用率U_G基本保持稳定,为0.4~0.5。

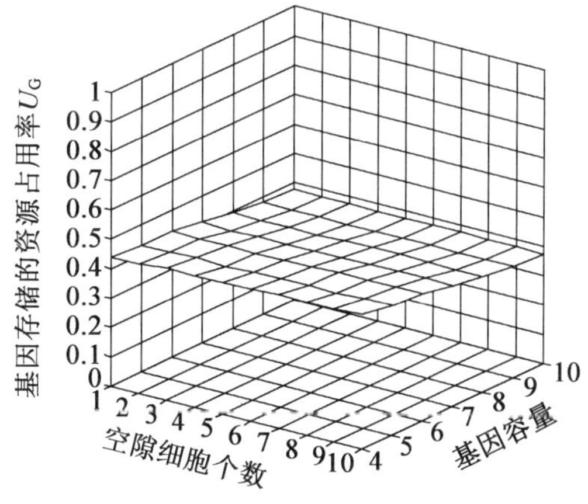

图4-23　基因存储的硬件资源占用率

基因存储的硬件资源消耗过大是造成电子细胞阵列硬件资源消耗大,限制电子细胞阵列规模的关键原因。在经典的胚胎电子细胞阵列中,基因存储的硬件消耗占所有硬件消耗的90%以上;在电子细胞簇中,基因存储的硬件消耗约占到50%。因此,本节对经典胚胎电子细胞阵列和基于簇结构的电子细胞阵列中基因存储的硬件消耗进行对比分析。

经典的胚胎电子细胞结构如图 4-2 所示,其中开关盒至少由 4 个 4 选 1 多路选择器构成,每个多路选择器有 2 位控制信号;功能模块一般由 16 位的 LUT 和功能 D 触发器构成,LUT 有 4 个输入端,每个输入端至少从开关盒 4 个方向的输入信号中选择 1 个信号,因此 LUT 的每个输入端连接 1 个 4 选 1 多路选择器,每个多路选择器有 2 位控制信号。因此,经典的胚胎电子细胞中,基因至少有 33 位编码,具体的电子细胞基因信息见表 4-3。

表 4-3 电子细胞基因信息

开关盒	输入选择	时序控制	逻辑功能
[32,25]	[24,17]	[16]	[15,0]

当经典的胚胎电子细胞阵列和基于电子细胞簇结构的胚胎电子细胞阵列实现相同的电路时,由式(4-2)得电子细胞阵列的行数 α 和列数 β。在经典的胚胎电子细胞阵列中,基因存储模块由 SRAM 存储器构成,在计算阵列中基因存储需要的 MOS 管数量时,忽略 SRAM(静态随机存储器)中的译码电路等控制逻辑,仅计算 SRAM 单元数量,每个 SRAM 单元由 6 个 MOS 管构成。采用列移除的自修复方法,每个电子细胞需要存储所在行的所有电子细胞的基因信息。因此,经典的胚胎电子细胞阵列中,基因存储需要的 MOS 管数量记为 HM:

$$\mathrm{HM}=6\times33\times\beta\times P \tag{4-24}$$

当电子细胞簇的基因容量为 N,空闲细胞个数为 M 时,记阵列中基因寄存器的 MOS 管数量为 HG(N,M)。实现相同的电路,需要电子细胞簇个数记为 NC:

$$\mathrm{NC}=\lceil P/N\rceil \tag{4-25}$$

每个电子细胞中基因寄存器的 MOS 管数量 HG 如式(4-17),则 HG(N,M):

$$\mathrm{NG}(N,M)=\mathrm{HG}\times(N+M)\times\mathrm{NC} \tag{4-26}$$

假设电子细胞簇的基因容量为 4,当电子细胞簇中空闲细胞个数分别为 2、4、6、8 时,随着电路规模由 100 增加至 400,HM 和 HG(4,2)~HG(4,8)的变化情况如图 4-24 所示。随着电路规模的增加,HG(4,2)~HG(4,8)呈线性增长,而 HM 则急剧增长,当电路规模为 100 时,HM 略低于 HG(4,8),当电路规模为 400 时,HM 增长至 HG(4,8)的约 1.6 倍。HG(4,2)、HG(4,4)、HG(4,6)和 HG(4,8)之间呈确定的比例关系,如 HG(4,8)为 HG(4,2)的两倍。

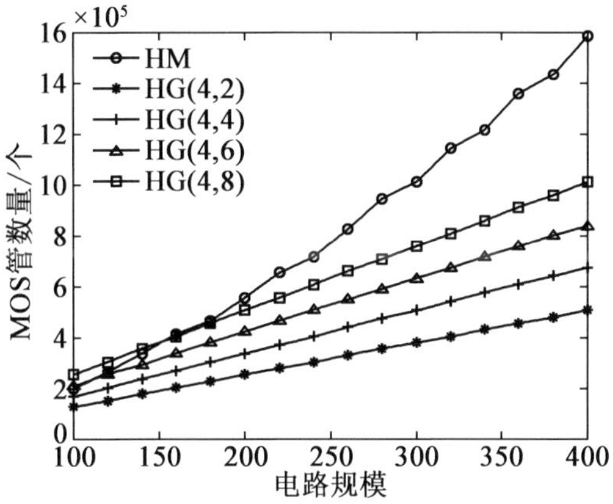

图 4-24 基因容量确定时基因存储的资源消耗

假设电子细胞簇中的空闲电子细胞个数为2,当电子细胞簇的基因容量分别为4、6、8、10时,随着电路规模由100增加至400,HM和HG(4,2)~HG(10,2)的变化情况如图4-25所示。随着电路规模的增加,HG(4,2)~HG(10,2)呈线性增长,HM则急剧增长。HG(4,2)~HG(10,2)的值相差不大,且远低于HM。

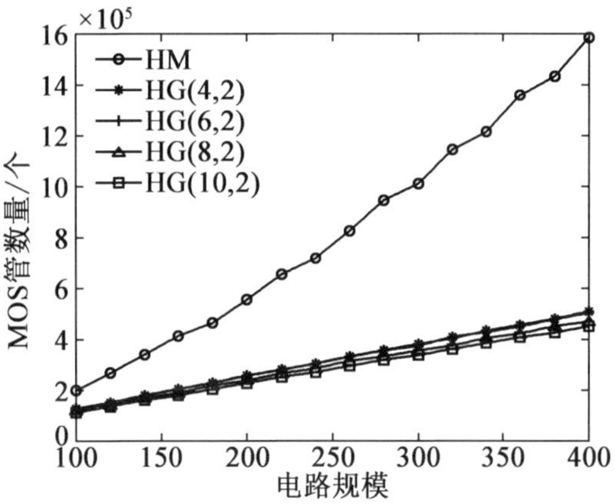

图 4-25 空闲细胞个数确定时基因存储需要的 MOS 管数量

由图4-24和图4-25可以看出,当需要实现的电路规模较大时,基于簇结构的胚胎电子细胞阵列基因存储所需的MOS管数量更少,硬件消耗更低。而且,基于簇结构的胚胎电子细胞阵列在实现确定的电路时,基因存储所需要的硬件消耗与电子细胞簇的基因容量关系不大,与电子细胞簇中的空闲细胞个数相关,空闲细胞个数越少,基因存储的硬件资源消耗越低。

4.5 簇故障检测与簇阵列重构

当电子细胞簇中的电子细胞发生故障时,可以通过簇内故障检测和簇内基因移位实现电子细胞的故障检测和自修复,当电子细胞簇经过多次基因移位,簇内已经没有空余细胞,无法对新出现的故障进行修复时,或者电子细胞簇中控制单元、簇内开关盒等发生故障时,可以通过簇阵列重构实现整个簇阵列功能的重新分化,在重新布局布线的过程中避开故障的电子细胞簇,完成簇故障的自修复。阵列重构的方法已经有很多专门的研究和成果,本书不再针对这一问题进行更深入的研究。阵列实现重构的前提是阵列中故障单元的故障检测和定位,然而目前,针对这一问题尚缺乏深入、系统的研究。

在电子细胞簇结构中,通过簇内故障检测,电子细胞簇可以检测电子细胞的功能模块故障,但是无法检测控制单元、簇内开关盒、基因寄存器等发生的故障。通过对电子细胞簇的硬件资源分析可知,电子细胞中功能模块的硬件资源消耗在电子细胞簇中所占的比例是非常小的,因此,电子细胞簇中有大量的硬件资源无法实现故障检测。在经典的电子细胞结构中,这样的问题也同样存在,在设计电子细胞时,通常仅考虑功能模块的故障检测,但是电子细胞中的开关盒、地址模块等发生的故障却无法进行有效的检测。因此,胚胎电子细胞阵列的故障检测和定位问题,不仅仅是电子细胞簇结构所面临的问题,也是胚胎电子细胞阵列设计和研究中面临的一个普遍的难题。

为了解决这一难题,在后面的研究中,本文针对电子细胞簇结构和经典的电子细胞结构,研究胚胎电子细胞阵列故障检测和定位的通用方法和通用的测试结构,对故障检测和定位问题进行更深入的研究。

4.6 本章小结

本章针对经典胚胎电子细胞阵列中存在的电子细胞硬件资源消耗大、自修复过程中硬件资源浪费严重、资源利用率低、可靠性低等问题,提出了一种新的电子细胞簇结构。详细介绍了电子细胞簇的具体设计方法,提出一种基于簇内基因移位的新的故障自修复方法。通过仿真实验对电子细胞簇的功能进行了验证,并对电子细胞簇的可靠性和硬件资源消耗进行了分析,主要结论如下:

(1)故障自修复能力强。基于簇内基因移位的故障自修复方法,在自修复的过程中可有效地保留电路运行的中间状态,适用于时序电路的自修复。而且,电子细胞簇可对簇内所有的电子细胞进行并行簇内故障检测,检测速度快,可同时检测、修复多个电子细胞的故障,故障自修复能力强。

(2)资源利用率高、可靠性高。与采用行(列)移除自修复方法的电子细胞阵列相比,在总的电子细胞个数相同时,随着阵列中空闲电子细胞个数的增加,基于簇结构的电子细胞阵列对空闲细胞具有更高的资源利用率,因而具有更高的可靠性。

(3)基因存储所需的硬件资源消耗低。随着需要实现的电路规模的增加,经典的胚胎电子细胞阵列中基因存储所需的硬件资源急剧增长,基于簇结构的胚胎电子细胞阵列中基因存储所需的硬件资源呈线性增长,且远低于经典的胚胎电子细胞阵列,具有更低的硬件资源消耗。

第 2 篇　胚胎型仿生电子系统可靠性分析与优化

第5章　典型胚胎电子细胞阵列数学描述方法

为了更好地指导胚胎电子细胞阵列的优化设计和可靠性分析，本章以典型胚胎电子细胞阵列为研究对象，从数学角度给出了典型胚胎电子细胞阵列的数学描述方法，该方法同样适用于其他的阵列形式。首先，选择两种典型胚胎电子细胞阵列作为研究对象，分析阵列的结构特点和工作原理，建立阵列的功能函数，用于判断阵列能否正常完成电路功能；分析阵列的工作过程，将阵列的工作过程划分为多个工作状态，基于多态系统可靠性理论建立阵列的可靠性函数；以阵列 MOS 管近似消耗数目来衡量阵列的硬件资源消耗，结合阵列基本结构，建立阵列的硬件资源消耗函数；由阵列的功能函数、可靠性函数和硬件资源消耗函数实现阵列的数学描述和定量分析。其次，开展胚胎电子细胞阵列故障自修复实验和可靠性分析方法对比实验，对阵列数学描述方法的合理性和正确性进行了验证。最后，给出了阵列数学描述在阵列功能判断、阵列优化设计、可靠性分析等方面的应用。应用结果表明，胚胎电子细胞阵列的数学描述能够为阵列优化设计和可靠性准确分析提供有效的理论基础和指导。

5.1　典型胚胎电子细胞阵列

二维胚胎电子细胞阵列（又称胚胎电子细胞阵列）是基于多细胞生物生长和发育过程而设计出的一类新型仿生硬件，它是最早提出并且也是目前研究人员研究最多的一种阵列结构。总线胚胎电子细胞阵列是研究人员在胚胎电子细胞阵列研究过程中根据阵列布线复杂、硬件资源消耗大和故障检测覆盖率不高等不足，以生物细胞间的内分泌通信机制为原型，利用总线通信方式的优势，设计的一种新型仿生硬件。因此，本章选择上述两种典型胚胎电子细胞阵列分别开展阵列的数学描述及应用研究。

5.1.1　胚胎电子细胞阵列

二维胚胎电子细胞阵列是一种模仿多细胞生物生长和发育过程设计的一类新型硬件，具有类似生物的故障自检测和自修复功能。阵列故障自修复的本质是空闲细胞代替故障的工作细胞完成相应的电路功能，从而保证阵列在发生故障后仍能够正常工作，提高电路的可靠性和环境适应能力。

(1)阵列基本结构。

胚胎电子细胞阵列最主要的特征是胚胎电子细胞相互连接组成二维阵列，在现有胚胎电子细胞阵列结构中选择一种典型的阵列,其结构如图 5-1 所示,阵列内每个电子细胞都代表一个处理单元。阵列内电子细胞的结构均相同,根据功能的不同分为工作细胞和空闲细胞。工作细胞根据自身在阵列中的位置完成特定的电路功能,空闲细胞作为工作细胞的备份,实现故障工作细胞的自修复。

由图 5-1 可见,胚胎电子细胞阵列的核心是胚胎电子细胞,其主要由地址产生器、基因存储配置模块、功能模块、控制模块、故障检测模块和输入输出(input and output, I/O)模块组成。图 5-1 中,“W”代表信号传输至细胞的左侧细胞,“E”代表信号传输至细胞的右侧细胞,“S”代表信号传输至细胞的下方细胞,“N”代表信号传输至细胞的上方细胞。地址产生器根据其下方和左侧电子细胞的坐标信息产生细胞的地址信息;基因存储配置模块存储阵列正常工作需要的基因,并根据电子细胞的地址信息选择对应的基因配置到细胞内的其他模块;功能模块根据来自基因存储配置模块的配置基因,实现电子细胞的电路功能;控制模块完成电子细胞各个模块的控制,保证电子细胞的正常有序工作;故障检测模块实现功能模块的故障自检测,产生故障自修复功能的控制信号;I/O 模块实现电子细胞与相邻电子细胞间信号的传输。

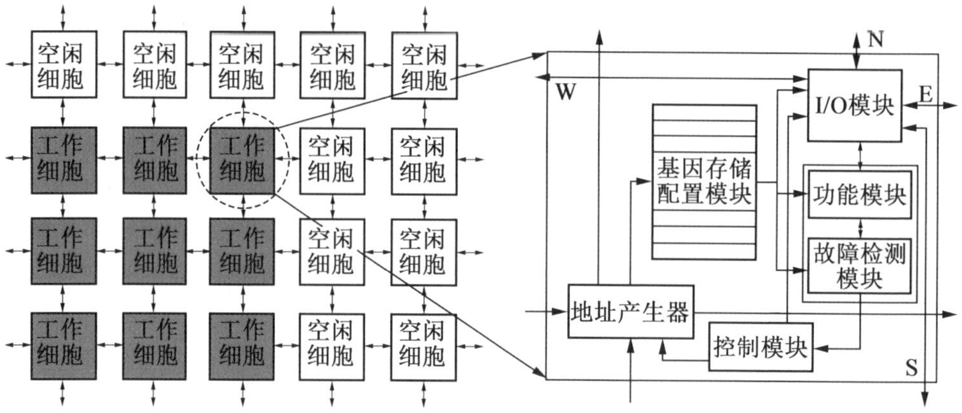

图 5-1 胚胎电子细胞阵列结构

胚胎电子细胞阵列的工作过程如下:首先,将阵列的基因信息存储在基因存储配置模块;其次,地址产生器生成电子细胞的位置信息并传递给基因存储配置模块;再次,基因存储配置模块根据细胞的位置信息选择电子细胞需要执行功能的基因信息并配置给电子细胞的功能模块、I/O 模块和故障检测模块;最后,各个模块通过执行来自基因存储配置模块的基因信息,实现电子细胞的功能。当电子细胞中故障检测模块检测到故障后,故障信号将直接传递给控制模块。控制模块将启动电子细胞的自修复机制,故障电子细胞进入“透明状态”,即该电子细胞的输入不经过处理直接输出,电子细胞充当导线,相邻电子细胞替代故障电子细胞完成相应的电路功能,从而实现故障电子细胞的修复。

(2)故障自修复策略。

根据阵列的结构特点,主要有行(列)移除自修复和细胞移除自修复两种策略。行移除故障自修复策略过程如图 5-2 所示,列移除故障自修复的原理与行移除故障自修复策略相同,下面以行移除故障自修复为例进行分析。

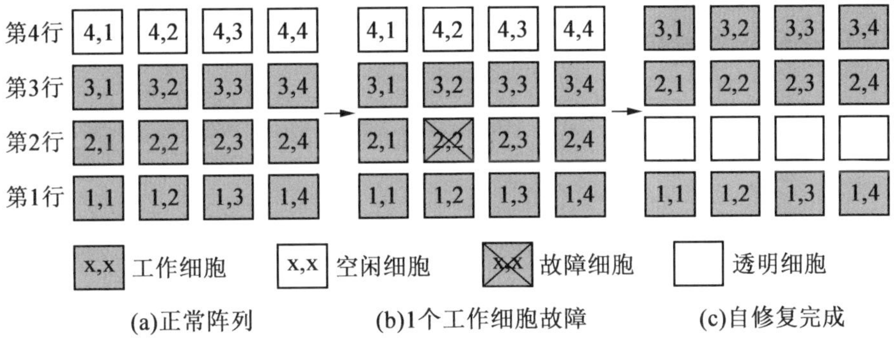

图 5-2　胚胎电子细胞阵列的行移除自修复过程

行移除故障自修复过程中,某电子细胞行中工作细胞发生故障后将触发该电子细胞行被移除,该电子细胞行电子细胞的地址对应向上移动一位,利用空闲的电子细胞行。被移除电子细胞行上方电子细胞的地址将重新计算,进而重新配置电子细胞的功能,实现故障的自修复。行移除自修复胚胎电子细胞阵列内每个电子细胞存储该电子细胞列所有工作电子细胞的基因配置信息。

行移除故障自修复策略实现简单,耗时短,能够实现电子电路的故障自修复。但是也存在硬件资源消耗大、资源利用率不高等不足。

为提高故障自修复过程中电子细胞的利用率,提出了细胞移除故障自修复方式。细胞移除故障自修复,即如果胚胎电子细胞阵列中任意一个工作电子细胞发生故障,仅发生故障细胞变为“透明”状态,充当导线,故障电子细胞的功能由相邻电子细胞完成。细胞移除故障自修复策略过程如图 5-3 所示。

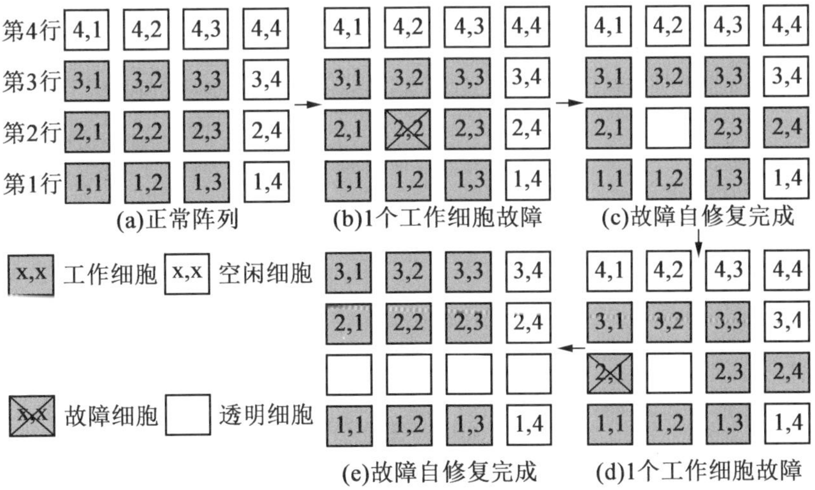

图 5-3　胚胎电子细胞阵列的细胞移除自修复过程

细胞移除故障自修复过程中,故障自修复过程分为两个阶段:第一阶段为电子细胞行中故障工作细胞数目不超过空闲细胞数目时,故障自修复过程在电子细胞行内进行,电子细胞行内的工作细胞发生故障后,空闲细胞替代故障工作细胞,实现故障自修复。当电子细胞行内故障工作细胞数目超过空闲细胞数目时,自修复功能进入第二个阶段,电子细胞阵列进行行移除故障自修复策略,实现故障的自修复。细胞移除故障自修复胚胎电子阵列内每个电子细胞将存储阵列内所有工作细胞的配置信息。

细胞移除故障自修复能够有效地提高阵列内空闲细胞的利用率,进而提高阵列能够正常工作的时间,但是电子细胞内需要大量的存储空间存储配置信息,而且阵列自修复过程的重配置和重新布局布线更加复杂,实现难度更大。

5.1.2 总线胚胎电子细胞阵列

总线胚胎电子细胞阵列是模拟多细胞生物内细胞间内分泌信息传递机制而设计的一类新型阵列结构。总线胚胎电子细胞阵列最大的特点是利用总线通信机制模拟生物细胞间内分泌信息传递机制,降低阵列内电子细胞布局布线的难度,提高阵列硬件资源的利用率。

(1)阵列基本结构。

选择一种模拟生物结构组成特点的总线胚胎电子细胞阵列,其结构如图 5-4 所示。在总线胚胎电子细胞阵列内,阵列的基本组成单元是电子组织,每个电子组织是一个独立的功能单元,可以执行独立的电路功能。

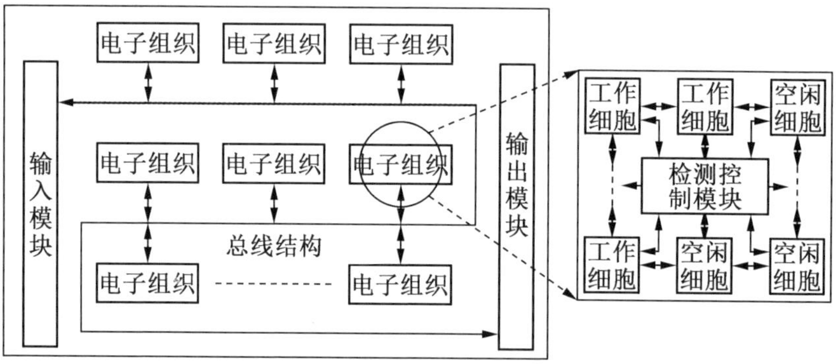

图 5-4 总线胚胎电子细胞阵列结构

总线胚胎电子细胞阵列主要由输入模块、输出模块、电子组织和总线组成。其中输入模块完成外部输入信号到阵列的输入;输出模块将阵列的处理结果输出到外部;电子组织是阵列的核心部分,主要完成具体的电路功能;总线是具有一定协议的通信或数据传输接口,主要实现电子细胞阵列内各个功能模块间信息和数据的传递。对于复杂的功能电路,首先将功能电路分解为若干简单子电路,将分解后的子功能电路映射到电子组织,由电子组织实现各个子功能电路。输入模块将输入信号输入到总线中,各个电子组织对数据进行处理,最后将处理后的信号由输出模块进行输出,所有的电子组织共同实现复杂的功能电路。

在总线胚胎电子细胞阵列工作过程中,将大规模数字电路功能进行分解,分解成为若干简单的子电路功能,将分解后的子电路功能映射到各个电子组织中,由电子组织实现所有的子电路功能,所有的电子组织通过总线连接,联合实现整个电路功能。当输入模块将输入信号传输到阵列后,阵列开始工作,通过总线的分时复用实现各个电子组织间信息的传递,最后电路工作的结果由输出模块进行输出。当某个电子组织出现故障时,电子组织内的故障检测功能可以实时检测到出现的故障,控制启动电子组织内部的自修复功能,修复出现的故障,保证电子组织能够正常工作,进而保证电路功能正常。

电子组织是总线胚胎电子细胞阵列的核心部分,主要实现具体的功能电路,同时实现电子组织的故障自检和故障自修复。电子组织主要由胚胎电子细胞和检测控制模块构成。检测控制模块主要完成电子组织内故障的实时检测、故障自修复及电子组织与总线间数据信息的传输等功能,其具体结构如图 5-5 所示。胚胎电子细胞分为工作细胞和空闲细胞,工作细胞完成电子组织具体的电路功能,空闲细胞作为工作细胞的备份,用于工作细胞故障后的故障自修复。胚胎电子细胞的结构如图 5-6 所示。

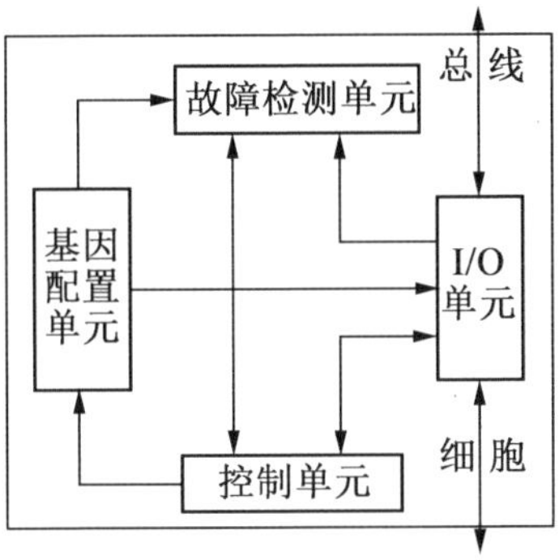

图 5-5　检测控制模块结构

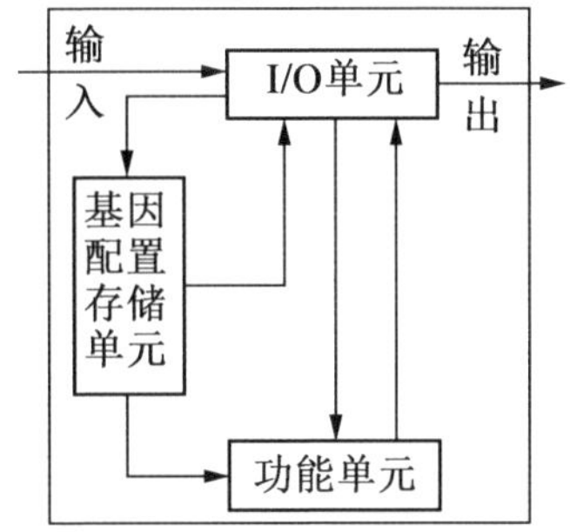

图 5-6　胚胎电子细胞结构

检测控制模块主要由基因配置单元、控制单元、故障检测单元和 I/O 单元组成。基因配置单元主要存储检测控制模块工作过程所需的基因信息,基因采用寄存器型存储器存储;I/O 单元实现电子组织和总线之间的信号传输,主要由数据缓冲器与寄存器构成;故障检测单元完成电子组织的故障实时自检测,为故障自修复提供控制信号,采用双模冗余方式实现电子组织的实时故障检测;控制单元根据电子组织的故障检测信号实现电子组织内电子细胞工作状态的控制及故障自修复的控制,保证电子组织能够正常工作,控制功能主要由状态机实现。

胚胎电子细胞是构成电子组织的最基本单元,通过配置不同的基因信息,可以实现不同的功能。电子细胞主要由基因配置存储单元、功能单元和 I/O 单元组成。与典型的电子细胞结构相比,该电子细胞内减少了地址单元、控制单元和故障检测单元,同时减少了基因存储数目,有效降低了细胞的硬件资源消耗。胚胎电子细胞内,基因配置存储单元主要存储电子细胞的工作基因和备份基因,备份基因与工作基因基本一致。功能单元主要由 4 输入查找表构成,实现电子细胞的电路功能。I/O 单元主要由多路数据选择器构成,实现电子细胞输入信号和输出信号的传输。电子细胞是实现具体电路功能的基础,根据电路规模与电路设计要求的不同,电子组织内电子细胞的数目可以灵活选取。

电子细胞工作过程中,基因配置存储单元在检测控制模块的控制信号作用下将基因信息分别配置到功能单元和 I/O 单元中,I/O 单元根据配置的基因信息选择电子细胞的输入信号,并传递给功能单元;功能单元根据胚胎电子细胞的输入信号得到细胞的功能输出,最后将功能单元的输出结果进行输出。电子细胞发生故障后,由检测控制模块的控制信号,直接将胚胎电子细胞的输入进行输出,细胞处于"透明"状态。

(2)循环移除自修复策略。

总线胚胎电子阵列内所有的电路功能由电子组织进行实现,所以故障自修复仅在各个电子组织内进行。电子组织内所有的电子细胞呈链状连接,所以采用一种循环移除的故障自修复策略,其基本原理如图 5-7 所示。

在电子组织内,任意一个工作细胞发生故障后,检测控制模块能够实时检测出故障,并根据故障信号启动循环移除故障自修复机制。首先,电子组织内最后一位工作细胞的基因向后移动一位至空闲细胞中表达,判断此时电子组织的功能是否正常,如果正常,则修复成功,反之,故障未被修复,继续自修复过程;电子组织内倒数第二位工作细胞的基因向后移动一位,在新细胞中表达,判断此时电子组织的功能,如果功能正常,修复成功,反之,继续修复过程;重复上述过程,直至故障被修复或空闲细胞被完全消耗。

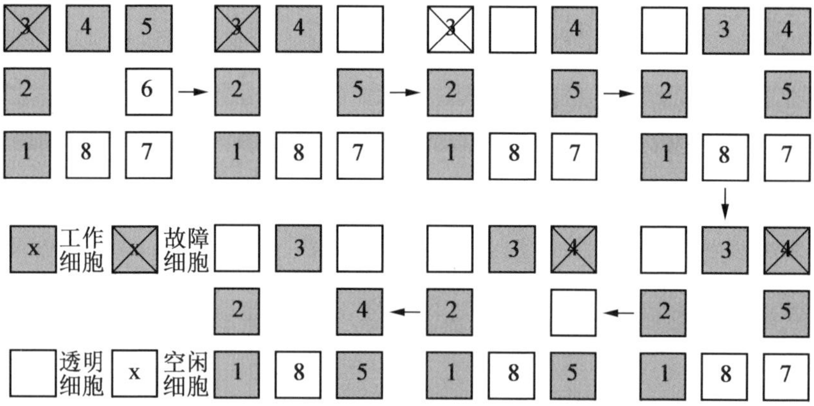

图 5-7 循环移除故障自修复原理

以电子组织内一个工作细胞故障修复过程为例,电子组织内发生故障后,首先细胞 5 的基因向后移动一位并重新配置表达,细胞 5 变为透明状态,充当导线作用,此时电路功能仍不正常,说明细胞 5 无故障。以同样的步骤开始移动细胞 4 的基因,此时功能仍不正常,说明细胞 4 正常。移动细胞 3 的基因,当细胞 3 变为"透明"状态时,故障细胞被移除,电子组织的功能恢复正常,故障自修复完成。此时,如果细胞 4 出现故障,首先细胞 5 的基因向后移动一位并重新配置表达,细胞 5 变为"透明"状态,此时功能仍不正常,说明细胞 5 无故障。以同样的步骤开始移动细胞 4 的基因,细胞 4 变为"透明"状态,故障细胞被移除,电子组织的功能恢复正常,故障自修复完成。

5.2　二维胚胎电子细胞阵列数学描述

由胚胎电子细胞阵列基本结构可知,阵列主要由电子细胞和导线构成。阵列内导线主要出现短路或开路等硬故障,胚胎电子细胞阵列难以实现导线故障修复。目前,集成芯片广泛应用于信息装备系统、航空航天、深海探测和强电磁环境等领域,芯片容易受到外部环境扰动而发生 SEU(单粒子翻转)等软故障或其他故障,导致电路功能失效,其影响极大且维修成本极高。胚胎电子细胞阵列故障自修复技术主要是针对于集成芯片内部除电子细胞间连接故障外的其他故障。因此,在描述胚胎电子细胞阵列时,主要考虑电子细胞,未考虑导线。

胚胎电子细胞阵列工作过程中最重要的3个因素是阵列能否正常工作,阵列的最大修复次数及可靠性,以及阵列实现的硬件资源消耗。因此,胚胎电子细胞阵列的数学描述主要是建立胚胎电子细胞阵列的功能函数、可靠性函数和硬件资源消耗函数。

5.2.1　胚胎电子细胞阵列的功能函数

胚胎电子细胞阵列的功能函数,即分析阵列的工作过程,建立一个计算阵列功能的数学函数,通过计算该函数的函数值,对阵列能否正常工作进行判断。

设胚胎电子细胞阵列的规模为 $M\times N$,即阵列的行数为 M,列数为 N。工作电子细胞阵列的规模为 $m\times n$,即工作阵列的行数为 m,列数为 $n(m \leqslant M,\ n \leqslant N)$。胚胎电子细胞阵列可以简化为矩阵形式进行表示,胚胎电子细胞阵列表示为 $\boldsymbol{X}_{M\times N}$,工作电子细胞阵列表示为 $\boldsymbol{X}_{m\times n}$。其中,$\boldsymbol{X}_{M\times N}$ 为

$$\boldsymbol{X}_{M\times N}=\begin{bmatrix} f_{M,1} & f_{M,2} & \cdots & f_{M,N} \\ \vdots & \vdots & f_{j,k} & \vdots \\ f_{2,1} & f_{2,2} & \cdots & f_{2,N} \\ f_{1,1} & f_{1,2} & \cdots & f_{1,N} \end{bmatrix} \tag{5-1}$$

式中,$f_{j,k}$ 表示阵列中处于第 j 行第 k 列电子细胞的功能函数($1\leqslant j\leqslant M,\ 1\leqslant k\leqslant N$),$f_{j,k}=1$ 表示该电子细胞工作正常,反之,该电子细胞发生故障。根据工作电子细胞阵列在胚胎电子细胞阵列中的位置,仅需要选择 $\boldsymbol{X}_{M\times N}$ 中对应的部分即可得到 $\boldsymbol{X}_{m\times n}$。

(1)电子细胞的功能函数。

电子细胞中,设地址产生器为 x_1,基因存储配置模块为 x_2,I/O 模块为 x_3,功能模块为 x_4,控制模块为 x_5,故障检测模块为 x_6,导线为 x_7。其中 $x_i=1$,表示该模块正常工作;$x_i=0$,表示该模块发生故障($1\leqslant i\leqslant 7$)。阵列内电子细胞的结构都相同,电子细胞的数学描述与电子细胞在阵列中的具体位置无关,电子细胞内各个模块的重要度系数分别为 $\theta_i(1\leqslant i\leqslant 7)$,且 $\sum \theta_i = 1$。因此,定义电子细胞的功能函数 f_c 为

$$f_c = \sum_{i=1}^{7} \theta_i x_i \tag{5-2}$$

式中,$f_c = 1$ 表示电子细胞正常工作,否则,电子细胞出现故障。

(2)行移除自修复胚胎电子细胞阵列的功能函数。

胚胎电子细胞阵列内,行移除自修复策略与列移除自修复策略原理相同,本节仅研究行移除自修复策略,研究结果可以直接推广到列移除自修复策略。行移除自修复胚胎电子细胞阵列中,第 $r(1 \leqslant r \leqslant M)$ 个电子细胞行的功能函数 F_r 为

$$F_r = \sum_{k=1}^{n} \frac{1}{n} f_{r,k} \tag{5-3}$$

式中,$F_r = 1$ 表示第 r 个电子细胞行能够正常工作;否则,第 r 个电子细胞行中存在故障。因此,行移除自修复胚胎电子细胞阵列的功能函数 F_R 为

$$F_R = \sum_{a=1}^{m} \mu_a F_a + \sum_{b=1}^{M-m} \varphi_b F_{b+m} \tag{5-4}$$

式中,μ_a 为工作电子细胞行的系数,a 表示阵列内的工作电子细胞行($1 \leqslant a \leqslant m$),$\mu_a \in \{0,\ 1\}$,$\mu_a = 1$ 表示工作细胞行处于工作状态,反之未处于工作状态;φ_b 为空闲电子细胞行的系数,b 表示阵列内的空闲电子细胞行($1 \leqslant b \leqslant M-m$),$\varphi_b \in \{0,\ 1\}$,$\varphi_b = 1$ 表示空闲细胞行处于工作状态,反之未处于工作状态。阵列开始工作阶段,$\mu_1 = \mu_2 = \cdots = \mu_m = 1$,$\varphi_1 = \varphi_2 = \cdots = \varphi_{M-m} = 0$。设阵列内出现故障的次数为 T,如果 T 不大于 $M-m$,阵列发生 T 次故障,则 $\mu_1, \mu_2, \cdots, \mu_m$ 中 T 个故障工作细胞行系数变为 0,$\varphi_1, \varphi_2, \cdots, \varphi_{M-m}$ 中前 T 个空闲细胞行系数变为 1,保证 $F_R = m$,即阵列的功能保持不变。当 T 大于 $M-m$,阵列故障的次数大于冗余空闲电子细胞行的数目,无法完成故障自修复,则 $F_R < m$,阵列的功能将失效。

(3)细胞移除自修复胚胎电子细胞阵列的功能函数。

细胞移除自修复胚胎电子细胞阵列内,当 $N = n$ 时,细胞移除自修复即行移除自修复,胚胎电子细胞阵列的功能函数为 F_R。当 $n < N$ 时,阵列中用于故障自修复的冗余空闲细胞数目为 $M \times (N-n)$,细胞移除自修复胚胎电子细胞阵列的功能函数 F_C 为

$$F_C = \sum_{c=1}^{m \times n} v_c f_c + \sum_{q=1}^{M \times (N-n)} \pi_q f_{m \times n + q} \tag{5-5}$$

式中,v_c 为工作细胞的系数,c 表示阵列内的工作细胞($1 \leqslant c \leqslant m \times n$),$v_c \in \{0,\ 1\}$,$v_c = 1$ 表示工作细胞处于工作状态,反之未处于工作状态;π_q 为空闲细胞的系数,q 表示阵列内的空闲细胞($1 \leqslant q \leqslant M \times (N-n)$),$\pi_q \in \{0,\ 1\}$,$\pi_q = 1$ 表示空闲细胞行处于工作状态,反之未处于工作状态。阵列开始工作阶段,$v_1 = v_2 = \cdots = v_{m \times n} = 1$,$\pi_1 = \pi_2 = \cdots = \pi_{M \times (N-n)} = 0$。如果阵列内故障次数 T 不超过 $M \times (N-n)$,阵列发生 T 次故障,则 $v_1, v_2, \cdots, v_{m \times n}$ 中 T 个故障工作细胞系数变为 0,$\pi_1, \pi_2, \cdots, \pi_{M \times (N-n)}$ 中前 T 个空闲细胞系数变为 1,保证 $F_C = m \times n$,即阵列能够正常工作。当阵列内故障次数 T 大于 $M \times (N-n)$,阵列内故障数目大于可修复故障空闲细胞的数目,阵列无法完成故障自修复,即 $F_C < m \times n$,阵列的功能将失效。

5.2.2 胚胎电子细胞阵列的可靠性函数

可靠性是衡量胚胎电子细胞阵列性能最重要的指标之一。随着阵列工作时间的增

加，阵列中会出现工作细胞故障。阵列将利用空闲细胞修复出现故障的工作细胞，从而保证阵列的正常工作，但是阵列在自修复过程中的工作状态已经发生了改变。为了将阵列的工作状态变化与可靠性分析结合起来，根据阵列内发生故障的次数，可将阵列工作过程划分为多个工作状态，利用多态系统可靠性理论建立阵列可靠性函数。

(1)胚胎电子细胞阵列工作过程分析。

行移除自修复胚胎电子细胞阵列中，以阵列内可实现故障自修复的剩余空闲细胞行的数目作为阵列工作状态划分的标准，阵列冗余空闲电子细胞行的数目为 $M-m$，行移除自修复胚胎电子细胞阵列的工作状态划分见表 5-1。

表 5-1　行移除自修复胚胎电子细胞阵列的工作状态划分

T	0	1	…	$M-m$	$>M-m$
剩余空闲细胞行数目	$M-m$	$M-m-1$	…	0	0
阵列工作状态	s_0	s_1	…	s_{M-m}	0

在行移除自修复胚胎电子细胞阵列中，阵列理论最大修复次数为 $N-n$。随着阵列工作时间的增加，阵列剩余可自修复次数 $P_{rs}(T)$ 为

$$P_{rs}(T)=M-m-T \tag{5-6}$$

式中，T 为故障次数；M 为阵列的行数；m 为工作阵列的行数。阵列完成 1 次故障自修复消耗 1 个空闲电子细胞行，空闲电子细胞行数目越多，故障自修复能力越大。

细胞移除自修复胚胎电子细胞阵列中，以阵列内可实现故障自修复的剩余空闲细胞数目作为阵列工作过程工作状态划分的标准，阵列可实现故障自修复的空闲细胞数目为 $M\times(N-n)$，细胞移除自修复胚胎电子细胞阵列的工作状态划分见表 5-2。

表 5-2　细胞移除自修复胚胎电子细胞阵列的工作状态划分

T	0	1	…	$M\times(N-n)$	$>M\times(N-n)$
剩余空闲细胞数目	$M\times(N-n)$	$M\times(N-n)-1$	…	0	0
阵列工作状态	z_0	z_1	…	$z_{M\times(N-n)}$	0

细胞移除自修复胚胎电子细胞阵列中，阵列理论最大自修复次数为 $M\times(N-n)$。随着阵列工作时间的增加，阵列剩余可自修复次数 $P_{cs}(T)$ 为

$$P_{cs}(T)=\begin{cases}M\times(N-n)-T, & N>n\\ M-m-T, & N=n\end{cases} \tag{5-7}$$

式中，T 为故障次数，阵列完成 1 次故障自修复消耗 1 个空闲细胞。因此，阵列冗余空闲细胞数目越多，故障自修复能力越大。

(2)多态系统可靠性理论。

多态系统主要分为多工作(或失效)状态系统和多性能水平系统,其中多工作(或失效)状态系统是指系统除了“正常工作”和“完全失效”两种状态外,还具有多种工作(或失效)状态。

多态系统中一些部件失效或者性能衰退会导致系统部分失效或系统性能下降,从而引起整个系统呈现出多种工作(或失效)状态或性能水平。多态系统理论能够准确定义部件的多态性,能够透彻地分析部件性能变化对系统性能和可靠性的影响,以及系统失效的渐变过程,因此,多态系统理论在复杂系统可靠性分析和优化设计领域有广阔的应用前景。

基于通用生成函数(universal generatzing function, UGF)方法,多态系统中部件在工作过程中的状态性能概率分布为

$$v_i(x,t)=\sum_{\tau=1}^{k_i}p_\tau(t)\cdot x^{h_\tau} \tag{5-8}$$

式中,$v_i(x,\ t)$ 为部件 i 在 t 时刻处于状态 x 的概率,x 为部件 i 的状态;$p_\tau(t)$ 为部件 i 在状态 τ 的状态概率;h_τ 为部件处于状态 τ 时的状态性能;i 为系统中的第 i 个部件,k_i 为部件 i 的状态数目,则 $\tau=1,\ 2,\ \cdots,\ k_i$。系统的通用生成函数可以通过如下运算获得:

$$V(x,t)=\Omega(v_i(x,t),v_j(x,t))=\sum_{\tau=1}^{k_i}\sum_{\zeta=1}^{k_j}p_\tau(t)\cdot p_\zeta(t)\cdot x^{f\{h_\tau,h_\zeta\}} \tag{5-9}$$

式中,$f\{h_\tau,\ h_\zeta\}$ 为系统的状态性能。

根据系统内部部件连接的结构特点,定义如下运算符:

①当 h_o 为 h_τ 和 h_ζ 的最小值时,定义 θ_1 运算符:

$$\theta_1(v_i(x,t),v_j(x,t))=\sum_{\tau=1}^{k_i}\sum_{\zeta=1}^{k_j}p_\tau(t)\cdot p_\zeta(t)\cdot x^{\min\{h_\tau,h_\zeta\}} \tag{5-10}$$

②当 h_o 为 h_τ 和 h_ζ 的和时,定义 θ_2 运算符:

$$\theta_2(v_i(x,t),v_j(x,t))=\sum_{\tau=1}^{k_i}\sum_{\zeta=1}^{k_j}p_\tau(t)\cdot p_\zeta(t)\cdot x^{h_\tau+h_\zeta} \tag{5-11}$$

定义多态系统的最小任务性能需求为 ω,则系统工作过程的可靠度为

$$R(t)=P\{H(t)\geqslant\omega\}=\sum_{\tau=1}^{k_i}p_\tau(t)\cdot l(h_\tau(t)-\omega\geqslant 0) \tag{5-12}$$

式中,$l(h_\tau(t)-\omega)$ 为示性函数,当 $h_\tau(t)-\omega\geqslant 0$ 时,$l(h_\tau(t)-\omega)=1$;当 $h_\tau(t)-\omega<0$ 时,$l(h_\tau(t)-\omega)=0$;$H(t)=\{h_{k_i}(t),\ h_{k_i-1}(t),\ \cdots,\ h_2(t),\ h_1(t)\}$。

系统可靠度的本质是系统能够正常工作的概率,为了从时间角度给出系统可靠性明确的评价指标,故采用平均故障前时间(mean time to faliure, MTTF)来衡量系统的可靠性,则系统的 MTTF 用 T 表示为

$$T=\int_0^\infty R(t)\,\mathrm{d}t \tag{5-13}$$

(3)行移除自修复胚胎电子细胞阵列可靠性函数。

行移除自修复胚胎电子细胞阵列中,设电子细胞的失效率为 λ,电子细胞行的可靠度 $p_{\mathrm{c,r}}(t)=\exp(-n\lambda t)$。行移除自修复胚胎电子细胞阵列的工作状态及对应的状态概率见

表5-3。

表5-3　行移除自修复胚胎电子细胞阵列的工作状态及对应的状态概率

工作状态	0	1	…	s_r	…	$M-m+1$
状态概率	$p_{r,0}(t)$	$p_{r,1}(t)$	…	$p_{r,s_r}(t)$	…	$p_{r,M-m+1}(t)$

胚胎电子细胞阵列共有 $M-m+2$ 个工作状态，其中状态0为阵列的故障状态，即阵列内可正常工作电子细胞行数目小于 m，则 $p_{r,0}(t)$ 为

$$p_{r,0}(t) = \sum_{i=0}^{m-1} C_M^i p_{c,r}^i(t)(1 - p_{c,r}(t))^{M-i} \tag{5-14}$$

状态1表示阵列内可正常工作电子细胞行数目刚好等于 m，则 $p_{r,1}(t)$ 为

$$p_{r,1}(t) = C_M^m p_{c,r}^m(t)(1-p_{c,r}(t))^{M-m} \tag{5-15}$$

状态 $s_r(1 \leqslant s_r \leqslant M-m+1)$ 表示阵列内可正常工作细胞行的数目为 $m+s_r-1$，则 $p_{r,s_r}(t)$ 为

$$p_{r,s_r}(t) = C_M^{m+s_r-1} p_{c,r}^{m+s_r-1}(t)(1-p_{c,r}(t))^{M-m-s_r+1} \tag{5-16}$$

状态 $M-m+1$ 表示阵列内所有电子细胞行均可以正常工作，则 $p_{r,M-m+1}(t)$ 为

$$p_{r,M-m+1}(t) = C_M^M p_{c,r}^M(t)(1-p_{c,r}(t))^0 \tag{5-17}$$

为保证阵列能够正常工作，阵列的工作状态必须大于0，因此阵列的可靠度为阵列工作过程大于0的各个工作状态对应概率之和，阵列的可靠度 $R_r(t)$ 为

$$R_r(t) = \sum_{s_r=1}^{M-m+1} p_{r,s_r}(t) \tag{5-18}$$

在行移除自修复胚胎电子细胞阵列中，利用阵列的MTTF衡量阵列的可靠性，则行移除自修复阵列的可靠性函数 $T_R(M, m, n)$ 为

$$T_R(M,m,n) = \int_0^{\infty} R_r(t)\,\mathrm{d}t \tag{5-19}$$

（4）细胞移除自修复胚胎电子细胞阵列可靠性函数。

在细胞移除自修复胚胎电子细胞阵列中，同样以电子细胞行作为整体，工作细胞行的可靠度 $p_{w,r}(t)$ 为 $\sum_{j=n}^{N} C_N^j e^{-j\lambda t}(1 - e^{-\lambda t})^{N-j}$。为了便于阵列的可靠性分析，对表5-2中的阵列工作状态和对应概率进行简化处理，处理后的细胞移除自修复胚胎电子细胞阵列工作状态及对应状态概率见表5-4。

表5-4　细胞移除自修复胚胎电子细胞阵列的工作状态及对应状态概率概率

工作状态	0	1	…	s_c	…	$M-m+1$
状态概率	$p_{c,0}(t)$	$p_{c,1}(t)$	…	$p_{c,s_c}(t)$	…	$p_{c,M-m+1}(t)$

经过处理后,阵列共有 $M-m+2$ 个工作状态,其中状态 0 为阵列的故障状态,即阵列内可正常工作电子细胞行的数目小于 m,则 $p_{c,0}(t)$ 为

$$p_{c,0}(t) = \sum_{i=0}^{m-1} C_M^i p_{w,r}^i(t)(1 - p_{w,r}(t))^{M-i} \tag{5-20}$$

状态 1 表示阵列内可正常工作电子细胞行刚好等于 m,则 $p_{c,1}(t)$ 为

$$p_{c,1}(t)= C_M^m p_{w,r}^m(t)(1-p_{w,r}(t))^{M-m} \tag{5-21}$$

状态 $s_c(1\leqslant s_c \leqslant M-m+1)$ 表示阵列内可正常工作电子细胞行为 $m+s_c-1$,则 $p_{c,s_c}(t)$ 为

$$p_{c,s_c}(t)= C_M^{m+s_c-1} p_{w,r}^{m+s_c-1}(t)(1-p_{w,r}(t))^{M-m-s_c+1} \tag{5-22}$$

状态 $M-m+1$ 表示阵列内所有电子细胞行均可以正常工作,则 $p_{c,M-m+1}(t)$ 为

$$p_{c,M-m+1}(t)= C_M^M p_{w,r}^M(t)(1-p_{w,r}(t))^0 \tag{5-23}$$

因此,细胞移除自修复胚胎电子细胞阵列的可靠度 $R_c(t)$ 为

$$R_c(t) = \sum_{s_c=1}^{M-m+1} p_{c,s_c}(t) \tag{5-24}$$

同理,细胞移除自修复胚胎电子细胞阵列的可靠性函数 $T_c(M, N, m, n)$ 为

$$T_c(M,N,m,n) =\int_0^\infty R_c(t)\,dt \tag{5-25}$$

5.2.3 胚胎电子细胞阵列的硬件资源消耗函数

为了定量分析胚胎电子细胞阵列的硬件资源消耗,以阵列消耗电路最基本单元——MOS 管的数目衡量阵列的硬件资源消耗。由胚胎电子细胞阵列的基本结构可知,阵列的硬件资源消耗主要由电子细胞和细胞间连线组成,细胞间连线不能用 MOS 管消耗数目来衡量,因此建模过程不考虑。通过分析电子细胞各个组成模块的硬件资源消耗,得到单个电子细胞的硬件资源消耗,进而得到阵列的硬件资源消耗。两种自修复方式下胚胎电子细胞阵列的硬件资源消耗函数如下。

(1)行移除自修复胚胎电子细胞阵列的硬件资源消耗函数。

由 5.1 节阵列的基本结构可知,阵列内每个电子细胞的结构完全相同,均由地址产生器、基因存储配置模块、功能模块、故障检测模块、控制模块和 I/O 模块组成。

电子细胞内功能模块主要由 1 个功能 D 触发器、1 个 2 选 1 数据选择器、1 个 4-LUT 和 4 个 16 选 1 的数据选择器构成。1 个 4-LUT 消耗 MOS 管数目为 178 个,1 个 16 选 1 的数据选择器消耗 MOS 管数目为 188,1 个功能 D 触发器消耗 MOS 管数目为 24 个,1 个 2 选 1 数据选择器消耗 MOS 管数目 20 个,因此,功能模块 MOS 管消耗数目约为 974。

I/O 模块主要由 8 个 16 选 1 数据选择器构成,1 个 16 选 1 数据选择器消耗 MOS 管数目为 188,I/O 模块消耗 MOS 管数目约为 1 504。

控制模块主要由状态机组成,电子细胞主要有工作、空闲和透明 3 种状态,存储 1 个状态需要 2 位信息。状态机主要的资源消耗来自于状态信息的存储,1 个功能 D 触发器型寄存器消耗 MOS 管数目为 24 个,因此控制模块消耗 MOS 管数目约为 144。

地址产生器主要由行地址产生器和列地址产生器构成,地址产生器包括 1 个加 1 加法器和 1 个 2 选 1 数据选择器。行地址的地址信息位为$\lceil \log_2 N \rceil$,列地址的信息位为$\lceil \log_2 M \rceil$,1 个 1 位全加器的 MOS 管消耗数目为 56。行地址产生器中全加器与数据选择器的位数均为$\lceil \log_2 N \rceil$,1 个$\lceil \log_2 N \rceil$位的全加器由$\lceil \log_2 N \rceil$个 1 位的全加器串联构成,1 个$\lceil \log_2 N \rceil$位的 2 选 1 数据选择器由$\lceil \log_2 N \rceil$个 1 位 2 选 1 数据选择器构成。因此,行地址产生器消耗 MOS 管数目为 76$\lceil \log_2 N \rceil$。同理,列地址产生器消耗 MOS 管的数目为 76$\lceil \log_2 M \rceil$。电子细胞内地址产生器消耗 MOS 管数目约为 76($\lceil \log_2 M \rceil$+$\lceil \log_2 N \rceil$)。

故障检测模块的设计是基于双模冗余原理,主要由 1 个 4-LUT 和 1 个 2 输入的异或门构成。4-LUT 需要消耗 MOS 管数目为 178,2 输入异或门消耗 MOS 管数目为 9。因此,故障检测模块消耗 MOS 管数目约为 187。

行移除自修复策略下,每个电子细胞都需要存储细胞所在列所有工作细胞的配置基因。1 个工作细胞共有 65 位配置基因,则每个电子细胞需要存储 65×m 位基因,基因采用功能 D 触发器型寄存器进行存储。因此,基因存储配置模块的硬件资源消耗 H_{rg} 为

$$H_{rg}=24\times 65\times m \tag{5-26}$$

单个电子细胞的硬件资源消耗为细胞内各个模块的硬件资源消耗之和,则单个细胞的硬件资源消耗 H_{rc} 为

$$H_{rc}=H_{rg}+76(\lceil \log_2 M \rceil+\lceil \log_2 N \rceil)+2\ 809 \tag{5-27}$$

因此,行移除故障自修复胚胎电子细胞阵列的硬件资源消耗函数 $H_R(M,\ N,\ m)$ 为

$$H_R(M,N,m)=M\times N\times H_{rc} \tag{5-28}$$

(2)细胞移除自修复胚胎电子细胞阵列的硬件资源消耗函数。

细胞移除自修复胚胎电子细胞阵列中,电子细胞的结构与行移除自修复胚胎电子细胞阵列中细胞相同,不同的是基因存储配置模块存储的基因数目不同。在细胞移除自修复阵列中,每个电子细胞需要存储 65×m×n 位配置基因,基因采用功能 D 触发器型寄存器进行存储。因此,基因存储配置模块的硬件资源消耗 H_{cg} 为

$$H_{cg}=24\times 65\times m\times n \tag{5-29}$$

由行移除自修复胚胎电子细胞阵列的硬件资源消耗分析可知,细胞移除自修复胚胎电子细胞阵列的硬件资源消耗函数 $H_C(M,\ N,\ m,\ n)$ 为

$$H_c(M,N,m,n)=M\times N\times(H_{cg}+76(\lceil \log_2 M \rceil+\lceil \log_2 N \rceil)+2\ 809) \tag{5-30}$$

5.2.4　胚胎电子细胞阵列数学描述有效性分析

胚胎电子细胞阵列的数学描述主要有阵列的功能函数、可靠性函数和硬件资源消耗函数。阵列的硬件资源消耗是阵列的固有属性,仅与阵列的设计相关,阵列的硬件资源消耗函数是基于电子细胞各个组成模块硬件资源消耗分析而建立的。因此,胚胎电子细胞阵列数学描述方法的验证主要是对阵列的功能函数和可靠性函数进行验证。

(1)阵列功能函数有效性分析。

胚胎电子细胞阵列的功能函数是根据阵列的自修复过程而设计的,阵列自修复过程

对应着阵列内细胞的重构过程。阵列功能函数的验证,本质是对阵列故障自修复过程的验证。

目前,胚胎电子细胞阵列的研究大多处于理论阶段,缺乏相应硬件研究,因此硬件实验难以开展。本书编写组设计实现了一款“胚胎电子细胞阵列电路 EDA 软件”,用于胚胎电子细胞阵列电路的仿真实现。选取北卡罗来纳州微电子中心发布的 z4ml 测试电路作为实验对象,以列移除自修复过程为例进行验证。基于“胚胎电子细胞阵列 EDA 软件”实现 z4ml 电路布局结果如图 5-8 所示。

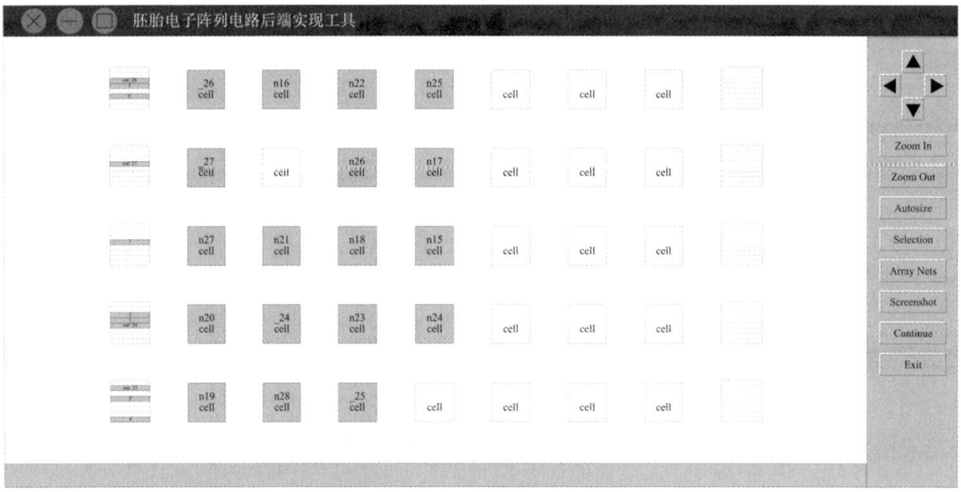

图 5-8 z4ml 电路布局结果

z4ml 电路映射到胚胎电子细胞阵列后的规模为 5×7,其中工作电子细胞阵列的规模为 5×4,阵列中冗余空闲细胞列数目为 3。对工作细胞(5, 2)注入故障,阵列将开始故障自修复功能,胚胎电子细胞阵列的列移除自修复完成后,列移除自修复后 z4ml 电路布局如图 5-9 所示。

图 5-9 列移除自修复后 z4ml 电路布局

图5-9中第2列工作细胞及其右侧的工作细胞均后移1列,第2列工作细胞变为透明细胞,此时电路正常工作,将故障细胞(5, 2)成功移除。列移除胚胎电子细胞阵列中,修复1次故障,消耗1列空闲细胞。列移除自修复胚胎电子细胞阵列的最大修复次数为阵列中冗余空闲细胞列的数目,则阵列实际工作过程与理论分析一致。

在胚胎电子细胞阵列中,行移除自修复的原理与列移除自修复一致,则行移除自修复胚胎电子细胞阵列的最大修复次数为阵列中冗余空闲细胞行的数目。因此,行移除自修复胚胎电子细胞阵列的修复过程与阵列功能函数的建立过程一致,则行移除自修复胚胎电子细胞阵列的功能函数能够有效地分析阵列的功能。同理,可以验证细胞移除胚胎电子细胞阵列功能函数的有效性和正确性。

(2)阵列可靠性函数有效性分析。

为了验证胚胎电子细胞阵列可靠性函数的有效性,最好的方法是通过加速退化实验得到胚胎电子细胞阵列的可靠性退化实验数据,通过与阵列可靠性函数获得的数据进行对比,从而对阵列可靠性函数的有效性进行验证。但是,胚胎电子细胞阵列主要还处于理论研究阶段,尚缺少较为成熟的专用硬件,因此采用加速退化实验方法获得阵列的可靠性曲线及数据难以实现。

目前,k-out-of-n 系统可靠性理论被广泛应用于分析胚胎电子细胞阵列的可靠性。因此,选择与基于 k-out-of-n 系统可靠性理论阵列可靠性分析方法的对比分析来对阵列可靠性函数进行有效性验证。选择不同规模的胚胎电子细胞阵列作为实验对象,分别采用两种可靠性分析方法对阵列的可靠性进行计算,对比两种可靠性分析方法下阵列的可靠性数据,从而对胚胎电子细胞阵列可靠性函数的有效性进行验证。

选取5组不同规模的胚胎电子细胞阵列,阵列规模见表5-5,设电子细胞的失效率为 $5\times10^{-6}/h$。采用两种可靠性分析方法对阵列的可靠性进行分析,行移除自修复胚胎电子细胞阵列的可靠度曲线如图5-10所示,细胞移除自修复胚胎电子细胞阵列的可靠度曲线如图5-11所示。

表5-5　5种规模胚胎电子细胞阵列

$M\times N$	5×5	10×10	25×25	50×50	75×75
$m\times n$	3×3	6×6	13×13	26×26	38×38

图5-10所示为5种行移除自修复胚胎电子细胞阵列在两种可靠性分析方法下的可靠度曲线,“n/k”表示基于 k-out-of-n 系统可靠性理论胚胎电子细胞阵列可靠度分析方法,“多态”表示基于多态系统理论胚胎电子细胞阵列可靠性函数。5种规模胚胎电子细胞阵列的可靠度曲线变化规律几乎一致,阵列的可靠度均随着工作时间的增加而下降,阵列的可靠度均从1下降为0。5种不同规模的胚胎电子细胞阵列使用两种不同可靠性分析方法得到的阵列可靠性曲线几乎完全重合,表明胚胎电子细胞阵列可靠性函数能够

准确分析阵列的可靠度变化。在行移除自修复的胚胎电子细胞阵列内,电子细胞的失效率相同,阵列中电子细胞行内细胞数目越多,该电子细胞行出现故障的概率就高。因此,阵列的规模越大,阵列可靠度曲线下降越快。

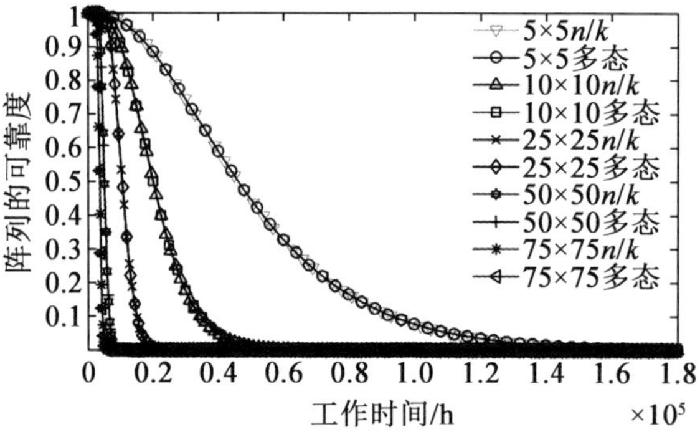

图 5-10 5 种行移除自修复胚胎电子细胞阵列在两种可靠性分析方法下的可靠度曲线

图 5-11 为 5 种规模细胞移除自修复胚胎电子细胞阵列在两种可靠性分析方法下的可靠度曲线,“*n/k*”表示基于 k-out-of-n 系统可靠性理论胚胎电子细胞阵列可靠度分析方法,“多态”表示基于多态系统理论胚胎电子细胞阵列可靠性函数。5 种规模胚胎电子细胞阵列的可靠度均随着阵列工作时间的增加而下降,阵列的可靠度均从 1 下降为 0。5 种规模胚胎电子细胞阵列使用两种可靠性分析方法获得的阵列可靠度曲线几乎完全重合,表明胚胎电子细胞阵列可靠性函数能够准确描述阵列的可靠度变化。

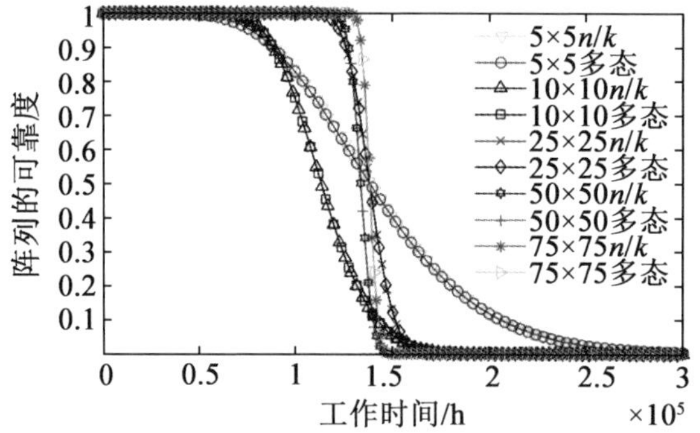

图 5-11 5 种细胞移除自修复胚胎电子细胞阵列在两种可靠性分析方法下的可靠度曲线

综上所述,胚胎电子细胞阵列可靠性函数能够有效评价阵列的可靠性,能够将阵列的可靠性分析与阵列的工作状态相结合,为胚胎电子细胞阵列的可靠性分析提供了一种新方法。

5.2.5 胚胎电子细胞阵列数学描述的应用

胚胎电子细胞阵列的数学描述包含阵列的功能函数、可靠性函数和硬件资源消耗函数,基于阵列的可靠性函数可以得到阵列的可靠性,基于阵列的硬件资源消耗函数可以得到阵列的硬件资源消耗。因此,以阵列数学描述为基础可以开展阵列工作状态判断、配置优化设计、细胞粒度优选和可靠性准确分析等研究。

(1)阵列工作状态判断。

功能电路基于胚胎电子细胞阵列实现后,阵列的规模对应也就确定了。通过建立胚胎电子细胞阵列的功能函数,结合阵列工作过程中故障的发生次数,可以对阵列工作过程的工作状态进行判断,进而指导阵列的维修决策。

(2)阵列行列数目配置优化设计。

在胚胎电子细胞阵列内,当阵列规模一定时,阵列的硬件资源消耗固定,针对确定的功能电路,工作电子细胞阵列行列数目不同将直接影响阵列的自修复能力,进而影响阵列的可靠性。因此,可以分析工作电子细胞阵列选择不同行列数目时阵列的可靠性,选择最佳工作电子细胞阵列的行列数目。同理,当工作电子细胞阵列的规模固定时,阵列选择不同的行列数目将直接影响阵列的可靠性和硬件资源消耗,阵列的行列数目越多,自修复能力越大,但是阵列的硬件资源消耗也将越大。因此,可以通过分析阵列选择不同行列数目阵列的可靠性和硬件资源消耗,选择最合理的胚胎电子细胞阵列行列数。因此,基于胚胎电子细胞阵列的数学描述可以开展阵列的配置优化设计。

(3)阵列内电子细胞粒度优选。

在胚胎电子细胞阵列内,阵列规模一定时,电子细胞粒度越小,阵列内有更多的电子细胞,阵列也就具有更多的故障修复次数,即更高的可靠性。但是随着阵列内电子细胞数目增加,阵列内连接更加复杂,电子细胞内辅助资源将不断增加,进而将减少阵列内电子细胞数目,降低阵列的可靠性。因此,在胚胎电子细胞阵列可靠性函数和硬件资源消耗函数的基础上,可以选择最合理的电子细胞粒度,使阵列的可靠性达到最大。

(4)阵列可靠性计算。

在胚胎电子细胞阵列中,故障检测是故障修复的前提,因此故障检测覆盖率的大小对阵列的性能有重要的影响。同时,阵列中细胞间连接资源的失效也将直接导致阵列功能失效。因此,在胚胎电子细胞阵列可靠函数的基础上,引入电子细胞故障检测覆盖率参数,考虑细胞间连接资源失效对阵列的影响,研究更加准确分析胚胎电子细胞阵列可靠性的方法,使阵列的可靠性分析更加接近阵列实际工作情况。

同时,胚胎电子细胞阵列工作过程中,空闲细胞只有部分模块接入电路,只有当空闲细胞用于修复出现的故障时,空闲细胞完全接入电路。因此,阵列中空闲细胞的冗余方式更加接近温储备。同时,现有阵列故障修复过程依赖于电子细胞内的地址产生器、I/O模块和控制模块等,一旦这些模块出现故障,将直接导致故障无法修复,进而影响阵列的可靠性。因此,在胚胎电子细胞阵列的可靠性函数的基础上,引入电子细胞故障检测覆盖率和故障修复成功率参数,研究温储备方式下胚胎电子细胞阵列的可靠性分析方法,更加准确分析阵列的可靠性。

5.3 总线胚胎电子细胞阵列数学描述

总线胚胎电子细胞阵列的数学描述主要是根据阵列的结构及自修复方式分别建立阵列的功能函数、可靠性函数和硬件资源消耗函数,为阵列的可靠性分析、硬件资源消耗分析及电子细胞数目优选奠定理论基础。在总线胚胎电子细胞阵列内,最基本单元是电子组织,因此阵列的数学描述也以电子组织的数学描述为基础。为了开展总线胚胎电子细胞阵列的数学描述,假设阵列内电子组织数目为 S,电子组织中工作细胞数目为 W,空闲细胞数目为 K。

5.3.1 总线胚胎电子细胞阵列的功能函数

在总线胚胎电子细胞阵列中,功能函数主要用于判断阵列能否正常工作。由总线胚胎电子细胞阵列的结构可知,要建立阵列的功能函数,必须首先建立电子组织的功能函数。

电子组织主要由胚胎电子细胞和检测控制模块构成。胚胎电了细胞主要由基因配置存储单元、功能单元、I/O 单元及各个单元间的连接导线组成,设基因配置存储单元为 y_1,功能单元为 y_2,I/O 单元为 y_3,导线为 y_4,其中 $y_i=1$ 表示该单元正常工作;$y_i=0$ 表示该单元出现故障($1\leqslant i\leqslant 4$)。电子组织内电子细胞的结构都相同,电子细胞的数学描述与电子细胞在电子组织中的具体位置无关,电子细胞内各个单元的重要度系数为 $\sigma_i(1\leqslant i\leqslant 4)$,且 $\sum\sigma_i=1$。因此定义电子细胞的功能函数 e_c 为

$$e_c=\sum_{i=1}^{4}\sigma_i y_i \tag{5-31}$$

式中,$e_c=1$ 表示电子细胞正常工作;否则,电子细胞出现故障。

检测控制模块主要由基因配置单元、故障检测单元、控制单元、I/O 单元和各个单元间的连接导线组成。设基因配置单元为 u_1,故障检测单元为 u_2,控制单元为 u_3,I/O 单元为 u_4,导线为 u_5。其中 $u_i=1$,表示该单元正常工作;$u_i=0$,表示该单元出现故障($1\leqslant i\leqslant 5$)。检测控制模块内各个单元的重要度系数为 $\xi_i(1\leqslant i\leqslant 5)$,且 $\sum\xi_i=1$。因此定义检测控制模块的功能函数 f_d 为

$$f_d=\sum_{i=1}^{5}\xi_i u_i \tag{5-32}$$

式中:$f_d=1$ 表示检测控制模块正常工作;否则,检测控制模块出现故障。则电子组织的功能函数 E_f 为

$$E_f=f_d\times\left(\sum_{i=1}^{W}\eta_i e_i+\sum_{j=1}^{K}\psi_j e_j\right) \tag{5-33}$$

式中,η_i 为工作细胞的系数,i 表示电子组织内的工作细胞($1\leqslant i\leqslant W$),$\eta_i\in\{0,\ 1\}$,$\eta_i=1$ 表示工作细胞行处于工作状态,反之未处于工作状态;ψ_j 为空闲细胞的系数,j 表示电子

组织内的空闲细胞($1\leqslant j\leqslant K$),$\psi_j\in\{0, 1\}$,$\psi_j=1$ 表示空闲细胞行处于工作状态,反之未处于工作状态。电子组织工作初始阶段 $\eta_1=\eta_2=\eta_3=\cdots=\eta_W=1$,$\psi_1=\psi_2=\psi_3=\cdots=\psi_K=0$。设电子组织中出现故障的次数为 T,当 $T\leqslant K$ 时,阵列发生 T 次故障,则 $\eta_1,\eta_2,\eta_3,\cdots,\eta_W$ 中 T 个故障工作细胞的系数变为 0,$\psi_1,\psi_2,\psi_3,\cdots,\psi_K$ 中前 T 个空闲细胞的系数变为 1,此时如果故障检测模块能够正常工作,即 $f_{\mathrm{d}}=1$,此时 $E_{\mathrm{f}}=W$,即电子组织能够正常工作;此时如果故障检测模块无法正常工作,即 $f_{\mathrm{d}}<1$,此时 $E_{\mathrm{f}}<W$,即电子组织无法正常工作。当 $T>K$,电子组织内故障的次数大于空闲细胞的数目,无法完成故障自修复,$E_{\mathrm{f}}<W$,电子组织的功能将失效。

基于电子组织的功能函数,总线胚胎电子细胞阵列的功能函数 F_{B} 为

$$F_{\mathrm{B}}=\frac{S\times E_{\mathrm{f}}}{W} \tag{5-34}$$

如果 $F_{\mathrm{B}}=S$,则总线胚胎电子细胞阵列能够正常工作;反之,总线胚胎电子细胞阵列功能失效。

5.3.2　总线胚胎电子细胞阵列的可靠性函数

总线胚胎电子细胞阵列是由电子组织通过总线连接而形成的仿生硬件,建立总线胚胎电子细胞阵列可靠性函数的基础是电子组织的可靠性计算。在电子组织内,工作细胞数目为 W,空闲细胞数目为 K,根据故障工作细胞的数目可将电子组织的工作过程划分为 $K+1$ 个工作状态,电子组织工作状态及对应的概率见表 5-6。

表 5-6　电子组织的工作状态及对应的概率

故障数目	0	1	…	o	…	K	$>K$
工作状态	$K+1$	K	…	$K+1-o$	…	1	0
状态概率	$p_{\mathrm{b},K+1}(t)$	$p_{\mathrm{b},K}(t)$	…	$p_{\mathrm{b},K+1-o}(t)$	…	$p_{\mathrm{b},1}(t)$	$p_{\mathrm{b},0}(t)$

表 5-6 中 o 代表电子组织中故障细胞数目($0\leqslant o\leqslant K$),状态 0 表示电子组织的故障状态,即电子组织内故障数目大于 K,也即电子组织内可正常工作胚胎电子细胞数目小于 W;状态 1 表示电子组织内故障数目等于 K,也即电子组织内可正常工作胚胎电子细胞数目等于 W;状态 $K+1-o$ 表示电子组织内故障数目为 o,可正常工作细胞数目为 $W+K-o$;状态 K 表示电子组织内故障数目为 1,可正常工作电子细胞数目为 $W+K-1$;状态 $K+1$ 表示电子组织内故障数目为 0,所有电子细胞均可正常工作。

假设每个细胞的失效率为 λ,电子细胞的寿命分布服从指数分布。因此胚胎电子细胞的可靠度(失效概率分布函数)为 $\exp(-\lambda t)$,电子组织内各个工作状态对应的概率如下。

状态 0 表示电子组织内故障数目大于 K,也即电子组织内可正常工作的电子细胞数

目小于 W,则电子组织内可以正常工作的电子细胞数目为 $0,1,2,\cdots,W-1$。每个细胞正常工作的概率为 $\exp(-\lambda t)$,对应电子细胞不能正常工作的概率为 $1-\exp(-\lambda t)$。电子组织内可正常工作细胞数目为 0 时,即电子组织内所有的电子细胞全都故障,对应的概率为 $C_{W+K}^{0}e^{-0\lambda t}(1-e^{-\lambda t})^{W+K}$。电子组织内可正常工作电子细胞数目为 1 时,存在 C_{W+K}^{1} 种可能情况,所以电子组织内可正常工作电子细胞数目为 1 的概率为 $C_{W+K}^{1}e^{-1\lambda t}(1-e^{-\lambda t})^{W+K-1}$。同理,可知电子组织内可正常工作电子细胞数目为 $W-1$ 时,存在 C_{W+K}^{W-1} 种可能选择,则电子组织内可正常工作电子细胞数目为 $W-1$ 的概率为 $C_{W+K}^{W-1}e^{-(W-1)\lambda t}(1-e^{-\lambda t})^{K+1}$,所以状态 0 对应的概率为

$$p_{b,0}(t)=\sum_{i=1}^{W-1}C_{W+K}^{i}e^{-i\lambda t}(1-e^{-\lambda t})^{W+K-i} \tag{5-35}$$

状态 1 表示电子组织内可正常工作电子细胞数目为 W,存在 C_{W+K}^{W} 种可能方式。电子组织中,W 个电子细胞正常工作的概率为 $\exp(-W\lambda t)$,剩下 K 个电子细胞故障的概率为 $(1-\exp(-\lambda t))^{K}$,所以状态 1 对应的概率为

$$p_{b,1}(t)=C_{W+K}^{W}e^{-W\lambda t}(1-e^{-\lambda t})^{K} \tag{5-36}$$

状态 $K+1-o$ 表示电子组织内可正常工作的胚胎电子细胞数目为 $W+K-o$,存在 C_{W+K}^{W+K-o} 种可能方式。$W+K-o$ 个胚胎电子细胞正常工作的概率为 $\exp(-(W+K-o)\lambda t)$,剩下 o 个胚胎电子细胞故障的概率为$(1-\exp(-\lambda t))^{o}$,所以状态 $K+1-o$ 对应的概率为

$$p_{b,K+1-o}(t)=C_{W+K}^{W+K-o}e^{-(W+K-o)\lambda t}(1-e^{-\lambda t})^{o} \tag{5-37}$$

状态 $K+1$ 表示电子组织内所有的胚胎电子细胞均可正常工作,这样就存在 1 种可能的方式,$W+K$ 个胚胎电子细胞正常工作的概率为 $\exp(-(W+K)\lambda t)$,所以状态 $K+1$ 对应的概率为

$$p_{b,K+1}(t)=C_{W+K}^{W+K}e^{-(W+K)\lambda t}(1-e^{-\lambda t})^{o} \tag{5-38}$$

为简化计算的复杂程度,假设每个电子组织内的工作细胞和总的细胞数目相同,细胞的失效率也相同,则所有电子组织的状态数和各个状态对应的概率分布均相同。

总线胚胎电子细胞阵列内,各个电子组织间以串联的形式工作。每个电子组织均有 $K+2$ 个工作状态,则阵列内电子组织具有的工作状态集可表示为 $Q_1=Q_2=Q_3=\cdots=Q_S=\{0,\ 1,\ 2,\ \cdots,\ K+1\}$,各个电子组织工作状态对应的概率集可表示为 $P_1=P_2=P_3=\cdots=P_S=\{p_{b,0}(t),\ p_{b,1}(t),\ p_{b,2}(t),\ \cdots,\ p_{b,K+1}(t)\}$,总线胚胎电子阵列的 MTTF 计算如下。

设集合 $A=\{a_1,\ a_2,\ a_3,\ \cdots,\ a_y\}$,集合 $B=\{b_1,\ b_2,\ b_3,\ \cdots,\ b_y\}$,在此基础上定义 States 运算符。States $(A,\ B)=\{A(i)\times B(j)\}$ $(1\leqslant i,\ j\leqslant y)$,即集合 A 中元素与集合 B 中元素依次相乘。

(1)阵列内电子组织间是串联结构,因此总线胚胎电子阵列的工作状态集 X 为

$$X=\text{States}(Q_1,Q_2,\cdots,Q_S) \tag{5-39}$$

(2)由定义的 States 运算可得总线胚胎电子阵列各个工作状态对应的概率 Y 可表示为

$$Y=\text{States}(P_1,P_1,\cdots,P_S) \tag{5-40}$$

(3)若要保证总线胚胎电子阵列正常工作,则所有电子组织均必须正常工作。电子组织的故障状态为 0,要保证总线胚胎电子阵列正常工作,则阵列对应的工作状态均应不小于 1,则整个阵列正常工作的概率 $p_a(t)$ 为

$$p_a(t) = \sum P(X \geqslant 1) \tag{5-41}$$

式中,$p_a(t)$ 为阵列内所有不小于工作状态 1 对应的概率之和,则总线胚胎电子阵列对应的可靠度 $R_a(t)=p_a(t)$。

(4)总线胚胎电子阵列的可靠性利用阵列的 MTTF 表示,则阵列的可靠性函数 $T_B(S, W, K)$ 为

$$T_B(S,W,K) = \int_0^{\infty} R_a(t)\,dt \tag{5-42}$$

5.3.3　总线胚胎电子细胞阵列的硬件资源消耗函数

同理,为了更加准确地衡量总线胚胎电子细胞阵列的硬件资源消耗,以电路最基本的组成单元——MOS 管的消耗数目来衡量阵列的硬件资源消耗,对总线胚胎电子细胞阵列的硬件资源消耗进行分析。总线胚胎电子细胞阵列内,硬件资源消耗主要由电子组织和总线两部分产生。电子组织主要由电子细胞、检测控制模块和连接导线构成,连接导线的硬件资源消耗无法用 MOS 管消耗数目进行描述,且电子组织内导线数量与具体结构设计相关,因此难以定量计算。总线是具有一定协议的通信或数据传输接口,也无法用 MOS 管消耗数目进行定量计算,且总线的宽度与胚胎电子细胞阵列的规模相关,衡量总线的硬件资源消耗难度较大。因此,在进行总线胚胎电子细胞阵列硬件资源消耗函数建立过程中,忽略电子组织内连接导线和总线的硬件资源消耗。

总线胚胎电子细胞阵列中电子组织的结构相同,电子细胞的结构也相同。设总线胚胎电子细胞阵列的硬件资源消耗为 H_B,电子组织的硬件资源消耗为 H_f,单个胚胎电子细胞的硬件资源消耗为 H_e,电子组织内检测控制模块的硬件资源消耗为 H_d。则总线胚胎电子细胞阵列的硬件资源消耗为

$$H_B = S \times H_f = S \times (H_d + H_e \times (W+K)) \tag{5-43}$$

总线胚胎电子细胞阵列的硬件资源消耗由所有的电子组织硬件资源消耗累加。因此,分析单个电子组织的硬件资源消耗即可完成总线胚胎电子细胞阵列硬件资源消耗的定量计算。

电子组织由检测控制模块和电子细胞构成,其中检测控制模块主要由基因配置单元、故障检测单元、控制单元与 I/O 单元构成,分析各个单元的硬件资源消耗,进而完成检测控制模块的硬件资源消耗分析。

故障检测单元是基于电子组织功能的双模冗余设计。设电子组织实现 M_1 位输入、N_1 位输出的功能电路,则故障检测单元需要存储 $M_1 \times N_1$ 位电子组织的理论输出信息,故障检测单元需要 N_1 个 2 输入异或门、1 个 N_1 输入或门。故障检测单元采用功能 D 触发器型寄存器存储信息,1 位信息存储消耗 MOS 管数目为 24,1 个 2 输入异或门消耗 MOS

管数目为 9,1 个 N_1 输入或门需要由 N_1-1 个 2 输入或门构成,1 个 2 输入或门消耗 MOS 管数目为 6。因此,故障检测单元的硬件资源消耗 D_f 为

$$D_f = 24M_1 \times N_1 + M_1 \times (9N_1 + 6 \times (N_1 - 1)) = 39M_1 \times N_1 - 6M_1 \tag{5-44}$$

基因配置单元主要存储电子组织的输入标志位信息、输出标志位信息及输出选择控制信息,基因采用功能 D 触发器型寄存器进行存储。设输入标志位为 m_1 位、输出标志位为 m_2 位,标志位的位数与阵列中电子组织的数目相关,电子组织数目越多,标志位越长,且满足 $m_1 = m_2 = \lceil \log_2 S \rceil$。输出选择控制信息与输出端个数相关,电子组织有 N_1 个输出,输出信号都是在电子组织内电子细胞的输出信号和电子组织的输入信号中进行选择,因此共需要 $N_1 \times \lceil \log_2(W+K+M_1) \rceil$ 位输出选择控制信息。由此可得基因配置单元的硬件资源消耗 D_g 为

$$D_g = 24(m_1 + m_2 + N_1 \times \lceil \log_2(W+K+M_1) \rceil) = 24(2\lceil \log_2 S \rceil + N_1 \times \lceil \log_2(W+K+M_1) \rceil) \tag{5-45}$$

I/O 单元主要由寄存器与数据缓冲器构成,输入寄存器与输出寄存器的大小与需要传输数据的位数相关,数据缓冲器的数目与总线的位数相同。设总线宽度为 s_1,总线主要由地址总线、数据总线和控制总线组成。地址总线宽度为$\lceil \log_2 S \rceil$,数据总线宽度为 s_2,控制总线宽度为 5。一位非反向数据缓冲器消耗 MOS 管数目为 4,则 I/O 单元的硬件资源消耗 D_i 为

$$D_i = 8s_1 + 48s_1 = 56s_1 = 56(\lceil \log_2 S \rceil + s_2 + 5) \tag{5-46}$$

控制单元采用状态机实现电子细胞状态控制功能,状态机主要的硬件资源消耗为状态信息的存储,根据电子组织故障自修复策略的特点,状态机需要存储 $K \times (W+K)$ 个 $W+K$ 位状态信息,以功能 D 触发器型寄存器型对状态信息进行存储,控制单元的硬件资源消耗 D_c 为

$$D_c = 24K \times (W+K)^2 \tag{5-47}$$

根据以上分析,检测控制模块的硬件资源消耗 H_d 可近似为

$$\begin{aligned} H_d &= D_f + D_g + D_i + D_c \\ &= 39M_1 \times N_1 - 6M_1 + 24 \times (2\lceil \log_2 S \rceil + N_1 \times \lceil \log_2(W+K+M_1) \rceil) + 56 \times (\lceil \log_2 S \rceil + s_2 + 5) + \\ &\quad 24K \times (W+K)^2 \end{aligned} \tag{5-48}$$

电子组织内电子细胞主要由基因配置存储单元、功能单元和 I/O 单元组成,分析电子细胞各个组成单元的具体结构,对电子细胞的硬件资源消耗进行定量计算。

电子细胞内的基因配置存储单元只存储自身工作所需要的工作基因和备份基因,备份基因与工作基因完全一致。设工作基因的宽度为 w_g,即每个基因有 w_g 位信息。电子细胞中的基因使用功能 D 触发器型寄存器进行存储,每位基因存储需要消耗 1 个功能 D 触发器型寄存器,则电子细胞内基因配置存储单元的硬件资源消耗 E_g 为

$$E_g = 48w_g \tag{5-49}$$

细胞内 I/O 单元中主要的硬件资源消耗来自输入单元和输出单元两个部分。输入单元需要完成电子细胞输入信号的选择,即功能单元输入的选择。功能单元的输入端需

要 1 个多选 1 数据选择器,则电子细胞需要 4 个多选 1 数据选择器。根据电子组织输入信号位数和电子组织内电子细胞数目的不同,选择不同规模的数据选择器,电子组织的输入为 M_1 位,电子组织中的电子细胞数目为 $W+K$。多路数据选择器主要包括 4 选 1、8 选 1、16 选 1、32 选 1 和 64 选 1 等。1 个 4 选 1 数据选择器消耗 MOS 管数目为 32,1 个 8 选 1 数据选择器由 3 个 4 选 1 数据选择器级联构成,则消耗 MOS 管数目为 96。同理可知,1 个 16 选 1 数据选择器消耗 MOS 管数目为 160;1 个 32 选 1 数据选择器消耗 MOS 管数目为 320;1 个 64 选 1 数据选择器消耗 MOS 管数目为 640。输出单元主要是 1 个 2 选 1 数据选择器,根据电子细胞的工作状态选择电子细胞的输出信号,1 个 2 选 1 数据选择消耗 MOS 管数目为 20,因此输入输出单元的硬件资源消耗 E_i 为

$$E_i=\begin{cases}32\times4+20, & 0<M_1+W+K\leqslant4\\96\times4+20, & 4<M_1+W+K\leqslant8\\160\times4+20, & 8<M_1+W+K\leqslant16\\320\times4+20, & 16<M_1+W+K\leqslant32\\640\times4+20, & 32<M_1+W+K\leqslant64\end{cases}\tag{5-50}$$

功能单元主要由 4 输入 LUT、功能 D 触发器和 1 个 2 选 1 数据选择器组成,LUT 的本质是 1 个具有 4 位地址线的 16×1 的 RAM。以静态随机存取存储器(SRAM)为例进行分析,根据相关文献关于 SRAM 的 MOS 管消耗分析,可知 1 个 4 输入 LUT 需要消耗 MOS 管数目为 178,1 个功能 D 触发器消耗 MOS 管数目为 24,1 个 2 选择 1 数据选择器消耗 MOS 管数目为 20。

综上所述,单个电子细胞的硬件资源消耗 H_e 为

$$H_e=48w_g+E_i+222\tag{5-51}$$

电子组织中有 $W+K$ 个电子细胞,因此单个电子组织中所有电子细胞的硬件资源消耗 F_e 为

$$F_e=H_e\times(W+K)=(48w_g+E_i+222)\times(W+K)\tag{5-52}$$

在电子组织内电子细胞和检测控制模块硬件资源消耗分析的基础上,单个电子组织的硬件资源消耗 H_f 为

$$H_f=F_e+H_d\tag{5-53}$$

因此,总线胚胎电子细胞阵列的硬件资源消耗函数 $H_B(S,\ W,\ K,\ M_1,\ N_1,\ s_2,\ w_g)$ 为

$$H_B(S,W,K,M_1,N_1,s_2,w_g)=S\times H_f=S\times(F_e+H_d)\tag{5-54}$$

5.3.4　总线胚胎电子细胞阵列数学描述有效性分析

总线胚胎电子细胞阵列的数学描述有效性的验证与 5.2.5 节胚胎电子细胞阵列数学描述有效性的验证方法一致,此处仅对总线胚胎电子细胞阵列可靠性函数的有效性进行验证。

选择基于 k-out-of-n 系统可靠性理论总线胚胎电子细胞阵列可靠性分析方法对阵列

可靠性函数的有效性进行验证。假设总线胚胎电子阵列内的电子组织数目 S 为 4，每个电子组织内工作细胞数目 W 为 5，空闲细胞数目 K 为 5，胚胎细胞的失效率 $\lambda=6\times10^{-5}$/h。每个电子组织均具有 7 个工作状态，电子组织的工作状态集为{0, 1, 2, 3, 4, 5, 6}，各个工作状态对应的概率集为$\{p_0(t), p_1(t), p_2(t), p_3(t), p_4(t), p_5(t), p_6(t)\}$。

$$\begin{cases} p_0(t) = \sum_{i=0}^{4} C_{10}^{i} e^{-\lambda i t}(1 - e^{-\lambda t})10 - i \\ p_1(t) = C_{10}^{5} e^{-5\lambda t}(1 - e^{-\lambda t})5 \\ p_2(t) = C_{10}^{6} e^{-6\lambda t}(1 - e^{-\lambda t})4 \\ p_3(t) = C_{10}^{7} e^{-7\lambda t}(1 - e^{-\lambda t})3 \\ p_4(t) = C_{10}^{8} e^{-8\lambda t}(1 - e^{-\lambda t})2 \\ p_5(t) = C_{10}^{9} e^{-9\lambda t}(1 - e^{-\lambda t})1 \\ p_6(t) = C_{10}^{10} e^{-10\lambda t}(1 - e^{-\lambda t})0 \end{cases} \tag{5-55}$$

由式(5-39)和式(5-40)可知，总线胚胎电子阵列共有 76 个工作状态，即工作状态集 $X=\{0, 1, 2, 3, 4, \cdots, 900, 1\,080, 1\,296\}$，各个状态对应的概率集 $Y=\{p_{b,0}(t), p_{b,1}(t), p_{b,2}(t), p_{b,3}(t), p_{b,4}(t), \cdots, p_{b,900}(t), p_{b,1\,080}(t), p_{b,1\,296}(t)\}$。采用总线胚胎电子细胞阵列的可靠性函数和基于 k-out-of-n 系统可靠性理论总线胚胎电子细胞阵列可靠性分析方法对阵列的可靠性进行定量分析，阵列的可靠度曲线如图 5-12 所示。

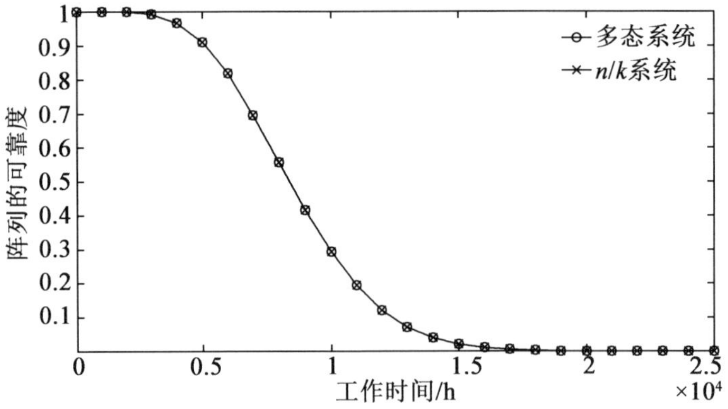

图 5-12 两种可靠性分析方式下总线胚胎电子阵列的可靠度曲线

图 5-12 所示为总线胚胎电子阵列在两种可靠性分析方法下的可靠度变化曲线，“n/k 系统”表示基于 k-out-of-n 系统可靠性理论总线胚胎电子细胞阵列可靠性分析方法，“多态系统”表示基于多态系统理论总线胚胎电子细胞阵列可靠性函数。阵列在某个时刻的可靠度即阵列在该时刻可以正常工作的概率。图中基于两种可靠性分析方法阵列的可靠度曲线几乎完全重合，表明基于多态系统阵列的可靠性函数能够准确衡量阵列的可靠度变化。

随着阵列工作时间的增加，两种阵列可靠性分析方法下阵列可靠度曲线均从 1 下降为 0。0~1.2×10³ h，阵列的可靠度为 1，阵列开始工作时，所有的细胞均工作性能良好，阵列此时能够正常工作,可靠度为 1。$1.2\times10^3 \sim 5.2\times10^3$ h,阵列的可靠度开始下降,仍高于 0.9,随着工作时间的增加,因为细胞失效等原因,阵列的可靠度开始下降,但是因为电子组织中有空闲细胞可用于故障修复,因此阵列此时的可靠度处于较高水平。5.2×10^3 h 后,随着阵列工作时间的进一步增加,阵列可靠度下降速率加快,直至下降为 0。随着工作时间增加,阵列中故障细胞数目增加,而阵列的容错能力有限,且阵列内电子组织间组成串联系统,当电子组织内故障细胞数超过了空闲细胞数目,电子组织就将故障,从而导致阵列失效,阵列的可靠度降为 0。

为了提高总线胚胎电子细胞阵列可靠性函数有效性验证的效果,假设总线胚胎电子阵列内的电子组织数目 S 分别为 5,25,50 和 100,每个电子组织内工作细胞数目 W 为 5,空闲细胞数目 K 为 3,电子细胞的失效率 $\lambda = 1\times10^{-6}$/h。采用总线胚胎电子细胞阵列的可靠性函数和基于 k-out-of-n 系统可靠性理论总线胚胎电子细胞阵列可靠性分析方法对阵列的可靠性进行定量分析,阵列的可靠度曲线如图 5-13 所示。

图 5-13 所示为 4 种规模总线胚胎电子细胞阵列在两种可靠性分析方法下的可靠度变化曲线,“n/k 系统”表示基于 k-out-of-n 系统可靠性理论总线胚胎电子细胞阵列可靠性分析方法,“多态系统”表示基于多态系统理论总线胚胎电子细胞阵列可靠性函数。阵列在某个时刻的可靠度即阵列能够正常工作的概率。图中 4 种规模总线胚胎电子细胞阵列在两种可靠性分析方法下的可靠度曲线几乎完全重合,表明基于多态系统理论总线胚胎电子细胞阵列可靠性函数能够准确的衡量阵列的可靠度变化。总线胚胎电子细胞阵列是一个由电子组织组成的串联系统,每个电子组织的结构均相同,所以阵列内电子组织数目越多,阵列的可靠度曲线下降越快。

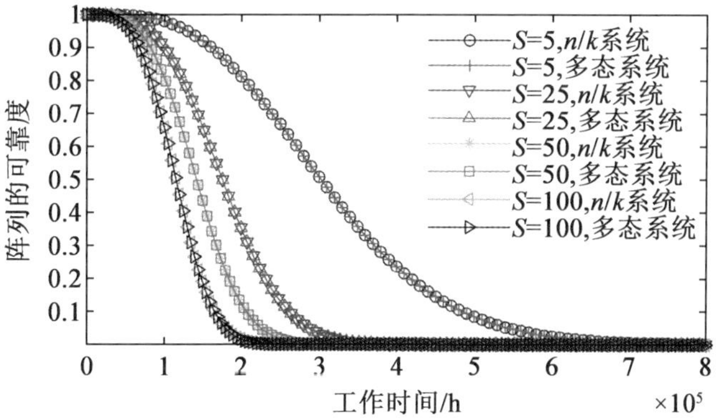

图 5-13　4 种规模总线胚胎电子细胞阵列的可靠度曲线

随着工作时间的增加,阵列的可靠度均从 1 变为 0,且阵列可靠度曲线的变化规律均相同。阵列开始工作时,阵列的可靠度保持 1 不变,随着工作的时间增加,电子组织内开始出现故障,阵列的可靠度开始下降,最后阵列的可靠度均趋向于 0。4 种规模总线胚胎电子细胞阵列的可靠度曲线变化规律均相同,且在两种可靠性分析方法下阵列的可靠度曲线几乎完全重合。因此,基于多态系统阵列的可靠性函数能够准确衡量阵列的可靠度变化。

5.3.5 总线胚胎电子细胞阵列数学描述的应用

与胚胎电子细胞阵列数学描述的应用相同,基于总线胚胎电子细胞阵列的功能函数能够判断阵列的工作状态;基于总线胚胎电子细胞阵列的可靠性函数,考虑细胞间连接资源的失效,引入电子细胞故障检测覆盖率参数,研究更加准确分析总线胚胎电子细胞阵列可靠性的方法;同时,基于总线胚胎电子细胞阵列的可靠性函数,将总线胚胎电子细胞阵列等效为温储备系统,引入电子细胞故障检测覆盖率和电子细胞故障修复成功率等参数,开展温储备总线胚胎电子细胞阵列可靠性分析方法,更加准确分析总线胚胎电子细胞阵列的可靠性。此外,基于总线胚胎电子细胞阵列的可靠性函数和硬件资源消耗函数,也能开展阵列内电子细胞粒度优选研究,推动总线胚胎电子细胞阵列的实际工程应用。

在上述应用研究的基础上,在总线胚胎电子细胞阵列内,当电子组织内电子细胞总数确定时,针对确定的功能电路,电子组织内选择不同工作细胞数目将直接影响阵列的自修复能力,进而影响阵列的可靠性。同时,电子组织内工作细胞数目不同,也将影响阵列内电子组织的数目,进而影响阵列的硬件资源消耗,电子组织内工作细胞数目越少,阵列内电子组织数目越多,阵列硬件资源消耗越多,反之,阵列的硬件资源消耗越小。因此,可以分析电子组织内选择不同工作细胞数目时阵列的可靠性与硬件消耗资源,选择最优电子组织内工作细胞数目。同理,当电子组织内空闲细胞数目固定时,针对特定功能电路,阵列硬件资源消耗固定,电子组织选择不同工作细胞数目将直接影响阵列的可靠性。因此,可以分析电子组织选择不同数目工作细胞时阵列的可靠性,选择最优电子组织内工作细胞数目优选。

5.4 本章小结

本章以为胚胎电子细胞阵列优化设计和可靠性准确分析提供理论指导为出发点,提出了一种典型胚胎电子细胞阵列的数学描述方法,从数学角度开展胚胎电子细胞阵列的研究。分析胚胎电子细胞阵列的基本结构、工作原理、工作过程和工作特点,分别建立了阵列的功能函数、可靠性函数和硬件资源消耗函数,实现了胚胎电子细胞阵列的数学描述。通过胚胎电子细胞阵列故障自修复验证实验和阵列可靠性分析实验,验证了胚胎电子细胞阵列数学描述的有效性和合理性。胚胎电子细胞阵列数学描述的应用分析表明,阵列的数学描述能够用于阵列工作状态分析、阵列内行列数目配置优化设计、阵列内电子细胞数目选择、电子细胞粒度优选和阵列可靠性分析等方面研究,为阵列的优化设计和可靠性分析提供理论支撑。

第6章　胚胎电子细胞阵列优化设计方法

为了合理优化胚胎电子细胞阵列的设计，提升阵列的工作性能，本章分别开展二维胚胎电子细胞阵列内行列数目配置优化设计和总线胚胎电子细胞阵列内电子细胞数目优选研究，以阵列数学描述中可靠性函数和硬件资源消耗函数为基础，基于阵列的可靠性和硬件资源消耗约束，提出一种胚胎电子细胞阵列优化设计方法，该方法可以推广到其他类型胚胎电子细胞阵列的优化设计。

首先，利用胚胎电子细胞阵列数学描述中的可靠性函数和硬件资源消耗函数分别计算阵列的可靠性和硬件资源消耗。其次，基于阵列的可靠性与硬件资源消耗约束，将胚胎电子细胞阵列的优化设计问题转化为整数非线性规划问题，通过求解该问题实现阵列的优化设计。再次，为了提高优化问题求解的效率，在差分进化算法的基础上，根据种群中个体适应度的不同自适应选择变异和交叉算子，提出了一种改进自适应差分进化算法。最后，开展了胚胎电子细胞阵列优化设计方法的验证实验和算法性能分析实验。仿真实验和分析结果表明，本章提出的胚胎电子细胞阵列优化设计方法能够得到最合理的阵列内配置方式和电子细胞数目，解决现有阵列优化设计过程依靠经验的不足，在胚胎电子细胞阵列优化设计方面具有重要的指导作用。同时，改进自适应差分进化算法能够有效提高算法求解优化问题的寻优速度、准确性和稳定性。

6.1　二维胚胎电子细胞阵列内配置优化设计数学模型

在二维胚胎电子细胞阵列内，当工作电子细胞阵列规模确定时，阵列内行列数目的变化将直接影响阵列的可靠性与硬件资源消耗。当阵列规模确定时，工作电子细胞阵列内行列数目的不同也将直接影响阵列的可靠性。因此，二维胚胎电子细胞阵列内配置优化设计主要指阵列内行列数目及工作阵列内行列数目的选择。

可靠性和硬件资源消耗是衡量胚胎电子细胞阵列性能的两个最重要指标，胚胎电子细胞阵列不同的配置设计将直接影响阵列的可靠性和硬件资源消耗。为了优化胚胎电子细胞阵列的配置方式，以阵列的可靠性和硬件资源消耗为约束指标，建立胚胎电子细胞阵列内配置优化设计数学模型。

基于胚胎电子阵列数学描述方法中的可靠性函数和硬件资源消耗函数，设阵列的MTTF记为$T(M, N, m, n)$，阵列的硬件资源消耗记为$H(M, N, m, n)$。根据胚胎电子细胞阵列规模是否确定，可以将胚胎电子细胞阵列内配置优化设计分为胚胎电子细胞阵列规模固定时阵列内配置优化设计，以及胚胎电子细胞阵列规模不固定时阵列内配置优化设计。

6.1.1 阵列规模不固定时阵列内配置优化设计

胚胎电子细胞阵列规模不固定,即胚胎电子细胞阵列的行数 M 和列数 N 不确定。功能电路经过功能分化后,工作电子细胞阵列配置确定,即 m 和 n 已知。由式(5-19)、式(5-25)、式(5-28)和式(5-30)可知,胚胎电子细胞阵列内行数 M 和列数 N 的改变,阵列的可靠性和硬件资源消耗均会有直接影响,因此需要对胚胎电子细胞阵列的配置进行优化设计。根据功能电路设计要求的不同,胚胎电子细胞阵列内配置优化设计可以分为有特定约束条件的胚胎电子细胞阵列内配置优化设计和无特定约束条件的胚胎电子细胞阵列内配置优化设计。

(1)有特定约束条件的胚胎电子细胞阵列内配置优化设计。

“有特定约束条件”是指胚胎电子细胞阵列对于自身硬件资源消耗或者可靠性有特定的要求,在此基础上进行阵列的配置优化设计。胚胎电子细胞阵列的特定约束条件主要分为对可靠性的特定要求和对硬件资源消耗的特定要求。

①阵列的可靠性大于特定值 Q。

电子系统设计过程中,对于系统工作过程的可靠性通常都有一定的要求。如果要求胚胎电子细胞阵列的可靠性 $T(M, N)$ 大于特定值 Q 时,此时应该保证胚胎电子细胞阵列的硬件资源消耗最小,胚胎电子细胞阵列的优化设计可表示为

$$\begin{cases}\min\ H(M,N)\\ \text{s.t.}\ \ T(M,N)\geqslant Q\\ C\geqslant M\geqslant m, C\geqslant N\geqslant n\\ M,N\in Z\end{cases} \tag{6-1}$$

式中,$C=M\times N$,表示阵列内总的电子细胞数目。此时,胚胎电子细胞阵列内配置优化设计是一个整数非线性规划问题。

②阵列硬件资源消耗小于特定值 H_1。

航空航天领域中电子设备设计时,由于受发射成本的约束,对电子设备的质量大小有着明确的限制和要求。如果要求胚胎电子细胞阵列的硬件资源消耗 $H(M, N)$ 小于 H_1,此时应保证胚胎电子细胞阵列的可靠性最大,胚胎电子细胞阵列的优化设计可表示为

$$\begin{cases}\max\ T(M,N)\\ \text{s.t.}\ \ H(M,N)\leqslant H_1\\ C\geqslant M\geqslant m, C\geqslant N\geqslant n\\ M,N\in Z\end{cases} \tag{6-2}$$

此时,胚胎电子细胞阵列内配置优化设计是一个整数非线性规划问题。

(2)无特定约束条件的胚胎电子细胞阵列内配置优化设计。

“无特定约束条件”指胚胎电子细胞阵列对于自身的硬件资源消耗和可靠性无特定

的要求，在胚胎电子细胞阵列设计过程中，应保证胚胎电子细胞阵列的硬件资源消耗最小，且阵列的可靠性最高。此时，胚胎电子细胞阵列的优化设计可表示为

$$\begin{cases}\min\ H(M,N)\\ \max\ T(M,N)\\ \text{s.t.}\ \ C\geqslant M\geqslant m,C\geqslant N\geqslant n\\ M,N\in Z\end{cases}\tag{6-3}$$

无约束条件下胚胎电子细胞阵列内配置优化设计问题是一个多目标整数非线性规划问题，求解难度较大。为了求解该问题，根据费效比的概念提出时耗比的概念。时耗比指胚胎电子阵列的 MTTF 与硬件资源消耗的比值，即利用胚胎电子细胞阵列单位硬件资源消耗所产生的可靠性来衡量阵列的性能，因此转换后的胚胎电子细胞阵列设计要求为

$$\begin{cases}\max\ \dfrac{T(M,N)}{H(M,N)}\\ \text{s.t.}\ \ C\geqslant M\geqslant m\\ C\geqslant N\geqslant n\\ M,N\in Z\end{cases}\tag{6-4}$$

此时，胚胎电子细胞阵列内配置优化设计本质就是一个单目标的整数非线性规划问题。

6.1.2　阵列规模固定时工作电子细胞阵列内配置优化设计

胚胎电子细胞阵列规模固定，即胚胎电子细胞阵列的行数 M 和列数 N 确定。确定功能电路基于胚胎电子细胞阵列实现后，需要工作细胞的数目 c 确定，且 $c=m\times n$。胚胎电子细胞阵列的 MTTF 表示为 $T(m,\ n)$，硬件资源消耗表示为 $H(m,\ n)$。细胞移除自修复胚胎电子细胞阵列中，由式(5-25)和式(5-30)可知，阵列的硬件资源消耗固定，此时工作电子细胞阵列内 m 和 n 的改变，主要影响阵列的可靠性。此时，工作电子细胞阵列的配置优化设计即寻找使阵列达到最大 MTTF 的工作电子细胞阵列行列数目。

行移除自修复胚胎电子细胞阵列中，由式(5-19)和式(5-28)可知，工作电子细胞阵列配置 m 和 n 的改变，将直接影响胚胎电子细胞阵列的可靠性和硬件资源消耗。此时，根据电路系统设计要求的不同，工作电子细胞阵列的配置优化设计可分为有特定约束条件的工作电子细胞阵列的配置优化设计和无特定约束条件的工作电子细胞阵列的配置优化设计。

(1)细胞移除自修复阵列内工作电子细胞阵列的配置优化设计。

因为阵列的规模固定，在细胞移除自修复方式下，工作电子细胞阵列的配置优化目标是阵列的可靠性最大。因此，细胞移除自修复阵列内工作电子细胞阵列的配置优化设计可以表示为

$$\begin{cases}\max\ T(m,n) \\ \text{s.t.}\ \ m\times n=c \\ 1\leqslant m\leqslant \min(M,c),1\leqslant n\leqslant \min(N,c) \\ m,n\in Z\end{cases} \tag{6-5}$$

此时,工作电子细胞阵列的配置优化设计是一个整数非线性规划问题。

(2)行移除自修复阵列内工作电子细胞阵列的配置优化设计。

①有特定约束条件的工作电子细胞阵列配置优化设计。

"特定约束条件"主要针对于胚胎电子细胞阵列的可靠性和硬件资源消耗,根据电路系统设计要求的不同,工作电子细胞阵列的配置优化设计如下。

a. 阵列可靠性大于特定值 q。

如果要求胚胎电子细胞阵列的可靠性 $H(m,\ n)$ 大于特定值 q 时,此时应该保证胚胎电子细胞阵列的硬件资源消耗最小,工作电子细胞阵列的优化设计可表示为

$$\begin{cases}\min\ H(m,n) \\ \text{s.t.}\ \ T(m,n)\geqslant q \\ m\times n=c \\ 1\leqslant m\leqslant \min(M,c),1\leqslant n\leqslant \min(N,c) \\ m,n\in Z\end{cases} \tag{6-6}$$

此时,工作电子细胞阵列的配置优化设计是一个整数非线性规划问题。

b. 阵列硬件资源消耗小于特定值 h。

如果要求胚胎电子细胞阵列的硬件资源消耗 $H\ (m,\ n)$ 小于 h,此时应保证胚胎电子细胞阵列的可靠性最大,工作电子细胞阵列的优化设计可表示为

$$\begin{cases}\max\ T(m,n) \\ \text{s.t.}\ \ H(m,n)\leqslant h \\ m\times n=c \\ 1\leqslant m\leqslant \min(M,c),1\leqslant n\leqslant \min(N,c) \\ m,n\in Z\end{cases} \tag{6-7}$$

同理,此时,工作电子细胞阵列的配置优化设计是一个整数非线性规划问题。

②无特定约束条件的工作电子细胞阵列配置优化设计。

"无特定约束条件"指胚胎电子细胞阵列对于自身的硬件资源消耗和可靠性无特定的要求,但是应使得胚胎电子细胞阵列的时耗比最大。此时,工作电子细胞阵列的配置优化设计可表示为

$$\begin{cases}\max\ \dfrac{T(m,n)}{H(m,n)} \\ \text{s.t.}\ \ m\times n=c \\ 1\leqslant m\leqslant \min(M,c),1\leqslant n\leqslant \min(N,c) \\ m,n\in Z\end{cases} \tag{6-8}$$

此时,工作电子细胞阵列的配置优化设计是单目标的整数非线性规划问题。

6.1.3 约束条件处理

式(6-1)、式(6-2)、式(6-4)、式(6-5)、式(6-6)、式(6-7)和式(6-8)均为带约束条件的整数非线性规划问题,为了便于求解,需对约束条件进行处理。处理约束条件最常用的方法是罚函数法,经过处理后,式(6-1)变为

$$\begin{cases}\min\ F_1(M,N)=H(M,N)+\gamma_1(\max(0,Q-T(M,N)))^2\\ \text{s.t.}\ \ C\geqslant M\geqslant m,C\geqslant N\geqslant n\\ M,N\in Z\end{cases}\tag{6-9}$$

式中,$\max(0,Q-T(M,N))$为惩罚项;γ_1 为罚函数系数,一般取很大的正常数。式(6-1)的适应度函数为 $F_1(M, N)$。同理,式(6-2)经过处理后为

$$\begin{cases}\max\ F_2(M,N)=T(M,N)-\gamma_2(\max(0,H(M,N)-H_1))^2\\ \text{s.t.}\ \ C\geqslant M\geqslant m,C\geqslant N\geqslant n\\ M,N\in Z\end{cases}\tag{6-10}$$

式中,$\max(0,H(M,N)-H_1)$为惩罚项;γ_2 为罚函数系数,一般取很大的正常数。式(6-2)的适应度函数为 $F_2(M, N)$。同理,式(6-5)经过处理后为

$$\begin{cases}\max\ F_3(m,n)=T(m,n)-\gamma_3(\max(0,m\times n-c-\varepsilon_1))^2\\ \text{s.t.}\ \ 1\leqslant m\leqslant\min(M,c),1\leqslant n\leqslant\min(N,c)\\ m,n\in Z\end{cases}\tag{6-11}$$

式中,$(\max(0,m\times n-c-\varepsilon_1))^2$ 为惩罚项;γ_3 为罚函数系数,一般取很大的正常数,ε_1 为一个很小的常数。式(6-5)的适应度函数为 $F_3(m, n)$。同理,式(6-6)经过处理后为

$$\begin{cases}\min\ F_4(m,n)=H(m,n)+\gamma_4[(\max(0,q-T(m,n)))^2+(\max(0,m*n-c-\varepsilon_2))^2]\\ \text{s.t.}\ \ 1\leqslant m\leqslant\min(M,c),1\leqslant n\leqslant\min(N,c)\\ m,n\in Z\end{cases}\tag{6-12}$$

式中,$(\max(0,q-T(m,n)))^2+(\max(0,m\times n-c-\varepsilon_2))^2$ 为惩罚项;γ_4 为罚函数系数,一般取很大的正常数;ε_2 为一个很小的常数。式(6-6)的适应度函数为 $F_4(m, n)$。同理,式(6-7)经过处理后为:

$$\begin{cases}\max\ F_5(m,n)=T(m,n)-\gamma_5[(\max(0,H(m,n)-h))^2+(\max(0,m*n-c-\varepsilon_3))^2]\\ \text{s.t.}\ \ 1\leqslant m\leqslant\min(M,c),1\leqslant n\leqslant\min(N,c)\\ m,n\in Z\end{cases}\tag{6-13}$$

式中,$(\max(0,H(m,n)-h))^2+(\max(0,m*n-c-\varepsilon_3))^2$ 为惩罚项;γ_5 为罚函数系数,一般取很大的正常数;ε_3 为一个很小的常数。式(6-7)的适应度函数为 $F_5(m, n)$。同理,式(6-8)经过处理后为

$$\begin{cases}\max\ F_6(m,n)=\dfrac{T(m,n)}{H(m,n)}-\gamma_6(\max(0,m*n-c-\varepsilon_4))^2 \\ \text{s.t.}\ \ 1\leqslant m\leqslant \min(M,c),1\leqslant n\leqslant \min(N,c) \\ m,n\in Z\end{cases} \tag{6-14}$$

式中，$(\max(0,m\times n-c-\varepsilon_4))^2$ 为惩罚项；γ_6 为罚函数系数，一般取很大的正常数；ε_4 为一个很小的常数。式(6-8)的适应度函数为 $F_6(m,\ n)$。此外，式(6-4)的适应度函数为

$$F_7(M,N)=\frac{T(M,N)}{H(M,N)} \tag{6-15}$$

6.2 总线胚胎电子细胞阵列内电子细胞数目优选数学模型

总线胚胎电子细胞阵列内电子细胞数目的不同将直接影响阵列的可靠性和硬件资源消耗，合理选择阵列内电子细胞数目对于提高阵列的性能具有重要意义。因此，以总线胚胎电子细胞阵列数学描述中的可靠性函数和硬件资源消耗函数为基础，定量分析阵列的可靠性与硬件资源消耗，并以此为基础研究阵列内电子细胞数目优选。

对于确定的功能电路，基于总线胚胎电子细胞阵列设计实现该电路所需工作细胞的总数是固定的。根据电路实际需求，总线胚胎电子细胞阵列内电子细胞数目优选主要分为有特定约束条件时电子细胞数目优选和无特定约束条件时电子细胞数目的优选。根据不同的优选条件，基于建立的总线胚胎电子细胞阵列可靠性函数和硬件资源消耗函数，分别建立了总线胚胎电子细胞阵列内电子细胞数目优选的数学模型。

在实际电路设计过程中，电子组织内空闲细胞的数目不能无限增加，为便于研究，假设电子组织内空闲细胞数目不超过总的工作细胞数目。电子组织内电子细胞数目优选研究过程中，阵列内剩下参数均为已知。记总线胚胎电子细胞阵列的硬件资源消耗为 $H_B(W,\ K)$，MTTF 为 $T_B(W,\ K)$，针对确定功能电路进行优化设计时，式(5-42)和式(5-54)式中的 M_1、N_1、E_i、w_g 和 s_2 均为常数。设功能电路映射到总线胚胎电子细胞阵列后，阵列内总的工作细胞数目为 C_w，则阵列内电子组织数目 S 为 $\lceil C_w/W\rceil$。

6.2.1 有特定约束条件时阵列内电子细胞数目优选

有特定约束条件是指总线胚胎电子细胞阵列对于自身硬件资源消耗或者可靠性有特定的要求，在此基础上进行电子细胞数目的优选。

(1)阵列的 MTTF 大于特定值 q_1。

在武器系统设计过程中，为了保证在战场能够正常地工作，对于电子系统的可靠性有严格的要求。当要求阵列的 MTTF 大于特定值 q_1 时，应该保证总线胚胎电子细胞阵列的硬件资源消耗最小。此时，总线胚胎电子细胞阵列内电子细胞数目优选可表示为

$$
\begin{cases}
\min\ H_{\mathrm{B}}(W,K) \\
\mathrm{s.\,t.}\ \ T_{\mathrm{B}}(W,K) \geqslant q_1 \\
C_{\mathrm{w}} \geqslant W \geqslant 1, W \in Z \\
C_{\mathrm{w}} \geqslant K \geqslant 0, K \in Z
\end{cases}
\tag{6-16}
$$

此时,阵列内电子细胞数目优选问题为有约束的整数非线性优化问题。

(2)阵列的硬件资源消耗小于特定值 h_1。

在航空航天设备设计时,由于发射成本等约束,电子系统的硬件资源消耗有严格的要求。因此,当要求阵列的硬件资源消耗小于 h_1 时,应保证总线胚胎电子细胞阵列的 MTTF 最大。此时,总线胚胎电子细胞阵列内电子细胞数目优选可表示为

$$
\begin{cases}
\max\ T_{\mathrm{B}}(W,K) \\
\mathrm{s.\,t.}\ \ H_{\mathrm{B}}(W,K) \leqslant h_1 \\
C_{\mathrm{w}} \geqslant W \geqslant 1, W \in Z \\
C_{\mathrm{w}} \geqslant K \geqslant 0, K \in Z
\end{cases}
\tag{6-17}
$$

同理,此时阵列内电子细胞数目优选的问题也为有约束条件的整数非线性优化问题。

6.2.2　无特定约束条件时阵列内电子细胞数目优选

无特定约束条件是指总线胚胎电子细胞阵列对于自身的硬件资源消耗和可靠性无特定的要求,在总线胚胎电子细胞阵列内电子细胞数目优选过程中,选择使阵列可靠性最高且硬件资源消耗最低的电子细胞数目。此时,总线胚胎电子细胞阵列内电子细胞数目优选可表示为

$$
\begin{cases}
\min\ H_{\mathrm{B}}(W,K) \\
\max\ T_{\mathrm{B}}(W,K) \\
\mathrm{s.\,t.}\ \ C_{\mathrm{w}} \geqslant W \geqslant 1, W \in Z \\
C_{\mathrm{w}} \geqslant K \geqslant 0, K \in Z
\end{cases}
\tag{6-18}
$$

无约束条件下阵列内电子细胞数目的优选问题是一个多目标整数非线性规划问题,求解较为困难。为了求解该问题,根据费效比概念提出时耗比的概念。时耗比即胚胎电子细胞阵列的 MTTF 与硬件资源消耗的比值,即利用胚胎电子细胞阵列单位消耗所产生的可靠性来衡量系统的性能,因此转换后,总线胚胎电子细胞阵列内电子细胞数目优选可表示为

$$
\begin{cases}
\max \dfrac{T_{\mathrm{B}}(W,K)}{H_{\mathrm{B}}(W,K)} \\
\mathrm{s.\,t.}\ \ C_{\mathrm{w}} \geqslant W \geqslant 1, W \in Z \\
C_{\mathrm{w}} \geqslant K \geqslant 0, K \in Z
\end{cases}
\tag{6-19}
$$

此时,阵列内电子细胞数目优选本质是一个单目标的整数非线性规划问题。

6.2.3 约束条件处理

式(6-16)、式(6-17)和式(6-18)均为带约束条件的整数非线性规划问题,为了便于求解,需要对约束条件进行处理。处理约束条件最常用的方法是罚函数法,经过处理后,式(6-16)变为

$$\begin{cases}\min\ F_8(W,K)=H_B(W,K)+\gamma_8(\max(0,q_1-T_B(W,K)))^2\\ \text{s.t.}\ \ C_w\geqslant W\geqslant 1,W\in Z\\ C_w\geqslant K\geqslant 0,K\in Z\end{cases}\tag{6-20}$$

式中,$(\max(0,q_1-T_B(W,K)))^2$ 为惩罚项;γ_8 为罚函数系数,一般取很大的正常数。式(6-16)的适应度函数为 $F_8(W, K)$。同理,式(6-17)经过处理后为

$$\begin{cases}\min\ F_9(W,K)=-T_B(W,K)+\gamma_9(\max(0,H_B(W,K)-h_1))^2\\ \text{s.t.}\ C_w\geqslant W\geqslant 1,W\in Z\\ C_w\geqslant K\geqslant 0,K\in Z\end{cases}\tag{6-21}$$

式中,$(\max(0,H_B(W,K)-h_1))^2$ 为惩罚项;γ_9 为罚函数系数,一般取很大的正常数。式(6-17)的适应度函数为 $F_9(W, K)$。同理,式(6-18)的适应度函数为

$$F_{10}(W,K)=\frac{T_B(W,K)}{H_B(W,K)}\tag{6-22}$$

6.3 改进自适应差分进化算法

差分进化算法是一种随机启发式搜索算法,该算法以其稳健性和全局能力已在多个领域取得成功。其基本运算流程如图 6-1 所示。

差分进化算法具有优良的特性,但是局部搜索能力有待提高,仍存在过早收敛问题。因此,以自适应差分进化算法为基础,结合胚胎电子阵列优化设计的特点,提出改进自适应差分进化算法,求解胚胎电子细胞阵列内行列数目配置优化设计问题和总线胚胎电子细胞阵列内电子细胞数目优选。求解胚胎电子细胞阵列内行列数目配置优化设计问题和总线胚胎电子细胞内电子细胞数目优选问题自适应差分进化算法的步骤如下。

Step 1:确定差分进化算法的控制参数和所采用的具体策略。Storn R 提出了 5 种不同的差分进化算法变异形式,函数测试结果表明各种形式的 DE 算法效果有一定的差别,本书选用适合实数编码、具有优秀鲁棒性的第 3 种差分进化算子。差分进化算法中主要参数有种群数量 NP,变异算子 F,交叉算子 CR、最大迭代次数 G_m。NP 一般取 5~10L(L 为寻优参数的维数),且 NP≥4;G_m 一般取 100~500;为了实现自适应变异和交叉,因此选择自适应变异算子和交叉算子。

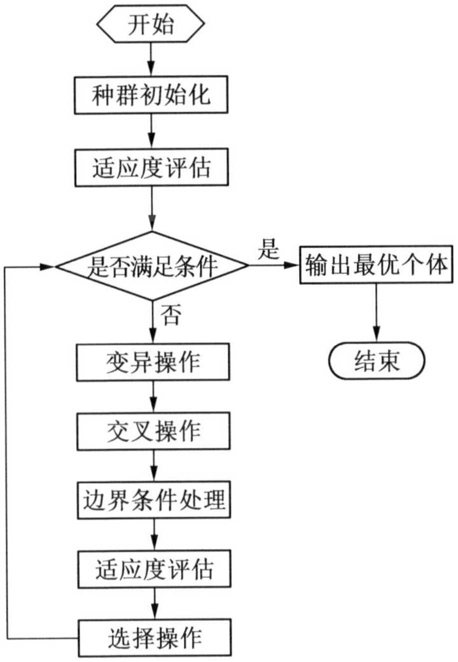

图 6-1　差分进化算法基本运算流程

其中,自适应变异算子 $F\in[0,\ 1]$,在进化过程中,比较待变异个体的适应度值与当代平均个体适应度值,设计第 G 代个体自适应变异算子 $F_{i,G}$。根据变异个体的适应度值,选择合适的变异算子 $F_{i,G}$,既能保证种群的多样性,也能保证算法的收敛性。求解 $\max f(x)$ 问题时,$F_{i,G}$ 为

$$F_{i,G}=\begin{cases}1-\dfrac{f_{\mathrm{avg},G}-f'_G}{f_{\mathrm{avg},G}-f_{\mathrm{best},G}}, & f'_G<f_{\mathrm{avg},G}\\ F_{\max}-(F_{\max}-F_{\min})\times \mathrm{e}^{-\frac{\eta(G_m-G)}{G_m}}, & 否则\end{cases} \tag{6-23}$$

式中,$F_{\max}$ 为变异算子的最大值;$F_{\min}$ 为变异算子的最小值;G 为进化代数;$f_{\mathrm{avg},G}$ 为第 G 代个体的平均适应度值,$f_{\mathrm{best},G}$ 为第 G 代个体中的最佳适应度值;f'_G为第 G 代待变异个体的适应度值;η 为给定常数。通过比较 f'_G与 $f_{\mathrm{avg},G}$,设计不同的变异算子。如果 $f'_G<f_{\mathrm{avg},G}$,选择较大的 $F_{i,G}$,增强种群的多样性,避免陷入局部最优。当 $f'_G\geq f_{\mathrm{avg},G}$,$F_{i,G}$ 随着进化代数 G 的增加而减少,迭代初期,$F_{i,G}$ 由 $F_{\max}$ 开始减少,能够尽量保证种群的多样性;迭代后期,$F_{i,G}$ 减少到 $F_{\min}$,能够加快收敛速度,提高算法收敛效率。

同理,求解 $\min f(x)$ 问题时,$F_{i,G}$ 为

$$F_{i,G}=\begin{cases}1-\dfrac{f_{\mathrm{avg},G}-f'_G}{f_{\mathrm{avg},G}-f_{\mathrm{best},G}}, & f'_G>f_{\mathrm{avg},G}\\ F_{\max}-(F_{\max}-F_{\min})\times \mathrm{e}^{-\frac{\eta(G_m-G)}{G_m}}, & 否则\end{cases} \tag{6-24}$$

自适应交叉算子 CR∈[0, 1],在进化过程中,比较待变异个体的适应度值与当代平均个体适应度值,设计个体自适应变异算子 CR。求解 max $f(x)$ 问题时,则 CR 为

$$CR=\begin{cases} CR_{\min}+\dfrac{(CR_{\max}-CR_{\min})\times(f'_G-f_{best,G})}{(f_{avg,G}-f_{best,G})}\times e^{-\frac{\rho(G_m-G)}{G_m}}, & f'_G>f_{avg,G} \\ CR_{\max}\times e^{-\frac{\rho(G_m-G)}{G_m}}, & 否则 \end{cases} \tag{6-25}$$

式中,$CR_{\min}$ 为交叉算子的最小值;$CR_{\max}$ 为交叉算子的最大值;ρ 为给定常数;其他参数含义同上。通过比较f'_G与$f_{avg,G}$,设计不同的交叉算子。如果$f'_G>f_{avg,G}$,对应的 CR 较小,保护该个体。如果 $f'_G\leqslant f_{avg,G}$,对应的 CR 较大,使该个体向较好的搜索区间靠拢。由式(6-25)可知 CR 随着迭代次数 G 的增加而增加,在迭代初期,CR 较小,有利于保护种群的多样性,提高全局搜索能力;在迭代后期,CR 较大,能够加快收敛速度。

同理,求解 min $f(x)$ 问题时,CR 为

$$CR=\begin{cases} CR_{\min}+\dfrac{(CR_{\max}-CR_{\min}) * (f'_G-f_{best,G})}{(f_{avg,G}-f_{best,G})}\times e^{-\frac{\rho(G_m-G)}{G_m}}, & f'_G<f_{avg,G} \\ CR_{\max}\times e^{-\frac{\rho(G_m-G)}{G_m}}, & 否则 \end{cases} \tag{6-26}$$

Step 2:产生初始种群,进化代数 $G=1$。因为胚胎电子阵列的行列数目与电子细胞数目均为整数,因此,采用整数编码。设胚胎电子阵列行列数的上下界为 $x_j^{(L)}<x_j<x_j^{(U)}$,则

$$x_{ji,0}=\text{floor}(\text{rand}[0,1]\times(x_j^{(U)}-x_j^{(L)})+x_j^{(L)}) \tag{6-27}$$

式中,floor(·)表示向下取整;rand[0, 1]表示[0, 1]之间的均匀随机数,$i=1, 2, \cdots$, NP; $j=1, 2, \cdots, D$。

Step 3:根据电子系统设计要求的不同,分别按照 6. 1. 3 节和 6. 2. 3 节中选择的适应度函数,计算初始种群中每个个体的适应度函数值。

Step 4:判断是否达到终止条件或最大进化代数:若是,则进化停止,将此时的最优个体作为解输出;否则,进入下一步操作。

Step 5:进行变异操作和交叉操作,对边界条件进行处理,得到临时种群。胚胎电子阵列的行列数目和细胞数目均为整数,临时种群的个体通过变异产生:

$$v_{i,G+1}=\text{floor}[x_{i,G}+F\times(x_{best,G}-x_{i,G})+F\times(x_{r_1,G}-x_{r_2,G})] \tag{6-28}$$

式中,下标 r_1 和 r_2 是区间[1,NP]上随机选取的互不相等的整数,且不同于下标指数 i;$x_{best,G}$ 为第 G 代个体中适应度最大的个体;floor[·]为向下取整,变异算子 F 由式(6-23)或式(6-24)决定。

根据新产生的个体,按照交叉规则使新旧个体互相交换部分代码,从而形成新的个体。交叉后的新个体为

$$u_{ji,G+1}=\begin{cases} v_{ji,G+1}, \text{random}[0,1]\leqslant CR 或 j=\text{randn}(i) \\ x_{ji,G+1}, \text{random}[0,1]>CR 且 j\neq \text{randn}(i) \end{cases} \tag{6-29}$$

式中，random[0, 1]为随机分布的随机数；randn(i) ∈ {1, 2, …, L} 为随机选择的维数变量索引，以保证实验矢量至少有一维变量由变异矢量提供，否则实验矢量有可能与目标矢量相同而不产生新的个体；交叉算子 CR 由式(6-25)或式(6-26)决定。

在胚胎电子细胞阵列数目配置优化和电子细胞数目优选过程中，胚胎电子细胞阵列的行列数目和电子细胞数目都存在约束，因此必须保证产生的个体均位于问题的可行解区域内，对于超过边界约束条件的个体值进行边界吸收处理，即

$$u_{ji,G+1}=\begin{cases}x_j^{(L)}, u_{ji,G+1}<x_j^{(L)}\\ x_j^{(U)}, u_{ji,G+1}>x_j^{(U)}\end{cases}\tag{6-30}$$

Step 6：对临时种群进行适应度评价，根据阵列设计要求的不同，按照 6.1.3 节与 6.2.3 节选择的适应度函数，计算临时种群中每个个体的适应度函数值。

Step 7：对临时种群中的个体和原始种群中的对应个体，进行“一对一”的选择操作，得到新种群。根据求解问题的不同，新种群选择也不同。如果求解问题为 min $f(x)$，新种群中的个体为

$$x_{i,G+1}=\begin{cases}u_{i,G}, f(u_{i,G})<f(x_{i,G})\\ x_{i,G}, \text{否则}\end{cases}\tag{6-31}$$

如果求解问题为 max $f(x)$，则种群中新个体为

$$x_{i,G+1}=\begin{cases}u_{i,G}, f(u_{i,G})>f(x_{i,G})\\ x_{i,G}, \text{否则}\end{cases}\tag{6-32}$$

式中，$x_{i,G+1}$ 为新种群中个体；$x_{i,G}$ 为当前种群个体；$u_{i,G}$ 为实验个体；$f(\cdot)$ 为个体适应度函数。

Step 8：进化代数 $G=G+1$，转至 Step 4。

6.4　优化设计方法验证与算法性能分析

为了对本章提出的胚胎电子细胞阵列内行列数目配置优化方法与总线胚胎电子细胞阵列内电子细胞数目优选方法的有效性进行验证，以 PID 控制器电路为实验对象，对两种阵列优化设计方法的有效性开展仿真实验。同时，为对本章提出的自适应差分进化算法的性能进行验证，选择 5 种智能算法作为对比对象，开展不同规模阵列的优化设计，仿真验证实验如下。

6.4.1　胚胎电子细胞阵列内配置优化设计仿真实验

为了对提出的胚胎电子细胞阵列内配置优化方法的有效性进行验证，选择 PID 控制器作为实验对象。对 PID 控制器电路进行功能分化，经过配置布线，设工作电子细胞阵列的规模 $m\times n$ 为 6×4，电子细胞的失效率为 5×10^{-6}/h。根据 PID 控制器胚胎电子细胞阵

列不同的设计要求,建立阵列内行列数目配置优化数学模型,并利用提出的改进自适应差分进化算法对阵列内行列数目进行优化配置。

优化算法中的参数设置为:种群规模 NP = 20,寻优参数维数 $L=2$,最大迭代次数 $G_m=100$。变异算子最大值 $F_{max}=0.9$,变异算子最小值 $F_{min}=0.4$,交叉算子最大值 $CR_{max}=0.9$,最小值 $CR_{min}=0.1$,$\eta=3.5$,$\rho=2$。$\gamma_1=\gamma_2=\gamma_3=\gamma_4=\gamma_5=\gamma_6=1\ 000$,$\varepsilon_1=\varepsilon_2=\varepsilon_3=\varepsilon_4=0.01$。

(1)胚胎电子细胞阵列内配置优化仿真实验分析。

在胚胎电子细胞阵列中,空闲细胞的数目不能够没有限制,为了便于寻优算法的实现,假设空闲细胞的数目不超过 $2m\times n$。以细胞移除自修复胚胎电子细胞阵列进行验证,设 PID 控制器胚胎电子阵列的设计要求如下:

(1)PID 控制器胚胎电子细胞阵列的 MTTF $T(M,\ N)$大于 1×10^5 h。

(2)PID 控制器胚胎电子细胞阵列的硬件资源消耗 $H(M,\ N)$小于 3×10^6 个 MOS 管。

(3)PID 控制器胚胎电子细胞阵列的时耗比达到最大。

三种不同设计要求下,PID 控制器胚胎电子细胞阵列的配置优化设计模型如下。首先,针对 PID 控制器电路的设计要求(1),PID 控制器胚胎电子细胞阵列的配置优化设计模型为

$$\begin{cases}\min H(M,N)\\ \text{s.t.}\ \ T(M,N)\geqslant 1\times10^5\\ 18\geqslant M\geqslant 6,12\geqslant N\geqslant 4\\ M,N\in Z\end{cases}\tag{6-33}$$

式(6-33)是 PID 控制器胚胎电子细胞阵列在设计要求(1)下的配置优化模型。为了保证计算的准确性,对该寻优问题进行 30 次独立算法寻优,30 次独立算法寻优求得最优值时算法经历的迭代次数如图 6-2 所示。任选算法寻优的 1 次迭代过程,适应度函数的进化曲线如图 6-3 所示。

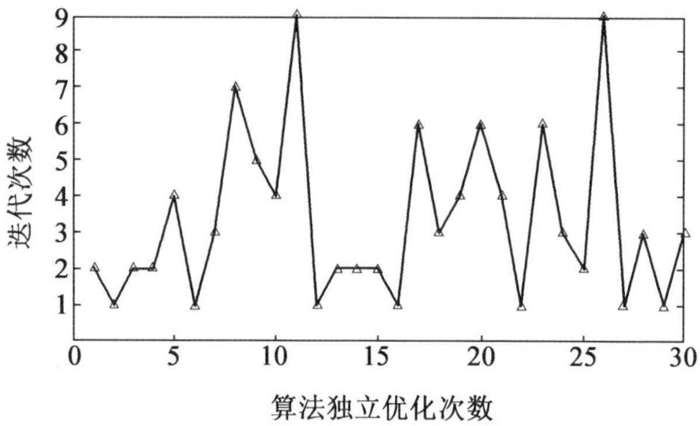

图 6-2 PID 控制器电路设计要求(1)30 次算法的迭代步数

图 6-2 为 PID 控制器胚胎电子细胞阵列设计要求(1)下,30 次改进自适应差分进化算法寻优结果。30 次算法寻优均能够找到最优配置方法,获得阵列最优配置时算法最大的迭代次数为 9,最小的迭代次数为 1。

图 6-3 为 PID 控制器胚胎电子阵列在设计要求(1)下配置寻优算法的迭代过程,经过 2 次迭代后得到最优值,阵列的最优配置为 $M=6$、$N=9$,最小的硬件资源消耗为 $2.178\ 9\times10^6$ 个 MOS 管。

其次,针对 PID 控制器电路的设计要求(2),PID 控制器胚胎电子细胞阵列的配置优化设计模型为

$$\begin{cases}\max\ T(M,N)\\ \text{s.t.}\ \ H(M,N)\leqslant 3\times10^6\\ 18\geqslant M\geqslant 6,12\geqslant N\geqslant 4\\ M,N\in Z\end{cases}\tag{6-34}$$

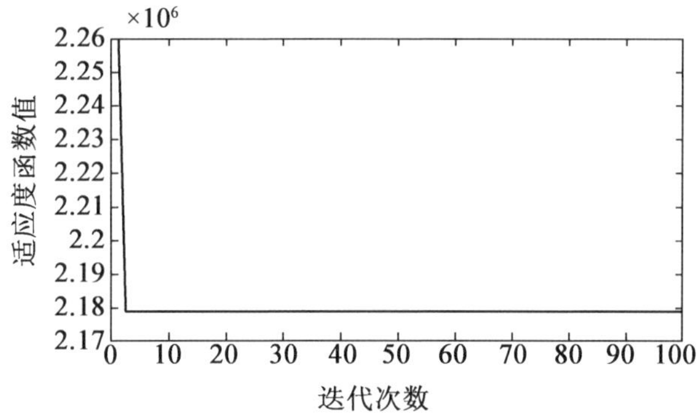

图 6-3　PID 控制器胚胎电子细胞阵列设计要求(1)的适应度函数曲线

式(6-34)是 PID 控制器胚胎电子细胞阵列在电路设计要求(2)下的配置优化模型。为了保证计算的准确性,对该寻优问题进行 30 次独立算法寻优。30 次算法独立寻优求得最优值时算法经历的迭代步数如图 6-4 所示。任选算法寻优的 1 次迭代过程,适应度函数的进化曲线如图 6-5 所示。

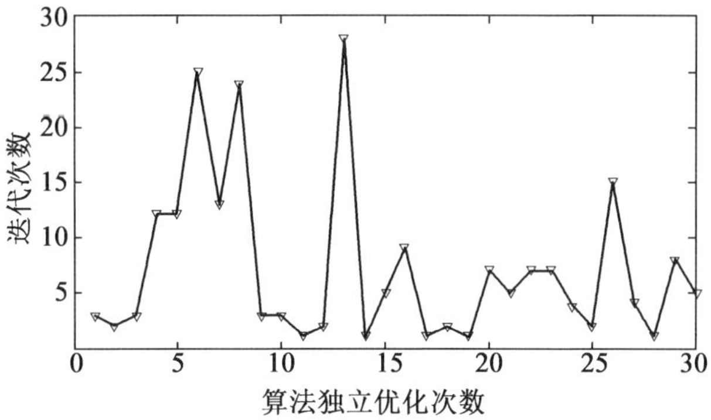

图 6-4　PID 控制器电路设计要求(2)进行 30 次算法迭代的迭代步数

图 6-4 为 PID 控制器胚胎电子细胞阵列设计要求(2)下,30 次改进自适应差分进化算法独立寻优结果。30 次算法独立寻优均能够找到最优配置,获得阵列最优配置时算法最大的迭代次数为 28,最小的迭代次数为 1。

图 6-5 为 PID 控制器胚胎电子细胞阵列在设计要求(2)下配置寻优算法的迭代过程,经过 11 次迭代后得到最优值,阵列的最优配置为 $M=8$、$N=9$,阵列最大的 MTTF 为 $1.536\ 8\times10^5$ h。

最后,针对 PID 控制器电路的设计要求(3),PID 控制器胚胎电子细胞阵列的配置优化设计模型为

$$\begin{cases}\max \dfrac{T(M,N)}{H(M,N)} \\ \text{s.t.}\quad 18\geqslant M\geqslant 6 \\ 12\geqslant N\geqslant 4 \\ M,N\in Z\end{cases} \tag{6-35}$$

式(6-35)是 PID 控制器胚胎电子细胞阵列在设计要求(3)下的配置优化模型。为了保证计算的准确性,对该寻优问题进行 30 次算法独立寻优,30 次算法独立寻优求得最优值时算法经历的迭代步数如图 6-6 所示。任选算法寻优的 1 次迭代过程,适应度函数的进化曲线如图 6-7 所示。

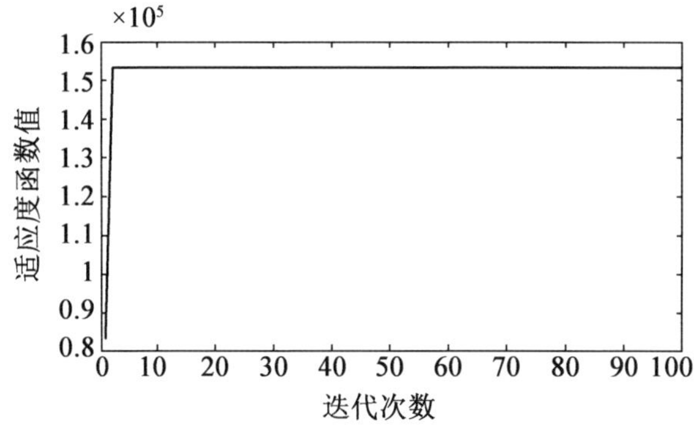

图 6-5 PID 控制器电路设计要求(2)的适应度函数曲线

图 6-6 为 PID 控制器胚胎电子细胞阵列设计要求(3)下,30 次改进自适应差分进化算法独立寻优结果。30 次算法独立寻优均能够找到最优配置,获得阵列最优配置时算法最大的迭代步数为 8,最小的迭代步数为 1。

图 6-7 为 PID 控制器胚胎电子细胞阵列在设计要求(3)下配置寻优算法的迭代过程,经过 3 次迭代后得到最优值,阵列的最优配置为 $M=7$、$N=11$,阵列最大的时耗比为 0.054 71。

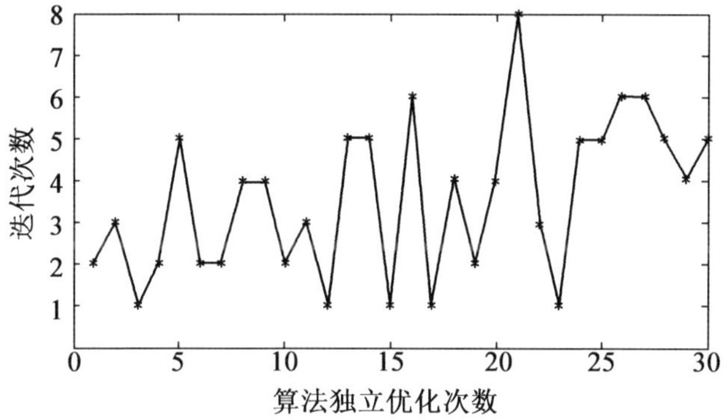

图 6-6　PID 控制器电路设计要求(3)进行 30 次算法迭代的迭代步数

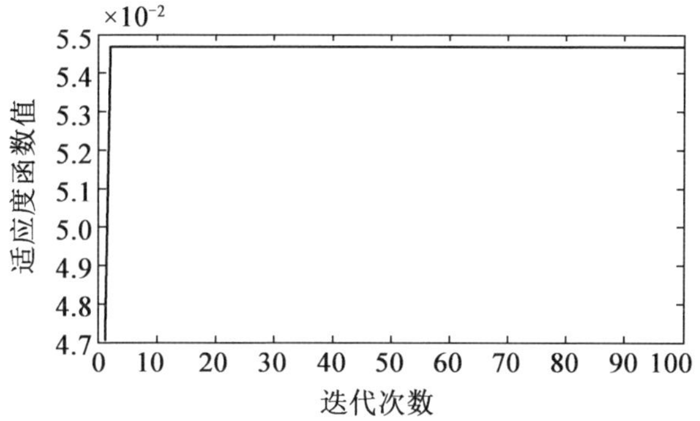

图 6-7　PID 控制器电路设计要求(3)的适应度函数曲线

为了对算法寻优结果的正确性进行验证,利用 Matlab 强大的计算能力,采用遍历的方法计算 PID 控制器胚胎电子细胞阵列 3 种不同设计要求情况下,PID 控制器胚胎电子细胞阵列优化设计的适应度函数值,因为篇幅有限,此处仅给出靠近最优值附近部分数据,见表 6-1、表 6-2 和表 6-3。不同设计要求下,PID 控制器胚胎电子细胞阵列适应度函数计算结果如图 6-8、图 6-9 和图 6-10 所示。

表 6-1　不同 M 和 N 选择下 PID 控制器胚胎电子细胞阵列设计要求(1)的适应度函数值

N	M			
	6	7	8	9
6	2.54×10^{12}	9.3×10^{11}	2.75×10^{11}	3.15×10^{10}
7	8.94×10^{11}	4.09×10^{10}	2.2598×10^{6}	2.5431×10^{6}
8	1.15×10^{11}	2.2598×10^{6}	2.5836×10^{6}	2.9074×10^{6}
9	2.1789×10^{6}	2.5431×10^{6}	2.9074×10^{6}	3.2719×10^{6}
10	2.4217×10^{6}	2.8265×10^{6}	3.2314×10^{6}	3.6365×10^{6}
11	2.6645×10^{6}	3.1099×10^{6}	3.5555×10^{6}	4.0012×10^{6}

图 6-8 中不同 M 和 N 选择下 PID 控制器胚胎电子细胞阵列设计要求(1)的适应度函数值所示为 PID 控制器胚胎电子细胞阵列在设计要求(1)下,阵列选择不同的行数、列数时,PID 控制器胚胎电子细胞阵列的适应度函数值。表 6-1 为部分 PID 控制器胚胎电子细胞阵列设计要求(1)下的适应度函数值。

由图 6-8 和表 6-1 可知,PID 控制器胚胎电子细胞阵列的 MTTF 小于 1×10^5 h 时,适应度函数值较大;PID 控制器胚胎电子细胞阵列的 MTTF 大于 1×10^5 h 时,适应度函数值为系统的硬件资源消耗。PID 控制器胚胎电子细胞阵列的 MTTF 大于 1×10^5 h 情况下,M 一定时,随着 N 的增加,PID 控制器胚胎电子细胞阵列的适应度函数值不断增加。N 一定时,随着 M 的增加,PID 控制器胚胎电子细胞阵列的适应度值也不断增加。当 $M=6$、$N=9$ 时,PID 控制器胚胎电子细胞阵列的硬件资源消耗最小,为 $2.178\ 9\times10^6$ 个 MOS 管,此时为最优配置,与算法寻优的最佳配置相同。

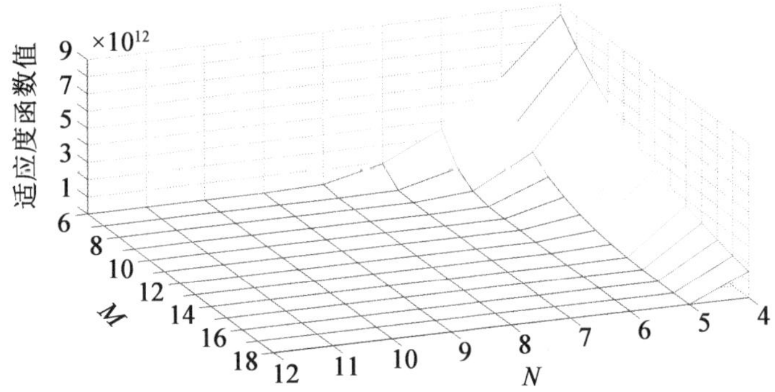

图 6-8 不同 M 和 N 选择下 PID 控制器胚胎电子细胞阵列设计要求(1)的适应度函数值

图 6-9 所示为 PID 控制器胚胎电子细胞阵列设计要求(2)下,阵列选择不同的行数、列数时,PID 控制器胚胎电子细胞阵列的适应度函数值。表 6-2 为部分 PID 控制器胚胎电子细胞阵列设计要求(2)下的适应度函数值。

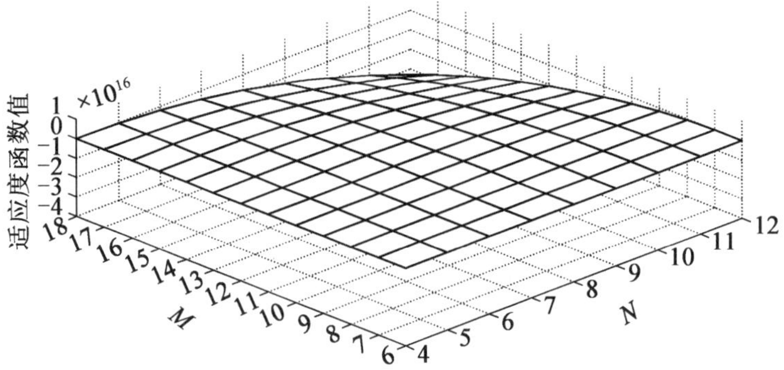

图 6-9 不同 M 和 N 选择下 PID 控制器胚胎电子细胞阵列设计要求(2)的适应度函数值

表 6-2　不同 M 和 N 选择下 PID 控制器胚胎电子细胞阵列设计要求(2)的适应度函数值

M	N					
	7	8	9	10	11	12
6	70 099.24	89 292.25	107 110	123 649.2	139 036.6	153 395.9
7	93 605.81	115 442.7	135 296.6	153 451.9	-1.2×10^{13}	-1.5×10^{14}
8	109 475.6	132 719.8	153 641.9	-5.4×10^{13}	-3.1×10^{14}	-7.7×10^{14}
9	121 754	145 938.5	-7.4×10^{13}	-4.1×10^{14}	-1.0×10^{15}	-1.9×10^{15}
10	131 854	-5.4×10^{13}	-4.1×10^{14}	-1.1×10^{15}	-2.1×10^{15}	-3.4×10^{15}
11	-1.2×10^{13}	-3.1×10^{14}	-1.0×10^{15}	-2.1×10^{15}	-3.6×10^{15}	-5.5×10^{15}

由图 6-9 和表 6-2 可知，PID 控制器胚胎电子细胞阵列的硬件资源消耗大于 3×10^6 个 MOS 管时，适应度函数值较小；PID 控制器胚胎电子阵列的硬件资源消耗小于 3×10^6 个 MOS 管时，适应度函数值为阵列的 MTTF。PID 控制器胚胎电子细胞阵列的硬件资源消耗小于 3×10^6 个 MOS 管情况下，M 一定时，随着 N 的增加，PID 控制器胚胎电子细胞阵列的适应度函数值不断增加。N 一定时，随着 M 的增加，PID 控制器胚胎电子细胞阵列的适应度值也不断增加。当 $M=8$、$N=9$ 时，PID 控制器胚胎电子细胞阵列的 MTTF 最大，为 $1.536\ 4\times10^5$ h，此时为最优配置，与算法寻优的最佳配置相同。

表 6-3　不同 M 和 N 选择下 PID 控制器胚胎电子细胞阵列设计要求(3)的适应度函数值

M	N				
	8	9	10	11	12
6	0.046 12	0.049 16	0.051 06	0.052 18	0.052 76
7	0.051 08	0.053 20	0.054 29	0.054 71	0.054 69
8	0.051 37	0.052 84	0.053 42	0.053 44	0.053 08
9	0.050 20	0.051 21	0.051 45	0.051 21	0.050 64
10	0.048 50	0.049 19	0.049 19	0.048 77	0.048 06
11	0.046 66	0.047 10	0.046 92	0.046 37	0.045 55

图 6-10 所示为 PID 控制器胚胎电子细胞阵列设计要求(3)下，胚胎电子细胞阵列选择不同的行数、列数时，PID 控制器胚胎电子细胞阵列的适应度函数值。表 3-3 为部分 PID 控制器胚胎电子细胞阵列设计要求(3)的适应度函数值。由图 6-10 和表 6-3 可知，M 一定时，随着 N 的增加，PID 控制器胚胎电子细胞阵列的适应度函数值先增加后减少。N 一定时，随着 M 的增加，PID 控制器胚胎电子细胞阵列的适应度值也先增加后减少。

当 $M=7$、$N=11$ 时，PID 控制器胚胎电子阵列的时耗比最大，为 0.054 71，此时为最优配置，与算法寻优的最佳配置相同。

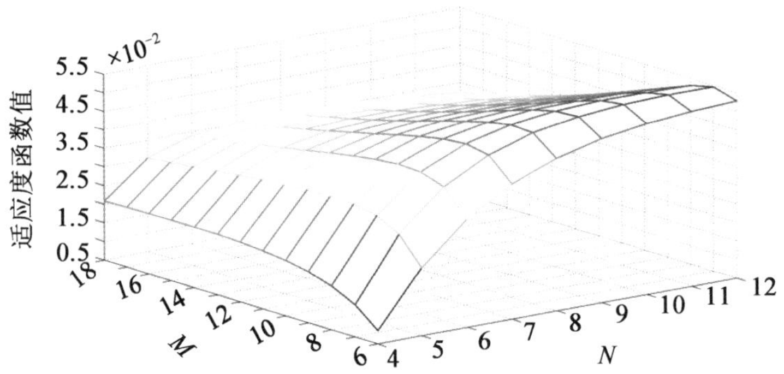

图 6-10 不同 M 和 N 选择下 PID 控制器胚胎电子细胞阵列设计要求(3)的适应度函数值

(2)工作电子细胞阵列配置优化设计仿真实验分析。

工作电子细胞阵列配置优化设计过程中，胚胎电子细胞阵列的规模确定。设胚胎电子细胞阵列的规模为 $M \times N = 15 \times 15$，实现 PID 控制器电路需要 24 个工作细胞，即 $c=24$。阵列主要有行移除自修复策略和细胞移除自修复策略两种。

设 PID 控制器电路的设计要求如下：

①细胞移除自修复 PID 控制器胚胎电子细胞阵列的最优设计。

②行移除自修复 PID 控制器胚胎电子细胞阵列的 MTTF 大于 4.5×10^4 h。

③行移除自修复 PID 控制器胚胎电子细胞阵列的硬件资源消耗小于 3×10^6 个 MOS 管。

④行移除自修复 PID 控制器胚胎电子细胞阵列的时耗比最大。

确定规模 PID 控制器胚胎电子细胞阵列中，工作电子细胞阵列配置优化的验证与 6.4.1 节(1)中 PID 控制器胚胎电子细胞阵列配置优化仿真验证基本一致，此处不再赘述，仅给出不同设计要求下，PID 控制器工作电子细胞阵列的最优配置见表 6-4。

表 6-4 PID 控制器工作电子细胞阵列的最优配置

阵列设计要求	(1)	(2)	(3)	(4)
最优工作阵列配置 $m \times n$	12×2	3×8	4×6	6×4

6.4.2 总线胚胎电子细胞阵列内电子细胞数目优选仿真实验

为了对总线胚胎电子细胞阵列内电子细胞数目选择方法的有效性进行验证，选择 PID 控制器电路作为验证对象。利用总线胚胎电子细胞阵列设计实现该 PID 控制器需要 24 个工作细胞，即 $C_w=24$。电子组织内细胞的失效率为 1×10^{-6}/h，细胞的基因长度 $w_g=34$，每个电子组织实现 8 输入 4 输出的电路功能，即 $M_1=8$、$N_1=4$，数据总线的宽度 s_2 为 5。优化算法中的参数设置为：种群规模 NP = 20，寻优参数维数 $L=2$，最大迭代次数 $G_m=100$。变异算子最大值 $F_{max}=0.9$，变异算子最小值 $F_{min}=0.4$，交叉算子最大值 $CR_{max}=0.9$，$CR_{min}=0.1$，$\eta=3.5$，$\rho=2$。罚函数系数 $\gamma_8=\gamma_9=1\times10^5$。分别求取以下 3 种设计要求下 PID 控制器总线胚胎电子细胞阵列内选择的最优电子细胞数目：

（1）PID 控制器总线胚胎电子细胞阵列的 MTTF $T_B(W, K)$ 不小于 6×10^5 h。

（2）PID 控制器总线胚胎电子细胞阵列的硬件资源消耗 $H_B(W, K)$ 不大于 4.5×10^5 个 MOS 管。

（3）PID 控制器总线胚胎电子细胞阵列的时耗比最大。

由总线胚胎电子细胞阵列内电子细胞数目选择方法求解结果见表 6-5，阵列内电子细胞数目求解过程与 6.4.1 节一致，此处不再赘述。

表 6-5　不同设计要求下总线胚胎电子细胞阵列内细胞数目优化结果

PID 控制器电路设计要求	工作细胞数目 W	空闲细胞数目 K
$T_B(W, K)\geqslant6\times10^5\ h$	4	6
$H_B(W, K)\leqslant4.5\times10^5$	2	6
$\max\dfrac{T_B(W,K)}{H_B(W,K)}$	3	4

优化结束后，PID 控制器总线胚胎电子细胞阵列设计要求（1）下，满足要求的阵列最小硬件资源消耗为 $2.919\ 6\times10^5$ 个 MOS 管；设计要求（2）下，满足要求的阵列最大 MTTF 为 $7.827\ 2\times10^5$ h，设计要求（3）下，满足要求最大时耗比为 2.499 2。

为了对实验结果进行验证，分析 PID 控制器总线胚胎电子细胞阵列内电子组织选择不同工作细胞数目 W 和空闲细胞数目 K 时，阵列的 MTTF 和硬件资源消耗。电子组织内选择不同工作细胞数目 W 和空闲细胞数目 K 时，阵列的硬件资源消耗如图 6-11 所示，阵列的 MTTF 如图 6-12 所示。同时可以得到对应具体的硬件资源消耗值和 MTTF 值，由于规模较大，此处不给出。

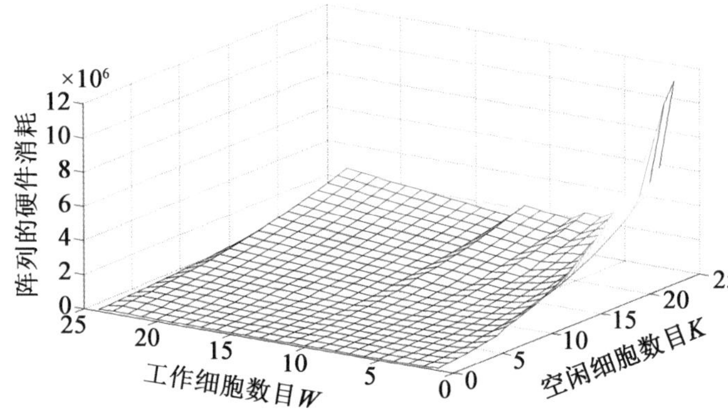

图 6-11 不同电子细胞数目选择 PID 控制器总线胚胎电子细胞阵列的硬件资源消耗

由图 6-11 可见,当阵列电子组织内工作细胞数目 W 一定时,随着空闲细胞数目 K 的增加,阵列的硬件资源消耗不断增加;当阵列电子组织内空闲细胞数目 K 一定时,随着工作细胞数目 W 的增加,系统的硬件资源消耗整体呈现下降的趋势,且增加速率不断加快;当阵列电子组织内选择不同的工作细胞数目 W 时,可能存在电子组织的数目不为整数的情况,为了保证此时电路功能的正常实现,电子组织内的数目为$\lceil C_w/W \rceil$,将增加阵列中电子细胞的数目,从而增加阵列的硬件资源消耗。因此随着工作细胞数目 W 的增加,个别位置阵列硬件资源消耗会有增加。

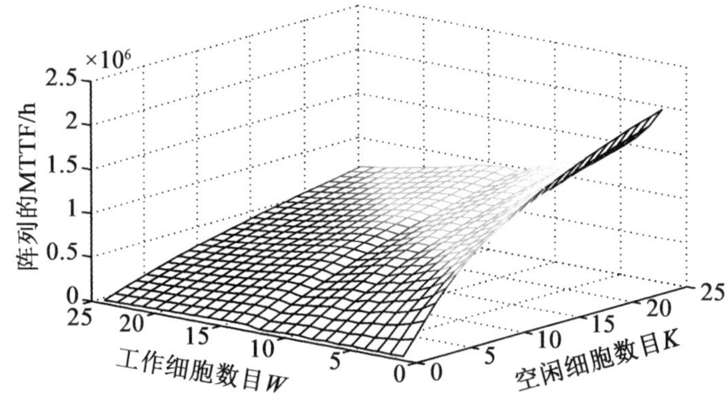

图 6-12 不同电子细胞数目选择 PID 控制器总线胚胎电子细胞阵列的 MTTF

由图 6-12 可见,当总线胚胎电子细胞阵列中电子组织内工作细胞数目 W 一定时,随着空闲细胞数目 K 的增加,阵列的 MTTF 不断增加,增长的速率不断减小。阵列电子组织内空闲细胞数目 K 越多,自修复次数越多,阵列的 MTTF 越大,但是细胞数目越多,阵列失效率越高,因此 MTTF 增长变缓。当阵列电子组织内空闲细胞数目 K 一定时,随着工作细胞数目 W 的增加,阵列的 MTTF 不断下降。当阵列电子组织内选择不同的工作细胞数目 W 时,可能存在电子组织的数目不为整数的情况,为了保证此时电路功能的正常实现,阵列内电子组织的数目为$\lceil C_w/W \rceil$,将增加阵列中空闲细胞的数目,从而增加阵列的 MTTF,因此随着工作细胞数目 W 的增加,个别位置阵列 MTTF 会有所增加。

将总线胚胎电子细胞阵列电子组织内选择不同工作细胞数目 W 和空闲细胞数目 K 对应阵列的 MTTF 和硬件资源消耗,代入 3 种不同设计要求下的适应度函数,可以得到对应的适应度函数值。针对于 PID 控制器总线胚胎电子细胞阵列设计要求(1),经过计算,当 $W=4$、$K=6$ 时,阵列的适应度函数值最小,此时 $F_8(4,\ 6)=2.919\ 6\times10^5$,与算法寻优结果完全一致。同理,对 PID 控制器总线胚胎电子细胞阵列设计要求(2)和(3)的算法寻优结果进行验证,验证结果与算法寻优结果均一致。

将总线胚胎电子细胞阵列内电子细胞数目优选问题转化为求解整数非线性规划问题,基于改进自适应差分进化算法制定了电子细胞数目优选算法。该寻优算法采用二进制编码表示电子细胞数目,能够有效解决整数非线性规划问题,寻优结果与实际结果完全一致。在不同的设计要求下,基于自适应差分进化算法的总线胚胎电子细胞阵列内电子细胞数目优选方法能够有效地选择出阵列内最合理的电子细胞数目。

6.4.3　算法性能验证

为了验证本章提出的改进自适应差分进化算法的性能,PID 控制器电路基于胚胎电子细胞阵列实现后,选择文献[158]中的基本 DE 算法,文献[160]中的 ADE 算法,SaDE 算法记为 SaDE1,文献[162]中的 ADE-PF 算法,文献[163]中的 SaDE 算法记为 SaDE2 及本章的 MADE 算法,按照 PID 控制器胚胎电子细胞阵列设计要求(3)的要求对胚胎电子细胞阵列的配置优化设计问题进行 30 次算法寻优,不同算法寻优的结果如图 6-13 所示。不同算法运算结果的分析见表 6-6。

图 6-13 为 PID 控制器胚胎电子细胞阵列,采用 6 种不同的差分进化算法进行 30 次独立寻优,得到最优阵列配置设计时算法迭代的次数。分析图 6-13 的数据,得到表 6-6。表 6-6 为 6 种差分进化算法寻优经过 30 次寻优得到结果的统计。

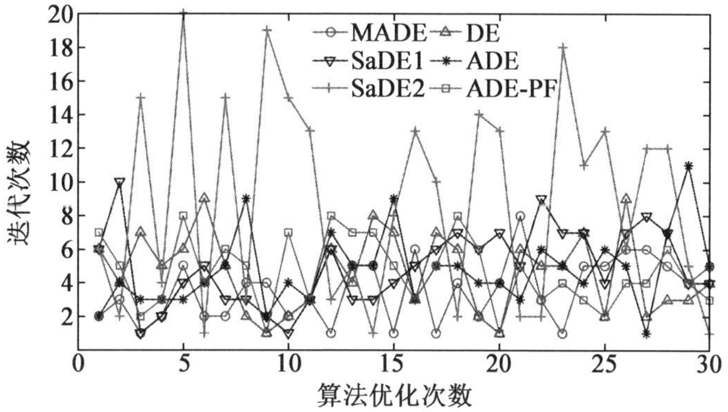

图 6-13　PID 控制器胚胎电子细胞阵列 6 种差分进化算法寻优迭代次数

表 6-6 PID 控制器胚胎电子阵列 6 种差分进化算法寻优结果

优化算法	DE	ADE	SaDE1	ADE-PF	SaDE2	MADE
平均迭代次数 G'	4. 666 7	4. 733 3	4. 966 7	4. 633 3	8. 800 0	3. 566 7
迭代次数方差 μ	5. 155 6	4. 662 2	5. 098 9	4. 032 2	35. 226 7	3. 378 9
优化到最优解成功率	100%	96. 67%	96. 67%	100%	83. 33%	100%

由表 6-6 的结果可知，MADE 算法平均迭代次数最少，即算法的速度最快；SaDE2 算法的平均迭代次数最多，即算法收敛速度最慢。而且 MADE 算法的方差最小，SaDE2 算法的方差最大，即本章的 MADE 算法具有很好的稳定性。ADE 算法和 SaDE1 算法 1 次陷入局部最优，SaDE2 算法 5 次陷入局部最优，MADE 算法、DE 算法和 ADE-PF 算法未出现陷入局部最优情况。因此，MADE 算法能够避免陷入局部最优解。因此，在求解 PID 控制器胚胎电子阵列配置优化设计过程中，MADE 算法能够有效提高算法的寻优速度和稳定性，避免算法寻优陷入局部最优解。

在此基础上，选择 3 种不同规模的胚胎电子细胞阵列规模进行优化设计，利用选择的 6 种差分进化算法，对 PID 控制器胚胎电了细胞阵列按照设计要求(3)的要求进行 30 次寻优，不同算法寻优的结果如图 6-14、图 6-15 和图 6-16 所示。不同算法寻优结果的分析见表 6-7、表 6-8 和表 6-9。

图 6-14 为 10×10 规模胚胎电子细胞阵列，采用 6 种不同的差分进化算法进行 30 次独立寻优，得到最优阵列配置设计时算法迭代的次数。分析图 6-14 的数据，得到表 6-7。表 6-7 为 6 种差分进化算法经过 30 次寻优得到结果的统计。

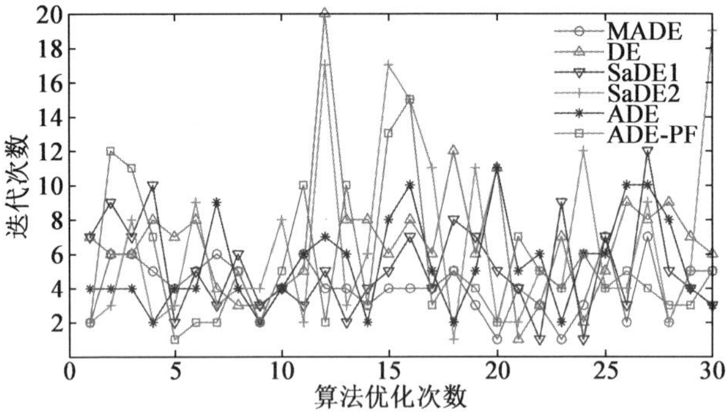

图 6-14 10×10 规模胚胎电子细胞阵列使用 6 种差分进化算法寻优迭代步数

表 6-7 10×10 规模胚胎电子细胞阵列使用 6 种差分进化算法寻优结果

优化算法	DE	ADE	SaDE1	ADE-PF	SaDE2	MADE
平均迭代次数 G'	6. 766 7	5. 433 3	5. 166 7	5. 400 0	6. 566 7	4. 066 7
迭代次数方差 μ	12. 112 2	6. 845 6	7. 005 6	13. 106 7	25. 778 9	2. 595 6
优化到最优解成功率	100%	100%	96. 67%	100%	90%	100%

由表 6-7 中分析结果可知，MADE 算法平均迭代次数最少，即算法的速度最快；DE 算法的平均迭代次数最多，即算法速度最慢。而且 MADE 算法的方差最小，SaDE2 算法的方差最大，即 MADE 算法具有很好的稳定性。SaDE1 算法 1 次陷入局部最优，SaDE2E 算法 3 次陷入局部最优，MADE 算法、DE 算法、ADE 算法和 ADE-PF 算法未出现陷入局部最优情况。因此，MADE 算法能够避免陷入局部最优解。因此，在求解 10×10 规模胚胎电子细胞阵列配置优化设计过程中，MADE 算法能够有效提高算法的寻优速度和稳定性，避免算法寻优陷入局部最优解。

图 6-15 为 25×25 规模胚胎电子细胞阵列，采用 6 种不同的差分进化算法进行 30 次独立寻优，得到最优阵列配置设计时算法迭代的次数。分析图 6-15 的数据，得到表 6-8。表 6-8 为 6 种差分进化算法经过 30 次寻优得到结果的统计。

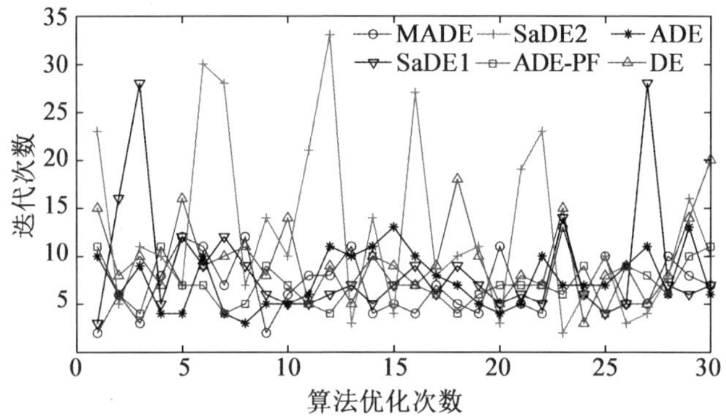

图 6-15　25×25 规模胚胎电子细胞阵列使用 6 种差分进化算法寻优迭代步数

表 6-8　25×25 规模胚胎电子阵列使用 6 种不同差分进化算法寻优结果

优化算法	DE	ADE	SaDE1	ADE-PF	SaDE2	MADE
平均迭代次数 G'	9.733 3	7.533 3	8.633 3	7.033 3	12.666 7	6.966 7
迭代次数方差 μ	16.062 2	7.915 6	35.232 2	4.565 6	76.288 9	9.365 6
优化到最优解成功率	96.67%	100%	100%	100%	100%	100%

由表 6-8 的结果可知，MADE 算法平均迭代次数最少，即算法的收敛速度最快；SaDE2 算法的平均迭代次数最多，即算法收敛速度最慢。MADE 算法的方差大于 ADE 算法和 ADE-PF 算法，但是远小于 DE 算法、SaDE1 算法和 SaDE2 算法，MADE 算法具有较好的稳定性。DE 算法 1 次陷入局部最优，其他算法均未出现陷入局部最优情况。因此，MADE 算法能够避免陷入局部最优解。因此，在求解 25×25 规模胚胎电子细胞阵列配置优化设计过程中，MADE 算法能够有效提高算法的寻优速度和稳定性，避免算法寻优陷入局部最优解。

图 6-16 为 40×40 规模胚胎电子细胞阵列,采用 6 种不同的差分进化算法进行 30 次独立寻优,得到最优阵列配置设计时算法迭代的次数。分析图 6-16 的数据,得到表 6-9。表 6-9 为 6 种差分进化算法经过 30 次寻优得到结果的统计。

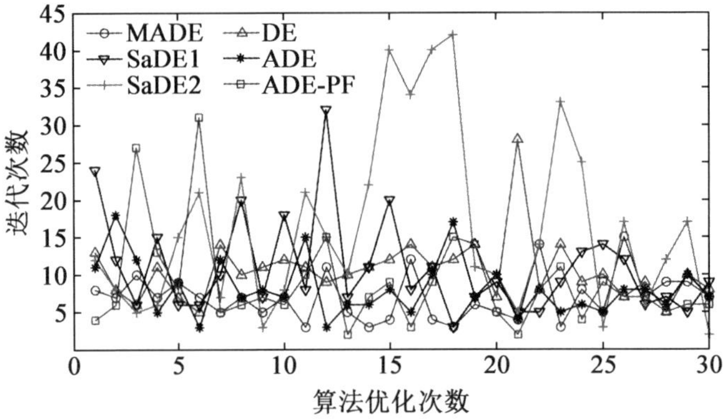

图 6-16 40×40 规模胚胎电子细胞阵列使用 6 种差分进化算法寻优迭代步数

表 6-9 40×40 规模胚胎电子阵列使用 6 种不同差分进化算法寻优结果

优化算法	DE	ADE	SaDE1	ADE-PF	SaDE2	MADE
平均迭代次数 G'	10.533 3	8.200 0	10.833 3	8.900 0	16.233 3	6.966 7
迭代次数方差 μ	17.115 6	13.493 3	40.605 6	40.690 0	132.578 9	9.632 2
优化到最优解成功率	100%	100%	93.33%	100%	96.67%	100%

由表 6-9 的结果可知,MADE 算法平均迭代次数最少,即算法的收敛速度最快;SaDE2 算法的平均迭代次数最多,即算法收敛速度最慢。而且 MADE 算法的方差最小,SaDE2 算法的方差最大,即 MADE 算法具有很好的稳定性。SaDE1 算法 2 次陷入局部最优,SaDE2 算法 1 次陷入局部最优,MADE 算法、DE 算法、ADE 算法和 ADE-PF 算法未出现陷入局部最优情况。因此,MADE 算法能够避免陷入局部最优解。因此,在求解 40×40 规模胚胎电子细胞阵列配置优化设计过程中,MADE 算法能够有效提高算法的寻优速度和稳定性,避免算法寻优陷入局部最优解。

采用 6 种不同的差分进化算法,对 4 种不同规模胚胎电子细胞阵列的配置优化设计问题进行多次独立优化实验。分析 6 种差分进化算法搜索到阵列最优配置设计时的迭代次数 G'、迭代次数方差 μ 和寻优到最优解时的成功率,可知提出的 MADE 算法能用有效的提高算法的收敛速度和稳定性,避免算法陷入局部最优解,能够有效解决胚胎电子阵列配置优化设计问题和总线胚胎电子细胞阵列内电子细胞数目优选问题。

6.5 本章小结

本章针对胚胎电子细胞阵列设计方式不同将直接影响阵列可靠性和硬件资源消耗的问题,基于整数非线性规划理论研究了二维胚胎电子细胞阵列内行列数目配置设计方法与总线胚胎电子细胞阵列内电子细胞数目优选方法,该方法解决了现有胚胎电子细胞阵列设计过程依赖于设计者经验,缺乏理论指导的不足。首先,以胚胎电子细胞阵列数学描述中的可靠性函数和硬件资源消耗函数为基础,定量分析阵列的可靠性和硬件资源消耗。其次,以胚胎电子细胞阵列可靠性和硬件资源消耗为约束条件,将阵列内行列数目配置优化问题和电子细胞数目优选问题转化为整数非线性规划问题,利用智能算法求解该问题,实现胚胎电子细胞阵列内行列数目配置优化设计和细胞数目优选。再次,为有效提高胚胎电子细胞阵列优化设计的效率,以差分进化算法为基础,通过比较种群中待变异个体与种群平均适应度值的大小,自适应的选择交叉和变异算子,提出了一种改进的适应差分进化算法。最后,开展了不同设计要求下胚胎电子细胞阵列的配置优化设计实验和总线胚胎电子细胞阵列内电子细胞数目优选实验,实验结果验证了胚胎电子细胞阵列优化设计方法的有效性和正确性,该方法能够为胚胎电子细胞阵列的优化设计提供的理论指导。同时,多种差分进化算法的对比实验结果表明,改进的自适应差分算法能够有效提高算法的收敛速度,收敛精度和稳定性,在优化问题求解方面具有优越性。

第 7 章　胚胎电子细胞阵列应用设计过程电子细胞粒度优选方法

在胚胎电子细胞阵列设计过程中，针对不同规模的功能电路，电子细胞粒度的变化，将直接影响阵列内可用于自修复的行列数目，进而影响阵列的可靠性。同时，现有功能电路基于胚胎电子细胞阵列再设计过程中，电子细胞粒度的选择主要依靠设计者的经验，缺乏理论指导。为更好指导阵列的优化设计，以二维胚胎电子细胞阵列为研究对象，本章提出了一种基于自适应人工免疫算法的胚胎电子细胞阵列设计过程电子细胞粒度优选方法，该方法可以推广到其他类型阵列设计中。

首先，以胚胎电子细胞阵列数学描述中的可靠性函数为基础，引入电子细胞粒度和细胞内辅助资源占比两个参数，分析阵列的可靠性。以胚胎电子细胞阵列数学描述中的硬件资源消耗函数为基础，分析电子细胞粒度变化后，电子细胞内辅助资源占比的变化量，建立电子细胞粒度与细胞内辅助资源占比的量化等式。其次，以胚胎电子细胞阵列可靠性最高为设计目标，将阵列应用设计过程中电子细胞粒度的优选问题转化为非线性规划问题，通过智能算法求解该问题实现阵列应用设计过程电子细胞粒度的优选。然后，为提高阵列应用设计过程电子细胞粒度优选的效率，在人工免疫算法的基础上，根据算法迭代次数和种群质量对免疫算子进行自适应设计，本章提出了一种改进自适应人工免疫算法。最后，开展多种规模胚胎电子细胞阵列应用设计过程的电子细胞粒度选择实验，对提出的阵列内电子细胞粒度优选方法的有效性和合理性进行验证。同时，选择 4 种典型人工免疫算法作为对比算法，通过对 6 个典型测试函数进行优化，对改进自适应人工免疫算法求解优化问题的有效性和优越性进行验证。

7.1　引入电子细胞粒度后胚胎电子细胞阵列可靠性计算

在胚胎电子细胞阵列内，电子细胞粒度即电子细胞能够实现逻辑功能的规模。然而电路逻辑功能难以定量描述，为了研究电子细胞粒度变化对于阵列可靠性的影响，用电子细胞的面积来表征电子细胞的粒度。引入电子细胞粒度参数后，电子细胞粒度的变化将直接引起电子细胞面积的变化，因此，以电子细胞数目与细胞粒度的乘积来表示阵列的面积。

胚胎电子细胞阵列在应用设计过程中，电子细胞粒度的改变将直接影响阵列的可靠性。为了便于研究电子细胞粒度变化对于阵列可靠性的影响，假设电子细胞的粒度为 g，g 的初始值为 1，g 增加 10%，则 $g=1.1$，g 减少 10%，则 $g=0.9$。细胞内辅助资源面积占

细胞面积比为 α,$\alpha \in (0,\ 1)$,$\alpha=0$ 表示细胞内无辅助资源。设 $g=1$、$\alpha=0$ 时电子细胞的面积为 S_0,阵列中工作电子细胞阵列为 $m\times n$,m 和 n 分别为工作阵列中细胞行和列的数目,阵列的规模为 $M\times N$,M 和 N 分别是阵列中细胞行和列的数目,此时细胞单元的失效率为 λ。

为了研究阵列内电子细胞粒度对于可靠性的影响,选择 5 种不同规模功能电路基于胚胎电子细胞阵列实现,阵列规模 $M\times N$ 为 80×80,且保持不变,功能电路映射到胚胎电子细胞阵列后,工作电子细胞阵列的规模见表 7-1。

表 7-1 5 种功能电路映射后的规模

工作阵列规模	阵列 1	阵列 2	阵列 3	阵列 4	阵列 5
$m\times n$	10×10	20×20	30×30	40×40	50×50

引入电子细胞粒度参数后,阵列规模 M、N、m 和 n 均需要除以$\sqrt{g}$,电子细胞的失效率变为 $g\lambda$,电子细胞粒度 g 由 2 减小至 0.1 的过程中,阵列可靠性变化规律如图 7-1 和图 7-2 所示。

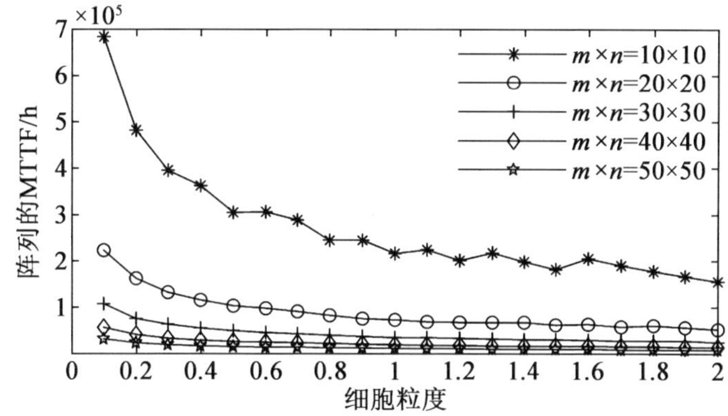

图 7-1 5 种行移除自修复功能电路在不同细胞粒度下的可靠性变化规律

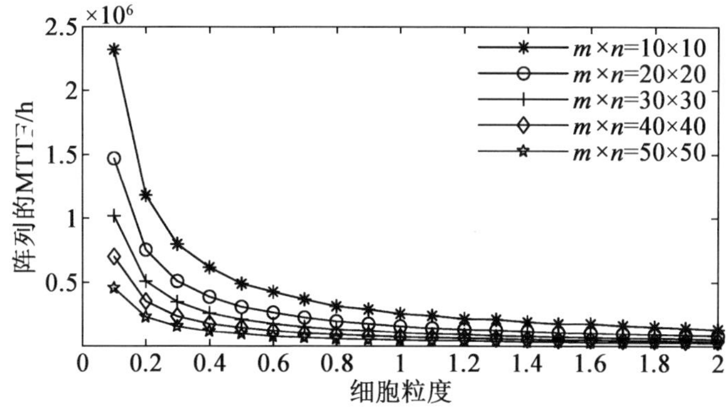

图 7-2 5 种细胞移除自修复功能电路在不同细胞粒度下的可靠性变化规律

由图 7-1 和图 7-2 中功能电路可靠性变化规律可知，在两种不同自修复策略下，5 种功能电路的 MTTF 随着电子细胞粒度的减小而呈增加趋势。在细胞移除自修复策略下，功能电路中电子细胞粒度越小，阵列内电子细胞数目越多，可用于故障自修复的电子细胞数目越多，则阵列的 MTTF 越大。在行移除自修复策略下，随着电子细胞粒度的减小，阵列的 MTTF 总体呈增加趋势，当 $m\times n=10\times10$ 时，在电子细胞粒度减小过程中，存在两个相邻细胞粒度，粒度较小时，反而阵列 MTTF 较小，这是因为行移除自修复过程中，两个相邻细胞粒度下，阵列内电子细胞数目增加，但是工作细胞数目也增加，阵列自修复次数保持不变，这样阵列的 MTTF 会随着细胞粒度减小而降低，但是下降量很小。总体来看，在胚胎电子细胞阵列内，电子细胞粒度越小，阵列的 MTTF 越高，电子细胞粒度改变对于阵列可靠性的影响较大，因此，如何选择合适的细胞粒度具有重要意义。

辅助资源占比即细胞内辅助资源与电子细胞硬件资源消耗的比值。针对确定的功能电路，在电路设计过程中，阵列的面积保持不变，阵列内所有工作细胞的总面积也保持不变。此时，电子细胞粒度的变化会引起阵列内细胞数目改变，电子细胞粒度越小，阵列内电子细胞数目越多，阵列能够自修复次数越多，阵列的可靠性越高。但是，阵列内电子细胞数目越多，细胞内故障检测、修复控制逻辑和连线复杂度越高，导致细胞内辅助资源面积增加。辅助资源占比的增加将导致阵列内电子细胞数目减少，故障自修复次数也将减少，引起阵列可靠性下降。因此，引入电子细胞粒度后，阵列的可靠性分析必须考虑细胞内辅助资源占比的变化。

在胚胎电子细胞阵列内，引入细胞粒度 g 和细胞内辅助资源占比 α 两个参数后，细胞单元的面积 S_g 为 $gS_0/(1-\alpha)$，工作电子细胞阵列的行数 $m_g=\left\lfloor\frac{m}{\sqrt{g}}\right\rfloor$，列数 $n_g=\left\lfloor\frac{n}{\sqrt{g}}\right\rfloor$，胚胎电子细胞阵列的行数 $M_g=\left\lfloor\frac{M\sqrt{1-\alpha}}{\sqrt{g}}\right\rfloor$，列数 $N_g=\left\lfloor\frac{N\sqrt{1-\alpha}}{\sqrt{g}}\right\rfloor$，式中$\lfloor\ \rfloor$表示向下取整操作，此时电子细胞的失效率 $\lambda_g=g\lambda/(1-\alpha)$。基于胚胎电子细胞阵列数学描述方法中的可靠性函数，阵列的可靠度 $R_g(t)$ 为

$$R_g(t)=1-\sum_{i=0}^{m_g-1}C_{M_g}^{i}p^{i}(t)(1-p(t))^{M_g-i} \tag{7-1}$$

式中，$p(t)$ 为一个电子细胞行能够正常工作的概率，且 $p(t)$ 为

$$p(t)=\begin{cases}\mathrm{e}^{-n_g\lambda_g t}, \text{行移除自修复策略}\\ \sum_{i=n_g}^{N_g}C_{N_g}^{i}\mathrm{e}^{-i\lambda_g t}(1-\mathrm{e}^{-\lambda_g t})^{N_g-i}, \text{细胞移除自修复策略}\end{cases} \tag{7-2}$$

则胚胎电子细胞阵列的 MTTF 用 T_g 表示为

$$T_g=\int_0^{\infty}R_g(t)\,\mathrm{d}t=\int_0^{\infty}\left(1-\sum_{i=0}^{m_g-1}C_{M_g}^{i}p^{i}(t)(1-p(t))^{M_g-i}\right)\mathrm{d}t \tag{7-3}$$

7.2　细胞内辅助资源占比与电子细胞粒度量化等式

目前,胚胎电子细胞缺乏统一的结构,为了研究电子细胞粒度的优选,选择第 2 章中的二维胚胎电子细胞阵列内的电子细胞作为基准电子细胞粒度。同时,以胚胎电子细胞阵列数学描述中的硬件资源消耗函数为基础,分别计算电子细胞粒度变化前后电子细胞的硬件资源消耗及细胞内辅助电路硬件资源消耗的增加量,进而分析电子细胞粒度变化后细胞内辅助资源占比的变化。由阵列硬件资源消耗函数可知,单个电子细胞的硬件资源消耗 H_c 近似为

$$H_c=\begin{cases}1\,560m+76(\log_2 M+\log_2 N)+2\,473,\text{行移除自修复阵列}\\1\,560m\times n+76(\log_2 M+\log_2 N)+2\,473,\text{细胞移除自修复阵列}\end{cases}\tag{7-4}$$

以第 5 章中二维胚胎电子细胞阵列中电子细胞为基准电子细胞粒度,此时细胞粒度 $g=1$,细胞内辅助资源占比为 α_0。在基准细胞粒度下,胚胎电子细胞阵列的规模为 $M_0\times N_0$,工作阵列规模为 $m_0\times n_0$,式中 $m_0=m,n_0=n,M_0=\lfloor M\sqrt{1-\alpha_0}\rfloor,N_0=\lfloor N\sqrt{1-\alpha_0}\rfloor$。电子细胞粒度参数 g 变化后,电子细胞内辅助资源占比为 α,阵列规模为 $M_g\times N_g$,工作阵列规模为 $m_g\times n_g$,$m_g=\left\lfloor\frac{m}{\sqrt{g}}\right\rfloor,n_g=\left\lfloor\frac{n}{\sqrt{g}}\right\rfloor,M_g=\left\lfloor\frac{M\sqrt{1-\alpha}}{\sqrt{g}}\right\rfloor,N_g=\left\lfloor\frac{N\sqrt{1-\alpha}}{\sqrt{g}}\right\rfloor$。

电子细胞粒度变化将直接影响电子细胞内辅助资源的变化,细胞内辅助资源的变化主要分 3 个方面。

一是地址产生器的宽度,电子细胞粒度越小,阵列内电子细胞数目越多,地址产生器宽度越宽,反之,地址产生器宽度越窄。细胞粒度变化前,阵列的行地址宽度为 $\lceil\log_2 M_0\rceil$,阵列的列地址宽度为 $\lceil\log_2 N_0\rceil$。电子细胞粒度变化后,阵列的行地址宽度为 $\lceil\log_2 M_g\rceil$,阵列的列地址宽度变为 $\lceil\log_2 N_g\rceil$,其中 $\lceil\ \rceil$ 为向上取整操作。

二是 I/O 模块的辅助布线电路,在行移除自修复阵列内,随着空闲细胞数目的增加,阵列自修复过程不会额外增加辅助连线。在细胞移除自修复阵列内,每增加一个空闲细胞,每个细胞需要增加 4 条连线,细胞左右各 2 条,其中 1 条实现与该细胞上方细胞相连,1 条实现与该细胞下方细胞相连。辅助布线通过多路选择器实现,多路选择器的宽度由增加空闲细胞数目决定。

电子细胞粒度变化前,每个细胞行中空闲细胞数目为 N_0-n_0,细胞粒度变化后,每个细胞行中空闲细胞数目为 N_g-n_g。细胞辅助布线电路由 4 个多路数据选择器构成,电子细胞粒度变化前,多路数据选择器的位数为 N_0-n_0,数据选择器控制位的宽度为 $\lceil\log_2(N_0-n_0)\rceil$。电子细胞粒度变化后,多路数据选择器的位数为 N_g-n_g,数据选择器控制位的宽度为 $\lceil\log_2(N_g-n_g)\rceil$。

多路数据选择器主要有 4 选 1、8 选 1、16 选 1、32 选 1 与 64 选 1 等,以 4 选 1 数据选择器为基础设计辅助布线电路,1 个 4 选 1 数据选择器的 MOS 管消耗数目近似为 32。电

子细胞粒度变化前辅助布线电路中多路选择器输入数目为 N_0-n_0，该多路数据选择器由 $\sum_{i=1}^{\lceil \log_4(N_0-n_0)\rceil}\left\lceil \frac{N_0-n_0}{4^i}\right\rceil$ 个 4 选 1 数据选择器级联而成实现。因此，辅助布线电路消耗 MOS 管的数目 H_a 近似为

$$H_a = 4\times 32\times\left(\sum_{i=1}^{\lceil \log_4(N_0-n_0)\rceil}\left\lceil \frac{N_0-n_0}{4^i}\right\rceil\right) \tag{7-5}$$

同理，电子细胞粒度变化后，辅助布线电路中多路数据选择器的输入数目为 N_g-n_g，该多路数据选择器由 $\sum_{i=1}^{\lceil \log_4(N_g-n_g)\rceil}\left\lceil \frac{N_g-n_g}{4^i}\right\rceil$ 个 4 选 1 数据选择器级联而成。因此，辅助布线电路消耗 MOS 管的数目 H_{ga} 近似为

$$H_{ga} = 4\times 32\times\left(\sum_{i=1}^{\lceil \log_4(N_g-n_g)\rceil}\left\lceil \frac{N_g-n_g}{4^i}\right\rceil\right) \tag{7-6}$$

三是基因存储配置模块，电子细胞粒度越小，阵列内细胞数目越多，空闲细胞数目越多。为了修复更多故障，每个细胞需要存储的基因将不断增加，反之，每个细胞需要存储的基因数目将减少。电子细胞粒度变化前，行移除自修复阵列中每个细胞存储基因的数目为 $65m_0$，细胞移除自修复阵列中每个细胞存储的基因数目为 $m_0\times n_0\times(65+4\lceil\log_2(N_0-n_0)\rceil)$。电子细胞粒度变化后，细胞移除自修复胚胎电子细胞阵列中电子细胞内需要存储的基因数目为 $\left\lfloor\frac{m}{\sqrt{g}}\right\rfloor\times\left\lfloor\frac{n}{\sqrt{g}}\right\rfloor\times(\lceil 65g\rceil+4\lceil\log_2(N_g-n_g)\rceil)$，行移除自修复胚胎电子细胞阵列中电子细胞内基因存储数目为 $\left\lfloor\frac{m}{\sqrt{g}}\right\rfloor\times\lceil 65g\rceil$。

在基准电子细胞粒度下，以阵列硬件资源消耗函数为基础，行移除自修复胚胎电子细胞阵列内单个电子细胞的硬件资源消耗 H_{c1} 近似为

$$H_{c1}=24\times 65\times m_0+76(\lceil\log_2 M_0\rceil+\lceil\log_2 N_0\rceil)+2\,473 \tag{7-7}$$

同理，在基准电子细胞粒度下，细胞移除自修复胚胎电子细胞阵列内单个电子细胞的硬件资源消耗 H_{c2} 为

$$H_{c2}=24m_0\times n_0\times(65+4\lceil\log_2(N_0-n_0)\rceil)+76(\lceil\log_2 M_0\rceil+\lceil\log_2 N_0\rceil)+2\,473+H_a \tag{7-8}$$

引入电子细胞粒度参数 g 后，阵列内细胞行列的数目将发生改变，电子细胞的硬件资源消耗也将发生变化。细胞粒度变化后，行移除自修复胚胎电子细胞阵列内，单个电子细胞的硬件资源消耗 H'_{c1} 为

$$H'_{c1}=24\lceil 65g\rceil\times m_g+76(\lceil\log_2 M_g\rceil+\lceil\log_2 N_g\rceil)+2\,473 \tag{7-9}$$

因此，在行移除自修复胚胎电子细胞阵列内，电子细胞粒度变化后细胞内辅助资源的变化量 ΔH_{ra} 为

$$\Delta H_{ra}=76(\lceil\log_2 M_g\rceil-\lceil\log_2 M_0\rceil+\lceil\log_2 N_g\rceil-\lceil\log_2 N_0\rceil) \tag{7-10}$$

同理，电子细胞粒度 g 变化后，细胞移除自修复胚胎电子细胞阵列内，单个电子细胞

的硬件资源消耗 H'_{c2} 近似为

$$H'_{c2}=24m_g\times n_g\times(\lceil 65g\rceil+4\lceil\log_2(N_g-n_g)\rceil)+76(\lceil\log_2 M_g\rceil+\lceil\log_2 N_g\rceil)+2\,473+H_{ga} \tag{7-11}$$

因此,在细胞移除自修复胚胎电子细胞阵列内,电子细胞粒度变化后细胞内辅助资源的变化量 ΔH_{ca} 为

$$\begin{aligned}\Delta H_{ca}=&96m_g\times n_g\times(\lceil\log_2(N_g-n_g)\rceil)-96m_0\times n_0\times(\lceil\log_2(N_0-n_0)\rceil)+\\&76(\lceil\log_2 M_g\rceil-\lceil\log_2 M_0\rceil+\lceil\log_2 N_g\rceil-\lceil\log_2 N_0\rceil)+H_{ga}-H_a\end{aligned} \tag{7-12}$$

在胚胎电子细胞阵列内,电子细胞粒度的变化将直接影响电子细胞内辅助资源的占比,电子细胞粒度越小,细胞内辅助资源占比将不断增加,反之,细胞内辅助资源占比将不断下降。电子细胞粒度变化后,以电子细胞内辅助资源增加量与电子细胞硬件资源消耗量的比值来衡量辅助资源占比的增加量。行移除自修复胚胎电子细胞阵列中,电子细胞粒度变化后,电子细胞内辅助资源占比 α_1 为

$$\alpha_1=\alpha_0+\frac{\Delta H_{ra}}{H'_{c1}} \tag{7-13}$$

同理,细胞移除自修复胚胎电子细胞阵列中,电子细胞粒度变化后,电子细胞内辅助资源占比 α_2 为

$$\alpha_2=\alpha_0+\frac{\Delta H_{ca}}{H'_{c2}} \tag{7-14}$$

7.3　胚胎电子细胞阵列应用设计过程电子细胞粒度优选数学模型

胚胎电子细胞阵列在应用设计过程中,针对同一功能电路,选择不同的电子细胞粒度,所构成的电路其可靠性也不相同。同时,不同规模功能电路在设计时选择相同电子细胞粒度也将影响各个电路的可靠性,因此如何合理选择不同规模阵列应用设计过程中电子细胞粒度具有重要的意义。

为研究胚胎电子细胞阵列应用设计过程中细胞粒度的优选,以第 5 章中典型二维胚胎电子细胞阵列中电子细胞为基准细胞粒度,即此时 $g=1,\alpha=\alpha_0,\lambda_0=\lambda/(1-\alpha_0)$,$\lambda$ 为 $g=1,\alpha=0$ 时电子细胞的失效率。在此电子细胞粒度下,胚胎电子细胞阵列行列数目为 M_0 和 N_0,工作电子细胞阵列行列数目为 m_0 和 n_0。针对确定的设计者,其设计能力也就确定,设计者的设计能力一般不是一个定值,而是一个区间,即细胞内辅助资源占比值属于区间 $[\alpha_d,\alpha_u]$,α_d 和 α_u 均属于 $(0,\ \min(1-(n/N)^2,1-(m/M)^2))$,且 $\alpha_d<\alpha_u$。

胚胎电子细胞阵列的应用设计过程中,针对确定的电路功能,同一设计者采用相同设计方法,阵列硬件资源消耗将保持不变。因此,胚胎电子细胞阵列应用设计过程的目标是电路的可靠性最高。根据不同的自修复策略,胚胎电子细胞阵列应用设计过程中电子细胞粒度的优选模型如下。

7.3.1 行移除自修复阵列内电子细胞粒度优选数学模型

行移除自修复阵列内,电子细胞粒度 g 的变化将直接影响电子细胞内辅助资源占比 α,g 越大,α 越小,且 α 与 g 之间的关系如式(7-13)所示。电子细胞粒度 g 引入后,阵列的可靠性可通过式(7-3)进行计算,记阵列的 MTTF 为 $T_{gr}(g,\ \alpha)$。在阵列应用设计过程中,选择使阵列 MTTF 达到最大值时的电子细胞粒度。行移除自修复阵列应用设计过程中,阵列内电子细胞粒度优选模型为

$$\begin{cases}\max\ T_{gr}(g,\alpha)\\ \text{s.t.}\ \ \alpha=\alpha_0+\dfrac{\Delta H_{ra}}{H'_{c1}}\\ \alpha_d<\alpha<\alpha_u\\ g>0\end{cases} \tag{7-15}$$

此时,行移除胚胎电子细胞阵列应用设计过程中电子细胞粒度的优选问题为非线性规划问题。

7.3.2 细胞移除自修复阵列内电子细胞粒度优选数学模型

同理,在细胞移除自修复阵列内,电子细胞粒度 g 的变化将直接影响电子细胞内辅助资源占比 α,g 越大,α 越小,且 α 与 g 之间的关系如式(7-14)所示。电子细胞粒度 g 引入后,阵列的可靠性可通过式(7-3)进行计算,记阵列的 MTTF 为 $T_{gc}(g,\ \alpha)$。在阵列应用设计过程中,选择使阵列 MTTF 达到最大值时的电子细胞粒度。细胞移除自修复阵列应用设计过程中,阵列内电子细胞粒度优选模型为

$$\begin{cases}\max\ T_{gc}(g,\alpha)\\ \text{s.t.}\ \ \alpha=\alpha_0+\dfrac{\Delta H_{ca}}{H'_{c2}}\\ \alpha_d<\alpha<\alpha_u\\ g>0\end{cases} \tag{7-16}$$

此时,细胞移除自修复胚胎电子细胞阵列应用设计过程中,阵列内电子细胞粒度的优选问题也为非线性规划问题。

7.3.3 约束条件处理

式(7-15)与式(7-16)分别为两种自修复策略下阵列内电子细胞粒度的优选数学模型,二者均为带约束条件的非线性规划问题,为了便于求解,需要对约束条件进行处理。约束条件处理最常用的方法为罚函数法,经过罚函数法处理后,式(7-15)变为

$$\begin{cases}\max\ F_{11}(g,\alpha)=T_{gr}(g,\alpha)-\mu_{11}\left(\alpha-\alpha_0-\dfrac{\Delta H_{ra}}{H'_{c1}}\right)\\ \text{s. t.}\ \ \alpha_d<\alpha<\alpha_u\\ g>0\end{cases} \tag{7-17}$$

式中，$F_{11}(g,\ \alpha)$ 为式(7-15)的适应度函数；$\left(\alpha-\alpha_0-\dfrac{\Delta H_{ra}}{H'_{c1}}\right)^2$ 为惩罚项；μ_{11} 为惩罚系数，一般取很大的正常数。同理，式(7-16)经过罚函数法处理后为

$$\begin{cases}\max\ F_{12}(g,\alpha)=\max\ T_{gc}(g,\alpha)-\mu_{12}\left(\alpha-\alpha_0-\dfrac{\Delta H_{ca}}{H'_{c2}}\right)^2\\ \text{s. t.}\ \ \alpha_d<\alpha<\alpha_u\\ g>0\end{cases} \tag{7-18}$$

式中，$F_{12}(g,\ \alpha)$ 为式(7-16)的适应度函数；$\left(\alpha-\alpha_0-\dfrac{\Delta H_{ca}}{H'_{c2}}\right)^2$ 为惩罚项；μ_{12} 为惩罚系数，一般取很大的正常数。

智能算法作为求解非线性优化问题的一种新方法，得到越来越多研究人员的关注。目前，智能算法已经在非线性优化、全局优化和组合优化等领域取得了较多的成果，因此本章采用智能算法求解胚胎电子细胞阵列应用设计过程中电子细胞粒度的优选问题。人工免疫算法是模拟生物的免疫机制，结合基因的进化机理，人工构造出的一种新型智能优化算法。免疫算法具有自适应性、随机性、并行性、全局收敛性和种群多样性等优点，能够有效求解非线性优化问题。为了提高电子细胞粒度优选问题求解的效率，以人工免疫算法为基础，通过对免疫算子进行自适应设计，本章提出一种改进自适应人工免疫算法。

7.4　改进自适应人工免疫算法

人工免疫算法能够有效地解决函数优化问题，同时也能提高问题解决的精度和速度。然而，算法在求解过程中也存在计算量大，收敛速度不快等不足。因此，在人工免疫算法中，根据迭代次数，抗体激励度，抗体平均激励度等参数，对算法中的免疫算子进行自适应设计。

7.4.1　人工免疫算法

人工免疫算法是一种受生物免疫机理启发而提出的新型智能启发式随机搜索算法。在免疫算法中，待优化的问题等效于免疫系统中抗原，待优化问题的可行解等效于免疫系统的抗体，可行解的好坏等效于免疫系统中抗体与抗原的亲和度。人工免疫算法是对生物免疫系统机理抽象而来的，算法与免疫系统中的生物概念间的对应关系见表 7-2。

表 7-2 人工免疫算法与生物免疫系统概念的对应关系

生物免疫系统	人工免疫算法
抗原	待优化问题
抗原	优化问题的可行解
亲和度	可行解的质量
细胞活化	免疫选择
细胞分化	个体克隆
亲和度成熟	变异
克隆抑制	克隆抑制
动态维持平衡	种群刷新

根据上述对应关系,人工免疫算法的基本流程如图 7-3 所示,具体的流程如下。

(1)抗原识别与参数确定。

抗原识别与参数确定即对待优化问题进行预先分析,判断该问题能否进行优化,选择符合算法的亲和度函数,明确问题的约束条件。同时,根据问题的预先分析,对算法运行过程中的各个参数取值进行确定。

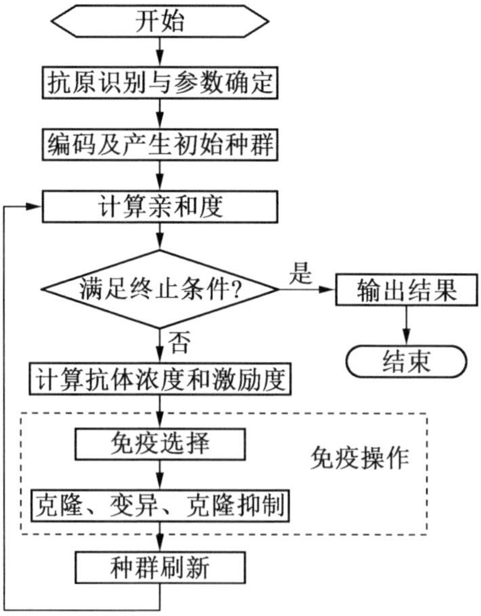

图 7-3 人工免疫算法的基本流程

(2)种群初始化。

根据优化问题的先验知识产生初始抗体种群。

(3)亲和度计算。

基于亲和度函数,分别计算种群内每个抗体的亲和度。

(4)终止条件的判断。

如果算法终止条件满足,则算法迭代结束,得到问题的可行解;反之继续进行算法寻优。

(5)抗体浓度和激励度的评估。

(6)执行免疫操作。

执行免疫操作主要开展抗体的选择操作、克隆操作、变异操作及克隆抑制操作。选择操作即从当前种群中选择出进行克隆操作的抗体;克隆操作即对选择操作选择的抗体进行复制;变异操作即对克隆操作产生的抗体群进行突变;克隆抑制操作即对突变后的抗体群进行再选择,保留亲和度高的抗体。

(7)种群刷新。

淘汰种群中激励度较低的抗体,利用随机产生的新抗体进行替换,从而产生一个新种群,并开始执行步骤(3)。

人工免疫算法中的进化操作是基于免疫原理的进化算子实现的,如免疫选择、克隆和变异等。而且算法中增加了抗体浓度和激励度计算,并将抗体浓度作为评价个体质量的一个指标。在算法优化过程中,计算抗体的浓度和激励度,有利于保持种群的多样性,进而实现全局优化。

7.4.2 自适应免疫算子设计

在人工免疫算法中,算法进化功能的实现主要依靠免疫算子,算子的优劣直接决定了算法的性能。固定的免疫算子虽然能够求解优化问题,但是算法求解优化问题过程中存在容易陷入局部最优解的不足。免疫算法在迭代过程中,受抗体种群质量和算法迭代次数的影响,算法的性能也会受到影响,进而影响优化问题的结果。因此,为了提高免疫算法的性能,基于算法迭代次数和种群质量对算法中的免疫算子进行自适应设计,各个自适应免疫算子的具体设计如下。

(1)亲和度计算算子。

免疫系统中的亲和度为抗体对抗原的亲和度。在函数优化问题中,可以用函数值或对函数值的简单处理作为抗体与抗原间的亲和度,对于组合优化问题,则需要根据实际问题实际分析。选择阵列可靠性函数作为亲和度计算算子,根据阵列自修复策略的不同,亲和度计算算子$f_{\text{aff}}(A_i)$分别选择式(7-17)中的$F_{11}(g,\alpha)$与式(7-18)中的$F_{12}(g,\alpha)$。

(2)抗体浓度计算算子。

抗体浓度是衡量抗体种群多样性好坏的重要指标。抗体浓度定义为

$$f_{\text{den}}(A_i)=\frac{1}{\text{NP}}\sum_{j=1}^{\text{NP}}S(A_i,A_j) \tag{7-19}$$

式中,NP为抗体种群的规模;$S(A_i,A_j)$表示抗体A_i和抗体A_j间的相似度,表示为

$$S(A_i,A_j)=\begin{cases}1, & \dfrac{f_a(A_i,A_j)}{L}<\delta \\ 0, & \dfrac{f_a(A_i,A_j)}{L}\geqslant\delta\end{cases} \tag{7-20}$$

式中,L 为抗体编码总维数；为预先设定的相似度阈值,一般选用较为接近 1 的值；$f_a(A_i,\ A_j)$ 为抗体 A_i 与抗体 A_j 的亲和度,抗体间亲和度通常通过抗体向量之间的欧氏距离来计算：

$$f_a(A_i,A_j)=\sqrt{\sum_{k=1}^{L}(A_{i,k}-A_{j,k})^2} \tag{7-21}$$

式中,$A_{i,k}$ 和 $A_{j,k}$ 分别为抗体 A_i 的第 k 维和抗体 A_j 的第 k 维;L 为抗体编码总维数。

(3) 自适应激励度计算算子。

抗体的激励度是评估其质量的综合指标,需要同时考虑抗体的亲和度和浓度。亲和度越大且浓度越低的抗体具有更高的激励度,则抗体的激励度算子为

$$f_{\mathrm{sim}}(A_i)=\beta\times\frac{f_{\mathrm{aff}}(A_i)}{\sum_{i=1}^{\mathrm{NP}}f_{\mathrm{aff}}(A_i)}+(1-\beta)\times\frac{f_{\mathrm{den}}(A_i)}{\sum_{i=1}^{\mathrm{NP}}f_{\mathrm{den}}(A_i)} \tag{7-22}$$

式中,$f_{\mathrm{sim}}(A_i)$ 为抗体 A_i 的激励度;β 为亲和度权重系数,且

$$\beta=1-\frac{0.2G}{G_{\max}} \tag{7-23}$$

式中,G 为算法当前迭代代数;$G_{\max}$ 为算法最大迭代代数。

(4) 自适应免疫选择算子。

选择操作即在当前种群中选择哪些抗体进入克隆操作。为了更快得到问题的可行解,应该选择激励度更高的个体进入克隆操作。因此,通过计算当前种群抗体的平均激励度,以及通过对比种群中抗体激励度与种群平均抗体激励度的大小,选择激励度大的抗体进入克隆操作。

$$f_{\mathrm{avgsim}}(G)=\frac{\sum_{i=1}^{\mathrm{NP}}f_{\mathrm{sim}}(A_i)}{\mathrm{NP}} \tag{7-24}$$

式中,$f_{\mathrm{avgsim}}(G)$ 为第 G 代抗体的平均激励度。比较第 G 代抗体激励度 $f_{\mathrm{sim}}(A_i)$ 与 $f_{\mathrm{avgsim}}(G)$ 的大小关系,则第 G 代进入克隆选择操作的抗体集为

$$M(G)=\begin{cases}A_i, & f_{\mathrm{sim}}(A_i)\geqslant f_{\mathrm{avgsim}}(G) \\ \varnothing, & f_{\mathrm{sim}}(A_i)<f_{\mathrm{avgsim}}(G)\end{cases} \tag{7-25}$$

式中,$M(G)$ 为第 G 代抗体中被选择进入克隆选择操作的抗体集。

(5) 自适应克隆算子。

克隆操作即对选择出来的抗体进行一定数目的复制。该过程最重要的是确定被选择抗体的克隆数目,抗体克隆数目根据抗体的质量进行动态确定能够有效提高算法的效

率。根据被选择抗体激励度的不同，自适应克隆算子设计为

$$C(A_i)=\mathrm{round}\left(\frac{w_c\times f_{\mathrm{sim}}(A_i)}{\sum_{i=1}^{\mathrm{CL}}f_{\mathrm{sim}}(A_i)}+\Delta C\right) \tag{7-26}$$

式中，$C(A_i)$ 为抗体 A_i 克隆后的数目；round(·)为取整函数；$f_{\mathrm{sim}}(A_i)$ 为抗体 A_i 的激励度；w_c 为克隆系数；CL 为待克隆抗体种群规模；ΔC 为大于 1 的常数，保证每个抗体都有一定的克隆数量。

(6) 自适应变异算子。

变异算子用于对克隆后的抗体集进行变异操作，以产生亲和度突变，实现局部搜索。通过抗体的变异操作产生有潜力的抗体，变异算子对于提高算法的性能具有重要作用，因此自适应变异算子设计为

$$A_i'=\begin{cases}\left(A_i-\dfrac{A_i-A_{\max}}{A_{\min}-A_{\max}}\times r\right)\times(1+\gamma_i),\mathrm{rand}\geqslant 0.5\\ \left(A_i+\dfrac{A_{\min}-A_i}{A_{\min}-A_{\max}}\times r\right)\times(1+N(0,1)),\mathrm{rand}<0.5\end{cases} \tag{7-27}$$

式中，A_i' 为变异后的抗体；$r=1-\mathrm{rand}^{(1-G/G_{\max})^2}$，$\gamma_i$ 为[−1,1]中的随机变量；$N(0,1)$ 为服从标准正态分布的高斯变量；G 为当前迭代代数；$G_{\max}$ 为最大迭代代数；$A_{\max}$ 为种群中激励度值最大的抗体，$A_{\min}$ 为种群中激励度值最小的抗体；rand 为[0,1]的随机变量。

(7) 自适应克隆抑制算子。

克隆抑制算子用于变异后克隆群体的再选择，选择亲和度高的抗体进入新种群，淘汰亲和度低的抗体，这样有助于提高抗体的质量。设经克隆与变异后的抗体种群为 $A_i'(G)$，经过克隆抑制后的抗体进入下一代种群 $A_i(G+1)$，克隆抑制操作 T_s^c 为

$$B_i(G)=T_s^c(A_i(G))=\max(f_{\mathrm{aff}}(A_i'(G))) \tag{7-28}$$

然后

$$A_i(G+1)=\begin{cases}B_i(G),\text{当 } U(0,1)\leqslant p_j\\ A_i(G),\text{其他}\end{cases} \tag{7-29}$$

式中，$U(0,1)$ 表示 0~1 之间的随机实数；p_j 为一个概率，p_j 的取值规则如下：

如果 $f_{\mathrm{aff}}(B_i(G))\leqslant f_{\mathrm{aff}}(A_i(G))$，且 $A_i(G)$ 是当前种群中的最优抗体，则

$$p_j=0 \tag{7-30}$$

如果 $f_{\mathrm{aff}}(B_i(G))>f_{\mathrm{aff}}(A_i(G))$，则

$$p_j=1 \tag{7-31}$$

如果 $f_{\mathrm{aff}}(B_i(G))\leqslant f_{\mathrm{aff}}(A_i(G))$，且 $A_i(G)$ 不是当前种群中的最优抗体，则

$$p_j=\exp\left(-\frac{f_{\mathrm{aff}}(A_i(G))-f_{\mathrm{aff}}(B_i(G))}{\gamma}\right) \tag{7-32}$$

式中，γ 为 1 个与种群多样性有关的值，一般多样性越好，γ 取值越大，反之越小，$\gamma>0$。

(8)种群刷新算子。

种群刷新即淘汰种群内激励度较低的抗体,并以随机生成的新抗体进行替代,保持种群抗体的多样性,实现全局搜索,探索新的可行解空间区域。

7.5 电子细胞粒度优选方法验证与算法性能分析

为了验证提出的基于改进自适应人工免疫算法的胚胎电子细胞阵列内电子细胞粒度优选方法的正确性和有效性,这里选择6种不同规模胚胎电子细胞阵列,开展阵列内电子细胞粒度优选方法有效性验证实验。同时,选择现有4种典型免疫算法作为对比算法,通过对6个典型测试函数的对比优化实验,验证改进自适应人工免疫算法在求解优化问题的有效性和优越性。

7.5.1 电子细胞粒度优选方法验证

为了验证电子细胞粒度优选方法的有效性,假设阵列的总规模保持恒定为 $M\times N=100\times100$,电子细胞的失效率 $\lambda=1\times10^{-5}/\text{h}$。选择6种不同规模的功能电路作为实验对象,以第5章中二维胚胎电子细胞阵列内电子细胞为基准细胞粒度,即此时 $g=1$,$\alpha=\alpha_0=0.3$,6种功能电路映射到胚胎电子细胞阵列后的规模见表7-3。基于7.1节引入电子细胞粒度 g 和细胞内辅助资源占比 α 后胚胎电子细胞阵列可靠性分析方法,6种规模胚胎电子细胞阵列的MTTF也见表7-3。

表7-3 $g=1$、$\alpha=0.3$ 时阵列规模及MTTF

阵列规模	$M_0\times N_0$	$m_0\times n_0$	细胞移除自修复阵列的MTTF/h	行移除自修复阵列的MTTF/h
阵列1	83×83	20×20	1.1240×10^5	5.1402×10^3
阵列2	83×83	30×30	7.7190×10^4	2.4776×10^3
阵列3	83×83	40×40	5.3459×10^4	1.3599×10^3
阵列4	83×83	50×50	3.5736×10^4	0.7820×10^3
阵列5	83×83	60×60	2.1803×10^4	0.4454×10^3
阵列6	83×83	70×70	1.0362×10^4	0.2334×10^3

改进自适应人工免疫算法中参数选择分别为:设计者设计能力区间为[0.1、0.6],即 $\alpha_d=0.1$、$\alpha_u=0.6$,抗体种群规模NP为50,最大迭代次数 G_{max} 为200,克隆系数 w_c 为50,$\Delta C=5$,克隆抑制系数 γ 为1 000,惩罚系数 $\mu_{11}=\mu_{12}=1\times10^{10}$,抗体相似度阈值 δ 为0.9。

(1)行移除自修复阵列内电子细胞粒度优选。

行移除自修复胚胎电子细胞阵列内,电子细胞粒度变化后,电子细胞内辅助资源占比变化满足式(7-13)的关系。表 7-3 所示的 6 种规模胚胎电子细胞阵列内,当电子细胞粒度从 0.9 减少至 0.1 的过程中,电子细胞内辅助资源占比 α 随细胞粒度 g 变化的规律如图 7-4 所示。

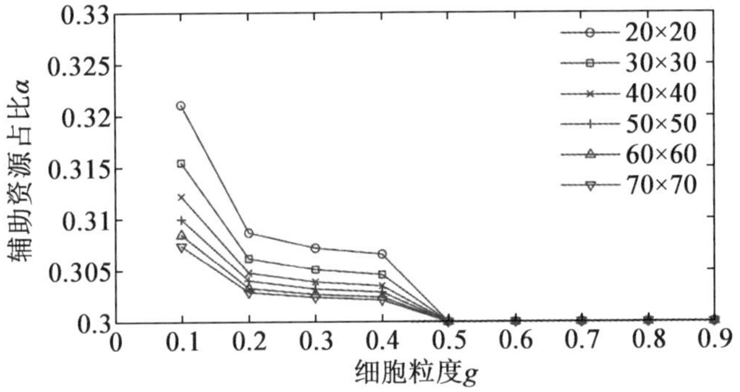

图 7-4　电子细胞内辅助资源占比 α 随细胞粒度 g 变化的规律

6 种规模行移除自修复胚胎电子细胞阵列中,当 g 从 0.9 减小至 0.5 的过程中,电子细胞内辅助资源占比 α 几乎不增加。当 g 从 0.5 减小至 0.1 的过程中,电子细胞内辅助资源占比开始增加,但是增加量很小,阵列内工作细胞列数 n 为 20,30,40,50,60 和 70 的过程中,当细胞粒度 g 为 0.1 时,电子细胞内辅助资源占比增加量分别为 0.021 1,0.015 5,0.012 2,0.010 0,0.008 5 和 0.007 4,相对于电子细胞资源可近似忽略。因此,在行移除自修复阵列中,设计者可以根据自身的设计能力,设计尽可能小的电子细胞粒度。

(2)细胞移除自修复阵列内电子细胞粒度优选。

为了验证胚胎电子细胞阵列内电子细胞粒度优选方法的有效性,选择人工免疫算法与提出的改进自适应人工免疫算法同时对表 7-3 中 6 种规模功能电路应用设计过程中电子细胞粒度的选择进行 30 次独立优化。选择电路应用设计过程电子细胞粒度优选的 1 次优化过程为例,6 种规模功能电路应用设计过程中电子细胞粒度的优选过程如图 7-5 所示。经过 30 次免疫算法的独立优化,6 种功能电路在应用设计过程中电子细胞粒度优选结果见表 7-4。两种算法对于 6 种规模功能电路应用设计过程电子细胞粒度优选的 30 次独立优化实验的结果分析见表 7-5。

图 7-5 为 6 种功能电路应用设计过程中电子细胞粒度优选问题在两种人工免疫算法优化下的 1 次优化过程,"AIA"表示人工免疫算法,"IAAIA"表示改进自适应人工免疫算法。图 7-5(a)至图 7-5(f)中 $m \times n$ 分别为 20×20 至 70×70,6 种功能电路在电子细胞粒度的优化过程中,随着算法迭代次数 G 的增加,6 种功能电路的 MTTF 不断增加,而后增加至一个最大值并保持不变。6 种功能电路应用设计过程中电子细胞粒度寻优过程中,采用 IAAIA 所需的迭代次数 G 均小于 20 次,采用 AIA 所需的迭代次数 G 均大于 100

次，因此 IAAIA 能够有效提高算法的收敛速度。

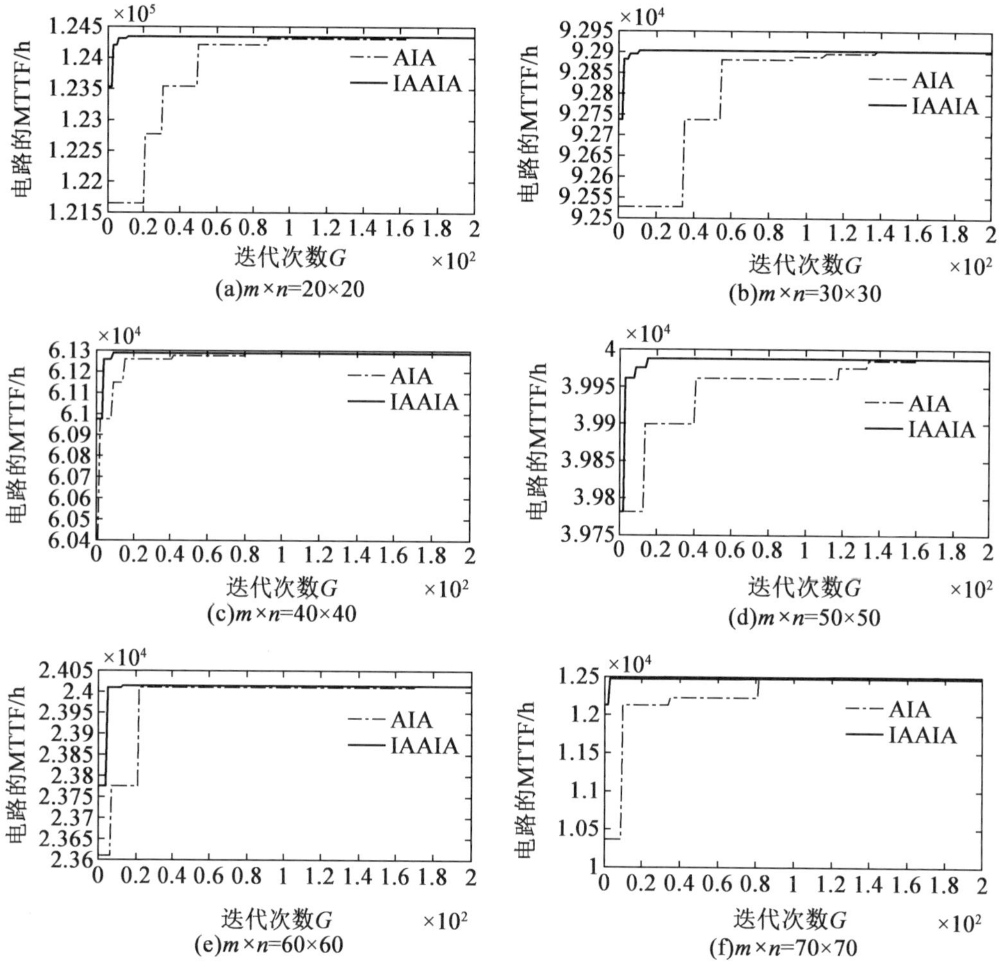

图 7-5　6 种功能电路的电子细胞粒度在两种优化算法下的优化过程

表 7-4　6 种功能电路设计过程电子细胞粒度优选结果

阵列规模	阵列 1	阵列 2	阵列 3
细胞粒度 g	0. 55	0. 592 1	0. 670
辅助资源占比 α	0. 514 6	0. 443 3	0. 407 6
$M_g \times N_g$	93×93	96×96	91×91
$m_g \times n_g$	26×26	38×38	46×46
阵列的 MTTF/h	$1.243\,3\times10^5$	$9.290\,2\times10^4$	$6.149\,7\times10^4$
MTTF 增加量/h	1.203×10^4	$1.571\,2\times10^4$	8.038×10^3
MTTF 增长率/%	10. 7	20. 35	15. 04

表 7-4(续)

阵列规模	阵列 4	阵列 5	阵列 6
细胞粒度 g	0. 826 7	0. 878 9	1. 031 0
辅助资源占比 α	0. 343 9	0. 323 8	0. 288 6
$M_g \times N_g$	89×89	87×87	83×83
$m_g \times n_g$	54×54	64×64	68×68
阵列的 MTTF/h	$3.998\ 5\times10^4$	$2.409\ 5\times10^4$	$1.252\ 6\times10^4$
MTTF 增加量/h	4.249×10^3	2.292×10^3	2.164×10^3
MTTF 增长率/%	11. 89	10. 51	20. 88

表 7-4 中,经过两种人工免疫算法的 30 次独立优化,6 种功能电路的电子细胞粒度优选结果 g 分别为:0. 55,0. 592 1,0. 670,0. 826 7,0. 878 9 和 1. 031 0,对应电子细胞内辅助资源占比 α 分别为:0. 514 6,0. 443 3,0. 407 6,0. 343 9,0. 323 8 和 0. 288 6。采用优化后的电子细胞粒度,6 个功能电路的 MTTF 增加量分别为:1.203×10^4 h、$1.571\ 2\times10^4$ h、8.038×10^3 h、4.249×10^3 h、2.292×10^3 h 和 2.164×10^3 h,对应电路 MTTF 的增长率分别为:10. 7%,20. 35%,15. 04%,11. 89%,10. 51%和 20. 88%。综上所述,通过优化功能电路应用设计过程中的细胞粒度可以有效提高电路的 MTTF,MTTF 的增长量均大于 10%。

表 7-5　6 种功能电路设计过程 30 次电子细胞粒度优选结果分析

阵列规模 $m\times n$	算法	平均迭代次数	迭代次数方差	收敛到最优解的成功率/%
20×20	AIA	156. 9	101. 403 6	96. 67
	IAAIA	11. 166 7	18. 389 3	100
30×30	AIA	151. 7	85. 383 3	93. 33
	IAAIA	10. 833 3	19. 291 6	100
40×40	AIA	145. 333 3	98. 704 9	90
	IAAIA	10. 933 3	19. 694 3	100
50×50	AIA	153. 133 3	73. 807	93. 33
	IAAIA	10. 5	16. 171	100
60×60	AIA	150. 033 3	95. 388 5	90
	IAAIA	12. 1	17. 626 7	100
70×70	AIA	148. 3	95. 259 1	96. 67
	IAAIA	11. 433 3	19. 477 3	100

见表 7-5，针对 6 种功能电路，两种人工免疫算法经过 30 次独立优化，IAAIA 的平均迭代次数分别为：11.166 7，10.833 3，10.933 3，10.5，12.1 和 11.433 3，AIA 的平均迭代次数分别为：156.9，151.7，145.333 3，153.133 3，150.033 3 和 148.3，因此，IAAIA 相对于 AIA 算法能够有效提高算法的收敛速度。6 种功能电路使用 IAAIA 的迭代次数方差分别为：18.389 3，19.291 6，19.694 3，16.171，17.626 7 和 19.477 3，6 种功能电路使用 AIA 的迭代次数方差分别为 101.403 6，85.383 3，98.704 9，73.807，95.388 5 和 95.259 1，因此，IAAIA 相对于 AIA 具有更好的稳定性。针对 6 中功能电路，IAAIA 进行 30 次迭代寻找到最优解的成功率均为 100%，AIA 进行 30 次迭代寻找到最优解的成功率分别为：96.67%，93.33%，90%，93.33%，90%和 96.67%，因此，IAAIA 能够有效提高算法收敛的精度。

7.5.2 改进自适应人工免疫算法性能验证

选择相关文献中的人工免疫算法 AIA、GMAIA、GAIA、DQABCIA 作为对比对算法。同时，选择广泛应用的 6 个典型测试函数作为实验函数。通过多种免疫算法对测试函数的优化对比分析，对改进自适应人工免疫算法的性能进行进一步验证。

$$f_1(x) = \sum_{i=1}^{D} x_i^2 \tag{7-33}$$

$$f_2(x) = \sum_{i=1}^{D} (\lfloor x_i + 0.5 \rfloor)^2 \tag{7-34}$$

$$f_3(x) = \left(\sum_{i=1}^{D} x_i^2\right)^{0.25} \times \left(\sin^2\left(50\left(\sum_{i=1}^{D} x_i^2\right)^{0.1}\right) + 1\right) \tag{7-35}$$

$$f_4(x) = \sum_{i=1}^{D} (x_i^2 - 10\cos(2\pi x_i) + 10) \tag{7-36}$$

$$f_5(x) = \frac{1}{4\,000}\sum_{i=1}^{D} x_i^2 - \prod_{i=1}^{D} \cos\left(\frac{x_i}{\sqrt{i}}\right) + 1 \tag{7-37}$$

$$f_6(x) = 0.5 + \frac{\sin^2\left(\sqrt{\sum_{i=1}^{D} x_i^2}\right) - 0.5}{\left[1 + 0.001\left(\sum_{i=1}^{D} x_i^2\right)^2\right]} \tag{7-38}$$

表 7-6 给出了 6 个典型测试函数的维数、搜索空间以及最优解。

表 7-6 6 个典型测试函数的基本特性

序号	函数维数	搜索空间	最优解
$f_1(x)$	10	[-20, 20]	最小值为 0
$f_2(x)$	10	[-100, 100]	最小值为 0
$f_3(x)$	2	[-20, 20]	最小值为 0
$f_4(x)$	10	[-5.12, 5.12]	最小值为 0

表 7-6(续)

序号	函数维数	搜索空间	最优解
$f_5(x)$	10	[-600, 600]	最小值为 0
$f_6(x)$	2	[-100, 100]	最小值为 0

表 7-6 中的 6 个测试函数为不同类型的函数,其中 $f_1(x)$ 为单峰连续函数,$f_2(x)$ 为间断阶梯函数,$f_3(x)$ 为多峰多极值点函数,$f_4(x)$ 为 Rastrigin 函数,$f_5(x)$ 为 Griewank 函数,$f_6(x)$ 为 Schaffer 函数。

针对 5 种免疫算法,种群规模 NP 均为 100,最大迭代次数 G_{max} 为 1 000,IAAIA 中克隆系数 w_c 为 50,$\Delta C=5$,克隆抑制系数 γ 为 1 000,相似度阈值 δ 为 0. 9。其他 4 种免疫算法的参数选择参考文献[171,173-175]。利用算法的平均迭代次数评价算法收敛速度,利用算法搜索过程的最优解、最差解、平均解和搜索到最优解的成功率来衡量算法的收敛精度,利用算法迭代次数的方差与最优解的方差衡量算法的稳定性和鲁棒性。针对 6 个典型测试函数,利用 5 种免疫算法分别独立优化 30 次,优化结果如下。

(1)测试函数 $f_1(x)$ 优化结果。

选择测试函数 $f_1(x)$ 的 1 次优化过程为例,5 种免疫算法对测试函数 $f_1(x)$ 的优化过程如图 7-6 所示。测试函数 $f_1(x)$ 在 5 种免疫算法优化下,随着迭代次数增加,函数值快速下降,为了便于观察函数的优化过程,仅选择算法优化的前 100 次迭代过程。

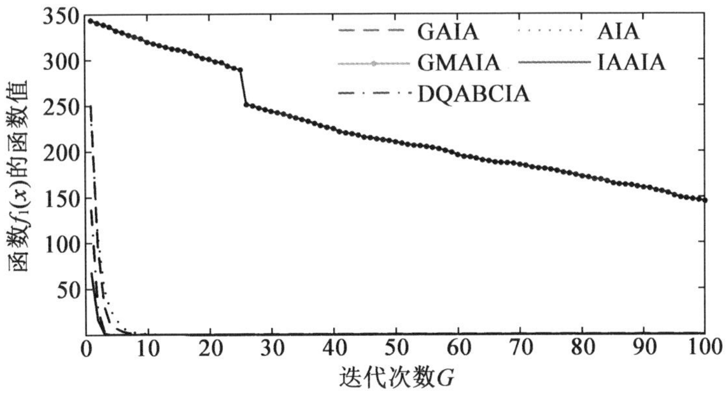

图 7-6　测试函数 $f_1(x)$ 在 5 种人工免疫算法下的优化过程

如图 7-6 所示,随着算法迭代次数的增加,测试函数 $f_1(x)$ 的函数值不断下降,其中 AIA、GAIA、IAAIA 和 DQABCIA 在 10 次迭代内下降到极小值,GMAIA 的下降速率明显小于其他 4 种算法。测试函数 $f_1(x)$ 在 IAAIA 与 DQABCIA 优化下的收敛速度接近,且 IAAIA 的收敛速度略快于 DQABCIA。测试函数 $f_1(x)$ 在 GAIA 与 GMAIA 下的收敛速度接近,GAIA 的收敛速度快于 AIA,且均小于 IAAIA。

对测试函数 $f_1(x)$ 进行 30 次独立优化,分析实验结果见表 7-7。

表 7-7　测试函数 $f_1(x)$ 在 5 种人工免疫算法下的优化结果分析

$f_1(x)$	免疫算法				
	AIA	GMAIA	GAIA	DQABCIA	IAAIA
最优解	$1.540\ 5\times10^{-6}$	0.027 2	0.029 8	0	0
最差解	$8.287\ 9\times10^{-6}$	0.221 4	0.960 1	0	0
平均最优解	$5.447\ 4\times10^{-6}$	0.069 6	0.237 7	0	0
最优解方差	$8.672\ 2\times10^{-6}$	0.247 2	1.101 6	0	0
平均迭代次数	919.7	341.857 1	11.871 0	915.9	715.2
迭代次数方差	354.756 7	900.238 1	19.169 9	210.662 5	179.846 6
收敛到全局最优解成功率(%)	0	0	0	100	100

由表 7-7 可知,针对测试函数 $f_1(x)$,IAAIA 和 DQABCIA 均可以绝对收敛到最小值 0。AIA、GAIA 和 GMAIA 均无法收敛到最小值 0,其中 AIA 的平均最优解更加接近 0,GAIA 次之,GMAIA 的平均最优解最大。

测试函数 $f_1(x)$ 优化过程中,5 种免疫算法平均迭代次数从小到大分别为 GAIA、GMAIA、IAAIA、DQABCIA 和 AIA。虽然,GAIA 和 GMAIA 的平均迭代次数较低,但是其收敛最优解的平均值较大,特别是 GAIA,最优解的平均值为 0.237 7。测试函数 $f_1(x)$ 在 30 次独立优化中,IAAIA 和 DQABCIA 收敛到最优解 0 的成功率为 100%,AIA、GAIA 和 GMAIA 收敛到最优解 0 的成功率为 0。因此,在测试函数 $f_1(x)$ 优化过程中,IAAIA 可以在保证收敛准确度的前提下提高算法的收敛速度。

测试函数 $f_1(x)$ 优化过程中,5 种免疫算法迭代次数方差从小到大分别为 GAIA、IAAIA、DQABCIA、AIA 和 GMAIA;5 种免疫算法最优解的方差从小到大分别为 IAAIA、DQABCIA、AIA、GAIA 和 GMAIA。测试函数 $f_1(x)$ 在 30 次独立优化中,IAAIA 收敛到最优解 0 的成功率为 100%。因此,在测试函数 $f_1(x)$ 优化过程中,IAAIA 具有较好的稳定性。

(2)测试函数 $f_2(x)$ 优化结果。

选择测试函数 $f_2(x)$ 的 1 次优化过程为例,5 种免疫算法对测试函数 $f_2(x)$ 的优化过程如图 7-7 所示。测试函数 $f_2(x)$ 在 5 种免疫算法优化下,随着迭代次数增加,函数值快速下降,为了便于观察函数的优化过程,仅选择算法优化的前 40 次迭代过程。

如图 7-7 所示,随着算法迭代次数的增加,测试函数 $f_2(x)$ 的函数值不断下降,其中 AIA、GAIA、IAAIA 和 DQABCIA 在 10 次迭代内下降到极小值,GMAIA 的下降速率明显小于其他 4 种算法。测试函数 $f_2(x)$ 在 IAAIA 与 DQABCIA 下的收敛速度接近,且 IAAIA 的收敛速度略快于 DQABCIA。测试函数 $f_2(x)$ 在 GAIA 与 GMAIA 下的收敛速度接近,GAIA 的收敛速度略快于 AIA,且均小于 IAAIA。

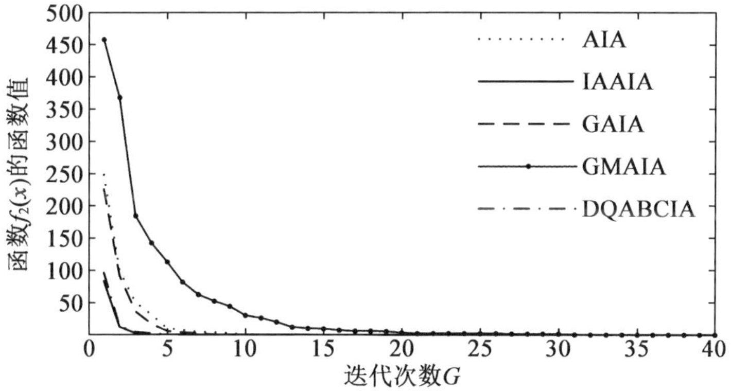

图 7-7　测试函数 $f_2(x)$ 在 5 种人工免疫算法下的优化过程

对测试函数 $f_2(x)$ 进行 30 次独立优化，分析实验结果见表 7-8。

表 7-8　测试函数 $f_2(x)$ 在 5 种人工免疫算法下的优化结果分析

$f_2(x)$	免疫算法				
	AIA	GMAIA	GAIA	DQABCIA	IAAIA
最优解	0	0	0	0	0
最差解	0	0	0	0	0
平均最优解	0	0	0	0	0
最优解方差	0	0	0	0	0
平均迭代次数	11.562 5	32.857 1	8.529 4	5.564 1	4.625 0
迭代次数方差	6.623 8	41.452 2	3.804 0	5.439 6	3.391 2
收敛到全局最优解成功率(%)	100	100	100	100	100

由表 7-8 可知，针对测试函数 $f_2(x)$，5 种免疫算法均可以绝对收敛到最小值 0。测试函数 $f_2(x)$ 优化过程中，5 种免疫算法平均迭代次数从小到大分别为 IAAIA、DQABCIA、GAIA，AIA 和 GMAIA。测试函数 $f_2(x)$ 在 30 次独立优化中，5 种免疫算法收敛到最优解 0 的成功率均为 100%。因此，在测试函数 $f_2(x)$ 优化过程中，IAAIA 可以在保证收敛准确度的前提下提高算法的收敛速度。

测试函数 $f_2(x)$ 优化过程中，5 种免疫算法迭代次数方差从小到大分别为 IAAIA、GAIA、DQABCIA、AIA 和 GMAIA。同时，5 种免疫算法的最优解方差均为 0。因此，在测试函数 $f_2(x)$ 优化过程中，IAAIA 具有较好的稳定性。

(3) 测试函数 $f_3(x)$ 优化结果。

选择测试函数 $f_3(x)$ 的 1 次优化过程为例，5 种免疫算法对测试函数 $f_3(x)$ 的优化过程如图 7-8 所示。测试函数 $f_3(x)$ 在 5 种免疫算法优化下，随着迭代次数增加，函数值快速下降,为了便于观察函数的优化过程,仅选择算法优化的前 300 次迭代过程。

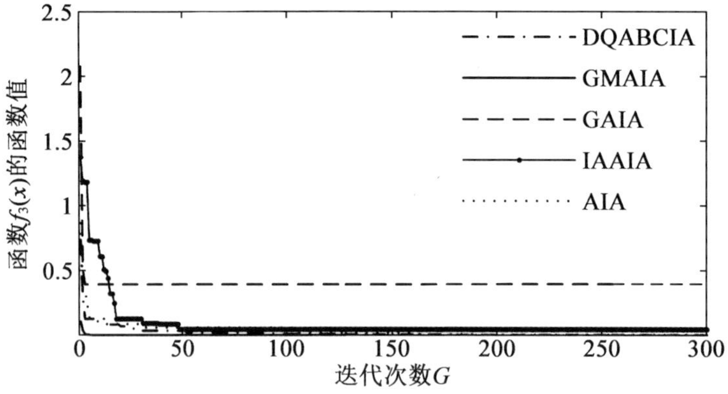

图 7-8 测试函数 $f_3(x)$ 在 5 种人工免疫算法下的优化过程

如图 7-8 所示,随着算法迭代次数的增加,测试函数 $f_3(x)$ 的函数值不断下降,5 种免疫算法的收敛速度由快到慢分别是 IAAIA、DQABCIA、AIA、GAIA 和 GMAIA。测试函数 $f_3(x)$ 在 IAAIA 下能够快速收敛到 0,GMAIA 能够收敛到接近于 0 的一个小数,GAIA 收敛到接近丁 0.5 的数,AIA 与 DQABCIA 均能收敛到接近于 0 的极小数。

对测试函数 $f_3(x)$ 进行 30 次独立优化,分析实验结果见表 7-9。

表 7-9 测试函数 $f_3(x)$ 在 5 种人工免疫算法下的优化结果分析

$f_3(x)$	免疫算法				
	AIA	GMAIA	GAIA	DQABCIA	IAAIA
最优解	4.2661×10^{-4}	0.031 7	0.179 3	0	0
最差解	0.001 2	1.999 5	2.062 7	0	0
平均最优解	8.4499×10^{-4}	0.238 2	0.989 7	0	0
最优解方差	8.3125×10^{-4}	2.477 4	2.913 2	0	0
平均迭代次数	785.303 0	22.030 3	2.135 1	342	214.393 9
迭代次数方差	917.073 0	96.555 5	28.431 0	116.944 4	66.857 2
收敛到全局最优解成功率/%	0	0	0	100	100

由表 7-9 可知,针对测试函数 $f_3(x)$,IAAIA 和 DQABCIA 均可以绝对收敛到最小值 0。AIA、GAIA 和 GMAIA 均无法收敛到最小值 0,其中 AIA 的最优解更加接近 0,GAIA 次之,GMAIA 的平均最优解最大。

测试函数 $f_3(x)$ 优化过程中,5 种免疫算法平均迭代次数从小到大分别为 GAIA、GMAIA、IAAIA、DQABCIA 和 AIA。虽然,GAIA 和 GMAIA 的平均迭代次数较低,但是其收敛最优解的平均值较大,特别是 GAIA,最优解的平均值为 0.989 7。测试函数 $f_3(x)$ 在

30 次独立优化中，IAAIA 和 DQABCIA 收敛到最优解 0 的成功率为 100%，AIA、GAIA 和 GMAIA 收敛到最优解 0 的成功率为 0。因此，在测试函数 $f_3(x)$ 优化过程中，IAAIA 可以在保证收敛准确度的前提下提高算法的收敛速度。

测试函数 $f_3(x)$ 优化过程中，5 种免疫算法迭代次数方差从小到大分别为 GAIA、IAAIA、GMAIA、DQABCIA 和 AIA。最优解的方差从小到大分别为 IAAIA、DQABCIA、AIA、GMAIA 和 GAIA。测试函数 $f_3(x)$ 在 30 次独立优化中，IAAIA 收敛到最优解 0 的成功率为 100%。因此，在测试函数 $f_3(x)$ 优化过程中，IAAIA 具有较好的稳定性。

(4) 测试函数 $f_4(x)$ 优化结果。

选择测试函数 $f_4(x)$ 的 1 次优化过程为例，5 种免疫算法对测试函数 $f_4(x)$ 的优化过程如图 7-9 所示。测试函数 $f_4(x)$ 在 5 种免疫算法优化下，随着算法迭代次数增加，函数值快速下降，为了便于观察函数的优化过程，仅选择算法优化的前 200 次迭代过程。

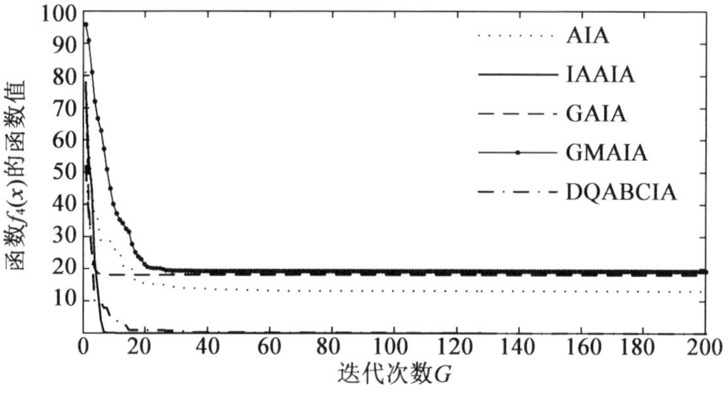

图 7-9　测试函数 $f_4(x)$ 在 5 种人工免疫算法下的优化过程

如图 7-9 所示，随着算法迭代次数的增加，测试函数 $f_4(x)$ 的函数值不断下降，5 种免疫算法的收敛速度从快到慢分别为 IAAIA、GAIA、DQABCIA、GMAIA、AIA。IAAIA 能够快速收敛到全局最优解 0，DQABCIA 也能够收敛到全局最优解 0，但是收敛速度慢于 IAAIA。AIA、GMAIA 和 GAIA 均无法收敛到全局最优解 0，且收敛值均远大于 0，GAIA 与 GMAIA 收敛值在 20 附近，AIA 的收敛值在 10 至 20 之间。

对测试函数 $f_4(x)$ 进行 30 次独立优化，分析实验结果见表 7-10。

表 7-10　测试函数 $f_4(x)$ 在 5 种人工免疫算法下的优化结果分析

$f_4(x)$	免疫算法				
	AIA	GMAIA	GAIA	DQABCIA	IAAIA
最优解	2.985 1	9.220 9	4.482 5	0	0
最差解	16.914 4	25.479 4	20.679 9	0	0
平均最优解	9.628 7	17.891 4	13.115 9	0	0
最优解方差	15.756 6	23.313 1	23.370 3	0	0

表 7-10(续)

$f_4(x)$	免疫算法				
	AIA	GMAIA	GAIA	DQABCIA	IAAIA
平均迭代次数	932.787 9	44.888 9	6.062 5	62.055 6	48.289 5
迭代次数方差	414.525 7	138.483 1	8.824 7	94.445 2	28.457 3
收敛到全局最优解成功率(%)	0	0	0	100	100

由表 7-10 可知,针对测试函数 $f_4(x)$,IAAIA 和 DQABCIA 均可以绝对收敛到最小值 0。AIA、GAIA 和 GMAIA 均无法收敛到最小值 0,其中 AIA 的平均最优解为 9.628 7,GAIA 的平均最优解为 13.115 9,GMAIA 的平均最优解为 17.891 4,3 种算法下测试函数远 $f_4(x)$ 的最优解均远大于 0。

测试函数 $f_4(x)$ 优化过程中,5 种免疫算法平均迭代次数从小到大分别为 GAIA,GMAIA、IAAIA、DQABCIA 和 AIA。虽然,GAIA 和 GMAIA 的平均迭代次数低于 IAAIA,但是两种算法的平均最优解较大,最优解的平均值分别为 13.115 9 和 17.891 4。测试函数 $f_4(x)$ 在 30 次独立优化中,IAAIA 和 DQABCIA 收敛到最优解 0 的成功率为 100%,AIA、GAIA 和 GMAIA 收敛到最优解 0 的成功率为 0。因此,在测试函数 $f_4(x)$ 优化过程中,IAAIA 可以在保证收敛准确度的前提下提高算法的收敛速度。

测试函数 $f_4(x)$ 优化过程中,5 种免疫算法迭代次数方差从小到大分别为 GAIA、IAAIA、DQABCIA、GMAIA 和 AIA。5 种免疫算法最优解的方差从小到大分别为 IAAIA、DQABCIA、AIA、GMAIA 和 GAIA。测试函数 $f_4(x)$ 在 30 次独立优化中,IAAIA 收敛到最优解 0 的成功率为 100%。因此,在测试函数 $f_4(x)$ 优化过程中,IAAIA 具有很好的稳定性。

(5)测试函数 $f_5(x)$ 优化结果。

选择测试函数 $f_5(x)$ 的 1 次优化过程为例,5 种人口免疫算法对测试函数 $f_5(x)$ 的优化过程如图 7-10 所示。测试函数 $f_5(x)$ 在 5 种人口免疫算法优化下,随着迭代次数增加,函数值快速下降,为了便于观察函数的优化过程,仅选择算法优化的前 200 次迭代过程。

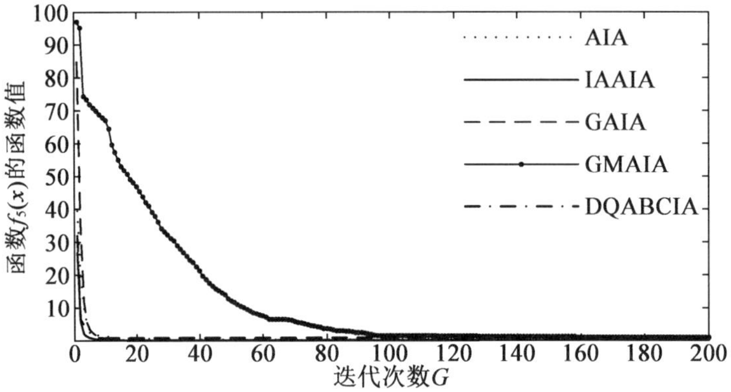

图 7-10 测试函数 $f_5(x)$ 在 5 种人工免疫算法下的优化过程

图 7-10 所示,随着算法迭代次数的增加,测试函数 $f_5(x)$ 的函数值不断下降,5 种免疫算法的收敛速度从快到慢分别为 IAAIA、GAIA、DQABCIA、AIA、GMAIA。IAAIA 能够快速收敛到全局最优解 0,DQABCIA 也能够收敛到全局最优解 0,但是速度慢于 IAAIA。AIA、GMAIA 和 GAIA 均无法收敛到全局最优解 0,AIA 和 GAIA 的收敛速度大于 GMAIA。

对测试函数 $f_5(x)$ 进行 30 次独立优化,分析实验结果见表 7-11。

表 7-11 测试函数 $f_5(x)$ 在 5 种人工免疫算法下的优化结果分析

$f_5(x)$	免疫算法				
	AIA	GMAIA	GAIA	DQABCIA	IAAIA
最优解	0.019 2	0.605 6	0.257 6	0	0
最差解	0.095 5	3.160 1	2.169 4	0	0
平均最优解	0.057 7	1.635 9	0.968 1	0	0
最优解方差	0.109 7	3.121 7	2.371 4	0	0
平均迭代次数	933.969 7	132.727 3	9.925 0	212.789 5	44.500 0
迭代次数方差	330.649 3	145.425 4	15.125 3	183.222 0	19.912 3
收敛到全局最优解成功率(%)	0	0	0	100	100

由表 7-11 可知,针对测试函数 $f_5(x)$,IAAIA 和 DQABCIA 均可以绝对收敛到最小值 0。AIA、GAIA 和 GMAIA 均无法收敛到最小值 0,其中 AIA 的平均最优解为 0.057 7,GAIA 的平均最优解为 0.968 1,GMAIA 的平均最优解为 1.635 9。

测试函数 $f_5(x)$ 优化过程中,5 种免疫算法平均迭代次数从小到大分别为 GAIA、IAAIA GMAIA、DQABCIA 和 AIA。虽然,GAIA 的平均迭代次数低于 IAAIA,但是算法的平均最优解较大,为 0.968 1。测试函数 $f_5(x)$ 在 30 次独立优化中,IAAIA 和 DQABCIA 收敛到最优解 0 的成功率为 100%,AIA、GAIA 和 GMAIA 收敛到最优解 0 的成功率为 0。因此,在测试函数 $f_5(x)$ 优化过程中,IAAIA 可以在保证收敛准确度的前提下提高算法的收敛速度。

测试函数 $f_5(x)$ 优化过程中,5 种免疫算法迭代次数方差从小到大分别为 GAIA、IAAIA、GMAIA、DQABCIA 和 AIA。5 中免疫算法最优解的方差从小到大分别为 IAAIA、DQABCIA、AIA、GAIA 和 GMAIA。测试函数 $f_5(x)$ 在 30 次独立优化中,IAAIA 收敛到最优解 0 的成功率为 100%。因此,在测试函数 $f_5(x)$ 优化过程中,IAAIA 具有很好的稳定性。

(6)测试函数 $f_6(x)$ 优化结果。

选择测试函数 $f_6(x)$ 的 1 次优化过程为例,5 种免疫算法对测试函数 $f_6(x)$ 的优化过程如图 7-11 所示。测试函数 $f_6(x)$ 在 5 种免疫算法优化下,随着迭代次数增加,函数值快速下降,为了便于观察函数的优化过程,仅选择算法优化的前 100 次迭代过程。

如图 7-11 所示,随着算法迭代次数的增加,测试函数 $f_6(x)$ 的函数值不断下降,5 种人工免疫算法的收敛速度从快到慢分别是 GAIA、GMAIA、IAAIA、AIA、DQABCIA。IAAIA 能够快速收敛到全局最优解 0,DQABCIA 也能够收敛到全局最优解 0,但是速度慢于 IAAIA。AIA、GMAIA 和 GAIA 均无法收敛到全局最优解 0,GMAIA 和 GAIA 的收敛速度大于 AIA。

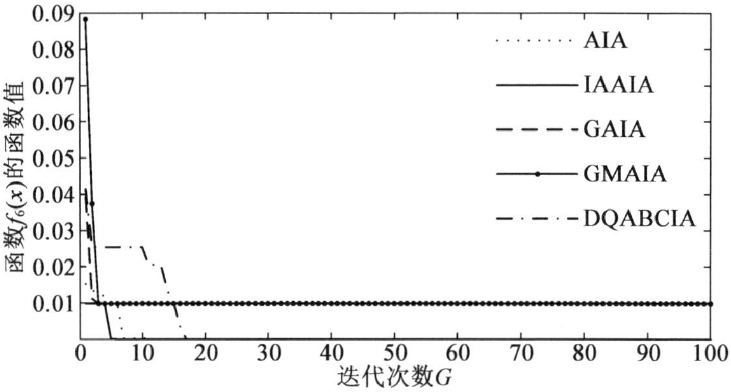

图 7-11 测试函数 $f_6(x)$ 在 5 种人工免疫算法下的优化过程

对测试函数 $f_6(x)$ 进行 30 次独立优化,分析实验结果见表 7-12。

表 7-12 测试函数 $f_6(x)$ 在 5 种人工免疫算法下的优化结果分析

$f_6(x)$	免疫算法				
	AIA	GMAIA	GAIA	DQABCIA	IAAIA
最优解	0.009 7	0.009 7	0.009 7	0	0
最差解	0.078 2	0.498 9	0.154 4	0	0
平均最优解	0.067 8	0.074 4	0.043 9	0	0
最优解方差	0.213 5	0.336 6	0.232 2	0	0
平均迭代次数	661.647 1	2.657 9	1.382 4	22.947 4	9.542 9
迭代次数方差	1 548.4	13.287 3	3.745 6	22.757 3	11.344 0
收敛到全局最优解成功率(%)	0	0	0	100	100

由表 7-12 可知,针对测试函数 $f_6(x)$,IAAIA 和 DQABCIA 均可以绝对收敛到最小值 0。AIA、GAIA 和 GMAIA 均无法收敛到最小值 0,其中 AIA 的平均最优解为 0.067 8,GAIA 的平均最优解为 0.043 9,GMAIA 的平均最优解为 0.074 4。

测试函数 $f_6(x)$ 优化过程中,5 种免疫算法平均迭代次数从小到大分别为 GAIA、GMAIA、IAAIA、DQABCIA 和 AIA。虽然,GAIA 和 GMAIA 的平均迭代次数低于 IAAIA,但是两种算法的平均最优解较大,最优解的平均值为 0.074 4 和 0.043 9。测试函数 $f_6(x)$

在 30 次独立优化中,IAAIA 和 DQABCIA 收敛到最优解 0 的成功率为 100%,AIA、GAIA 和 GMAIA 收敛到最优解 0 的成功率为 0。因此,在测试函数 $f_6(x)$ 优化过程中,IAAIA 可以在保证收敛准确度的前提下提高算法的收敛速度。

测试函数 $f_6(x)$ 优化过程中,5 种免疫算法迭代次数方差从小到大分别为 GAIA、IAAIA、GMAIA、DQABCIA 和 AIA。5 种免疫算法最优解的方差从小到大分别为 IAAIA、DQABCIA、AIA、GAIA 和 GMAIA。测试函数 $f_6(x)$ 在 30 次独立优化中,IAAIA 收敛到最优解 0 的成功率为 100%。因此,在测试函数 $f_6(x)$ 优化过程中,IAAIA 具有很好的稳定性。

综上所述,5 种不同人工免疫算法对选择的 6 个典型测试函数的优化过程中,只有在优化测试函数 $f_2(x)$ 时,5 种算法收敛到最优解 0 的成功率为 100%,在其他 5 个测试函数优化过程中,仅有 IAAIA 与 DQABCIA 能够保证测试函数完全收敛到最小值 0,其他 3 种算法均无法保证测试函数收敛到最小值 0,因此 IAAIA 能够有效提高算法的收敛精度,防止函数优化过程陷入局部最优解。IAAIA 和 DQABCIA 在 6 个测试函数的优化过程中,IAAIA 算法的平均迭代次数均小于 DQABCIA,因此,IAAIA 能够在保持算法求解精度的前提下有效提高算法的收敛速度。分析 5 种人工免疫算法优化 6 个测试函数过程中的最优解方差与迭代次数方差,IAAIA 能够有效提高算法的稳定性。

7.6　本章小结

本章针对胚胎电子细胞阵列应用设计过程中电子细胞粒度选择缺乏理论指导,以典型二维胚胎电子细胞阵列为研究对象,基于改进自适应人工免疫算法提出了一种电子细胞粒度优选方法,该方法能够应用于其他类型阵列内电子细胞粒度优选,提高胚胎电子细胞阵列在应用过程中的可靠性。首先,以胚胎电子细胞阵列数学描述的可靠性函数和硬件资源消耗函数为基础,提出了引入电子细胞粒度和细胞内辅助资源占比两个参数后阵列的可靠性分析方法和细胞内辅助资源占比定量分析方法。其次,以阵列可靠性最大为优化目标,将胚胎电子细胞阵列应用设计过程的电子细胞粒度优选问题转化为非线性规划问题,通过求解该问题实现电子细胞粒度优选。然后,为提高细胞粒度优选问题求解的效率,以人工免疫算法为基础,根据算法迭代次数和种群质量对免疫算子进行自适应设计,提出一种改进自适应人工免疫算法。最后,胚胎电子细胞阵列内电子细胞粒度优选仿真实验结果表明本章提出的电子细胞粒度优选方法在阵列应用设计过程中能够选择最优的电子细胞粒度,提高阵列应用过程的可靠性,也能为胚胎电子细胞阵列应用过程的优化设计提供理论指导。改进自适应人工免疫算法性能验证实验结果表明,该算法能够有效提高收敛速度、收敛精度和稳定性,在优化问题求解方面具有明显优势。

第 8 章　基于 Markov 状态图法的胚胎电子细胞阵列可靠性分析方法

由胚胎电子细胞阵列的优化设计研究可知,阵列的可靠性是衡量阵列性能并指导阵列优化设计最关键的指标之一。因此,研究胚胎电子细胞阵列可靠性准确的分析方法具有重要意义。在胚胎电子细胞阵列内,故障检测是故障修复的前提,如果出现的故障未被检测出,阵列的功能将立即失效。同时,阵列内连接资源的失效也将导致阵列的功能失效。现有胚胎电子细胞阵列可靠性分析方法中,未考虑故障未被检测出和阵列内连接资源失效对阵列可靠性的影响。

为了更加准确地分析胚胎电子细胞阵列的可靠性,为阵列优化设计提供理论支撑,本章以典型二维胚胎电子细胞阵列为研究对象,在阵列可靠性函数的基础上,考虑电子细胞间连接资源失效和阵列内发生故障未被检测出对阵列可靠性的影响,基于 Markov 状态图法提出一种胚胎电子细胞阵列可靠性分析新方法,该方法可以推广到其他阵列的可靠性分析中。首先,将电子细胞及其输入连接资源等效为一个功能单元,并引入功能单元故障检测覆盖率参数;其次,以胚胎电子细胞阵列中可靠性函数中的状态划分为基础,根据阵列不同的故障自修复方式,基于 Markov 状态图法分析胚胎电子细胞阵列的可靠性;然后,与现有典型胚胎电子细胞阵列可靠性方法进行对比,通过开展不同规模阵列的可靠性分析,验证本章提出的阵列可靠性分析方法的有效性;最后,详细分析阵列内各个参数变化对于可靠性的影响规律,可进一步指导胚胎电子细胞阵列的优化设计,为胚胎电子细胞阵列的研究提供了新的可靠性分析方法。

8.1　胚胎电子细胞阵列可靠性分析基础理论

根据胚胎电子细胞阵列工作过程的多状态,为了更加准确分析阵列的可靠性,首先,介绍了 Markov 状态图法的基本概念及求解问题的步骤,其次,考虑阵列内连接资源失效对于阵列可靠性的影响,将电子细胞及其输入连接资源等效为功能单元,并分析了阵列工作过程中的特点,为可靠性分析奠定了基础。

8.1.1　Markov 状态图法

Markov 状态图法(Markov status graph,MSG)是一种典型的 Markov 链模型,其广泛应用于多态系统或多态部件随机退化过程的可靠性建模。Markov 状态图法既适用于不可修系统,又适用于可修系统。为了使用 Markov 状态图法对系统可靠性进行建模分析,系统必须满足以下要求：

首先，系统必须满足 Markov 过程。在 Markov 过程中，系统在未来某个时刻的状态概率仅取决于系统当前的状态，而与系统曾经的工作状态无关。其次，系统或者部件的工作过程只能是离散状态，即正常和失效两种状态。在系统和部件工作过程中，只有正常工作和故障两种状态。然后，系统的故障概率和维修率必须是常数，即系统的退化过程和维修过程均服从指数分布。最后，系统的状态转换可在任意一个时刻进行，但在相当小的时间间隔 Δt 内，不会发生两个或两个以上的部件状态转换。

Markov 状态图法处理问题的一般步骤如下：

Step 1　根据系统各部件状态变化的规律，给出系统 Markov 状态空间图，状态转移率一般是指失效率和维修率；

Step 2　根据系统状态转移图列出系统状态转移概率矩阵 T，并给出系统状态方程系数矩阵 $\boldsymbol{A}=|\boldsymbol{T}-\boldsymbol{I}|$，最后列出系统的状态方程；

Step 3　根据系统状态方程求出系统处于各个状态的概率 $p_i(t)$，根据 $p_i(t)$ 的定义得出系统的可靠度、不可靠度等指标，其计算可借助拉氏变换实现。

8.1.2　功能单元定义

为了便于分析胚胎电子细胞阵列的可靠性，以第 5 章中的典型二维胚胎电子细胞阵列为实验对象。假设胚胎电子细胞阵列的规模为 $M\times N$，其中工作电子细胞阵列的规模为 $m\times n$，M、N 为阵列的行列数；m、n 为工作阵列的行列数（$M\geqslant m$, $N\geqslant n$）。

胚胎电子细胞阵列主要由胚胎电子细胞和互联资源组成，现有阵列可靠性分析过程主要考虑电子细胞的失效对阵列可靠性的影响，未考虑互联资源失效对于阵列可靠性的影响。在胚胎电子细胞阵列中，电子细胞间的连接方式如图 8-1 所示。

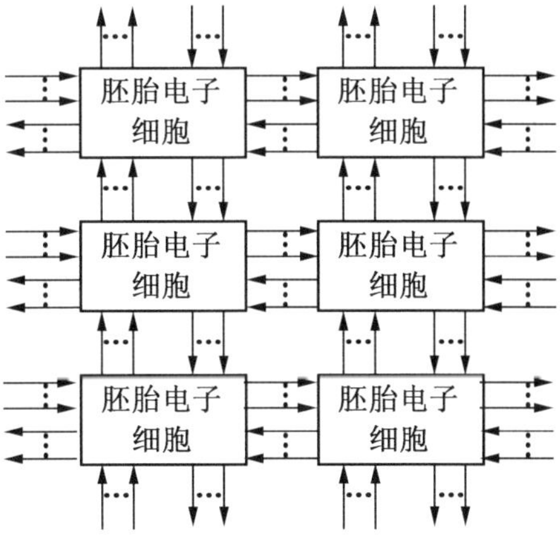

图 8-1　胚胎电子细胞间连接方式

在胚胎电子细胞阵列内，电子细胞功能失效将直接导致阵列的功能失效，同理，电子细胞间连接资源的失效也将直接导致阵列功能失效。为提高阵列可靠性分析的准确性，将电子细胞及其所有输入连接资源等效为一个功能单元，如图 8-2 所示。

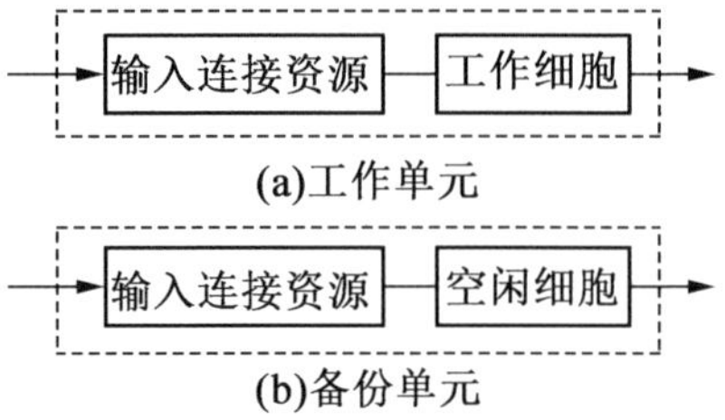

图 8-2　功能单元

根据电子细胞的分类,功能单元可分为工作单元和备份单元。功能单元中电子细胞或输入连接资源失效,均将导致功能单元失效。设电子细胞和输入连接资源的失效均服从指数分布,电子细胞的失效率为 λ_c,输入连接资源的失效率为 λ_a,则功能单元的失效率 $\lambda_f=\lambda_c+\lambda_a$。胚胎电子细胞阵列工作过程中,工作单元与备份单元均处于工作状态,即工作单元与备份单元的失效率相等。同时,为了减少可变参数的数量,设胚胎电子细胞阵列内电子细胞的失效率均相同。

在功能单元定义的基础上,胚胎电子细胞阵列由 M 行功能单元与 N 列功能单元构成,工作电子细胞阵列由 m 行工作单元与 n 列工作单元组成。由胚胎电子细胞阵列故障自修复原理可知,阵列的自修复以电子细胞行为基础实现,因此阵列的可靠性分析也以电子细胞行为基本单元。1 个胚胎电子细胞行由 n 个工作单元和 $N-n$ 个备份单元构成。

根据胚胎电子细胞阵列的工作过程可知,胚胎电子细胞阵列是一个不可修系统。胚胎电子细胞阵列工作过程中,阵列在任意时刻的工作状态仅与阵列该时刻前一时刻的工作状态有关,而与之前的工作状态无关,因此胚胎电子细胞阵列工作过程满足 Markov 过程。阵列中的胚胎电子细胞在工作过程仅存在工作和故障两种状态,在相当小的时间间隔 Δt 内不会发生两个电子细胞故障。因此,胚胎电子细胞阵列工作过程符合 Markov 状态图法的要求,可以使用 Markov 状态图法对胚胎电子细胞阵列的可靠性进行分析。下面根据胚胎电子细胞阵列自修复方式的不同,基于 Markov 状态图法对胚胎电子细胞阵列的可靠性进行分析。

8.2　基于 Markov 状态图法的胚胎电子细胞阵列可靠性分析

胚胎电子细胞阵列中,故障检测是故障修复的前提,故障能否被检测出直接决定了阵列故障修复能否实现,进而决定阵列能否长时间正常工作。因此,阵列内发生故障能否被及时准确检测出来对阵列可靠性具有重要的影响。为了更加准确分析胚胎电子细胞阵列的可靠性,以功能单元为基础,在阵列可靠性分析过程引入功能单元故障检测覆盖率参数。功能单元故障检测覆盖率指在现有故障检测方法下能够检测出故障数目与发生故障总数目的比值,设功能单元故障检测覆盖率为 $p_f(0\leqslant p_f\leqslant 1)$。

基于胚胎电子细胞阵列可靠性函数中阵列工作过程的多状态性,以功能单元为基本分析对象,根据阵列故障自修复方式的不同,首先基于 Markov 状态图法分析电子细胞行的可靠性。在电子细胞行可靠性分析的基础上,以相同原理实现胚胎电子细胞阵列的可靠性分析。

8.2.1　细胞移除自修复胚胎电子细胞阵列可靠性分析

在细胞移除自修复胚胎电子细胞行的工作过程中,根据电子细胞行中故障功能单元的数目将电子细胞行的工作过程划分为多个工作状态,见表 8-1。

表 8-1　细胞移除自修复胚胎电子细胞阵列中电子细胞行工作状态

故障功能单元数目	0	1	2	…	$N-n$	$N-n+1$	
工作状态数目	C_N^0	C_N^1	C_N^2	…	C_N^{N-n}	C_N^{N-n+1}	1
状态编号	W_0	$W_1 \sim W_{C_N^1}$	$W_{C_N^1+1} \sim W_{C_N^1+C_N^2}$	…	$W_{\sum_{i=0}^{N-n-1} C_N^i} \sim W_{\sum_{i=1}^{N-n} C_N^i}$	$F_1 \sim F_{C_N^{N-n+1}}$	F_f

表 8-1 中状态 $W_0 \sim W_{\sum_{i=1}^{N-n} C_N^i}$ 为电子细胞行的正常工作状态,其中状态 W_0 表示电子细胞行中无故障功能单元;状态 $W_1 \sim W_{C_N^1}$ 表示电子细胞行中有 1 个故障功能单元;状态 $W_{C_N^1+1} \sim W_{C_N^1+C_N^2}$ 表示电子细胞行中出现了 2 个故障功能单元;状态 $W_{\sum_{i=0}^{N-n-1} C_N^i} \sim W_{\sum_{i=1}^{N-n} C_N^i}$ 表示电子细胞行中有 $N-n$ 个故障功能单元。状态 $F_1 \sim F_{C_N^{N-n+1}}$ 为电子细胞行的故障状态,表示电子细胞行中出现 $N-n+1$ 个故障功能单元,大于备份单元数目,电子细胞行出现故障。因为功能单元故障检测的覆盖率 $p_f < 1$,状态 F_f 表示功能单元未能检测出故障导致电子细胞行功能失效。因此,细胞移除自修复电子细胞行的工作状态集 $S_c = \{W_0 \sim W_{\sum_{i=1}^{N-n} C_N^i},\ F_1 \sim F_{C_N^{N-n+1}},\ F_f\}$。

计算电子细胞行的可靠度,本质是求电子细胞行能够正常工作的概率,也即电子细胞行处于工作状态 $W_0 \sim W_{\sum_{i=1}^{N-n} C_N^i}$ 的概率之和。工作单元与备份单元的失效率相同为 λ_f,功能单元的故障检测覆盖率为 p_f,不同工作状态的转移概率即功能单元的失效率。

根据电子细胞行的工作原理,可以得到电子细胞行的状态转移率矩阵 $\boldsymbol{T}$,为了求解电子细胞行的可靠性,仅需要利用电子细胞行工作状态的转移矩阵 $\boldsymbol{T}_w$,则电子细胞行的状态方程系数矩阵 $\boldsymbol{S}_w = \boldsymbol{T}_w - \boldsymbol{I}_w$,$\boldsymbol{I}_w$ 为 $\sum_{i=0}^{N-n} C_N^i$ 维单位矩阵,由 Markov 链理论得到电子细胞行的 Markov 状态微分方程如下

$$[p_{W_0}(t)', p_{W_1}(t)', \cdots, p_{W_{\sum_{i=1}^{N-n} C_N^i}}(t)'] = [p_{W_0}(t), p_{W_1}(t), \cdots, p_{W_{\sum_{i=1}^{N-n} C_N^i}}(t)] S_W \quad (8-1)$$

由式(8-1)可以求出电子细胞行处于正常工作状态的概率,则电子细胞行的可靠度 $R(t)$ 为

$$R(t)=\sum_{i=0}^{\sum_{j=1}^{N-n}C_N^j}p_{W_i}(t) \tag{8-2}$$

为了更加清晰地描述电子细胞行可靠度求解过程,假设胚胎电子细胞阵列的规模为 $M\times N=4\times4$,工作电子细胞阵列的规模 $m\times n=2\times2$,则电子细胞行的工作状态集 $S_c=\{W_0, W_1, \cdots, W_{10}, F_1, F_2, F_3, F_4, F_f\}=\{0000, 1000, 0100, 0010, 0001, 1100, 1010, 1001, 0110, 0101, 0011, 1110, 1011, 1101, 0111, F_f\}$,其中 1 表示该功能单元出现故障,0 表示该功能单元正常工作,工作单元与备份单元的失效率相同为 λ_f,功能单元故障检测的覆盖率为 p_f。因为电子细胞行状态较多,此处仅给出状态 W_0 的转移过程,如图 8-3 所示。

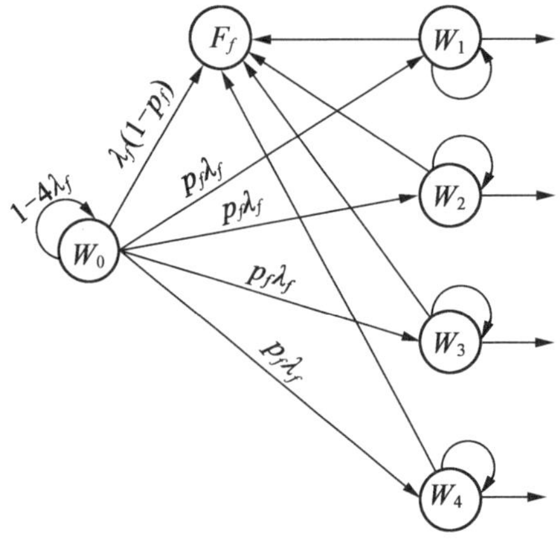

图 8-3 电子细胞行状态 W_0 的转移过程

图 8-3 中状态 W_0 表示电子细胞行无故障单元,状态 W_1、W_2、W_3 和 W_4 表示电子细胞行出现 1 个故障单元,则状态 W_0 转移至状态 W_1、W_2、W_3 和 W_4 的概率均为 $p_f\lambda_f$,电子细胞行保持状态 W_0 的概率为 $1-4\lambda_f$,状态 W_0 转移至状态 F_f 的概率为 $4\lambda_f(1-p_f)$。其他状态的转移过程依此类推,可以得到电子细胞行 16 个工作状态的 Markov 状态转移图,根据状态转移图可得到电子细胞行的正常工作状态转移矩阵 $\boldsymbol{T}_W$ 为

$$T_W=\begin{bmatrix}1-4\lambda_f & p_f\lambda_f & p_f\lambda_f & p_f\lambda_f & p_f\lambda_f & 0 & 0 & 0 & 0 & 0 & 0\\0 & 1-3\lambda_f & 0 & 0 & 0 & p_f\lambda_f & p_f\lambda_f & p_f\lambda_f & 0 & 0 & 0\\0 & 0 & 1-3\lambda_f & 0 & 0 & p_f\lambda_f & 0 & 0 & p_f\lambda_f & p_f\lambda_f & 0\\0 & 0 & 0 & 1-3\lambda_f & 0 & 0 & p_f\lambda_f & 0 & p_f\lambda_f & 0 & p_f\lambda_f\\0 & 0 & 0 & 0 & 1-3\lambda_f & 0 & 0 & p_f\lambda_f & 0 & p_f\lambda_f & p_f\lambda_f\\0 & 0 & 0 & 0 & 0 & 1-2\lambda_f & 0 & 0 & 0 & 0 & 0\\0 & 0 & 0 & 0 & 0 & 0 & 1-2\lambda_f & 0 & 0 & 0 & 0\\0 & 0 & 0 & 0 & 0 & 0 & 0 & 1-2\lambda_f & 0 & 0 & 0\\0 & 0 & 0 & 0 & 0 & 0 & 0 & 0 & 1-2\lambda_f & 0 & 0\\0 & 0 & 0 & 0 & 0 & 0 & 0 & 0 & 0 & 1-2\lambda_f & 0\\0 & 0 & 0 & 0 & 0 & 0 & 0 & 0 & 0 & 0 & 1-2\lambda_f\end{bmatrix} \tag{8-3}$$

则电子细胞行的正常工作状态方程系数矩阵 $S_W=T_W-I_W$，由 Markov 链理论得到电子细胞行工作状态的 Markov 状态微分方程如下

$$[p_{W_0}(t)',p_{W_1}(t)',\cdots,p_{W_{10}}(t)']=[p_{W_0}(t),p_{W_1}(t),\cdots,p_{W_{10}}(t)]S_W \tag{8-4}$$

由式(8-4)可以求出电子细胞行处于各个工作状态的概率，电子细胞行只有处于状态 $W_0\sim W_{10}$ 时，电子细胞行才能够正常工作，则电子细胞行处于工作状态 W_0 的概率 $p_{W_0}(t)$ 为

$$p_{W_0}(t)=\mathrm{e}^{-4\lambda_f t} \tag{8-5}$$

电子细胞行处于工作状态 W_1、W_2、W_3 和 W_4 的概率相同，$p_{W_1}(t)$，$p_{W_2}(t)$，$p_{W_3}(t)$ 和 $p_{W_4}(t)$ 分别为

$$p_{W_1}(t)=p_{W_2}(t)=p_{W_3}(t)=p_{W_4}(t)=p_f\mathrm{e}^{-3\lambda_f t}(1-\mathrm{e}^{-\lambda_f t}) \tag{8-6}$$

电子细胞行处于工作状态 W_5、W_6、W_7、W_8、W_9 和 W_{10} 的概率均相同，则 $p_{W_5}(t)$，$p_{W_6}(t)$，$p_{W_7}(t)$，$p_{W_8}(t)$，$p_{W_9}(t)$ 和 $p_{W_{10}}(t)$ 分别为

$$p_{W_5}(t)=p_{W_6}(t)=p_{W_7}(t)=p_{W_8}(t)=p_{W_9}(t)=p_{W_{10}}(t)=p_f^2\mathrm{e}^{-2\lambda_f t}(1-\mathrm{e}^{-\lambda_f t})^2 \tag{8-7}$$

因此电子细胞行的可靠度 $R(t)$ 为

$$R(t)=\sum_{i=0}^{10}p_{W_i}(t)=p_{W_0}(t)+4p_{W_1}(t)+6p_{W_5}(t) \tag{8-8}$$

对于任意的胚胎电子细胞行，电子细胞行处于工作状态 $W_0\sim W_{\sum_{i=1}^{N-n}C_N^i}$ 时能够正常工作，电子细胞行处于工作状态 W_0 的概率 $p_0(t)$ 为

$$p_0(t)=\mathrm{e}^{-N\lambda_f t} \tag{8-9}$$

电子细胞行处于工作状态 $W_1\sim W_{C_N^1}$ 的概率 $p_1(t)$ 为

$$p_1(t)=p_fC_N^1\mathrm{e}^{-(N-1)\lambda_f t}(1-\mathrm{e}^{-\lambda_f t}) \tag{8-10}$$

电子细胞行处于工作状态 $W_{C_N^1+1} \sim W_{C_N^1+C_N^2}$ 的概率 $p_2(t)$ 为

$$p_2(t)=p_f^2 C_N^2 \mathrm{e}^{-(N-2)\lambda_f t}(1-\mathrm{e}^{-\lambda_f t})^2 \tag{8-11}$$

电子细胞行处于工作状态 $W_{\sum_{j=0}^{i-1} C_N^j+1} \sim W_{\sum_{j=0}^{i} C_N^j}$ $(1 \leqslant i \leqslant N-n)$ 的概率 $p_i(t)$ 为

$$p_i(t)=p_f^i C_N^i \mathrm{e}^{-(N-i)\lambda_f t}(1-\mathrm{e}^{-\lambda_f t})^i \tag{8-12}$$

电子细胞行处于工作状态 $W_{\sum_{i=1}^{N-n-1} C_N^i+1} \sim W_{\sum_{i=1}^{N-n} C_N^i}$ 的概率 $p_{N-n}(t)$ 为

$$p_{N-n}(t)=p_f^{N-n} C_N^{N-n} \mathrm{e}^{-n\lambda_f t}(1-\mathrm{e}^{-\lambda_f t})^{N-n} \tag{8-13}$$

因此,电子细胞行的可靠度 $R_c(t)$ 为

$$R_c(t)=p_0(t)+p_1(t)+\cdots+p_{N-n}(t)=\sum_{i=0}^{N-n} p_f^i C_N^i \mathrm{e}^{-(N-i)\lambda_f t}(1-\mathrm{e}^{-\lambda_f t})^i \tag{8-14}$$

细胞移除自修复胚胎电子细胞阵列中,当电子细胞行中备份单元使用完后,阵列将进行行移除自修复。将电子细胞行作为一个整体,阵列的行移除自修复过程与电子细胞行中的细胞移除自修复过程相同,因此细胞移除自修复胚胎电子细胞阵列的可靠度 $R_{ca}(t)$ 为

$$R_{ca}(t)=\sum_{k=0}^{M-m} p_f^k C_M^k R_c^{M-k}(t)(1-R_c(t))^k \tag{8-15}$$

则细胞移除自修复胚胎电子细胞阵列的 MTTF 可用 T_{ca} 表示为

$$T_{ca}=\int_0^{\infty} R_{ca}(t)\,\mathrm{d}t \tag{8-16}$$

8.2.2 行移除自修复胚胎电子细胞阵列可靠性分析

按照细胞移除自修复胚胎电子细胞阵列可靠性分析的方法,同理可以分析行移除自修复胚胎电子细胞阵列的可靠性,具体的分析过程此处不再赘述。行移除自修复胚胎电子细胞阵列中,电子细胞行内任意一个工作单元出现故障,该电子细胞行就将被移除。因此根据电子细胞行的工作过程,根据电子细胞行中故障工作单元和备份单元的数目将电子细胞行的工作过程划分为多个工作状态,见表 8-2。

表 8-2 行移除自修复胚胎电子细胞阵列中电子细胞行工作状态

故障工作单元数目	故障备份单元数目	工作状态数目	状态编号
0	0	C_{N-n}^0	W_0
	1	C_{N-n}^1	$W_1 \sim W_{N-n}$
	2	C_{N-n}^2	$W_{N-n+1} \sim W_{N-n+C_{N-n}^2}$
	…	…	…
	$N-n$	C_{N-n}^{N-n}	$W_{\sum_{i=1}^{N-n} C_{N-n}^i}$

表 8-2(续)

故障工作单元数目	故障备份单元数目	工作状态数目	状态编号
	0	$C_n^1\times C_{N-n}^0$	$F_1 \sim F_{C_n^1\times C_{N-n}^0}$
	1	$C_n^1\times C_{N-n}^1$	$F_{C_n^1\times C_{N-n}^0+1} \sim F_{C_n^1\times(\sum_{i=0}^{1}C_{N-n}^i)}$
1	2	$C_n^1\times C_{N-n}^2$	$F_{C_n^1\times(\sum_{i=0}^{1}C_{N-n}^i)+1} \sim F_{C_n^1\times(\sum_{i=0}^{2}C_{N-n}^i)}$
	…	…	…
	$N-n$	$C_n^1\times C_{N-n}^{N-n}$	$F_{C_n^1\times(\sum_{i=0}^{N-n-1}C_{N-n}^i)+1} \sim F_{C_n^1\times(\sum_{i=0}^{N-n}C_{N-n}^i)}$

表 8-2 中状态 $W_0 \sim W_{\sum_{i=1}^{N-n}C_{N-n}^i}$ 为电子细胞行的正常工作状态,其中状态 W_0 表示电子细胞行无故障单元,状态 $W_1 \sim W_{N-n}$ 表示电子细胞行有 1 个备份单元故障;状态 $W_{N-n+1} \sim W_{N-n+C_{N-n}^2}$ 表示电子细胞行有 2 个备份单元故障,状态 $W_{\sum_{i=1}^{N-n}C_{N-n}^i}$ 表示电子细胞行的备份单元全部故障。状态 $F_1 \sim F_{C_n^1\times(\sum_{i=0}^{N-n}C_{N-n}^i)}$ 为电子细胞行的故障状态,状态 $F_1 \sim F_{C_n^1\times C_{N-n}^0}$ 表示电子细胞行有 1 个工作单元故障,状态 $F_{C_n^1\times C_{N-n}^0+1} \sim F_{C_n^1\times(\sum_{i=0}^{1}C_{N-n}^i)}$ 表示电子细胞行有 1 个工作单元和 1 个备份单元故障,状态 $F_{C_n^1\times(\sum_{i=0}^{1}C_{N-n}^i)+1} \sim F_{C_n^1\times(\sum_{i=0}^{2}C_{N-n}^i)}$ 表示电子细胞行有 1 个工作单元和 2 个备份单元故障,状态 $F_{C_n^1\times(\sum_{i=0}^{N-n-1}C_{N-n}^i)+1} \sim F_{C_n^1\times(\sum_{i=0}^{N-n}C_{N-n}^i)}$ 表示电子细胞行有 1 个工作单元和 $N-n$ 个备份单元故障。功能单元故障检测的覆盖率 $p_f < 1$,因此电子细胞行还存在一个故障状态 F_f,状态 F_f 表示功能单元未能检测出故障导致电子细胞行故障。行移除自修复电子细胞行的工作状态集 $S_r = \{W_0 \sim W_{\sum_{i=0}^{N-n}C_{N-n}^i},\ F_1 \sim F_{C_n^1\times(\sum_{i=0}^{N-n}C_{N-n}^i)},\ F_f\}$,为了保证电子细胞行正常工作,电子细胞行只能工作在正常工作状态。

电子细胞行处于工作状态 W_0 的概率 $p_0'(t)$ 为

$$p_0'(t) = e^{-N\lambda_f t} \tag{8-17}$$

电子细胞行处于工作状态 $W_1 \sim W_{N-n}$ 的概率 $p_1'(t)$ 为

$$p_1'(t) = p_f C_{N-n}^1 e^{-(N-1)\lambda_f t}(1-e^{-\lambda_f t}) \tag{8-18}$$

电子细胞行处于工作状态 $W_{N-n+1} \sim W_{N-n+C_{N-n}^2}$ 的概率 $p_2'(t)$ 为

$$p_2'(t) = p_f^2 C_{N-n}^2 e^{-(N-2)\lambda_f t}(1-e^{-\lambda_f t})^2 \tag{8-19}$$

电子细胞行处于工作状态 $W_{C_{N-n}^i+1} \sim W_{C_{N-n}^i+C_{N-n}^{i+1}}(0 \leqslant i \leqslant N-n)$ 的概率 $p_i'(t)$ 为

$$p_i'(t) = p_f^i C_{N-n}^i e^{-(N-i)\lambda_f t}(1-e^{-\lambda_f t})^i \tag{8-20}$$

电子细胞行处于工作状态 $W_{\sum_{i=1}^{N-n}C_{N-n}^i}$ 的概率 $p'_{N-n}(t)$ 为

$$p'_{N-n}(t)=p_f^{N-n}C_{N-n}^{N-n}\mathrm{e}^{-n\lambda_f t}(1-\mathrm{e}^{-\lambda_f t})^{N-n} \tag{8-21}$$

因此,行移除自修复胚胎电子细胞阵列中,电子细胞行的可靠度 $R_r(t)$ 为

$$R_{\mathrm{r}}(t)=p'_0(t)+p'_1(t)+\cdots+p'_{N-n}(t)=\sum_{i=0}^{N-n}p_f^iC_{N-n}^i\mathrm{e}^{-(N-i)\lambda_f t}(1-\mathrm{e}^{-\lambda_f t})^i \tag{8-22}$$

同理,行移除自修复胚胎电子细胞阵列的可靠度 $R_{\mathrm{ra}}(t)$ 为

$$R_{\mathrm{ra}}(t)=\sum_{k=0}^{M-m}p_f^kC_M^kR_r^{M-k}(t)(1-R_r(t))^k \tag{8-23}$$

则行移除自修复胚胎电子细胞阵列的 MTTF 可用 T_{ra} 表示为

$$T_{\mathrm{ra}}=\int_0^{\infty}R_{\mathrm{ra}}(t)\,\mathrm{d}t \tag{8-24}$$

8.3 阵列可靠性分析方法有效性验证与参数分析

目前,胚胎电子细胞阵列的研究主要还处于理论阶段,缺少成熟的专用硬件,因此难以通过开展加速退化实验获得阵列的可靠性实验数据,进而验证阵列可靠性分析方法的有效性和合理性。目前,研究人员广泛应用 k-out-of-n 系统可靠性理论分析胚胎电子细胞阵列的可靠性。因此,选择基于 k-out-of-n 系统可靠性理论胚胎电子细胞阵列可靠性分析方法为对比对象,选择 6 种不同规模胚胎电子细胞阵列作为实验对象,对比两种可靠性分析方法下不同规模胚胎电子阵列的可靠性数据,进而验证基于 Markov 状态图法胚胎电子细胞阵列可靠性分析方法的有效性和合理性。同时,分析阵列内各个参数变化对阵列可靠性的影响规律,对提出的阵列可靠性方法的合理性进行进一步验证,并为提高阵列可靠性的研究提供理论指导,为阵列优化设计提供理论支撑。

8.3.1 阵列可靠性分析方法有效性分析与验证

选择 6 种规模胚胎电子细胞阵列,阵列规模见表 8-3,分别基于 k-out-of-n 系统可靠性理论胚胎电子细胞阵列可靠性分析方法和基于 Markov 状态图法胚胎电子细胞阵列可靠性分析方法对阵列的可靠性进行分析。

表 8-3 6 种规模胚胎电子细胞阵列

阵列规模	阵列 1	阵列 2	阵列 3	阵列 4	阵列 5	阵列 6
$M\times N$	5×5	10×10	30×30	60×60	100×100	200×200
$m\times n$	3×3	6×6	15×15	30×30	45×45	90×90

针对确定规模的胚胎电子细胞阵列,基于 k-out-of-n 系统可靠性理论胚胎电子细胞阵列的可靠性仅与功能单元的失效率 λ_{f} 相关,基于 Markov 状态图法胚胎电子细胞阵列的可靠性与功能单元的失效率 λ_{f} 及功能单元故障检测的覆盖率 p_{f} 均相关。为了利用基

于 k-out-of-n 系统可靠性理论胚胎电子细胞阵列的可靠性分析方法验证基于 Markov 状态图法胚胎电子细胞阵列的可靠性分析方法的有效性和合理性，假设功能单元故障检测覆盖率 $p_f=1$，$\lambda_f=6\times10^{-6}/\text{h}$。两种可靠性分析方法下，6 种规模胚胎电子细胞阵列的可靠度如图 8-4 所示，阵列的 MTTF 见表 8-4。

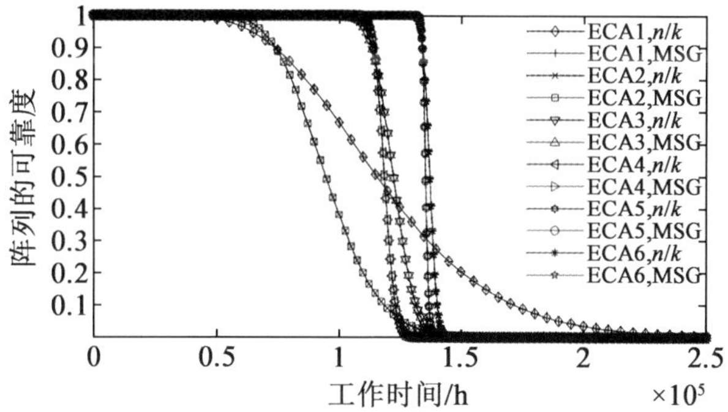

(a)细胞移除胚胎电子细胞阵列可靠度曲线

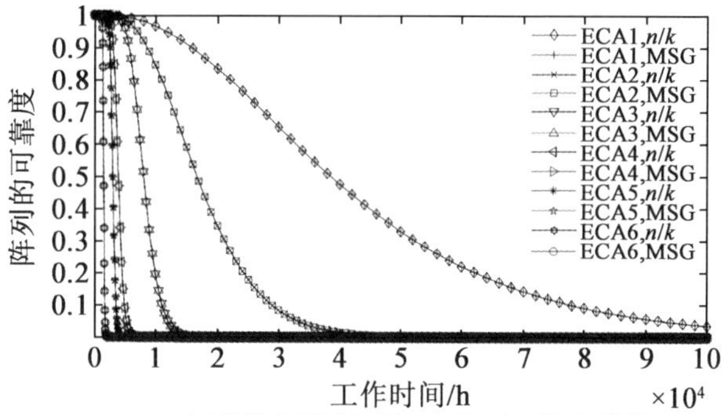

(b)行移除胚胎胆子细胞阵列可靠度曲线

图 8-4　6 种规模胚胎电子细胞阵列在两种可靠性分析方法下的可靠度曲线

表 8-4　6 种规模胚胎电子细胞阵列在两种可靠性分析方法下的 MTTF(h)

	胚胎电子细胞阵列规模($M\times N(m\times n)$)					
	5×5 (3×3)	10×10 (6×6)	30×30 (15×15)	60×60 (30×30)	100×100 (45×45)	200×200 (90×90)
n/k，细胞移除阵列	$1.198\,5\times10^5$	$9.565\,0\times10^4$	$1.225\,5\times10^5$	$1.188\,0\times10^5$	$1.374\,7\times10^5$	$1.357\,2\times10^5$
MSG，细胞移除阵列	$1.198\,5\times10^5$	$9.565\,0\times10^4$	$1.225\,5\times10^5$	$1.188\,0\times10^5$	$1.374\,7\times10^5$	$1.357\,2\times10^5$
n/k，行移除阵列	$4.351\,9\times10^4$	$1.793\,4\times10^4$	$8.260\,3\times10^3$	$3.990\,1\times10^3$	$3.017\,2\times10^3$	$1.493\,7\times10^3$
MSG，行移除阵列	$4.351\,9\times10^4$	$1.793\,4\times10^4$	$8.260\,3\times10^3$	$3.990\,1\times10^3$	$3.017\,2\times10^3$	$1.493\,7\times10^3$

图 8-4 和表 8-4 中“n/k”表示基于 k-out-of-n 系统可靠性理论的胚胎电子细胞阵列可靠性分析方法，“MSG”表示基于 Markov 状态图法的胚胎电子细胞阵列可靠性分析方法，“ECA1”~“ECA6”分别表示表 5-3 中的 6 种规模胚胎电子细胞阵列，其中“ECA1”表示 $M=N=5, m=n=3$，其他阵列规模依次类推。图 8-4(a)为细胞移除自修复方式下，6 种规模胚胎电子细胞阵列在两种可靠性分析方法下得到的可靠度曲线。在细胞移除自修复胚胎电子细胞阵列内，6 种规模阵列通过两种可靠性分析方法得到的可靠度曲线完全重合。由表 8-4 可知，6 种规模细胞移除自修复胚胎电子细胞阵列在两种可靠性分析方法下得到的 MTTF 完全相同。

图 8-4(b)为行移除自修复方式下，6 种规模胚胎电子细胞阵列在两种可靠性分析方法下得到的阵列可靠度曲线。在行移除自修复胚胎电子细胞阵列中，6 种规模阵列通过两种可靠性分析方法得到的阵列可靠度曲线完全重合。由表 8-4 可知，6 种规模行移除自修复胚胎电子细胞阵列在两种可靠性分析方法下得到的 MTTF 完全相同。因此，基于 Markov 状态图法的胚胎电子细胞阵列可靠性分析方法能够有效分析胚胎电子细胞的可靠性。

为了进一步验证基于 Markov 状态图法胚胎电子细胞阵列可靠性分析方法的准确性和有效性，以表 8-3 中的 6 种胚胎电子细胞阵列为实验对象，假设阵列的行数 M 和列数 N 分别从工作阵列行数 m 和列数 n 增加至 $4m$ 和 $4n$，且增长率均相同。以上述选择的两种胚胎电子细胞阵列可靠性分析方法对阵列的可靠性进行计算，行移除自修复方式下，6 种规模胚胎电子细胞阵列的 MTTF 曲线如图 8-5 所示。细胞移除自修复方式下，6 种规模胚胎电子细胞阵列的 MTTF 曲线如图 8-6 所示。

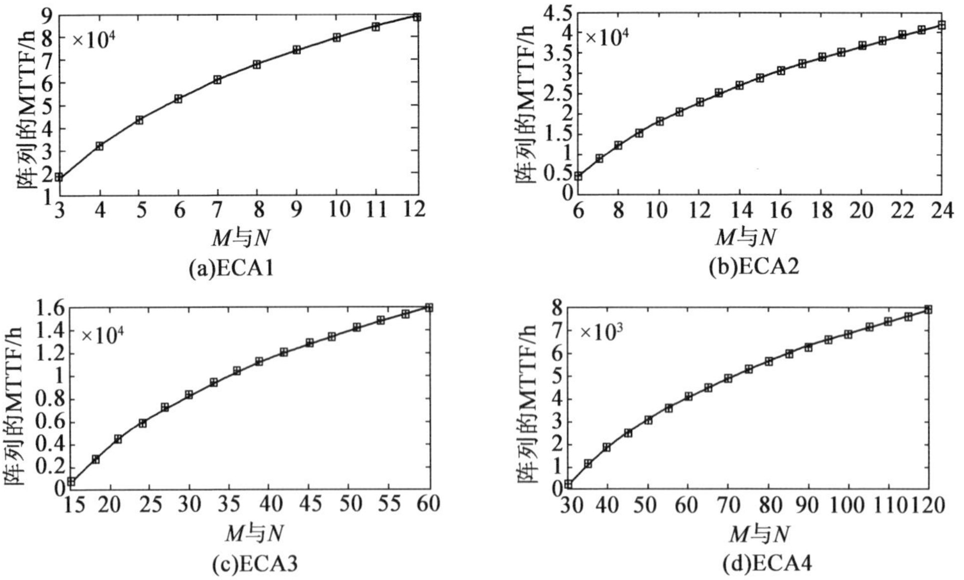

图 8-5　6 种行移除自修复胚胎电子细胞阵列的 MTTF 曲线

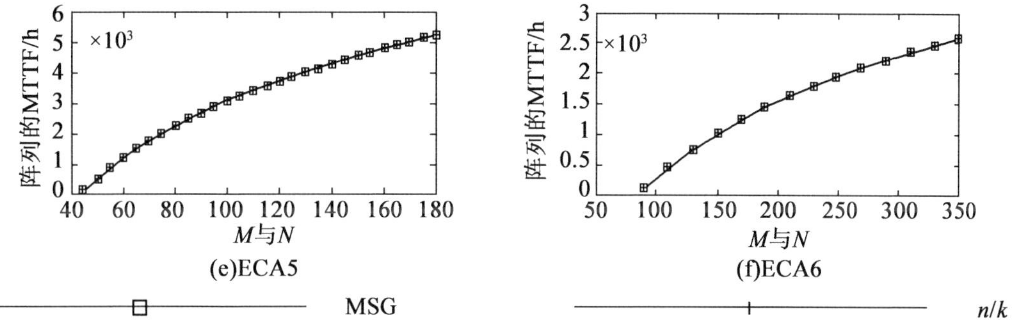

图 8-5(续)

图 8-5 中,“ECA1”~“ECA6”分别表示表 8-3 中的 6 种规模胚胎电子细胞阵列,“n/k”表示基于 k-out-of-n 系统可靠性理论的胚胎电子细胞阵列可靠性分析方法,“MSG”表示基于 Markov 状态图法的胚胎电子细胞阵列可靠性分析方法。在 6 种规模行移除自修复胚胎电子细胞阵列内,阵列的行数 M 和 N 从 m 和 n 分别增加至 $4m$ 和 $4n$ 的过程中,6 种行移除自修复胚胎电子细胞阵列在两种可靠性分析方法下的 MTTF 曲线完全重合。

图 8-6 中,“ECA1”~“ECA6”,“n/k”和“MSG”的含义与图 8-5 中一致。在 6 种规模细胞移除自修复胚胎电子细胞阵列内,阵列的行数 M 和 N 从 m 和 n 分别增加至 $4m$ 和 $4n$ 的过程中,6 种规模胚胎电子细胞阵列在两种可靠性分析方法下的 MTTF 曲线完全重合。由上述分析可知,基于 Markov 状态图法的胚胎电子细胞阵列可靠性分析方法能够准确有效的分析阵列的可靠性。

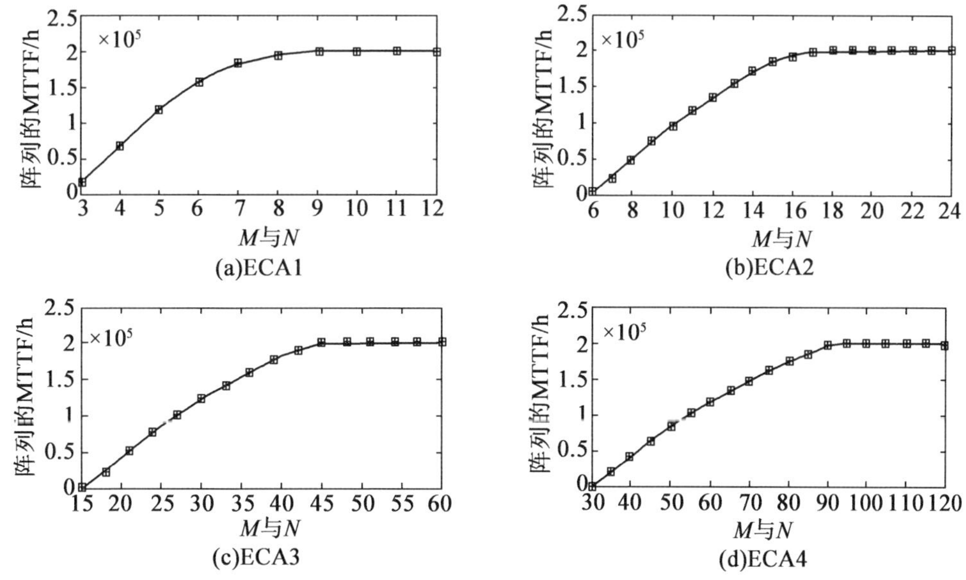

图 8-6　6 种细胞移除自修复胚胎电子细胞阵列的 MTTF 曲线

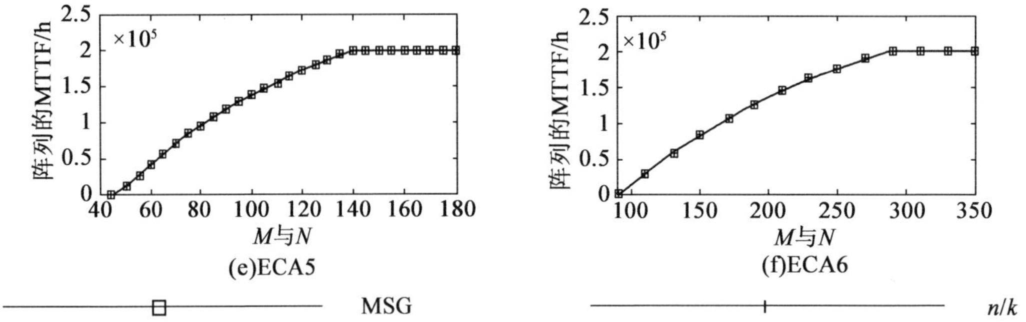

图 8-6(续)

为进一步研究基于 Markov 状态图法胚胎电子细胞阵列可靠性分析方法的合理性,假设功能单元的故障检测覆盖率 p_f 分别为 1,095,0.9,0.85 和 0.8,功能单元的失效率 λ_f 为 6×10^{-6}/h,阵列的规模见表 8-3。当阵列采用行移除故障自修复策略时,不同功能单元的故障检测覆盖率 p_f 下阵列的 MTTF 值见表 8-5。当阵列采用细胞移除自修复策略时,不同功能单元的故障检测覆盖率 p_f 下阵列的 MTTF 值见表 8-6。

分析表 8-5 与表 8-6 中的数据可知,在胚胎电子细胞阵列中,阵列的规模与自修复策略确定时,功能单元故障检测覆盖率 p_f 越大,阵列的 MTTF 越大。在 p_f 从 0.8 增加至 1 的过程中,p_f 越大,每增加 0.05,阵列的 MTTF 增加量越大。同时,在 p_f 从 0.8 增加至 1 的过程中,阵列的规模越大,阵列 MTTF 增加率越大。在胚胎电子细胞工作过程中,故障检测是故障修复的前提,如果阵列内出现的故障未能被检测出来,阵列功能将立即失效。因此,功能单元 p_f 越大,阵列失效的概率越小,则阵列的 MTTF 越大。与此同时,阵列的规模越大,阵列内功能单元数目越多,此时功能单元 p_f 越大,阵列因为故障未被检测出来而导致功能失效的概率就越小,则阵列 MTTF 随着功能单元 p_f 增加的增长率也不断增加。

表 8-5　不同 p_f 下 6 种行移除自修复胚胎电子细胞阵列的 MTTF(h)

p_f	ECA1	ECA2	ECA3
1	4.3519×10^4	1.7934×10^4	8.2603×10^3
0.95	3.9877×10^4	1.5528×10^4	5.2429×10^3
0.9	3.6494×10^4	1.3446×10^4	3.4668×10^3
0.85	3.3356×10^4	1.1649×10^4	2.3998×10^3
0.8	3.0450×10^4	1.0101×10^4	1.7404×10^3
p_f	ECA4	ECA5	ECA6
1	3.9901×10^3	3.0172×10^3	1.4937×10^3
0.95	1.7822×10^3	8.0618×10^2	1.9429×10^2
0.9	9.5184×10^2	3.6561×10^2	86.639 8
0.85	5.9467×10^2	2.2229×10^2	53.746 0
0.8	4.1589×10^2	1.5541×10^2	37.983 8

表 8-6　不同 p_f 下 6 种细胞移除自修复胚胎电子细胞阵列的 MTTF(h)

p_f	ECA1	ECA2	ECA3
1	1.1985×10^5	9.5650×10^4	1.2255×10^5
0.95	1.0784×10^5	7.8597×10^4	5.8961×10^4
0.9	9.5812×10^4	6.1303×10^4	2.0961×10^4
0.85	8.4151×10^4	4.6180×10^4	9.6452×10^3
0.8	7.3176×10^4	3.4263×10^4	5.3589×10^3
p_f	ECA4	ECA5	ECA6
1	1.1880×10^5	1.3747×10^5	1.3572×10^5
0.95	2.0627×10^4	8.0669×10^3	1.8777×10^3
0.9	5.3932×10^3	1.8668×10^3	4.3861×10^2
0.85	2.3083×10^3	7.9243×10^2	1.9100×10^2
0.8	1.2554×10^3	4.3604×10^2	1.0641×10^2

综上所述，基于 Markov 状态图法胚胎电子细胞阵列可靠性分析方法能够更加有效和准确地分析阵列的可靠性。

8.3.2　阵列参数变化对可靠性的影响分析

由 8.2 节胚胎电子细胞阵列可靠性分析过程可知，基于 Markov 状态图法胚胎电子细胞阵列的可靠性与阵列行数 M、列数 N、工作电子细胞阵列行数 m、工作电子细胞阵列行数 n、功能单元故障检测覆盖率 p_f 及功能单元的失效率 λ_f 均相关。针对于确定的功能电路，其映射到胚胎电子细胞阵列后工作电子细胞阵列的规模确定，即 m 和 n 确定，为了研究阵列参数变化对于阵列可靠性的影响，进而指导胚胎电子细胞阵列的优化设计，分别分析了阵列内行数 M、列数 N、功能单元故障检测覆盖率 p_f 和功能单元的失效率 λ_f 选择不同取值时阵列可靠性的变化规律。

为了增加实验验证的可信度，选择 6 种规模胚胎电子细胞阵列，阵列的具体规模见表 8-7。

表 8-7　6 种规模胚胎电子细胞阵列

阵列规模	阵列 1	阵列 2	阵列 3	阵列 4	阵列 5	阵列 6
$M\times N$	12×10	28×20	52×30	86×60	100×80	120×100
$m\times n$	5×6	16×12	23×18	34×28	43×36	52×48

(1)功能单元故障检测覆盖率 p_f 变化对阵列可靠性的影响。

功能单元故障检测覆盖率 p_f 的不同,将直接影响阵列工作状态间的转移概率,进而影响阵列处于各个状态的概率,最后影响阵列的可靠性。为分析功能单元 p_f 变化对阵列可靠性的影响,首先应保证阵列的行数 M、列数 N、功能单元 λ_f 的取值相同,设阵列行数 M、列数 N、工作阵列行数 m 和工作阵列列数 n 的取值见表 8-7,$\lambda_f=6\times10^{-6}/\text{h}$。功能单元的故障监测覆盖率 p_f 从 0.5 增加至 1 的过程中,6 种规模胚胎电子细胞阵列的 MTTF 曲线如图 8-7 所示。

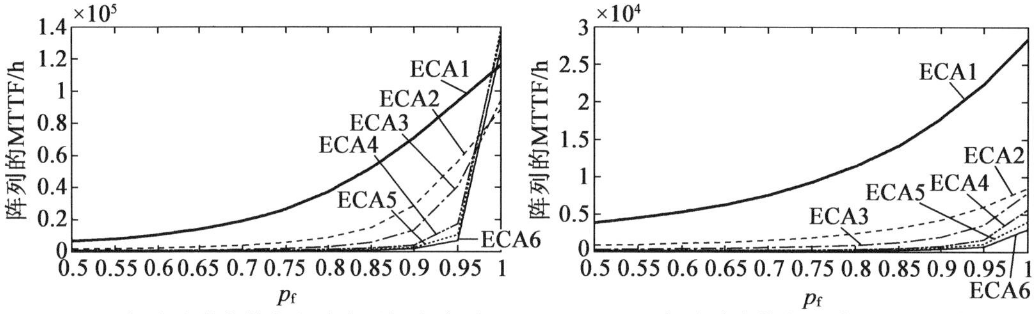

(a)细胞移除自修复胚胎电子细胞阵列　(b)行移除自修复胚胎电子细胞阵列

图 8-7　不同 p_f 下 6 种阵列的 MTTF 曲线

图 8-7 中,"ECA1"~"ECA6"分别表示表 5-7 中的 6 种规模胚胎电子细胞阵列,图 8-7(a)为功能单元 p_f 变化情况下,6 种规模细胞移除自修复胚胎电子细胞阵列的 MTTF 变化曲线;图 5-7(b)为功能单元 p_f 变化情况下,6 种规模行移除自修复胚胎电子细胞阵列的 MTTF 变化曲线。功能单元 p_f 从 0.5 增加至 1 的过程中,6 种规模胚胎电子细胞阵列的 MTTF 也不断增加,且随着功能单元 p_f 的增加,阵列 MTTF 的增长率也不断增加。

在胚胎电子细胞阵列中,故障检测是故障修复的前提,如果阵列内发生的故障不能被检测出来,阵列将直接失效。功能单元 p_f 越大,阵列的失效率越低,则阵列的 MTTF 随着功能单元 p_f 的增加而不断增加。由式(8-15)和式(8-23)可知,阵列的 MTTF 与功能单元 p_f 之间为正相关关系,功能单元 p_f 越大,阵列 MTTF 增长速率越大。

(2)功能单元失效率 λ_f 变化对阵列可靠性的影响。

功能单元失效率 λ_f 的变化也将影响阵列工作状态间的转换概率,进而影响阵列处于不同工作状态的概率,最终影响阵列的可靠性。为了分析功能单元 λ_f 的变化对于阵列可靠性的影响,需要保证阵列的行数 M、列数 N、功能单元 p_f 的取值相同,设功能单元 $p_f=0.96$,阵列行数 M、列数 N、工作阵列行数 m 和工作阵列列数 n 的取值见表 8-7。功能单元失效率 λ_f 从 $1\times10^{-5}/\text{h}$ 降低至 $1\times10^{-6}/\text{h}$ 的过程中,6 种规模胚胎电子细胞阵列的 MTTF 变化曲线如图 8-8 所示。

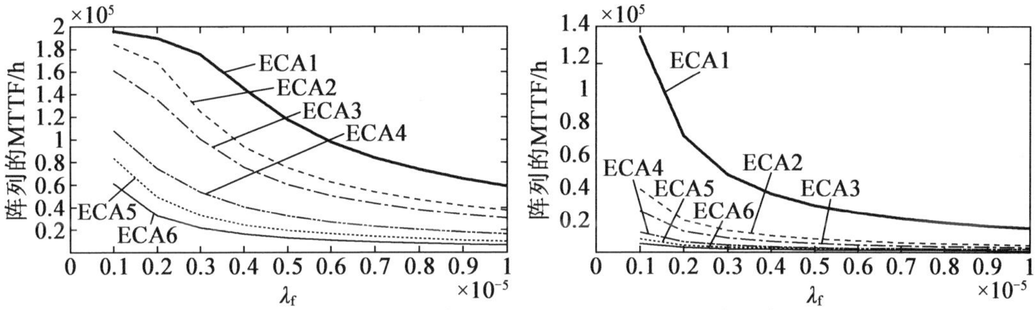

(a)细胞移除自修复胚胎电子细胞阵列　　(b)行移除自修复胚胎电子细胞阵列

图 8-8　不同 λ_f 下 6 种阵列的 MTTF 曲线

图 8-8 中，“ECA1”~“ECA6”分别表示表 8-7 中的 6 种规模胚胎电子细胞阵列，图 8-8(a)为功能单元 λ_f 变化情况下，6 种规模细胞移除自修复胚胎电子细胞阵列的 MTTF 变化曲线；图 8-8(b)为功能单元 λ_f 变化情况下，6 种规模行移除自修复胚胎电子细胞阵列的 MTTF 变化曲线。功能单元 λ_f 从 1×10^{-5}/h 降低至 1×10^{-6}/h 的过程中，阵列的 MTTF 均不断增加。在胚胎电子细胞阵列内，功能单元 λ_f 越小，胚胎电子细胞阵列的失效率越低，则阵列的可靠性越高，即阵列的 MTTF 越大。因此，阵列的 MTTF 随功能单元 λ_f 的降低而不断增加。

在行移除自修复胚胎电子细胞阵列内，功能单元 λ_f 越小，随着功能单元 λ_f 的降低，阵列 MTTF 的增长率不断增加。在细胞移除自修复胚胎电子细胞阵列内，在 ECA1~ECA3 中，随着功能单元 λ_f 的降低，阵列 MTTF 的增长率先增加后减小。在 ECA4~ECA6 中，随着功能单元 λ_f 的降低，阵列 MTTF 的增长率不断增加。

(3)阵列行数 M 变化对阵列可靠性的影响。

由式(8-15)与式(8-23)可知，阵列行数 M 的改变将直接影响阵列的可靠性。分析阵列不同的行数 M 对阵列可靠性的影响，需要保证阵列的列数 N、功能单元 λ_f 和功能单元 p_f 的取值相同，设 $\lambda_f=6\times10^{-6}$/h，$p_f=0.96$，阵列列数 N、工作阵列行数 m 和工作阵列列数 n 的取值见表 8-7。阵列行数 M 从 m 增加至 120 的过程中，6 种规模胚胎电子细胞阵列 MTTF 的变化曲线如图 8-9 所示。

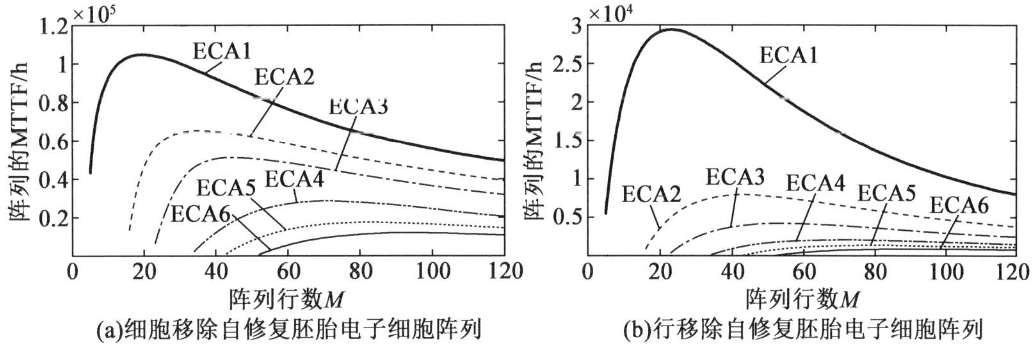

(a)细胞移除自修复胚胎电子细胞阵列　　(b)行移除自修复胚胎电子细胞阵列

图 8-9　不同行数 M 下 6 种阵列的 MTTF 曲线

图 8-9 中,"ECA1"~"ECA6"分别表示表 8-7 中的 6 种规模胚胎电子细胞阵列,图 8-9(a)为阵列行数 M 变化情况下,6 种规模细胞移除自修复胚胎电子细胞阵列的 MTTF 变化曲线。阵列行数 M 从 m 增加至 120 的过程中,阵列的 MTTF 先增加至一个最大值,然后阵列的 MTTF 开始下降。在 ECA1 至 ECA6 中,当阵列行数 M 分别为 20,36,45,72,83 和 94 时,阵列的 MTTF 达到最大值。

细胞移除自修复胚胎电子细胞阵列内,理论最大故障自修复次数为 $M\times(N-n)$。因此,随着阵列行数 M 的增加,阵列的故障修复次数不断增加,则阵列的 MTTF 不断增加。随着阵列行数 M 的进一步增加,阵列内电子细胞数目不断增加,则阵列出现故障的概率越高。因此,随着阵列行数 M 的进一步增加,阵列的 MTTF 从最大值开始下降。

在阵列 MTTF 增加阶段,阵列规模越小,随着阵列行数 M 的增加,阵列 MTTF 的增长率越大。在胚胎电子细胞阵列内,电子细胞数目越少,阵列出现故障的概率越小,当 $M=m$ 时,阵列内电子细胞数目分别为 50,320,690,2 040,3 440 和 5 200。反之,在阵列 MTTF 下降阶段,阵列规模越小,随着阵列行数 M 的增加,阵列 MTTF 的下降率越大。

图 8-9(b)为阵列行数 M 变化情况下,6 种规模行移除自修复胚胎电子细胞阵列的 MTTF 变化曲线。阵列行数 M 从 m 增加至 120 的过程中,阵列的 MTTF 先增加至一个最大值,然后阵列的 MTTF 开始下降。在 ECA1 至 ECA6 中,当阵列行数 M 分别为 23,43,54,69,81 和 93 时,阵列的 MTTF 达到最大值。

在行移除自修复胚胎电子细胞阵列中,阵列理论最大故障自修复次数为 $M-m$。因此,随着阵列行数 M 的增加,阵列的故障修复次数不断增加,则阵列的 MTTF 不断增加。随着阵列行数 M 的进一步增加,阵列内电子细胞数目不断增加,则阵列出现故障的概率越高。因此,随着阵列行数 M 的进一步增加,阵列的 MTTF 从最大值开始下降。

在阵列 MTTF 增加阶段,阵列规模越小,随着阵列行数 M 的增加,阵列 MTTF 的增长率越大。在胚胎电子细胞阵列内,电子细胞数目越少,阵列出现故障的概率越小,当 $M=m$ 时,阵列内电子细胞数目分别为 50,320,690,2 040,3 440 和 5 200。反之,在阵列 MTTF 下降阶段,阵列规模越小,随着阵列行数 M 的增加,阵列 MTTF 的下降率越大。

(3)阵列列数 N 变化对于阵列可靠性的影响。

由式(8-15)和式(8-23)可知,阵列列数 N 变化将直接影响电子细胞行的可靠度,进而影响阵列的可靠性。为了分析阵列列数 N 变化对阵列可靠性的影响,需要保证阵列的行数 M,功能单元 λ_f 和功能单元 p_f 的取值相同,设 $\lambda_f=6\times10^{-6}/\text{h}$,$p_f=0.96$,阵列行数 M、工作阵列行数 m 和列数 n 见表 8-7。阵列列数 N 从 n 增加至 100 的过程中,6 种规模胚胎电子细胞阵列 MTTF 的变化曲线如图 8-10 所示。

图 8-10 中,"ECA1"~"ECA6"分别表示表 8-7 中的 6 种规模胚胎电子细胞阵列,图 8-10(a)为阵列列数 N 变化情况下,6 种规模细胞移除自修复胚胎电子细胞阵列的 MTTF 变化曲线。阵列列数 N 从 n 增加至 100 的过程中,阵列的 MTTF 先增加至一个最大值,然后阵列的 MTTF 开始下降。在"ECA1"~"ECA6"中,当阵列列数 N 分别为 22,28,38,48,55 和 67 时,阵列的 MTTF 达到最大值。

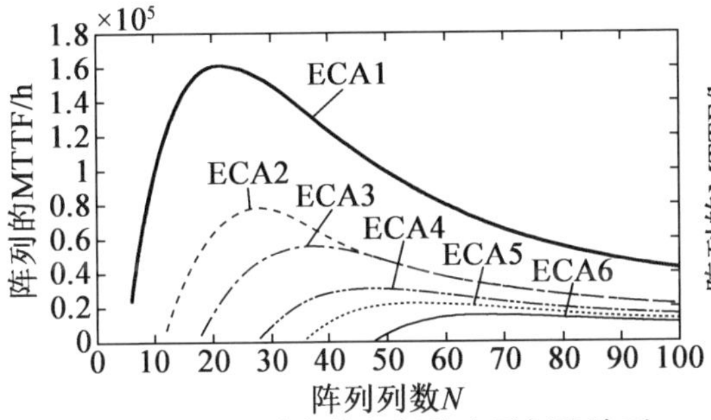

(a)细胞移除自修复胚胎电子细胞阵列

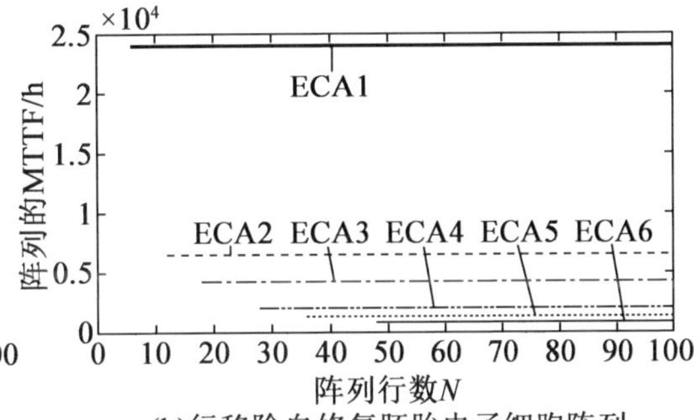

(b)行移除自修复胚胎电子细胞阵列

图 8-10　不同列数 N 下 6 种阵列的 MTTF 曲线

细胞移除自修复胚胎电子细胞阵列内,理论最大故障自修复次数为 $M\times(N-n)$。因此,随着阵列列数 N 的增加,阵列的故障修复次数不断增加,则阵列的 MTTF 不断增加。随着阵列列数 N 的进一步增加,阵列内电子细胞数目不断增加,则阵列出现故障的概率越高。因此,随着阵列列数 N 的进一步增加,阵列的 MTTF 从最大值开始下降。

在阵列 MTTF 增加阶段,阵列规模越小,随着阵列列数 N 的增加,阵列 MTTF 的增长率越大。在胚胎电子细胞阵列中,电子细胞数目越少,阵列出现故障的概率越小,当 $N=n$ 时,阵列中电子细胞数目分别为 72,336,936,2 428,3 600 和 5 760。此时,阵列列数 N 每增加 1,阵列故障自修复数目增加量分别为 12,28,52,86,100 和 120。反之,在阵列 MTTF 下降阶段,阵列规模越小,随着阵列列数 N 的增加,阵列 MTTF 的下降率越大。

图 8-10(b)为阵列列数 N 变化情况下 6 种规模行移除自修复胚胎电子细胞阵列的 MTTF 变化曲线。阵列列数 N 从 n 增加至 100 的过程中,阵列的 MTTF 保持不变。在行移除故障自修复策略下,电子细胞行任意 1 个工作单元故障将导致该电子细胞行被移除,阵列故障自修复次数仅与阵列行数 M 相关。因此,阵列列数 N 变化不会影响阵列的 MTTF。

综上所述,在胚胎电子细胞阵列中。通过提高功能单元 p_f 和降低功能单元 λ_f 能够有效提高阵列的 MTTF。功能单元 p_f 越大,阵列的 MTTF 越大,功能单元 λ_f 越小,阵列的 MTTF 越大。在细胞移除自修复胚胎电子细胞阵列中,随着阵列行数 M 和列数 N 的增加,阵列的 MTTF 先增加至最大值,然后随着阵列行数 M 和列数 N 的进一步增加,阵列的 MTTF 将不断下降。在行移除自修复胚胎电子细胞阵列中,随着阵列行数 M 的增加,阵列的 MTTF 先增加至最大值,然后随着阵列行数 M 的进一步增加,阵列的 MTTF 将不断下降;随着阵列列数 N 的增加,阵列的 MTTF 将保持不变。

8.4 本章小结

本章以为胚胎电子细胞阵列可靠性研究更合理的分析方法为出发点,更好地为胚胎电子细胞阵列的优化设计研究提供理论指导。以二维胚胎电子细胞阵列可靠性函数为基础,将电子细胞及其输入连接资源等效为功能单元,引入功能单元故障检测覆盖率参数,基于 Markov 状态图法提出一种新的胚胎电子细胞阵列可靠性分析方法。仿真实验结果表明,该方法能够更加有效和准确的计算阵列的可靠性,并通过阵列内参数变化对可靠性的影响分析,为胚胎电子细胞阵列的优化设计提供理论支持。

第9章 温储备胚胎电子细胞阵列可靠性分析方法

现有胚胎电子细胞阵列可靠性分析方法中空闲细胞的冗余方式为热储备，且未考虑阵列在具有故障修复能力时故障修复不成功对阵列可靠性的影响，这与阵列实际工作过程存在一定差距。为了更加准确地分析阵列的可靠性，指导阵列的优化设计，本章以典型二维胚胎电子细胞阵列为研究对象，将胚胎电子细胞阵列等效为温储备系统，引入电子细胞故障检测覆盖率与故障修复成功率两个参数，基于 k-out-of-n 温储备系统可靠性理论与非齐次连续时间 Markov 模型，提出了一种温储备胚胎电子细胞阵列的可靠性分析方法，该方法可以推广到其他类型阵列的可靠性分析研究中。首先，分析胚胎电子细胞阵列工作过程及特点，将胚胎电子细胞阵列等效为温储备系统，分析阵列内出现故障未被检测出和阵列在具备自修复能力情况下修复失败对阵列功能的影响，在阵列可靠性分析过程引入电子细胞故障检测覆盖率与故障修复成功率两个参数。其次，根据阵列故障修复方式的不同，基于 k-out-of-n 温储备系统可靠性理论和非齐次连续时间 Markov 模型实现阵列的可靠性分析。然后，选择典型热储备胚胎电子细胞阵列可靠性分析方法作为对比方法，通过开展不同规模胚胎电子细胞阵列可靠性的分析，对温储备胚胎电子细胞阵列可靠性分析方法的有效性和合理性进行验证。最后，基于温储备阵列可靠性分析方法，研究了阵列内参数变化对于可靠性的影响规律。

9.1 胚胎电子细胞阵列可靠性分析基础知识

为了研究胚胎电子细胞阵列可靠性的准确分析方法，选择典型的二维胚胎电子细胞阵列作为研究对象。同时，假设胚胎电子细胞阵列的规模为 $M \times N$，其中工作电子阵列的规模为 $m \times n$，M 为胚胎电子细胞阵列的行数；N 为胚胎电子细胞的列数；m 为工作电子细胞阵列的行数，n 为工作电子细胞阵列的列数（$M \geqslant m$, $N \geqslant n$）。

9.1.1 温储备系统

储备系统，特别是温储备系统，在电力系统、通信系统、航空航天系统和武器装备系统等众多系统中具有重要的应用。根据储备系统中备份部件的失效特征，储备系统可以分为冷储备系统、温储备系统和热储备系统。冷储备系统指系统内备份部件的失效率为0，热储备系统指系统内备份部件的失效率等于工作部件的失效率。

温储备系统指系统内备份部件的失效率处于冷储备系统和热储备系统中备份部件

的失效率之间。因此,热储备系统和冷储备系统可以看作是温储备系统的两个特例。k-out-of-n 温储备系统指是一种典型的温储备系统,该系统中共有 n 个独立组成部件,其中包含 k 个工作部件,剩下 $n-k$ 个部件为温储备形式。在 k-out-of-n 温储备系统中,所有部件间相互独立,部件的失效过程符合指数分布,工作部件出现故障后连接转换开关能够瞬时完成转换,系统内部件不会同时发生失效,系统内的部件不可修。

9.1.2 胚胎电子细胞阵列工作特点分析

胚胎电子细胞阵列工作过程中,工作细胞完成具体的电路功能,空闲细胞作为工作细胞的备份,当工作细胞出现故障后,空闲细胞根据自修复策略实现故障工作细胞的修复。阵列正常工作阶段,空闲细胞中仅地址产生器、I/O 模块和控制模块接入阵列,其他模块均未接入阵列。当阵列中工作细胞出现故障后,空闲细胞将用于故障细胞的修复,此时,空闲细胞才完全接入阵列。因此,胚胎电子细胞阵列中空闲细胞的冗余方式更加符合温储备方式。

行移除自修复胚胎电子细胞阵列内,工作电子细胞行中任意一个工作细胞出现故障均将导致电子细胞行故障。根据行移除自修复策略,阵列中的任意一个工作电子细胞行出现故障,仅故障工作电子细胞行被移除,故障工作电子细胞行及其上方电子细胞行的地址信息均上移一位,消耗 1 个空闲电子细胞行,完成故障的修复。阵列内空闲电子细胞行的数目为 $M-m$,阵列的理论最大故障自修复次数为 $M-m$。因此,只要阵列中故障数目小于 $M-m$ 时,阵列均能够正常工作。因此,以电子细胞行为基本单元,行移除自修复胚胎电子细胞阵列可以等效为 1 个 k-out-of-n 温储备系统。

同理,细胞移除自修复胚胎电子细胞阵列内,故障自修复过程分为两个阶段。第一阶段为电子细胞行内的故障自修复,电子细胞行内任意一个工作细胞出现故障,仅工作细胞被移除,故障工作细胞及其右侧细胞的地址信息均后移一位,消耗 1 个空闲细胞,完成故障的修复。电子细胞行内空闲细胞数目为 $N-n$,电子细胞行的理论最大故障自修复次数为 $N-n$。因此,只要电子细胞行内故障数目小于 $N-n$,电子细胞行均能够正常工作。因此,以电子细胞为基本单元,细胞移除自修复过程中 1 个电子细胞行可以等效为 1 个 k-out-of-n 温储备系统。第二个阶段为阵列的行移除自修复,由行移除自修复胚胎电子细胞阵列工作过程可知,以电子细胞行为基本单元,细胞移除自修复胚胎电子细胞阵列也可以等效为 1 个 k-out-of-n 温储备系统。因此,细胞移除自修复胚胎电子细胞阵列可以等效为两个 k-out-of-n 温储备系统。

电子细胞故障检测覆盖率指电子细胞故障自检测方法能够检测出故障数目与细胞总的故障数目的比值。胚胎电子细胞阵列内,故障检测是故障自修复的前提,如果出现的故障未能被检测出将直接导致阵列功能失效。现有故障检测技术主要针对的是固定性故障,故障检测的方法主要是双模冗余设计,通过对电子细胞内各个模块进行冗余设计,实现电子细胞的故障检测。目前,现有故障检测方法主要能够实现细胞内功能模块、基因存储配置模块和 I/O 模块的故障自检测。但是,细胞内的地址产生器、控制模块和故障检测模块本身还缺乏有效的故障检测方法。因此,细胞内存在出现故障不能被检测出的情况,这将导致阵列功能直接失效。设电子细胞故障检测覆盖率为 p_c($0\leqslant p_c\leqslant 1$),并将电子细胞故障检测覆盖率参数引入阵列可靠性分析中。

故障修复成功率指阵列在具有故障自修复能力的前提下,阵列内出现故障能被成功修复的概率。胚胎电子细胞阵列内,故障自修复的本质是故障细胞地址的重新分配,并在空闲细胞中的再表达。为了保证故障自修复的实现,则电子细胞的地址产生器、控制模块和 I/O 模块必须保证能够正常工作。胚胎电子细胞阵列工作过程中,每个模块均存在失效的概率,电子细胞内地址产生器、控制模块和 I/O 模块中的任意 1 个模块失效均将导致阵列功能失效,且无法通过自修复策略修复出现的故障。因此,在阵列可靠性分析过程中,需要考虑电子细胞内地址产生器、控制模块和 I/O 模块失效对于阵列可靠性的影响。假设电子细胞内地址产生器、控制模块和 I/O 模块均能够正常工作的概率为 p_s,即电子细胞能够实现故障修复的成功率为 p_s($0\leqslant p_s\leqslant 1$),并将其引入阵列的可靠性分析过程中。

9.1.3　可靠性分析基础知识

(1)k-out-of-n 温储备系统可靠性分析。

对于 k-out-of-n 温储备系统,假设系统中总单元数为 U_s,工作单元数目为 U_o,工作单元和备件单元的失效过程符合指数分布,且工作单元的失效率为 λ_o,温备件单元的失效率为 λ_d,则系统的可靠度 $R_w(t)$ 为

$$\begin{aligned} R_w(t) &= \sum_{i=0}^{U_s-U_o} \frac{\Gamma(U_d+1)}{i!\ \Gamma(U_d-i+1)}\left({}_{d}^{p}(t)\right)U_d - i\left({}^{1} - p_d(t)\right)i \\ &= \sum_{i=0}^{U_s-U_o}\binom{U_d}{i}\left({}_{d}^{p}(t)\right)U_d - i\left({}^{1} - p_d(t)\right)i \end{aligned} \tag{9-1}$$

式中,$U_d=U_s-U_o+k_d$,$k_d=U_o\lambda_o/\lambda_d$,$p_d(t)=\exp(-\lambda_d t)$。当 $\lambda_d=\lambda_o$ 时,系统中的备份单元为热储备方式,$k_d=U_o$,$U_d=U_s$,$\Gamma(U_d+1)=U_s!$,$\Gamma(U_d-i+1)=(U_s-i)!$。此时,系统的可靠度 $R_w(t)$ 为

$$R_w(t)=\sum_{i=0}^{U_s-U_o}\frac{U_s!}{i!\ (U_s-i)!}(p_o(t))^{n-i}(1-p_o(t))^i \tag{9-2}$$

式中,$p_o(t)=\exp(-\lambda_o t)$。则温储备系统的 MTTF 可用 T_w 表示为

$$T_w=\int_0^\infty R_w(t)\,\mathrm{d}t \tag{9-3}$$

(2)基于非齐次连续时间 Markov 模型的不可修多态系统可靠性分析。

设一个不可修多态系统存在 $D+1$ 个状态,记为 $E=\{0,\ 1,\ \cdots,\ D\}$,系统性能退化过程如图 9-1 所示。

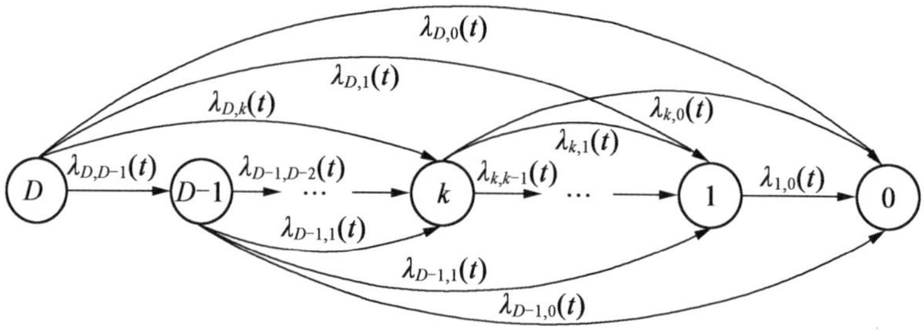

图 9-1　具有 D+1 个状态不可修多态系统退化过程

图 9-1 中，状态 D 表示系统“完好性能”状态，状态 0 表示系统“完全失效”状态，$\lambda_{D,D-1}(t)$ 表示系统从状态 D 转移至状态 $D-1$ 的瞬时转移率，$\lambda_{D,k}(t)$ 表示系统从状态 D 转移至状态 k 的瞬时转移率，$\lambda_{k,0}(t)$ 表示系统从状态 k 转移至状态 0 的瞬时转移率，同理，系统内其他状态间的瞬时转移率如图 9-1 所示。一个最常用的 $D+1$ 多态系统可靠性定义为：系统工作在状态 k 或者更高状态的概率，则系统的可靠度 $R_k(t)=\Pr(X(t)\geqslant k)$，$X(t)$ 为系统在 t 时刻的状态，且 $X(t)\in\{0,\ 1,\ \cdots,\ D\}$。

为了求解多态系统的可靠性，必须已知系统的性能退化规律。目前，最常用的多态系统性能退化过程假设为 Markov 过程，即假设系统下一个工作状态仅与当前状态相关。然而很多系统的失效过程还受时间的影响，此时假设系统的性能退化过程为 Markov 过程难以求解系统的可靠性。为了更加准确地求解多态系统的可靠性，假设多态系统的工作过程服从非齐次连续时间 Markov 过程。非齐次连续时间 Markov 过程假设系统的下一个工作状态不仅与当前工作状态相关，还与系统到达当前状态的时间相关。这种假设反映了许多典型系统中时间对于性能的影响。

设 $X(t)$ 为系统在 t 时刻的状态，且 $X(t)\in\{0,\ 1,\ \cdots,\ D\}$，$X(t)$ 服从非齐次连续时间 Markov 过程。令系统在 t 时刻处于状态 i，则 Δt 时刻后系统处于状态 j 的概率为

$$p_{i,j}(t,\Delta t)=\Pr(X(t+\Delta t)=j\,|\,X(t)=i) \tag{9-4}$$

式中，$i,\ j\in\{0,\ 1,\ \cdots,\ D\}$，且 $i>j$，$p_{ij}(t,\ \Delta t)$ 不仅与系统当前状态相关，而且与系统进入当前状态 i 的时间相关。

当 $i=j$ 时，有 $p_{i,i}(t,\Delta t)=\Pr(X(t+\Delta t)=i\,|\,X(t)=i)$，表示系统在 Δt 时刻内并未发生状态转移的概率，且有 $p_{i,i}(t,\Delta t)+\sum\limits_{j(j\neq i)}p_{i,j}(t,\Delta t)=1$。此时，可定义：

$$\lambda_{i,i}(t)=\lim_{\Delta t\to 0}\frac{p_{i,i}(t,0)-p_{i,i}(t,\Delta t)}{\Delta t}=\lim_{\Delta t\to 0}\frac{1-p_{i,i}(t,\Delta t)}{\Delta t} \tag{9-5}$$

$$\lambda_{i,j}(t)=\lim_{\Delta t\to 0}\frac{p_{i,j}(t,0)-p_{i,j}(t,\Delta t)}{-\Delta t}=\lim_{\Delta t\to 0}\frac{p_{i,j}(t,\Delta t)}{\Delta t} \tag{9-6}$$

式中，$\lambda_{i,i}(t)$ 表示系统在 t 时刻保持在状态 i 的转移率；$\lambda_{i,j}(t)$ 表示系统从状态 i 到状态 j 的转移率。则系统的状态转移率可以用 $\boldsymbol{\Lambda}(t)$ 表示为

$$\boldsymbol{\Lambda}(t)=\begin{array}{c} \text{State} \\ D \\ D-1 \\ \vdots \\ 1 \\ 0 \end{array}\begin{array}{c} \begin{array}{ccccc} D & D-1 & \cdots & 1 & 0 \end{array} \\ \begin{bmatrix} \lambda_{D,D}(t) & \lambda_{D,D-1}(t) & \cdots & \lambda_{D,1}(t) & \lambda_{D,0}(t) \\ 0 & \lambda_{D-1,D-1}(t) & \cdots & \lambda_{D-1,1}(t) & \lambda_{D-1,0}(t) \\ \vdots & \vdots & \ddots & \vdots & \vdots \\ 0 & 0 & \cdots & \lambda_{1,1}(t) & \lambda_{1,0}(t) \\ 0 & 0 & \cdots & 0 & \lambda_{0,0}(t) \end{bmatrix} \end{array} \tag{9-7}$$

在任意时刻 t，系统在各个状态的概率分布可以通过 Kolmogorov 微分方程组得到：

$$\frac{\mathrm{d}p_i(t)}{\mathrm{d}t}=p_i(t)\boldsymbol{\Lambda}(t) \tag{9-8}$$

式中，$p_i(t)=\{p_D(t),\ p_{D-1}(t),\ \cdots,\ p_1(t),\ p_0(t)\}$，且 $\sum_{i=0}^{D}p_i(t)=1$，方程组的初始条件可以根据系统的初始状态确定。为保证系统正常工作，系统必须工作在状态 k 或者更高的状态，则系统的可靠度为

$$R(t)=\sum_{i=k}^{D}p_i(t) \tag{9-9}$$

则系统的 MTTF 为

$$T=\int_0^{\infty}R(t)\,\mathrm{d}t \tag{9-10}$$

9.2　温储备胚胎电子细胞阵列可靠性分析

为了实现阵列可靠性的分析，设阵列内工作细胞和空闲细胞的失效过程均服从指数分布，且工作细胞的失效率为 λ_{oc}，空闲细胞的失效率为 λ_{rc}。根据胚胎电子细胞阵列的自修复策略，以 k-out-of-n 温储备系统可靠性理论和非齐次连续时间 Markov 理论为基础，阵列的可靠性分析如下。

9.2.1　行移除自修复温储备阵列可靠性分析

行移除自修复胚胎电子细胞阵列内，工作电子细胞行中的任意 1 个工作细胞出现故障均将导致电子细胞行失效。为了保证电子细胞行正常工作，则电子细胞行中的所有工作细胞均需要正常工作，工作细胞的失效率为 λ_{oc}，则工作电子细胞行的可靠度为 $\exp(-n\lambda_{oc}t)$，则工作电子细胞行的失效过程符合失效率为 $n\lambda_{oc}$ 的指数分布。同理，空闲细胞的失效率为 λ_{rc}，空闲电子细胞行的可靠度为 $\exp(-n\lambda_{rc}t)$，且空闲电子细胞行的失效过程符合失效率为 $n\lambda_{rc}$ 的指数分布。行移除自修复胚胎电子细胞阵列可以等效为 1 个 k-out-of-n 温储备系统，则可以利用 k-out-of-n 温储备系统可靠性分析方法分析行移除自修复温储备胚胎电子细胞阵列的可靠性。则行移除自修复温储备胚胎电子细胞阵列的可靠度 $R_{rw}(t)$ 为

$$R_{\mathrm{rw}}(t)=\sum_{i=0}^{M-m}\binom{m_{\mathrm{d}}}{i}(p_{\mathrm{r}}(t))^{m_{\mathrm{d}}-i}(1-p_{\mathrm{r}}(t))^{i} \tag{9-11}$$

式中，$p_{\mathrm{r}}(t)=\exp(-n\lambda_{\mathrm{rc}}t)$，$m_{\mathrm{d}}=M-m+m_{\mathrm{e}}$，且 $m_{\mathrm{e}}=m\lambda_{\mathrm{oc}}/\lambda_{\mathrm{rc}}$。

电子细胞行在相当小的时间间隔 Δt 内，任意 1 个工作细胞失效均会导致电子细胞行功能失效，进而触发阵列的故障自修复机制。因为电子细胞故障检测覆盖率为 p_c，则电子细胞行的故障覆盖率也为 p_{c}。行移除自修复胚胎电子细胞阵列内，为了保证故障自修复过程的顺利实现，电子细胞行内所有工作细胞中地址产生器和 I/O 模块必须能够正常工作，则电子细胞行能够实现故障修复的概率为 p_{s}^{n}。因此，引入电子细胞故障覆盖率 p_{c} 和故障修复成功率 p_{s} 后，行移除自修复温储备胚胎电子细胞阵列的可靠度 $R'_{rw}(t)$ 为

$$R'_{\mathrm{rw}}(t)=\sum_{i=0}^{M-m}\binom{m_{\mathrm{d}}}{i}p_{\mathrm{c}}^{i}(p_{\mathrm{s}}^{n})^{i}(p_{\mathrm{r}}(t))^{m_{\mathrm{d}}-i}(1-p_{\mathrm{r}}(t))^{i} \tag{9-12}$$

此时，行移除自修复温储备胚胎电子细胞阵列的 MTTF 可以用 T_{rw} 表示为

$$T_{\mathrm{rw}}=\int_{0}^{\infty}R'_{\mathrm{rw}}(t)\,\mathrm{d}t \tag{9-13}$$

9.2.2 细胞移除自修复温储备阵列可靠性分析

在细胞移除自修复方式下，胚胎电子细胞阵列的工作过程可以分为两个阶段，第一个阶段为电子细胞行内的细胞移除自修复，当电子细胞行内空闲细胞消耗完之后，阵列将进入自修复的第二个阶段，阵列开始进行行移除自修复。细胞移除自修复过程中，1 个电子细胞行可以等效为一个 k-out-of-n 温储备系统，电子细胞故障检测覆盖率为 p_{c}，电子细胞故障能够成功修复的概率为 p_{s}，则工作电子细胞行的可靠度 $R_{\mathrm{e}}(t)$ 为

$$R_{\mathrm{e}}(t)=\sum_{i=0}^{N-n}\binom{n_{\mathrm{d}}}{i}p_{\mathrm{c}}^{i}p_{\mathrm{s}}^{i}(p_{\mathrm{h}}(t))^{n_{\mathrm{d}}-i}(1-p_{\mathrm{h}}(t))^{i} \tag{9-14}$$

式中，$p_{\mathrm{h}}(t)=\exp(-\lambda_{\mathrm{rc}}t)$，$n_{\mathrm{d}}=N-n+n_{\mathrm{e}}$，并且 $n_{\mathrm{e}}=n\lambda_{\mathrm{oc}}/\lambda_{\mathrm{rc}}$。同理，空闲电子细胞行的可靠度 $R_{\mathrm{s}}(t)$ 为

$$R_{\mathrm{s}}(t)=\sum_{i=0}^{N-n}\binom{N}{i}p_{\mathrm{c}}^{i}p_{\mathrm{s}}^{i}(p_{\mathrm{h}}(t))^{N-i}(1-p_{\mathrm{h}}(t))^{i} \tag{9-15}$$

此时，工作电子细胞行的失效率 $\lambda_{\mathrm{e}}(t)$ 为

$$\lambda_{e}(t)=\frac{f_{\mathrm{e}}(t)}{R_{\mathrm{e}}(t)}=\frac{F'_{\mathrm{e}}(t)}{R_{\mathrm{e}}(t)}=\frac{(1-R_{\mathrm{e}}(t))'}{R_{\mathrm{e}}(t)} \tag{9-16}$$

同理，空闲电子细胞行的失效率 $\lambda_{s}(t)$ 为

$$\lambda_{\mathrm{s}}(t)=\frac{f_{\mathrm{s}}(t)}{R_{\mathrm{s}}(t)}=\frac{F'_{\mathrm{s}}(t)}{R_{\mathrm{s}}(t)}=\frac{(1-R_{\mathrm{s}}(t))'}{R_{\mathrm{s}}(t)} \tag{9-17}$$

根据胚胎电子细胞阵列的工作过程可知，胚胎电子细胞阵列是一个不可修系统。在阵列工作过程中，阵列在任意时刻的工作状态仅与该时刻前一时刻的工作状态有关，而与之前的工作状态无关，因此胚胎电子细胞阵列工作过程满足 Markov 过程。

由工作电子细胞行的可靠度分析可知,工作电子细胞行的失效不再服从指数分布,不能直接基于 k-out-of-n 温备件系统可靠性分析方法评价细胞移除自修复胚胎电子细胞阵列的可靠性。为了分析阵列的可靠性,将电子细胞行看作一个整体,以电子细胞行可靠性分析为基础,将阵列的工作过程分为多个工作状态,基于非齐次连续时间 Markov 多态系统可靠理论对细胞移除自修复阵列的可靠性进行分析。为了分析阵列的可靠性,假设电子细胞行间相互独立,且相当小的时间间隔 Δt 内不会发生两个或者两个以上电子细胞行故障。

工作电子细胞行工作过程中,当空闲细胞被消耗完后,如果电子细胞行中一个工作细胞出现故障,则工作电子细胞行的功能将失效,阵列将启动行移除修复。因为电子细胞的故障检测覆盖率为 p_c,则工作电子细胞行的故障检测覆盖率为 p_c。为了保证故障自修复的实现,电子细胞行内工作细胞的地址产生器和 I/O 模块均需要正常工作,电子细胞地址产生器和 I/O 模块能够正常工作的概率为 p_s,则电子细胞行故障修复的成功率为 p_s^n。

以电子细胞行为基本单元,胚胎电子细胞阵列在行移除自修复过程可以等效为一个 k-out-of-n 温储备系统,由 m 个工作电子细胞行和 $M-m$ 个空闲电子细胞行构成。为保证阵列正常工作,阵列内可正常工作电子细胞行数目不能低于 m,当阵列故障电子细胞行数目等于 $M-m+1$ 时,阵列功能失效。根据阵列中故障电子细胞行的数目,可以将阵列从正常工作至功能失效划分为多个工作状态,胚胎电子细胞阵列的工作状态集见表 9-1。

表 9-1　胚胎电子细胞阵列的工作状态集

故障电子细胞行数目	工作状态数目	状态编号
0	C_M^0	s_0
1	C_M^1	$s_1 \sim s_{C_M^1}$
2	C_M^2	$s_{C_M^1+1} \sim s_{C_M^1+C_M^2}$
3	C_M^3	$s_{C_M^1+C_M^2+1} \sim s_{\sum_{i=1}^{3} C_M^i}$
…	…	…
$M-m+1$	C_M^{M-m+1}	$s_{\sum_{i=1}^{M-m} C_M^i+1} \sim s_{\sum_{i=1}^{M-m+1} C_M^i}$
	1	F

如表 9-1 所示,阵列工作的状态集为 $\{s_0, s_1, s_2, \cdots, s_{\sum_{i=1}^{M-m+1} C_M^i}, F\}$,其中状态 s_0 至状态 $s_{\sum_{i=1}^{M-m} C_M^i}$ 为正常工作状态,状态 $s_{\sum_{i=1}^{M-m} C_M^i+1}$ 至状态 $s_{\sum_{i=1}^{M-m+1} C_M^i}$ 为故障状态,状态 F 为阵列中发生

的故障未被检测出或未被修复导致阵列功能失效。为了更好地表示阵列的工作状态,用0表示电子细胞行正常工作,1表示电子细胞行出现故障,则阵列的工作状态可以用二维数组进行表示。阵列工作状态的编号规则如下所示,以阵列行数 $M=5$,工作阵列行数 $m=3$ 为例进行说明。

(1)状态 s_0 表示所有电子细胞行均正常工作,即 s_0 为00000;

(2)状态 s_1 至状态 $s_{C_M^1}$ 表示阵列内有1个电子细胞行出现故障,其中状态 $s_i(1\leqslant i\leqslant C_M^1)$ 表示阵列内第 i 个电子细胞行出现故障,即 s_1 为10000,s_2 为01000,s_3 为00100,s_4 为00010,s_5 为00001;

(3)状态 $s_{C_M^1+1}$ 至状态 $s_{C_M^1+C_M^2}$ 表示阵列内有2个电子细胞行出现故障,其中状态 $s_i(C_M^1+1\leqslant i\leqslant C_M^1+C_{M-1}^1)$ 表示阵列在状态 s_1 的基础上,阵列第2个至第 M 个电子细胞行分别出现故障,即 s_6 为11000,s_7 为10100,s_8 为10010,s_9 为10001;状态 $s_i(C_M^1+C_{M-1}^1+1\leqslant i\leqslant C_M^1+C_{M-1}^1+C_{M-2}^1)$ 表示阵列在状态 s_2 的基础上,阵列第3个至第 M 个电子细胞行分别出现故障,即 s_{10} 为01100,s_{11} 为01010,s_{12} 为01001;同理,状态 $s_i(C_M^1+C_{M-1}^1+C_{M-2}^1+1\leqslant i\leqslant C_M^1+C_{M-1}^1+C_{M-2}^1+C_{M-3}^1)$ 表示阵列在状态 s_3 的基础上,阵列第4个至第 M 个电子细胞行分别出现故障,即 s_{13} 为00110,s_{14} 为00101;状态 $s_i(C_M^1+C_{M-1}^1+C_{M-2}^1+C_{M-3}^1+1\leqslant i\leqslant C_M^1+C_{M-1}^1+C_{M-2}^1+C_{M-3}^1+C_{M-4}^1)$ 表示阵列在状态 s_4 的基础上,阵列内第5个至第 M 个电子细胞行分别出现故障,即 s_{15} 为00011。

(4)按照上述阵列工作状态编码规则,可以得到阵列所有工作状态的编码形式。

在阵列工作状态确定的基础上,为了求解阵列的可靠性,首先,需要求解出阵列工作状态间的转移矩阵 $\boldsymbol{Z}$,进而求解出阵列工作在正常工作状态的概率。分析阵列的行移除自修复的原理和过程,根据阵列不同工作状态间的转移过程,得到阵列工作状态转移矩阵 $\boldsymbol{Z}$。阵列工作状态转移矩阵的维数为 $\sum\limits_{i=0}^{M-m+1} C_M^i+1$,设 $s=s_i \text{ XOR } s_j(i\leqslant j)$,$s$ 中1的数目为 n_1,当且仅当 $n_1=1$ 时,阵列可以由工作状态 i 转移至工作状态 j。当 $n_1=1$ 时,s 中1的位置为 $l\ (1\leqslant l\leqslant M)$。阵列工作状态 $s_i(s_0\leqslant s_i\leqslant s_{\sum_{i=1}^{M-m+1} C_M^i})$ 中前 m 个工作电子细胞行中出现故障工作电子细胞行的数目为 $a_i(0\leqslant a_i\leqslant M-m)$,第 $m+1$ 至 $m+a_i$ 个电子细胞行中出现故障电子细胞行数目为 $b_i(0\leqslant b_i\leqslant M-m-a_i)$,则阵列由工作状态 s_i 转移至工作状态 $s_j(s_0\leqslant s_j\leqslant s_{\sum_{i=1}^{M-m+1} C_M^i}\ \&\ s_j\neq s_i)$ 的转移率 $a_{i,j}(t)$ 为

$$a_{i,j}(t)=\begin{cases}p_c p_s^n \lambda_e(t),n_1=1\text{ 且 }1\leqslant l\leqslant m+a_i+b_i\\ p_c p_s^n \lambda_s(t),n_1=1\text{ 且 }m+a_i+b_i<l\leqslant M\\ 0,\text{其他}\end{cases} \tag{9-18}$$

当 $j=i$ 时,阵列由工作状态 s_i 转移至工作状态 s_j 的转移率 $a_{i,i}(t)$ 为

$$a_{i,i}(t)=1-\frac{1}{p_c p_s^n}\sum_{j=s_0,j\neq i}^{s_{\sum_{i=1}^{M-m+1} C_M^i}} a_{i,j}(t) \tag{9-19}$$

因为 $\sum_{j=s_0}^{F} a_{i,j}(t) = 1$,则阵列由工作状态 s_i 转移至工作状态 F 的转移率 $a_{i,F}(t)$ 为

$$a_{i,F}(t) = 1 - \sum_{j=s_0,j\neq i}^{s_{\sum_{i=1}^{M-m+1} C_M^i}} a_{i,j}(t) - a_{i,i}(t) \tag{9-20}$$

基于阵列工作状态间转移率，可以得到阵列工作状态转移矩阵 $\boldsymbol{Z}$。阵列的可靠度即阵列工作在正常工作状态的概率之和,为了求解阵列工作在正常工作状态的概率,仅需要阵列正常工作状态矩阵 $\boldsymbol{Z}_o$,$\boldsymbol{Z}_o$ 为阵列工作状态转移矩阵 $\boldsymbol{Z}$ 中的前 $\sum_{i=0}^{M-m} C_M^i$ 维矩阵。则电子细胞阵列的状态方程系数矩阵 $\boldsymbol{T}_o = \boldsymbol{Z}_o - \boldsymbol{I}_o$,$\boldsymbol{I}_o$ 为 $\sum_{i=0}^{M-m} C_M^i$ 维单位矩阵,由 Markov 链理论得到阵列 Markov 状态微分方程如下

$$[p_{s_0}(t)', p_{s_1}(t)', p_{s_2}(t)', \cdots, p_{s_{\sum_{i=0}^{M-m} C_M^i}}(t)'] = [p_{s_0}(t), p_{s_1}(t), p_{s_2}(t), \cdots, p_{s_{\sum_{i=0}^{M-m} C_M^i}}(t)]\boldsymbol{T}_o \tag{9-21}$$

由此可以求出阵列处于正常工作状态的概率,则细胞移除自修复温储备胚胎电子细胞阵列的可靠度 $R_{cw}(t)$ 为

$$R_{cw}(t) = \sum_{i=0}^{\sum_{i=1}^{M-m} C_M^i} p_{s_i}(t) \tag{9-22}$$

此时,细胞移除自修复温储备胚胎电子细胞阵列的 MTTF 可用 T_{cw} 表示为

$$T_{cw} = \int_0^{\infty} R_{cw}(t)\,dt \tag{9-23}$$

9.3　温储备阵列可靠性分析方法有效性验证与参数分析

以现有典型热储备胚胎电子细胞阵列可靠性分析方法为参考标准,通过两种可靠性分析方法对 6 种规模胚胎电子细胞阵列的可靠性进行对比分析,从而验证温储备胚胎电子细胞阵列可靠性分析方法的有效性和合理性。同时,为了研究提高胚胎电子细胞阵列可靠性的方法,为阵列的优化设计提供理论指导,以温储备胚胎电了细胞阵列可靠性分析方法为基础,分析 6 种规模胚胎电子细胞阵列内各个参数变化对于阵列可靠性的影响,为高可靠性胚胎电子阵列的研究指明方向。

9.3.1　温储备阵列可靠性分析方法有效性分析与验证

为了更加全面地验证温储备胚胎电子细胞阵列可靠性分析方法的有效性和合理性,分别对行移除自修复温储备阵列可靠性分析方法和细胞移除自修复温储备可靠性分析方法进行验证。

(1)行移除自修复温储备阵列。

选择6种不同规模胚胎电子细胞阵列,阵列的规模见表9-2。为了用现有典型热储备胚胎电子细胞阵列可靠性分析方法验证温储备胚胎电子细胞阵列可靠性分析方法的有效性,假设电子细胞故障检测覆盖率 $p_c=1$,电子细胞故障自修复成功率 $p_s=1$,且工作细胞的失效率 λ_{oc} 等于空闲细胞的失效率 λ_{rc},为 4×10^{-5}/h。在行移除自修复方式下,基于两种可靠性分析方法对6种规模胚胎电子细胞阵列的可靠性进行计算,6种规模阵列的可靠性曲线如图9-2所示,对应阵列的MTTF见表9-3。

表9-2 6种规模行移除自修复胚胎电子细胞阵列

阵列规模	阵列1	阵列2	阵列3	阵列4	阵列5	阵列6
$M\times N$	8×6	20×10	40×20	80×30	120×40	160×60
$m\times n$	4×4	10×6	20×10	40×15	60×20	80×30

图9-2所示,"ECA1"~"ECA6"分别为表6-2中6种规模行移除自修复胚胎电子细胞阵列,其中ECA1表示 $M\times N=8\times6$,$m\times n=4\times4$,其他阵列的规模依次类推。"hot"表示热储备胚胎电子细胞阵列可靠性分析方法,"warm"表示温储备胚胎电子细胞阵列可靠性分析方法。图9-2中,随着阵列工作时间的增加,阵列的可靠度均从1不断下降为0。在两种阵列可靠性分析方法下,6种规模行移除自修复胚胎电子细胞阵列的可靠度曲线分别完全重合。

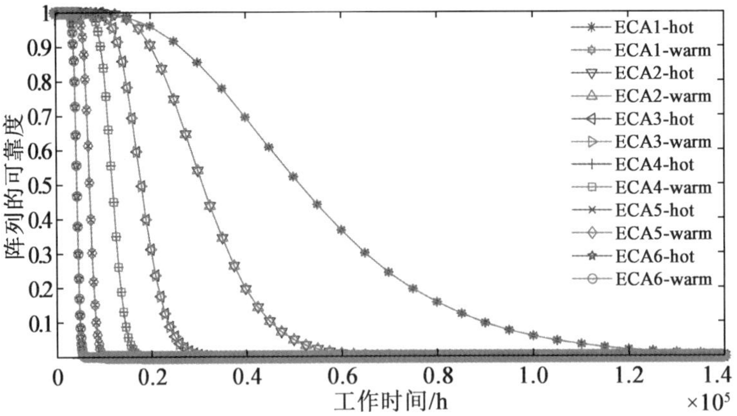

图9-2 6种行移除自修复胚胎电子细胞阵列的可靠度曲线

表9-3 6种规模行移除自修复胚胎电子细胞阵列的MTTF(h)

可靠性分析方法	热储备阵列可靠性分析方法	温储备阵列可靠性分析方法
阵列1	5.5820×10^3	5.5820×10^3
阵列2	3.2032×10^3	3.2032×10^3

表 9-3(续)

可靠性分析方法	热储备阵列可靠性分析方法	温储备阵列可靠性分析方法
阵列 3	1.8270×10^3	1.8270×10^3
阵列 4	1.1866×10^3	1.1866×10^3
阵列 5	8.8208×10^2	8.8208×10^2
阵列 6	5.8544×10^2	5.8544×10^2

表 9-3 中,6 种规模胚胎电子细胞阵列的 MTTF 分别对应相同。阵列内工作细胞的失效率 λ_{oc} 和空闲细胞的失效率 λ_{rc} 相同,此时温储备胚胎电子细胞阵列的可靠性分析方法等同于热备件胚胎电子细胞阵列可靠性分析方法。因此,在两种阵列可靠性分析方法下,6 种规模阵列的可靠度曲线分别重合,且 6 种规模阵列的 MTTF 分别完全相同。行移除自修复胚胎电子细胞阵列内,温储备胚胎电子细胞阵列的可靠性分析方法能够有效分析阵列的可靠性。

图 9-2 中,胚胎电子细胞阵列的规模越小,胚胎电子细胞阵列的可靠度曲线下降速率越慢,随着阵列规模的增加,阵列的规模越大,阵列的可靠度曲线下降速率越快。表 9-3 中,随着阵列规模的增加,阵列的 MTTF 不断下降。阵列内电子细胞的失效率相同,由式(9-12)可知,阵列规模越大,阵列的失效率越大,因此,阵列的可靠度曲线下降速率越快。因此,随着阵列规模的增加,阵列的 MTTF 不断降低。

为了进一步验证温储备行移除自修复阵列可靠性分析方法的有效性和合理性,假设电子细胞故障检测覆盖率 $p_c=1$,电子细胞故障自修复成功率 $p_s=1$,空闲细胞的失效率 $\lambda_{rc}=1\times10^{-5}/h$,工作细胞的失效率 $\lambda_{oc}=4\times10^{-5}/h$。分别采用温储备胚胎电子细胞阵列可靠性分析方法和热储备胚胎电子细胞阵列可靠性分析方法对 6 种规模胚胎电子细胞阵列的可靠性进行分析,6 种规模胚胎电子细胞阵列的可靠度曲线如图 9-3 所示,阵列的 MTTF 见表 9-4。

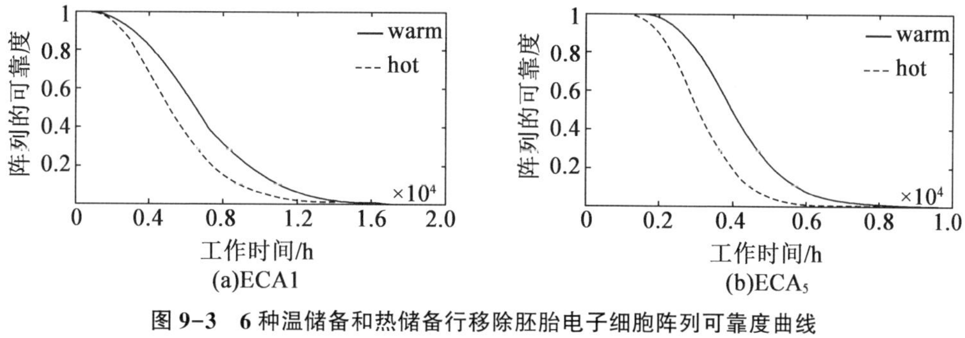

图 9-3　6 种温储备和热储备行移除胚胎电子细胞阵列可靠度曲线

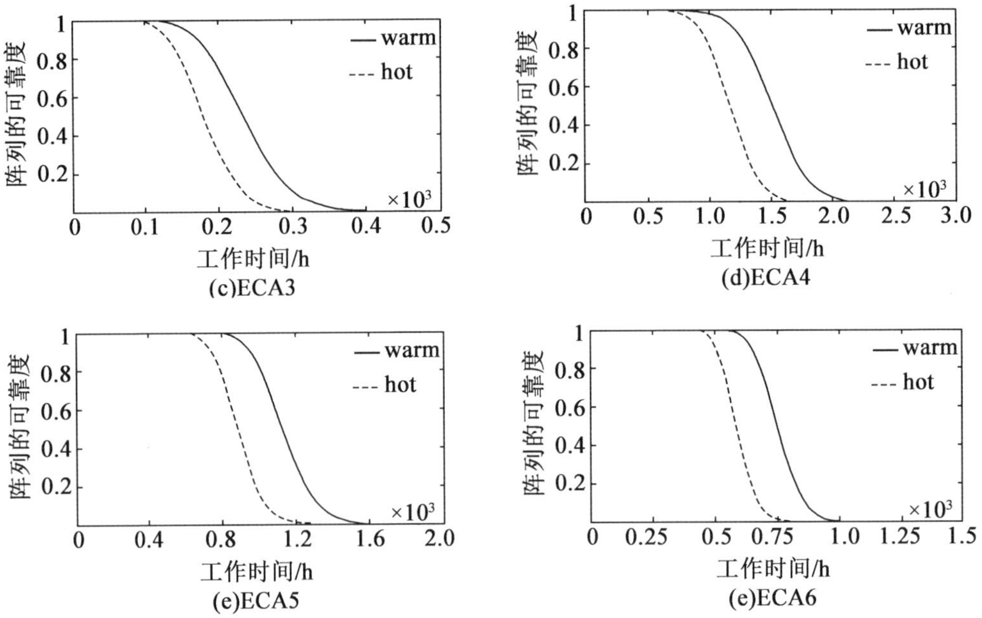

图 9-3(续)

图 9-3 中,"ECA1"至"ECA6"分别表示表 6-2 中的 6 种规模胚胎电子细胞阵列,"warm"表示温储备胚胎电子细胞阵列可靠性分析方法,"hot"表示热储备胚胎电子细胞阵列可靠性分析方法。图 9-3 (a)至图 9-3 (f)中,6 种规模胚胎电子细胞阵列的可靠度随着工作时间的增加从 1 不断下降为 0。针对于同一个胚胎电子细胞阵列,温储备阵列内空闲细胞的失效率低于热储备阵列内空闲细胞的失效率,温储备阵列的可靠度的下降速率小于热储备阵列的可靠度的下降速率。

表 9-4 6 种行移除自修复胚胎电子细胞阵列的 MTTF(h)

阵列规模	热储备阵列可靠性分析方法	温储备阵列可靠性分析方法	MTTF 增加量
阵列 1	5.5820×10^{3}	6.9850×10^{3}	1.4030×10^{3}
阵列 2	3.2032×10^{3}	4.0944×10^{3}	0.8912×10^{3}
阵列 3	1.8270×10^{3}	2.3440×10^{3}	0.5170×10^{3}
阵列 4	1.1866×10^{3}	1.5251×10^{3}	0.3385×10^{3}
阵列 5	8.8208×10^{2}	1.1345×10^{3}	0.2524×10^{3}
阵列 6	5.8544×10^{2}	7.5319×10^{2}	1.6775×10^{2}

表 9-4 中,温储备胚胎电子细胞阵列的 MTTF 大于热储备胚胎电子细胞阵列的 MTTF。热储备胚胎电子细胞阵列内空闲细胞的失效率等于工作细胞的失效率,温储备胚胎电子细胞阵列内空闲细胞的失效率小于工作细胞的失效率。针对 6 种规模行移除自修

复胚胎电子细胞阵列，温储备阵列可靠性分析方法下阵列的 MTTF 相对于热储备阵列可靠性分析方法下阵列 MTTF 的增加量分别是 1.4030×10^3 h、0.8912×10^3 h、0.5170×10^3 h、0.3385×10^3 h、0.2524×10^3 h、1.6775×10^2 h。针对同一胚胎电子细胞阵列，阵列规模越小，温储备胚胎电子细胞阵列的 MTTF 相对于热储备胚胎电子细胞阵列的 MTTF 增加更多，随着阵列规模的增加，阵列 MTTF 的增加量不断下降。在胚胎电子细胞阵列中，降低空闲细胞的失效率能够降低阵列的失效率，但是随着阵列规模的增加，阵列的失效率不断提高，且工作细胞的失效率高于空闲细胞的失效率。因此，温储备阵列 MTTF 的增加量不断降低。

(2)细胞移除自修复温储备阵列。

同理，选择 6 种规模胚胎电子细胞阵列来验证温储备细胞移除胚胎电子细胞阵列可靠性分析方法的有效性，见表 9-5。为了利用现有典型的热储备胚胎电子细胞阵列可靠性分析方法验证温储备胚胎电子细胞阵列可靠性分析方法的有效性，假设电子细胞故障检测覆盖率 $p_c=1$，电子细胞故障自修复成功率 $p_s=1$，且工作细胞的失效率 λ_{oc} 等于空闲细胞的失效率 λ_{rc}，均为 4×10^{-5}/h。细胞移除自修复方式下，基于两种可靠性分析方法，6 种规模胚胎电子细胞阵列可靠性曲线如图 9-4 所示，阵列的 MTTF 见表 9-6。

表 9-5　6 种规模胚胎电子细胞阵列

阵列规模	阵列 1	阵列 2	阵列 3	阵列 4	阵列 5	阵列 6
$M\times N$	4×4	4×4	6×6	8×6	10×8	10×8
$m\times n$	2×2	3×3	2×2	6×3	6×3	4×3

图 9-4 所示，“ECA1”~“ECA6”分别为表 6-5 中 6 种规模细胞移除自修复胚胎电子细胞阵列，其中 ECA1 表示 $M\times N=4\times4$，$m\times n=2\times2$，其他阵列的规模依次类推。“hot”表示热储备胚胎电子细胞阵列可靠性分析方法，“warm”表示温储备胚胎电子细胞阵列可靠性分析方法。图 9-4 中，随着阵列工作时间的增加，阵列的可靠度均从 1 不断下降为 0。在两种阵列可靠性分析方法下，6 种规模细胞移除自修复胚胎电子细胞阵列的可靠度曲线分别完全重合。

表 9-6 中，6 种规模胚胎电子细胞阵列的 MTTF 分别对应相同。胚胎电子细胞阵列内工作细胞的失效率 λ_{oc} 和空闲细胞的失效率 λ_{rc} 相同，此时温储备胚胎电子细胞阵列的可靠性分析方法等同于热储备胚胎电子细胞阵列可靠性分析方法。因此，在两种阵列可靠性分析方法下，6 种规模胚胎电子细胞阵列的可靠度曲线分别重合，且 6 种规模胚胎电子细胞阵列的 MTTF 分别完全相同。细胞移除自修复胚胎电子细胞阵列内，温储备胚胎电子细胞阵列的可靠性分析方法能够有效计算阵列的可靠性。

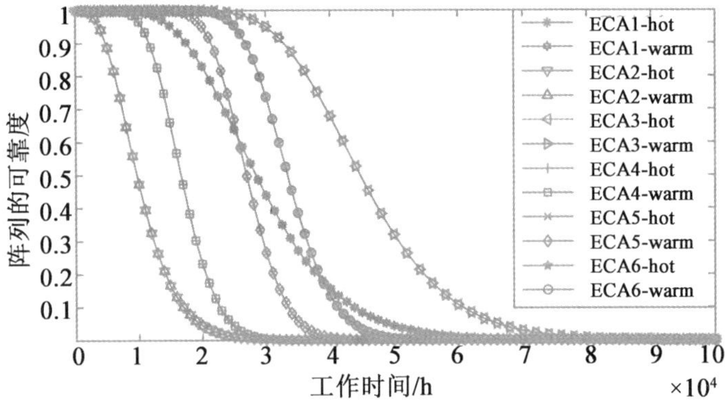

图 9-4 6 种细胞移除自修复胚胎电子细胞阵列的可靠性曲线

表 9-6 6 种细胞移除自修复胚胎电子细胞阵列的 MTTF(h)

阵列规模	热储备阵列可靠性分析方法	温储备阵列可靠性分析方法
阵列 1	$2.977\ 2\times10^4$	$2.977\ 2\times10^4$
阵列 2	$1.044\ 0\times10^4$	$1.044\ 0\times10^4$
阵列 3	$4.594\ 2\times10^4$	$4.594\ 2\times10^4$
阵列 4	$1.703\ 5\times10^4$	$1.703\ 5\times10^4$
阵列 5	$2.724\ 1\times10^4$	$2.724\ 1\times10^4$
阵列 6	$3.375\ 0\times10^4$	$3.375\ 0\times10^4$

在 ECA1 和 ECA2 中,阵列内行列数数目相同,ECA1 内工作电子细胞行列数为 2,ECA2 内工作电子细胞行列数为 3,ECA1 内每个电子细胞行中工作细胞数目为 2,ECA2 内每个电子细胞行中工作细胞数目为 3,每个工作细胞的失效率相同。随着阵列工作时间的增加,ECA1 的失效率低于 ECA2 的失效率,因此 ECA1 的可靠度曲线下降速率低于 ECA2,ECA1 的 MTTF 高于 ECA2。在 ECA1 与 ECA3 中,工作电子细胞阵列的规模相同,ECA1 中电子细胞行和列的数目均为 4;ECA3 中电子细胞行和列的数目均为 6,ECA3 能够实现更多数目故障的自修复,ECA3 的可靠度曲线下降速率低于 ECA1,ECA3 的 MTTF 高于 ECA1。同理,随着阵列工作时间的增加,ECA4 的可靠度曲线下降速率高于 ECA5,ECA5 的可靠度曲线下降速率高于 ECA6,且 ECA4 的 MTTF 低于 ECA5,ECA5 的 MTTF 低于 ECA6。

细胞移除自修复胚胎电子细胞阵列内,为进一步验证温储备胚胎电子细胞阵列可靠性分析方法的合理性,假设电子细胞故障检测覆盖率 $p_c=1$,电子细胞故障自修复成功率 $p_s=1$,且工作细胞的失效率 λ_{oc} 为 4×10^{-5}/h,空闲细胞的失效率 λ_{rc} 为 1×10^{-5}/h。则细胞移除自修复方式下,基于两种可靠性分析方法,6 种规模阵列的可靠性曲线如图 9-5 所示,阵列的 MTTF 见表 9-7。

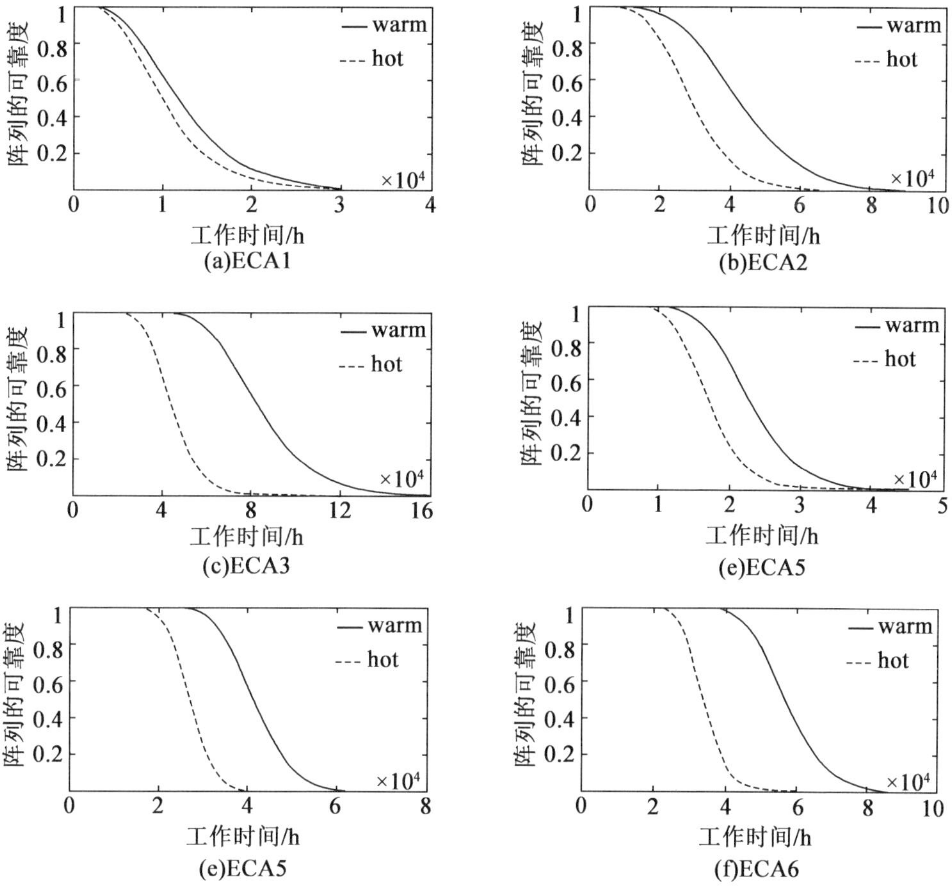

图 9-5　6 种温储备和热储备细胞移除胚胎电子细胞阵列可靠度曲线

表 9-7　6 种细胞移除自修复胚胎电子细胞阵列的 MTTF(h)

阵列规模	热储备阵列可靠性分析方法	温储备阵列可靠性分析方法	MTTF 增加量
阵列 1	2.9772×10^4	4.3673×10^4	1.3901×10^4
阵列 2	1.0440×10^4	1.2441×10^4	0.2001×10^4
阵列 3	4.5942×10^4	8.5513×10^4	3.9571×10^4
阵列 4	1.7035×10^4	2.2943×10^4	0.5908×10^4
阵列 5	2.7241×10^4	4.1669×10^4	1.4428×10^4
阵列 6	3.3750×10^4	5.7329×10^4	2.3579×10^4

图 9-5 中,“ECA1”至“ECA6”分别表示表 9-5 中的 6 种规模胚胎电子细胞阵列,“warm”表示温储备胚胎电子细胞阵列的可靠性分析方法,“hot”表示热储备胚胎电子细胞阵列的可靠性分析方法。图 9-5(a)至图 9-5(f)中,6 种规模胚胎电子细胞阵列的可靠度随着工作时间的增加从 1 不断下降为 0,针对于同一胚胎电子细胞阵列,温储备阵列

可靠度的下降速率小于热储备阵列可靠度的下降速率。

表 9-7 中,温储备胚胎电子细胞阵列的 MTTF 大于热储备胚胎电子细胞阵列的 MTTF。热储备胚胎电子细胞阵列内空闲细胞的失效率等于工作细胞的失效率,温储备胚胎电子细胞阵列内空闲细胞的失效率小于工作细胞的失效率。针对 6 种规模细胞移除自修复胚胎电子细胞阵列,温储备阵列可靠性方法下阵列的 MTTF 相对于热储备阵列可靠性分析方法下阵列 MTTF 的增加量分别为 $1.390\ 1\times10^4$ h、$0.200\ 1\times10^4$ h、$3.957\ 1\times10^4$ h、$0.590\ 8\times10^4$ h、$1.442\ 8\times10^4$ h、$2.357\ 9\times10^4$ h。

9.3.2 阵列参数变化对可靠性的影响分析

由温储备胚胎电子细胞阵列可靠性分析方法可知,阵列的可靠性与阵列规模、电子细胞失效率、故障检测检测覆盖率和故障修复成功率均直接相关。为了提高阵列应用过程中的可靠性,以温储备阵列可靠性分析方法为基础,分析阵列内参数变化对可靠性的影响,为阵列优化设计提供理论指导。

(1)行移除自修复阵列的参数分析。

行移除自修复胚胎电子细胞阵列内,由温储备行移除自修复胚胎电子细胞阵列可靠性分析方法可知,当阵列内工作阵列规模 m 和 n 确定后,阵列的可靠性与阵列的行数 M,工作细胞失效率 λ_{oc},空闲细胞失效率 λ_{rc},电子细胞故障检测覆盖率 p_c,电子细胞故障自修复成功率 p_s 均直接相关。为了更好地分析参数变化对于阵列可靠性的影响,为阵列优化提供理论指导,选择 5 种规模胚胎电子细胞阵列,见表 9-8。

表 9-8 5 种行移除自修复胚胎电子细胞阵列

阵列规模	阵列 1	阵列 2	阵列 3	阵列 4	阵列 5
$M\times N$	8×6	12×6	16×8	20×8	24×10
$m\times n$	4×4	6×5	8×6	10×7	12×8

①阵列行数 M 变化对阵列可靠性的影响。

为了分析阵列行数 M 变化对于阵列可靠性的影响,则阵列其他参数需要保持一致。设工作细胞失效率 $\lambda_{oc}=4\times10^{-5}$/h,空闲细胞失效率 $\lambda_{rc}=1\times10^{-5}$/h,电子细胞故障检测覆盖率 $p_c=0.96$,电子细胞故障修复成功率 $p_s=0.98$。5 种规模阵列内行数 M 从 m 增加到 50 的过程中,阵列的 MTTF 变化如图 9-6 所示。

图 9-6 中,“ECA1”~“ECA5”分别表示表 6-8 中的 5 种规模胚胎电子细胞阵列。5 种规模胚胎电子细胞阵列内,阵列的行数 M 从 m 增加到 50 的过程中,阵列的 MTTF 先不断增加,增加到一个最大值后,阵列的 MTTF 开始不断下降。ECA1 中,当阵列行数 $M=17$,阵列的 MTTF 达到最大值;同理,ECA2 中,当行数 $M=19$,阵列的 MTTF 达到最大值;ECA3 中,当行数 $M=21$,阵列的 MTTF 达到最大值;ECA4 中,当行数 $M=23$,阵列的 MTTF

达到最大值；ECA5 中，当行数 $M=24$，阵列的 MTTF 达到最大值。行移除自修复胚胎电子细胞阵列中，当阵列行数 M 从 m 增加的初始阶段，增加阵列行数 M 能够有效增加阵列的故障自修复次数，因此阵列的 MTTF 不断增加。随着阵列行数 M 的不断增加，阵列行数 M 越多，阵列失效的概率就大。同时，因为电子细胞的故障检测覆盖率 $p_c<1$，电子细胞故障修复成功率 $p_s<1$，因此阵列行数 M 越多，阵列因为故障未被检测出或成功修复而失效的概率也越大，因此阵列的 MTTF 会不断下降。

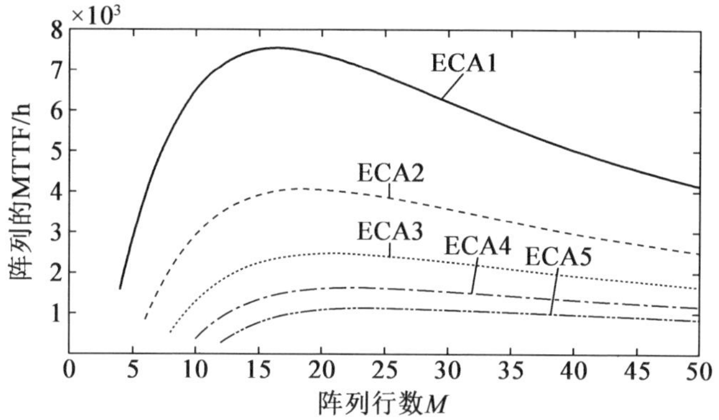

图 9-6　不同 M 下 5 种行移除自修复胚胎电子细胞阵列的 MTTF

从 ECA1 到 ECA5，阵列的规模不断增加。图 9-6 中，阵列行数 M 从 m 增加的初始阶段，阵列的规模越小，阵列 MTTF 的增长速率越大，阵列的 MTTF 达到最大值后开始下降的过程中，阵列规模越小，阵列 MTTF 的下降速率越大。阵列规模越小，阵列内电子细胞的行数 m 和列数 n 越少，则阵列失效的概率越低，同时阵列因为故障未被检测出来或故障未被成功修复而失效的概率越低。行移除自修复胚胎电子细胞阵列内，阵列每增加 1 个空闲电子细胞行，阵列只能多修复 1 个故障。因此 5 种胚胎电子细胞阵列内，阵列行数 M 从 m 增加到 50 的初始阶段，阵列规模越小，阵列 MTTF 的增加速率越大。当阵列的 MTTF 达到最大值后，随着阵列行数 M 的增加，阵列的 MTTF 不断降低，阵列规模越小，阵列行数 M 每增加 1，阵列失效率的增加量越大，因此阵列规模越小，阵列的 MTTF 下降速率越快。

②电子细胞故障检测覆盖率 p_c 变化对阵列可靠性的影响。

为了分析电子细胞故障检测覆盖率 p_c 变化对于阵列可靠性的影响，则阵列其他参数需要保持一致。设阵列规模见表 9-8，工作细胞失效率 $\lambda_{oc}=4\times10^{-5}/\text{h}$，空闲细胞失效率 $\lambda_{rc}=1\times10^{-5}/\text{h}$，电子细胞故障修复成功率 $p_s=0.98$。5 种规模阵列内电子细胞故障检测覆盖率 p_c 从 0.5 增加到 1 的过程中，阵列的 MTTF 变化如图 9-7 所示。

图 9-7 中，“ECA1”～“ECA5”分别表示表 9-8 中的 5 种规模胚胎电子细胞阵列。5 种规模行移除自修复胚胎电子细胞阵列内，电子细胞故障检测覆盖率 p_c 从 0.5 增加到 1 的过程中，阵列的 MTTF 不断增加，且阵列 MTTF 增长的速率不断增加。电子细胞故障检测覆盖率 p_c 越大，阵列因为故障未被检测出而功能失效的概率就越低，因此随着 p_c 的增

加,阵列的 MTTF 不断增加。由式(9-12)可知,阵列的 MTTF 与电子细胞故障检测覆盖率 p_c 为正相关,p_c 越大,随着 p_c 的增加,阵列 MTTF 的增长率越大。

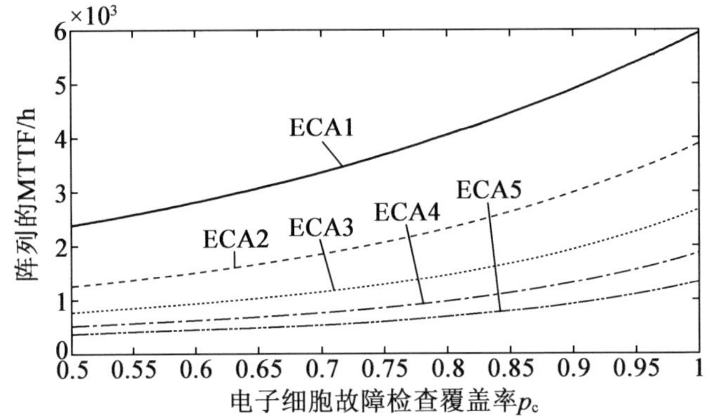

图 9-7 不同 p_c 下 5 种行移除自修复胚胎电子细胞阵列的 MTTF

图 9-7 中,阵列规模越大,随着电子细胞故障检测覆盖率 p_c 的增加,阵列 MTTF 的增长速率越小。阵列的规模越大,阵列中电子细胞数目越多,则阵列因为细胞故障未被检测出而失效的概率越大,因此随着 p_c 的增加,阵列 MTTF 的增长率越小。

③电子细胞故障修复成功率 p_s 变化对阵列可靠性的影响。

为了分析电子细胞故障修复成功率 p_s 变化对于阵列可靠性的影响,则阵列其他参数需要保持一致。设阵列规模见表 6-8,工作细胞失效率 $\lambda_{oc}=4\times10^{-5}/\text{h}$,空闲细胞失效率 $\lambda_{rc}=1\times10^{-5}/\text{h}$,电子细胞故障检测覆盖率 $p_c=0.96$。5 种规模阵列内电子细胞故障修复成功率 p_s 从 0.5 增加到 1 的过程中,阵列的 MTTF 变化如图 9-8 所示。

图 9-8 中,“ECA1”~“ECA5”分别表示表 9-8 中的 5 种规模胚胎电子细胞阵列。5 种行移除自修复胚胎电子细胞阵列内,电子细胞故障修复成功率 p_s 从 0.5 增加到 1 的过程中,阵列的 MTTF 不断增加,且阵列 MTTF 增长的速率不断增加。电子细胞故障修复成功率 p_s 越大,阵列能够成功修复故障的概率就越大,因此随着 p_s 的增加,阵列的 MTTF 不断增加。由式(9-12)可知,阵列的 MTTF 与电子细胞故障修复率 p_s^n 为正相关,因此 p_s 越大,随着 p_s 的增加,阵列 MTTF 的增长速率越大。

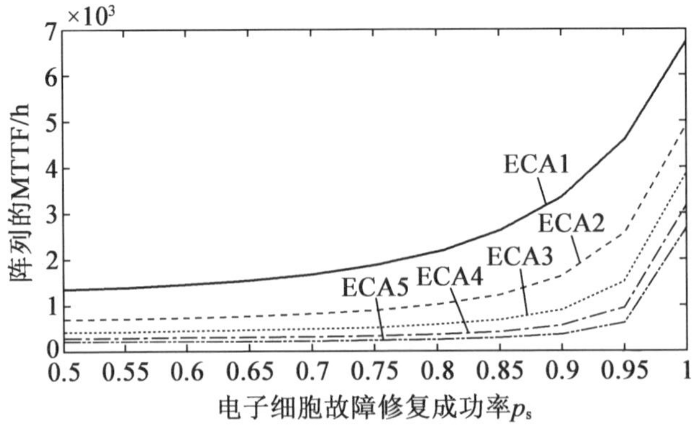

图 9-8 不同 p_s 下 5 种行移除自修复胚胎电子细胞阵列的 MTTF

④工作细胞失效率 λ_{oc} 变化对阵列可靠性的影响。

为了分析工作细胞失效率 λ_{oc} 变化对于阵列可靠性的影响,则阵列其他参数需要保持一致。设阵列规模见表 9-8,空闲细胞失效率 $\lambda_{rc}=1\times10^{-5}/h$,电子细胞故障检测覆盖率 $p_c=0.96$,电子细胞故障修复成功率 $p_s=0.98$。5 种规模阵列内工作细胞失效率 λ_{oc} 从 $1\times10^{-5}/h$ 增加到 $1\times10^{-4}/h$ 的过程中,阵列的 MTTF 变化如图 9-9 所示。

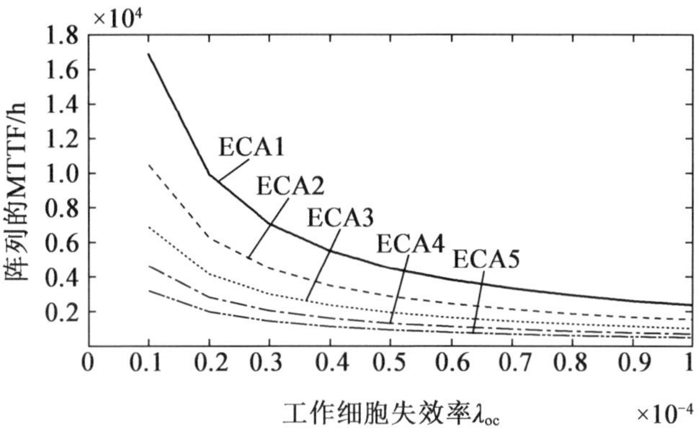

图 9-9　不同 λ_{oc} 下 5 种行移除自修复胚胎电子细胞阵列的 MTTF

图 9-9 中,"ECA1"~"ECA5"分别表示表 6-8 中的 5 种规模胚胎电子细胞阵列。5 种行移除自修复胚胎电子细胞阵列内,工作细胞失效率 λ_{oc} 从 $1\times10^{-4}/h$ 降低到 $1\times10^{-5}/h$ 的过程中,阵列的 MTTF 均不断增加,且阵列 MTTF 的增加速率不断增加。当胚胎电子细胞阵列的规模一定,工作细胞失效率 λ_{oc} 越小,阵列的失效率也越小,因此随着工作细胞失效率 λ_{oc} 的降低,阵列的 MTTF 不断增加。由式(9-12)可知,阵列的可靠性与工作细胞的失效率 λ_{oc} 为负相关,λ_{oc} 越小,随着 λ_{oc} 的降低,阵列 MTTF 的增加量越大。

图 9-9 中,随着工作细胞失效率的降低,阵列规模越小,阵列 MTTF 的增加量越大;反之,阵列 MTTF 的增加量越少。阵列规模越小,阵列内工作细胞数目越少,工作细胞失效率降低,阵列失效率的降低量更大,因此阵列 MTTF 的增加量越大。

⑤空闲细胞失效率 λ_{rc} 变化对阵列可靠性的影响。

为了分析空闲细胞失效率 λ_{rc} 变化对于阵列可靠性的影响,则阵列其他参数需要保持一致。设阵列规模见表 6-8,工作细胞失效率 $\lambda_{oc}=4\times10^{-5}/h$,电子细胞故障检测覆盖率 $p_c=0.96$,电子细胞故障修复成功率 $p_s=0.98$。5 种规模阵列内空闲细胞失效率 λ_{rc} 从 $1\times10^{-6}/h$ 增加到 $4\times10^{-5}/h$ 的过程中,阵列的 MTTF 变化如图 9-10 所示。

图 9-10 中,"ECA1"~"ECA5"分别表示表 6-8 中的 5 种规模胚胎电子细胞阵列。5 种行移除自修复胚胎电子细胞阵列内,空闲细胞失效率 λ_{rc} 从 $1\times10^{-6}/h$ 增加到 $4\times10^{-5}/h$ 的过程中,阵列的 MTTF 近似线性降低,但下降量相对于工作细胞失效率增加要小得多。当胚胎电子细胞阵列的规模一定,空闲细胞失效率 λ_{rc} 越大,阵列的失效率也越大,因此随着空闲细胞失效率 λ_{rc} 的增加,阵列的 MTTF 不断降低。

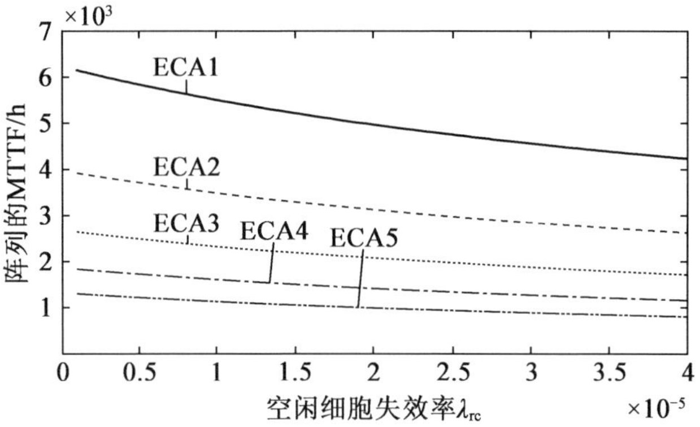

图 9-10　不同 λ_{rc} 下 5 种行移除自修复胚胎电子细胞阵列的 MTTF

图 9-10 中，随着阵列规模的不断增大，降低空闲细胞失效率对于提高阵列 MTTF 的效果越来越差，在 ECA1、ECA2 和 ECA3 中，降低空闲细胞的失效率 λ_{rc} 能够提高阵列的 MTTF，在 ECA4 和 ECA5 中，降低空闲细胞的失效率 λ_{rc}，阵列 MTTF 的增加量较少。因此，在设计胚胎电子细胞阵列时，如果阵列的规模较小，降低空闲细胞的失效率能够提高阵列的 MTTF，但是提高量相对于降低工作细胞失效率要少。当阵列规模较大时，降低空闲细胞失效率，阵列 MTTF 的增加量较少。

行移除胚胎电子细胞阵列内，由阵列内参数变化对可靠性的影响规律可知，通过增加阵列行数 M，提高电子细胞故障检测覆盖率 p_c 和故障修复率成功率 p_s，降低工作细胞失效率 λ_{oc} 均可以有效提高阵列的 MTTF。分析细胞阵列行数 M 变化对于阵列 MTTF 的影响可知，阵列行数 M 并不是越大越好，在阵列行数 M 增加的过程中，可以找到使阵列 MTTF 达到最大时阵列的行数 M，再结合阵列设计对于硬件资源消耗等方面的要求，求出阵列满足设计要求最合理的行数 M，进而得到阵列最合适的布局方式。电子细胞设计过程中，电子细胞故障检测率 p_c 与故障修复成功率 p_s 越大，阵列的 MTTF 越大，应该研究高效的故障检测方法和阵列结构及自修复方式，保证电子细胞的 p_c 和 p_s 尽量地大。同理，电子细胞设计过程中，应保证电子细胞的失效率尽量低。

(2)细胞移除自修复阵列的参数分析。

同理，由温储备细胞移除自修复胚胎电子细胞阵列可靠性分析方法可知，当工作阵列规模 m 和 n 确定后，阵列的可靠性与阵列的行数 M、列数 N、工作细胞失效率 λ_{oc}，空闲细胞失效率 λ_{rc}，电子细胞故障检测覆盖率 p_c，电子细胞故障修复成功率 p_s 均相关。为了更好地分析参数变化对于阵列可靠性的影响，进而优化阵列的设计，选择 5 种规模胚胎电子细胞阵列，见表 9-9。

表 9-9　5 种细胞移除自修复胚胎电子细胞阵列

阵列规模	阵列 1	阵列 2	阵列 3	阵列 4	阵列 5
$M\times N$	4×4	5×5	6×6	7×7	8×8
$m\times n$	2×2	3×2	3×3	4×3	4×4

①阵列行数 M 变化对阵列可靠性的影响。

为了分析阵列行数 M 变化对阵列可靠性的影响，则阵列其他参数需要保持一致，设阵列规模见表 9-9。工作细胞失效率 $\lambda_{oc}=4\times10^{-5}/h$，空闲细胞失效率 $\lambda_{rc}=1\times10^{-5}/h$，电子细胞故障检测覆盖率 $p_c=0.96$，电子细胞故障修复成功率 $p_s=0.98$。5 种阵列内行数 M 从 m 增加到 50 的过程中，阵列的 MTTF 变化如图 9-11 所示。

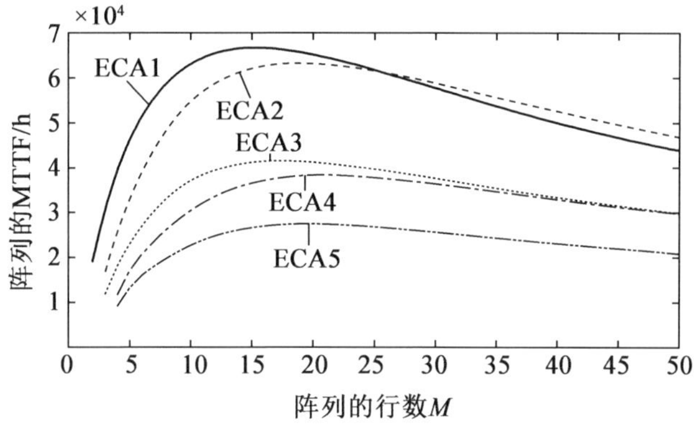

图 9-11　不同 M 下 5 种细胞移除自修复胚胎电子细胞阵列的 MTTF

图 9-11 中，“ECA1”~“ECA5”分别表示表 6-9 中的 5 种规模胚胎电子细胞阵列。5 种规模细胞移除胚胎电子细胞阵列内，当阵列的行数 M 从 m 增加到 50 的过程中，阵列的 MTTF 先不断增加，增加到一个最大值后，阵列的 MTTF 开始不断下降。ECA1 中，当行数 $M=15$，阵列的 MTTF 达到最大值；同理，ECA2 中，当行数 $M=19$，阵列的 MTTF 达到最大值；ECA3 中，当行数 $M=17$，阵列的 MTTF 达到最大值；ECA4 中，当行数 $M=21$，阵列的 MTTF 达到最大值；ECA5 中，当行数 $M=20$，阵列的 MTTF 达到最大值。细胞移除自修复胚胎电子细胞阵列内，阵列行数 M 从 m 开始增加的初始阶段，增加阵列行数 M 能够有效增加阵列的故障自修复次数，因此阵列的 MTTF 不断增加。随着阵列行数 M 的不断增加，阵列行数 M 越多，阵列功能失效的概率就大。同时，因为电子细胞的故障检测覆盖率 $p_c<1$，电子细胞故障修复成功率 $p_s<1$，阵列行数 M 越多，阵列因为故障未被检测出或成功修复而失效的概率也越大，因此阵列的 MTTF 会不断下降。

从 ECA1 至 ECA5，阵列的规模不断增加。图 9-11 中，阵列行数 M 从 m 增加的初始阶段，阵列的规模越小，阵列 MTTF 的增加速率越大，当阵列的 MTTF 达到最大值后开始下降的过程中，阵列规模越小，阵列 MTTF 的下降速率越大。阵列规模越小，阵列内电子细胞数目越少，阵列内工作电子细胞数目越少，因此阵列失效的概率越低，同时阵列因为故障未被检测出来或成功修复而失效的概率越低。细胞移除自修复胚胎电子细胞阵列内,阵列每增加 1 个空闲电子细胞行,阵列只能多修复 $N-n$ 个故障,因此 5 种胚胎电子细胞阵列内,阵列行数 M 从 m 增加到 50 的初始阶段,阵列规模越小,阵列 MTTF 的增加速率越大。当阵列的 MTTF 达到最大后,随着阵列行数 M 的增加,阵列的 MTTF 不断降低,阵列规模越小,阵列行数 M 每增加 1,阵列失效率的增加量越大,因此阵列规模越小,阵列的 MTTF 下降速率越快。

②阵列列数 N 变化对阵列可靠性的影响。

为了分析阵列列数 N 变化对阵列可靠性的影响,则阵列其他参数需要保持一致。设阵列规模见表 9-9,工作细胞失效率 $\lambda_{oc}=4\times10^{-5}/\mathrm{h}$,空闲细胞失效率 $\lambda_{rc}=1\times10^{-5}/\mathrm{h}$,电子细胞故障检测覆盖率 $p_c=0.96$,电子细胞故障修复成功率 $p_s=0.98$。5 种阵列内列数 N 从 n 增加到 50 的过程中,阵列的 MTTF 变化如图 9-12 所示。

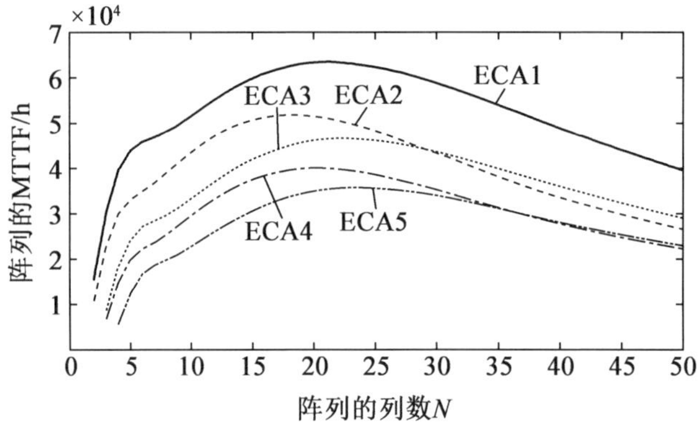

图 9-12 不同 N 下 5 种细胞移除自修复胚胎电子细胞阵列的 MTTF

图 9-12 中,“ECA1”~“ECA5”分别表示表 6-9 中的 5 种规模胚胎电子细胞阵列。5 种规模细胞移除胚胎电子细胞阵列内,阵列的列数 N 从 n 增加到 50 的过程中,阵列的 MTTF 先不断增加,增加到一个最大值后,阵列的 MTTF 开始不断下降。ECA1 中,当列数 $N=21$,阵列的 MTTF 达到最大值;同理,ECA2 中,当列数 $N=18$,阵列的 MTTF 达到最大值;ECA3 中,当列数 $N=23$,阵列的 MTTF 达到最大值;ECA4 中,当列数 $N=20$,阵列的 MTTF 达到最大值;ECA5 中,当列数 $N=24$,阵列的 MTTF 达到最大值。细胞移除自修复胚胎电子细胞阵列内,当阵列列数 N 从 n 开始增加的开始阶段,增加阵列列数 N 能够有效增加阵列的故障自修复次数,因此阵列的 MTTF 不断增加。随着阵列列数 N 的不断增加,阵列中列数 N 越大,阵列失效的概率就大。同时,因为电子细胞的故障检测覆盖率 $p_c<1$,电子细胞故障修复成功率 $p_s<1$,因此阵列列数 N 越多,阵列因为故障未被检测出或成功修复而失效的概率也越大,因此阵列的 MTTF 会不断下降。

图 9-12 中,5 种细胞移除自修复胚胎电子细胞阵列中,随着阵列的列数 N 从 n 增加到 50 的过程中,阵列 MTTF 的增加的速率不断下降。阵列列数 N 每增加 1,阵列能够多修复 M 次故障,随着 N 的增加,阵列中电子细胞数目不断增加,阵列的失效率不断增加。

且电子细胞的故障检测覆盖率 $p_c<1$,电子细胞故障修复成功率 $p_s<1$,阵列因为电子细胞故障未被检测出或成功修复而失效的概率不断增加,因此阵列 MTTF 增长的速率不断减小。

③电子细胞故障检测覆盖率 p_c 变化对阵列可靠性的影响。

为了分析电子细胞故障检测覆盖率 p_c 变化对阵列可靠性的影响,则阵列其他参数需要保持一致。设阵列规模见表 9-9,工作细胞失效率 $\lambda_{oc}=4\times10^{-5}$/h,空闲细胞失效率 $\lambda_{rc}=1\times10^{-5}$/h,电子细胞故障修复成功率 $p_s=0.98$。5 种规模阵列内电子细胞故障检测覆盖率 p_c 从 0.5 增加到 1 的过程中,阵列的 MTTF 变化如图 9-13 所示。

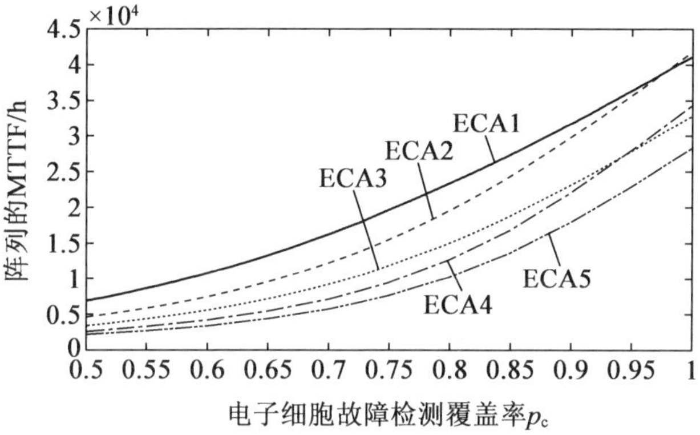

图 9-13　不同 p_c 下 5 种细胞移除自修复胚胎电子细胞阵列的 MTTF

图 9-13 中,"ECA1"~"ECA5"分别表示表 6-9 中的 5 种规模胚胎电子细胞阵列。5 种细胞移除自修复胚胎电子细胞阵列内,电子细胞故障检测率 p_c 从 0.5 增加到 1 的过程中,阵列的 MTTF 不断增加,且阵列 MTTF 增长的速率不断增加。胚胎电子细胞故障检测覆盖率 p_c 越大,阵列因为故障未被检测出而失效的概率就低,因此随着 p_c 的增加,阵列的 MTTF 不断增加。由式(9-18)可知,阵列的 MTTF 与电子细胞故障检测覆盖率 p_c 为正相关,p_c 越大,随着 p_c 的增加,阵列 MTTF 增长的速率越大。

④电子细胞故障修复成功率 p_s 变化对阵列可靠性的影响。

为了分析电子细胞故障修复成功率 p_s 变化对于阵列可靠性的影响,则阵列其他参数需要保持一致。设阵列规模见表 9-9,工作细胞失效率 $\lambda_{oc}=4\times10^{-5}$/h,空闲细胞失效率 $\lambda_{rc}=1\times10^{-5}$/h,电子细胞故障检测覆盖率 $p_c=0.96$。5 种规模阵列内电子细胞故障修复成功率 p_s 从 0.5 增加到 1 的过程中,阵列的 MTTF 变化如图 9-14 所示。

图 9-14 中,"ECA1"~"ECA5"分别表示表 6-9 中的 5 种规模胚胎电子细胞阵列。5 种细胞移除自修复胚胎电子细胞阵列内,电子细胞故障修复成功率 p_s 从 0.5 增加到 1 的过程中,阵列的 MTTF 不断增加,且阵列 MTTF 增长的速率不断增加。胚胎电子细胞故障修复率 p_s 越大,阵列能够成功修复故障的概率就越大,因此随着 p_s 的增加,阵列的 MTTF 不断增加。由式(9-18)可知,阵列的 MTTF 与电子细胞故障修复成功率 p_s^n 为正相关,p_s 越大,随着 p_s 的增加,阵列 MTTF 增长的速率越大。

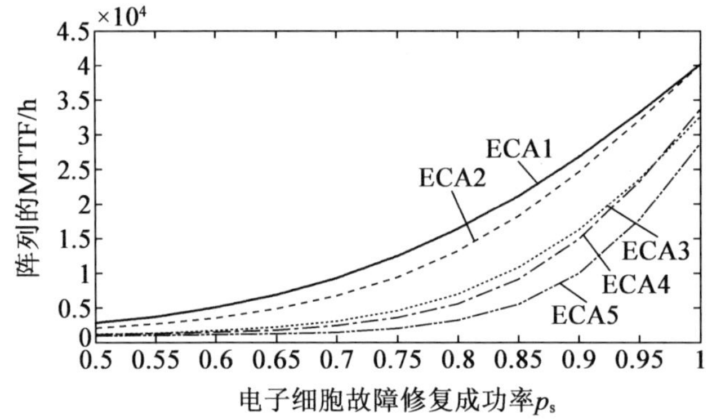

图 9-14 不同 p_s 下 5 种细胞移除自修复胚胎电子细胞阵列的 MTTF

⑤工作细胞失效率 λ_{oc} 变化对阵列可靠性的影响。

为了分析工作细胞失效率 λ_{oc} 变化对阵列可靠性的影响，则阵列其他参数需要保持一致。设阵列规模见表 9-9，空闲细胞失效率 $\lambda_{rc}=1\times10^{-5}$/h，电子细胞故障检测覆盖率 $p_c=0.96$，电子细胞故障修复成功率 $p_s=0.98$。5 种规模阵列内工作细胞失效率 λ_{oc} 从 1×10^{-5}/h 增加到 1×10^{-4}/h 的过程中，阵列的 MTTF 变化如图 9-15 所示。

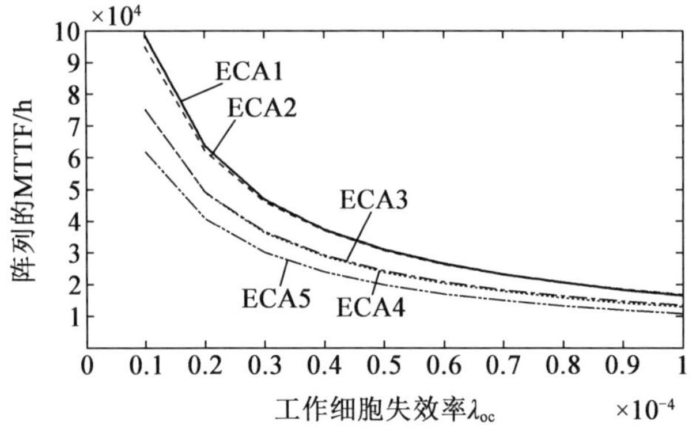

图 9-15 不同 λ_{oc} 下 5 种细胞移除自修复胚胎电子细胞阵列的 MTTF

图 9-15 中，"ECA1"~"ECA5"分别表示表 6-9 中的 5 种规模胚胎电子细胞阵列。5 种细胞移除自修复胚胎电子细胞阵列内，工作细胞失效率 λ_{oc} 从 1×10^{-4}/h 降低到 1×10^{-5}/h 的过程中，阵列的 MTTF 均不断增加，且阵列 MTTF 增加速率不断增加。当胚胎电子细胞阵列的规模一定，工作细胞失效率 λ_{oc} 越小，阵列的失效率也越小，因此随着工作细胞失效率 λ_{oc} 的降低，阵列的 MTTF 不断增加。由式(9-18)可知，阵列的可靠性与工作细胞的失效率 λ_{oc} 为负相关，且 λ_{oc} 越小，随着 λ_{oc} 的降低，阵列 MTTF 的增加量越大。阵列 2 比阵列 1 多 2 个工作细胞，阵列规模接近，因此两个阵列的 MTTF 变化曲线很接近，同理阵列 3 和阵列 4 的 MTTF 变化曲线也很接近。

⑥空闲细胞失效率 λ_{rc} 变化对阵列可靠性的影响。

为了分析空闲细胞失效率 λ_{rc} 变化对阵列可靠性的影响，则阵列其他参数需要保持一致。设阵列规模见表 9-9,工作细胞失效率 $\lambda_{oc}=4\times10^{-5}/h$,电子细胞故障检测覆盖率 $p_c=0.96$,电子细胞故障修复成功率 $p_s=0.98$。5 种规模阵列内空闲细胞失效率 λ_{rc} 从 $1\times10^{-6}/h$ 增加到 $4\times10^{-5}/h$ 的过程中,阵列的 MTTF 变化如图 9-16 所示。

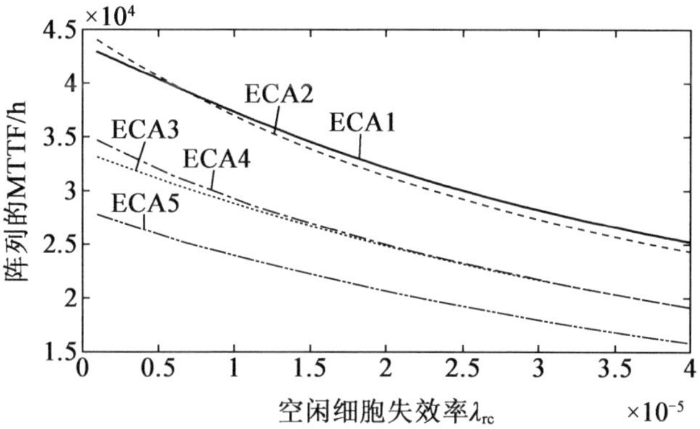

图 9-16　不同 λ_{rc} 下 5 种细胞移除自修复胚胎电子细胞阵列的 MTTF

图 9-16 中,"ECA1"~"ECA5"分别表示表 6-9 中的 5 种规模的胚胎电子细胞阵列。5 种细胞移除自修复胚胎电子细胞阵列内,空闲细胞失效率 λ_{rc} 从 $1\times10^{-6}/h$ 增加到 $4\times10^{-5}/h$ 的过程中,阵列的 MTTF 近似线性降低。细胞移除自修复胚胎电子细胞阵列内,空闲细胞的使用率更高,因此随着空闲细胞失效率 λ_{rc} 的增加,阵列的失效率也越大,因此随着空闲细胞失效率 λ_{rc} 的增加,阵列的 MTTF 不断降低。因为,ECA1 和 ECA2 的规模很近似,空闲细胞失效率 λ_{rc} 变化过程中,阵列的 MTTF 曲线很接近。同理,随着空闲细胞失效率 λ_{rc} 的变化,阵列 3 和阵列 4 的 MTTF 曲线也很接近。

细胞移除胚胎电子细胞阵列内,由阵列内参数变化对阵列可靠性的影响规律可知,通过增加阵列行数 M 和列数 N,提高电子细胞故障检测覆盖率 p_c 和故障修复成功率 p_s,降低工作细胞失效率 λ_{oc} 和空闲细胞失效率 λ_{rc} 均可以提高阵列的 MTTF。通过分析细胞阵列行数 M 和列数 N 变化对于阵列 MTTF 的影响可知,阵列行数 M 和列数 N 并不是越大越好,在阵列的行数 M 和列数 N 增加的过程中,可以找到使阵列 MTTF 达到最大时阵列的行数 M 和列数 N,再结合阵列设计对于硬件资源消耗等方面的要求,求出阵列满足设计要求最合理的行数 M 和列数 N,进而得到阵列最合适的布局方式。电子细胞设计过程中,电子细胞故障检测覆盖率 p_c 与故障修复成功率 p_s 越大,阵列的 MTTF 越大,应该研究高效的故障检测方法和阵列结构与自修复策略,保证电子细胞的故障检测覆盖率 p_c 和故障修复成功率 p_s 尽量的大。同理,电子细胞设计过程中,应保证电子细胞的失效率尽量低。

9.4 本章小结

本章以二维胚胎电子细胞阵列可靠性函数和基于 Markov 状态图法阵列可靠性分析方法为基础,将胚胎电子细胞阵列等效为 k-out-of-n 温储备系统,引入细胞故障检测覆盖率和故障修复成功率参数,基于 k-out-of-n 温储备系统可靠性理论与非齐次连续时间 Markov 可靠性理论,提出了一种温储备胚胎电子细胞阵列的可靠性分析方法,该方法可以推广到其他类型阵列的可靠性分析过程。以现有典型热储备胚胎电子细胞阵列可靠性分析方法为参考标准,开展多种规模胚胎电子细胞阵列可靠性对比分析实验,实验结果表明温储备胚胎电子细胞阵列可靠性分析方法能够更加有效地计算阵列的可靠性,为阵列可靠性的分析提供了一种新方法。阵列内参数变化对可靠性的影响分析结果表明,通过提高电子细胞故障检测覆盖率与故障修复成功率、降低电子细胞的失效率,可有效提高阵列的可靠性。增大阵列规模在初始阶段能够有效提高阵列的可靠性,但随着阵列规模的进一步增加,阵列的可靠性反而将降低。胚胎电子细胞阵列可靠性变化规律能够为阵列的优化设计提供理论支持。

第3篇　胚胎型仿生电子系统应用与实验

第 10 章　FIR 数字系统自修复设计

当前胚胎型仿生硬件的相关研究主要停留在理论阶段,实现的功能电路主要为全加器、计数器等小规模电路。一些滤波器、PID 控制器等大规模电路的实现都是通过专用细胞设计实现的,单个细胞功能较大,相对复杂。复杂度的增加必然意味着可靠性的降低,解决在通用的细胞结构基础上完成数字电路的设计这一问题是非常必要的,而应用本书第 3 章节中提出的多细胞的阵列结构能够较好地完成这一任务。

本章将分析数字电路的特征和特点,针对有限冲击响应数字系统进行通用的设计方法研究,介绍如何将数字电路映射为细胞阵列,给出确定细胞阵列规模的方法,最后对遗传算法实现细胞阵列分化的过程进行深入的分析。

10.1　电路原理分析

随着电路系统集成度的提高和规模的不断扩大及计算机技术的迅速发展,数字技术以其抗干扰及抗噪声性能好、易加密、差错可控等优点渗透进科学技术的多个领域。一个具有特定的数字信号处理功能的电路可以看成一个系统,系统对输入的信号进行加工和处理输出目标信号。数字电路系统的基本模型如图 10-1 所示。图中的方框表示某种系统,输入的信号为激励,输出的信号为响应。

图 10-1　数字电路系统的基本模型

按数字电路系统输入输出的特性可以分为线性系统与非线性系统;移变系统与移不变系统;因果系统与非因果系统等。所谓线性系统,就是输入输出满足齐次性和叠加性原理的系统。而移变系统,则指系统的参数随时间变化。因果系统是指激励是产生响应的原因,响应是激励作用于系统的结果,响应不超前激励而变化。因非线性、非移变系统可以近似或分解为线性移不变系统,初始状态为 0 的线性移不变系统是我们主要研究的内容。

为了便于研究系统的特点、对系统进行分析,往往需要将电路结构的功能或者特点映射为数学形式,即建立系统的数学模型。然后就可以应用数学的方法处理和简化系统。为了将系统转化为数学模型,首先需要了解冲击函数。

普通函数就是将一个维度空间的数据映射到另一个维度空间的数据,将某个函数集看作空间的一个点，这类函数就构成了某一函数空间。广义函数则是将函数空间中的每个函数(检验函数)赋予一个数值 N 的映射，可表示为式(10-1)。

$$\int_{-\infty}^{\infty} g(t)\varphi(t)\,\mathrm{d}t = N[g(t),\varphi(t)] \tag{10-1}$$

式中，$g(t)$ 为广义函数；$\varphi(t)$ 为检验函数，相当于函数的自变量，所有 $\varphi(t)$ 组成的集合为定义域。检验函数 $\varphi(t)$ 是连续的，具有任意阶导数，且各阶导数在无限远处急速下降。

按照广义函数定义，冲击响应 $\delta(t)$ 定义为

$$\int_{-\infty}^{\infty} \delta(t)\varphi(t)\,\mathrm{d}t = \varphi(0) \tag{10-2}$$

即冲击响应作用于 $\varphi(t)$ 的效果就是给它赋值 $\varphi(0)$。简言之，能从 $\varphi(t)$ 中筛选出函数值 $\varphi(0)$ 的函数称之为冲击函数。其积分具有以下性质：

$$\int_{-\infty}^{\infty} \delta(t)\,\mathrm{d}t = 1 \tag{10-3}$$

对于线性移不变系统来讲，输入为单位冲击函数时，系统输出称为单位冲击响应，简称冲击响应，记为 $h(t)$。

定义强度为 1，宽度很窄的脉冲为 $p_n(t)$，则

$$\delta(t) = \lim_{\Delta\tau\to 0} p_n(t) \tag{10-4}$$

任意激励信号 $f(t)$ 都可以分解为宽度为 $\Delta\tau$ 的窄脉冲的和：

$$f(t) = \sum_{k=-\infty}^{\infty} f(k\Delta\tau)p_n(t-k\Delta\tau)\Delta\tau = \int_{-\infty}^{\infty} f(\tau)\delta(t-\tau)\,\mathrm{d}t \tag{10-5}$$

式中，$\Delta\tau\to 0$，k 为整数。则系统的响应同样可以分解为多个冲击响应的线性组合：

$$y_f(t) = \lim_{\substack{n\to\infty\\ \Delta\tau\to 0}} \sum_{k=-\infty}^{\infty} f(k\Delta\tau)h_n(t-k\Delta\tau)\Delta\tau = \int_{-\infty}^{\infty} f(\tau)\mathrm{h}(t-\tau)\,\mathrm{d}t \tag{10-6}$$

由此可得系统响应与激励之间的关系为：$r(t)=e(t)\times h(t)$，其中 $r(t)$ 为响应(输出)，$e(t)$ 为激励(输入)。因此，系统的单位冲击响应是系统特性的一种数学形式。采样后的数字表示形式为

$$r(n) = \sum_{n=0}^{\infty} f(n)h(T-n) \tag{10-7}$$

式(10-7)为乘累加结构。当系统的单位冲击函数无限长时，乘累加结构有无穷多项。当单位冲击响应为有限长时，系统的结构可以分解为有限项乘累加结构。也就是说，对于任意的有限冲击响应系统，其功能都可以分解为有限多个乘累加功能来实现。

对于有限冲击响应系统，在基于电子细胞阵列的数字电路设计中，为了避免细胞阵列规模的过大问题，采用第 3 章介绍的分层分类的方法，将阵列功能拆分成一个个乘累加结构来实现。每个子阵列的输入为前一级输出的地址信息的输入，时钟信号，前一级的乘累加结果。输出信号为再移位后的输出乘当前系数相加后的结果，FIR 系统的子阵列示意图如图 10-2 所示。

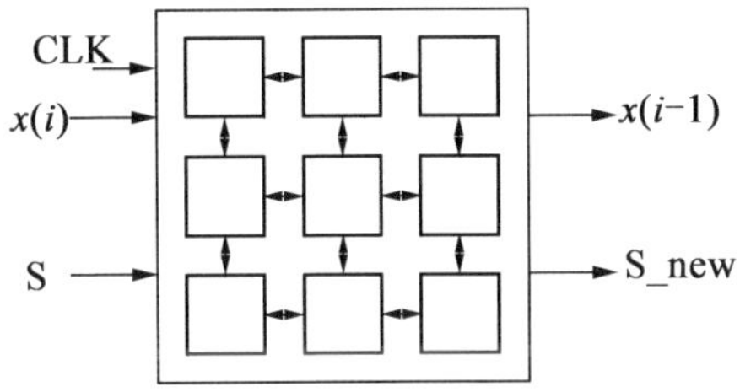

图 10-2　FIR 系统的子阵列示意图

目标电路电路就是每一个乘累加子阵列的级联,如图 10-3 所示。

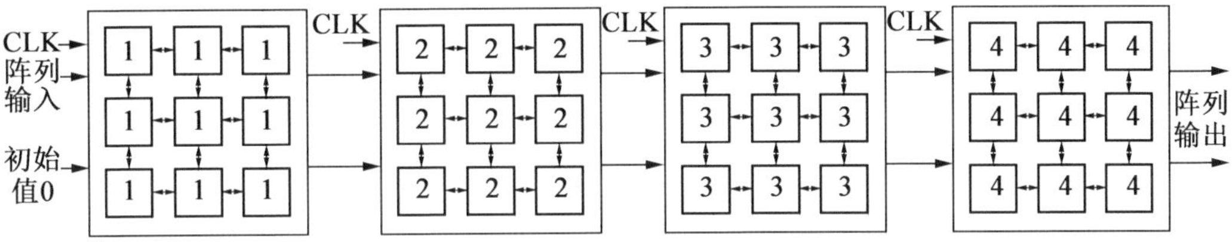

图 10-3　FIR 系统电子阵列结构图

10.2　细胞阵列的确定

LUT 结构的电子细胞相对于 MUX 结构来说,细胞粒度较大,同时具有很好的通用性。但是当前 LUT 结构的细胞基本都是专用型电子细胞,细胞粒度较大,阵列规模较小,通过对目标电路的分析得到每个细胞的功能,进一步设计细胞结构,确定细胞的配置信息,虽然实现简单,但可靠性较低,设计过程需要对电路的原理比较熟悉。而通用型 LUT 结构的电子细胞阵列更实用于电路的设计,不用每次都重新设计细胞结构。对于不同的电路结构只需要重新确定细胞阵列的规模及每个细胞的配置信息。由于二叉决策图把电路映射为了树状结构,对整体功能进行有效的分解,本节将借助目标电路真值表或状态转移表所对应的二叉决策图,实现电子细胞阵列规模的确定。

根据 1.3 节中介绍的步骤,首先画出细胞阵列的二叉决策图,对细胞阵列的二叉决策图进行组合,将每 4 个输入 1 个输出组合成 1 个单元。然后映射成以单元为单位的新的图。根据每个单元所包含部分的二叉决策图写出单元的真值表即对应的每个电子细胞功能模块 LUT 的真值表(储存在配置存储模块)。根据布线的复杂度确定细胞阵列的规模。具体操作以 4×4 位(均为无符号数,4 位输入为被乘数,4 位常数为乘数,设为 1011)的乘法器为例进行说明。乘法器的真值表见表 10-1。

表 10-1 乘法器的真值表

In3	In2	In1	In0	O7	O6	O5	O4	O3	O2	O1	O0
0	0	0	0	0	0	0	0	0	0	0	0
0	0	0	1	0	0	0	0	1	0	1	1
0	0	1	0	0	0	0	1	0	1	1	0
0	0	1	1	0	0	1	0	0	0	0	1
0	1	0	0	0	0	1	0	1	1	0	0
0	1	0	1	0	0	1	1	0	1	1	1
0	1	1	0	0	1	0	0	0	0	1	0
0	1	1	1	0	1	0	0	1	1	0	1
1	0	0	0	0	1	0	1	1	0	0	0
1	0	0	1	0	1	1	0	0	0	1	1
1	0	1	0	0	1	1	0	1	1	1	0
1	0	1	1	0	1	1	1	1	0	0	1
1	1	0	0	1	0	0	0	0	1	0	0
1	1	0	1	1	0	0	0	1	1	1	1
1	1	1	0	1	0	0	1	1	0	1	0
1	1	1	1	1	0	1	0	0	1	0	1

为了简便表示,用 A 代表 In3,B 代表 In2,C 代表 In1,D 代表 In0,乘法器的逻辑表达式为

$$\left.\begin{aligned}
O7&=AB\\
O6&=\bar{A}BC+A\bar{B}\\
O5&=ABCD+A\bar{B}\bar{C}D+\bar{A}B\bar{C}+\bar{A}\bar{B}CD\\
O4&=\bar{A}\bar{B}C\bar{D}+\bar{A}B\bar{C}D+ABC\bar{D}+A\bar{B}CD\\
O3&=\bar{A}\bar{B}\bar{C}D+A\bar{B}\bar{D}+\bar{A}B\bar{C}\bar{D}+\bar{A}BCD+AB\bar{C}D+ABC\bar{D}\\
O2&=AB\bar{C}+\bar{A}B\bar{C}+BCD+\bar{B}C\bar{D}=BD+\bar{B}C\bar{D}+B\bar{C}\bar{D}\\
O1&=\bar{B}C\bar{D}+B\bar{C}D+BC\bar{D}+\bar{B}\bar{C}D\\
O0&=D
\end{aligned}\right\}\tag{10-4}$$

乘法器的二叉决策图如图 10-4 所示。若以 3 输入 1 输出的 LUT 为单个细胞功能,则将每 3 个输入 1 个输出划为一个整体,如图 10-4 中虚线圈所示。O7、O6、O2、O1 需要 1 个细胞,O5、O4、O3 每个细胞都需要 3 个细胞,O0 直接将输入作为输出,不需要细胞执行功能。所以需要执行功能的细胞共 4+3×3=13 个。电子阵列的布局如图 10-5 所示。

上面的设计只体现了细胞阵列之间的功能关系，没有考虑细胞的布线，为了保证细胞与细胞之间的连接及输入输出的方向，将细胞阵列规模扩大到 6×6，来实现细胞阵列的分化。

从图中读取每个细胞执行的逻辑功能，获得每个细胞的真值表。每个细胞执行的逻辑功能如式(10-5)所示。其中，out1 为当前输出的左下方细胞的输出，out2 为当前输出的右下方细胞的输出，out3 为当前输出的最上方细胞的输出，其编号与图 10-5 中的下标保持一致。

$$
\begin{aligned}
O7:&\ out1=AB\\
O6:&\ out1=\bar{A}BC+A\bar{B}\\
O5:&\ out1=\bar{A}B\bar{C}\\
&\ out2=ABC+\bar{A}\bar{B}C+A\bar{B}\bar{C}+\bar{A}B\bar{C}\\
&\ out3=\bar{D}out1+Dout2\\
O4:&\ out1=\bar{A}\bar{B}C+ABC\\
&\ out2=\bar{A}B\bar{C}+A\bar{B}C\\
&\ out3=\bar{D}out1+Dout2\\
O3:&\ out1=\bar{A}B\bar{C}+A\bar{B}\bar{C}+AC\\
&\ out2=\bar{A}\bar{B}\bar{C}+AB\bar{C}+\bar{A}BC\\
&\ out3=\bar{D}out1+Dout2\\
O2:&\ out1=BD+B\bar{C}\bar{D}+\bar{B}C\bar{D}\\
O1:&\ out1=\bar{C}D+C\bar{D}
\end{aligned}
\tag{10-5}
$$

由此，每个功能细胞的 LUT 真值表得以确定。以上选用 3 输入 1 输出的 LUT，主要是为了说明细胞阵列规模确定的过程。因为在实际电路的设计中，单个阵列实现的是乘累加功能，功能相对乘法更为复杂。因此在实际设计中，采用了 4 输入 1 输出的 LUT。实现上述乘法器功能，仅需 7 个细胞，每个细胞执行 O7、O6、O5、O4、O3、O2、O1 其中一个输出的运算，每个细胞的真值表对应上表相应输出的真值表。

然后考虑细胞阵列的加法。设定加法执行的逻辑功能为 C′[11:0]=C[11:0]+O[7:0]，其计算过程如图 10-6 所示。

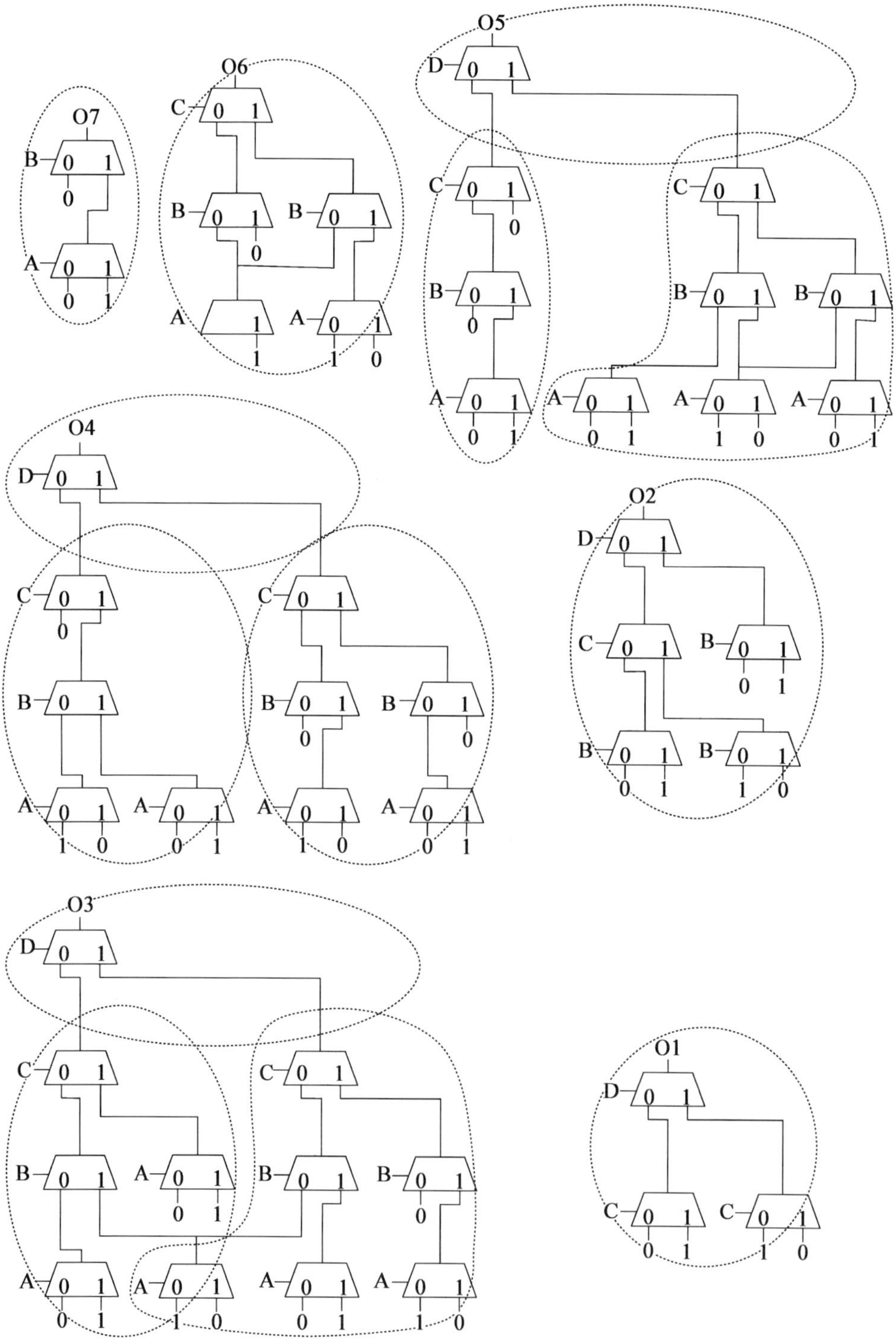

图 10-4 乘法器的二叉决策图

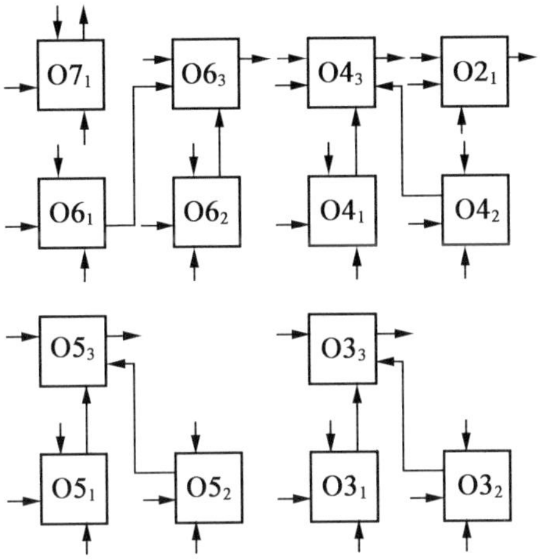

图 10-5　乘法器阵列布局图

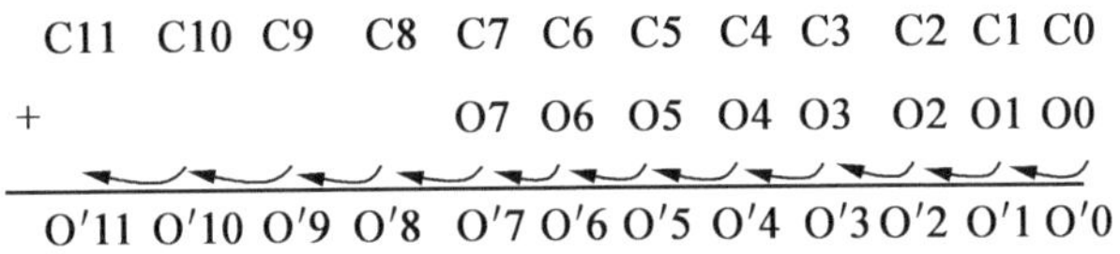

图 10-6　加法的计算过程

分析图 10-6，可以得出每一位的输出只与 3 个数有关系：当前位的加数、当前位的被加数和前一位的进位。将加法运算每一位拆开来就是一个全加器，输入为 3 位，输出为 2 位。4 输入 1 输出 LUT 功能模块，各需要两个电子细胞。因此，加法部分的功能细胞共需要 2×12＝24 个。加法布局示意图如图 10-7 所示。

再者，要考虑输入的移位。一共 4 个输入，因此输出也是 4 位，每个细胞能够实现一位信号后移 1 位，因此，移位部分还需要 4 个细胞。整个乘累加操作共需要 14+24+4＝42 个电子细胞执行功能。为了保证足够细胞用来布线，选定细胞阵列规模 9×9 进行下一步阵列的分化。

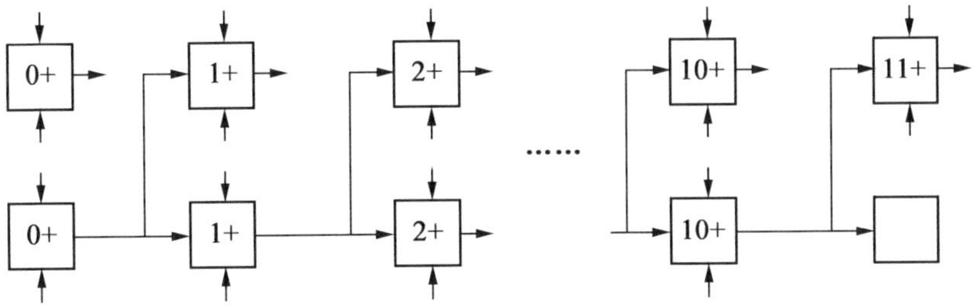

图 10-7　加法布局示意图

10.3 电子细胞阵列的分化

细胞阵列的分化一直都是电子细胞阵列面临的关键问题之一,也是本节主要研究的问题。首先分析一下电子细胞阵列的特点:结构相同,细胞与细胞之间的连接通过配置存储模块控制。换言之,细胞的配置信息是用来确定细胞阵列的连接及每个细胞的真值表的。仿生硬件中,与胚胎型仿生硬件并驾齐驱的是进化型仿生硬件(evolvable hardware, EHW)。演化硬件的应用除了与胚胎型仿生硬件一致的实现具有自组织、自适应、自修复特性的电路之外,还有一个重要的应用就是根据功能或指标的要求,获取电路结构和参数,通过进化算法实现对电路的设计。这正是电子细胞阵列分化需要解决的问题。演化硬件=可编程逻辑器件+进化算法。演化硬件技术就是通过进化算法对可编程逻辑器件进行控制,进行电路的设计或者重构。可编程逻辑器件是演化硬件的设计实现载体,演化算法则是演化硬件的理论基础。

电子细胞阵列可以视作一个可编程逻辑器件,每一个电子细胞视作一个可编程单元。对配置信息的确定,就是电子细胞功能的确定。应用演化硬件技术将电子细胞阵列和演化算法相结合,将电子细胞阵列的结构进行编码(就是每个细胞的配置信息的组合)通过进化算法求出满足设计要求的电路结构(获得每个细胞的配置信息)。

10.3.1 遗传算法

遗传算法(genetic algorithm, GA),顾名思义就是仿照生物的遗传进化设计的算法。遗传算法最早出现在 1967 年,由 Holland 的学生 Bagley 在其博士论文中首次提出并应用,是一种高效、鲁棒性强的优化算法。

自提出以来,遗传算法得到了迅速的发展,尤其在近十年以来更是得到了飞速的发展。遗传算法以其独有的优势吸引了国内外广大学者的关注,目前,已被应用到许多领域:如生物技术领域、微电子学、模拟建模、人工智能、计算机辅助设计等,成为当前解决全局优化问题最有力的工具之一。

(1)基本流程。

遗传算法模拟生物的进化和遗传机制,主要思想就是"优胜劣汰",更适应环境的个体存留在系统中,适应性比较差的则淘汰出去。留在环境中的通过遗传方式产生下一代,因系统容量有限,同样适用性更高的留在系统中,适应性相对较差的淘汰,通过一代一代的遗传,系统中个体的适用性越来越好,直到满足设计要求的个体出现或者遗传代数达到算法中所设定的最大值。

按照生物中的繁殖、杂交和突变等遗传过程。遗传算法的设计首先要将待解决的问题进行编码,根据一定的规则生成一定数量的个体,构成初始种群。然后根据需求设计适应度函数,对种群中的每个个体进行适应度函数计算,若不符合设计要求,则根据每个个体的适用度值,对当前种群(父代)进行选择,然后模拟生物繁殖、杂交过程,适应度高的父代个体进行交叉，然后模拟生物的突变过程，对新产生的个体进行一定的变异，形成新的种群（子代）更新原来的种群，然后对其个体进行适应度计算，重复以上过程，直至某个个体的适应度达到要求。为防止没有最优解或进化过程参数不合理，算法陷入死循环，都要在算法设计的时候设定最大进化代数，当进化代数达到预设的最大值，仍无最优解时，算法终结。其流程如图 10-8 所示。

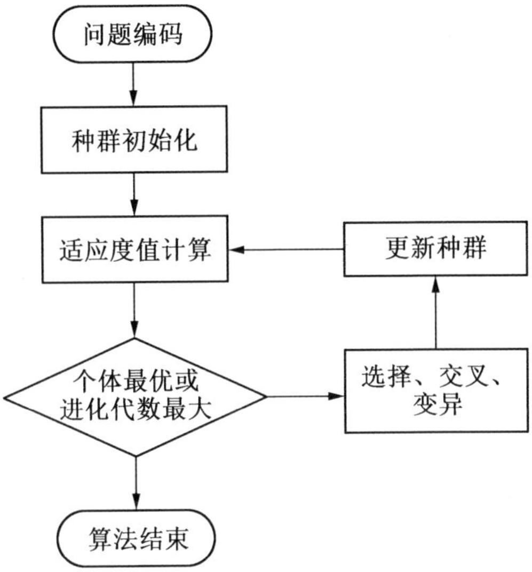

图 10-8　遗传算法流程图

Step1　对待解决的问题进行编码；

Step2　生成初始种群（父代）；

Step3　计算种群中每个个体的适应度；

Step4　判断个体是否满足需求（最优），若不满足，运行 Step 5，满足则运行 Step 8；

Step5　对父代个体进行交叉和变异，产生子代个体；

Step6　更新种群，新生成的子代作为父代转到 Step 3；

Step7　算法终止。

遗传算法现在已经比较成熟，易于用计算机进行处理，在很多应用中取得了很好的效果。

（2）遗传算法的实现。

①编码策略。

所谓编码，简单来讲，就是实际应用或电路结构的变量不能直接作为遗传算法操作的对象，从而进行转化的过程，也就是工程应用中的变量到算法操作对象的映射过程。编码是设计遗传算法最基本的工作，在其基础上，选择交叉、变异等操作。目前，遗传算法的编码没有一个通用的方法，都需要对具体的应用问题进行研究，但都需要满足一下 3 个条件：

a. 完备性，要求问题空间中的所有解都能作为算法个体基因来表现；

b. 健全性,遗传算法空间中的所有个体基因都对应问题空间中的解;

c. 非冗余性,个体基因和问题解一一对应。

当前的编码方法主要分为三大类:二进制编码方法、浮点数编码方法和符号编码方法。二进制编码方法以其简单易行、便于操作、通用性强的特点成为当前最常用的编码方法。浮点数编码方法适用于精度高、搜索空间大的情况。符号编码方法主要优势在于利用了符号自身具有的背景知识

②种群规模确定及其初始化。

种群的规模对于算法的性能来说至关重要。若采用的种群规模过大,计算时间必然增加,体现不出遗传算法的优势。若种群规模过小,种群的多样性不够,优化的质量不佳。如何选取合适的种群规模很重要。具体的初始种群的选取准则如下:

a. 种群规模与基因长度成正比关系。较长的基因长度,则选用较大的种群规模。

b. 种群规模与最优个体适应度值和次最优个体适应度值的差值均值成反比关系。较大的差值均值,需要降低选择压力,采用较小的种群规模。

c. 种群规模与群体中个体适用度值的方差成正比关系。较大的方差,则需选用较大的种群规模。

d. 对于适应度值函数比较简单的情况(单调、单峰、线性可分等),种群规模与基因长度比值设定在 1 左右。

e. 对于适应度值函数比较复杂的情况(非单调、多峰、线性不可分等),种群规模与基因长度比值设定在 1.5 左右。

确定种群规模后就需要对种群进行初始化,初始种群是算法运行的出发点,关系着算法的运行效率。初始种群要保证一定的多样性,避免出现局部收敛,一般是采用随机生成的办法。

③适应度函数设计。

物竞天择、适者生存,是自然界生物进化的一般规律。在进化算法中,同样是通过种群中个体的适应度值进行选择的。适应度高的个体存活下来,通过交叉和变异产生后一代。适应度低的个体则被淘汰,退出种群之中。

在遗传算法中,整个种群中的个体不断更新,目标函数逐渐优化。适应度值体现了目标函数的优化程度。其表示形式为

$$f(x)=f(x_1,x_2,\cdots,x_n) \tag{10-6}$$

适应度函数的设计,就是将单个个体染色体转成问题空间的解,再判断解的优劣程度的过程。主要包含两个过程,一个是染色体到解的映射,一个是解的优劣程度判定。具体的函数应该依据具体要解决的问题进行设计。

④选择交叉和变异。

选择交叉和变异是遗传算法的核心部分,是进化算法区别于其他算法最主要的特点。

a. 选择过程。

选择类似环境对生物的淘汰过程。适应值比较高的个体以较大的概率留存并繁衍后代，这样优秀的基因被保存下来的概率越来越大；适应值比较低的个体则逐渐被淘汰，消失于整个种群中。选择操作体现的就是适者生存的过程，等同于优秀个体基因积累，引导种群向最优化转变。

目前，常用的选择策略有：基于适应值比例的选择策略、基于排名的选择策略、基于局部竞争机制的选择策略等。

b. 交叉过程。

交叉过程类似生物的有性生殖过程，父代和母代的基因重新组合，产生新的子代染色体。具体实现过程如下：

父代个体 1　$G_{p1}=(g_{p_11},g_{p_12},\cdots,g_{p_1n_1},\cdots,g_{p_1n})$

父代个体 2　$G_{q1}=(g_{q_11},g_{q_12},\cdots,g_{q_1n_1},\cdots,g_{q_1n})$

在 n_1 点进行交叉产生两个新的基因：

$$\begin{cases}g'_{p_1n_1}=\lambda\times g'_{q_1n_1}+(1-\lambda)g'_{p_1n_1}\\g'_{q_1n_1}=\lambda\times g'_{p_1n_1}+(1-\lambda)g'_{q_1n_1}\end{cases}$$

对于二进制编码来说，某一点的交叉就是某一点数值直接变换，如图 10-9 所示。

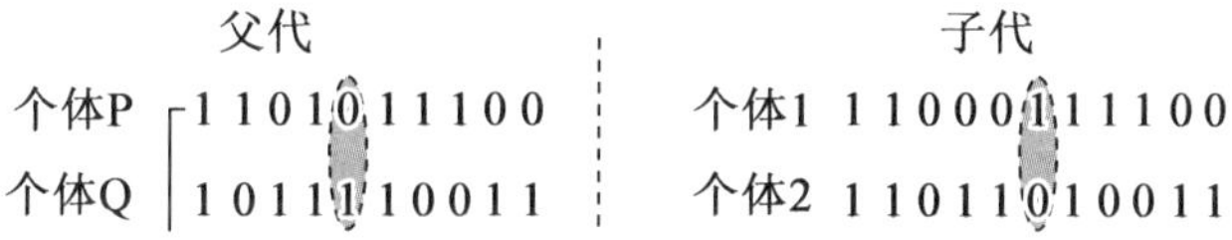

图 10-9　遗传操作交叉示意图

c. 变异过程。

变异类似生物的基因突变过程，就是受某些偶然因素的影响，导致基因发生突变。变异的发生增加了种群的多样性，同时使得变异后的个体更接近最优解。具体过程如下：

变异个体：$G_{q_1}(g_{q_11},g_{q_12},\cdots,g_{q_1n_1},\cdots,g_{q_1n})$（$n_1$ 为变异点）

新个体为：$G_{q_1}(g_{q_11},g'_{q_12},\cdots,g_{q_1n_1},\cdots,g_{q_1n})$

其中 $g'_{p_1n_1}=g_{p_1n_1}+(g_{p_1n_1\max}-g_{p_1n_1\min})\times\beta\times(1-d/D)$（$\beta$ 为 0-1 之间的常数）

对于二进制编码，某一点的基因突变就是数值从 1 变为 0 或者是从 0 变为 1，如图 10-10 所示。

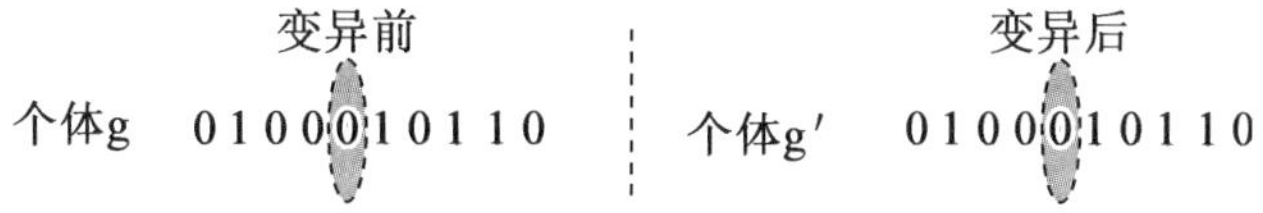

图 10-10　遗传操作变异示意图

⑤终止操作。

终止操作就是算法的出口。对于一个完整的算法来说，必然有入口有出口，否则算法陷入死循环,必然导致系统的崩溃。遗传算法的结束意味的进化的终止,其终止条件有两个:一个是系统找到最优解,某个个体的适应度值达到最佳。另一个就是系统一直没有找到最优解,但进化代数达到预设的最大值。

10.3.2 阵列分化

上一小节对遗传算法进行了介绍,主要介绍遗传算法的原理、特点、流程及具体实现方式。这一小节将会对具体应用遗传算法,对遗传算法的各部操作具体化,基于演化硬件技术通过遗传算法来实现电子细胞阵列的分化。

(1)编码及种群初始化。

演化硬件技术就是将遗传算法的操作对象变成了可编程逻辑器件。电子细胞阵列分化要解决的问题就是输入输出端口的确定和每个细胞配置信息的确定。由于每个细胞的配置信息本就是二进制码,只需要将输入输出端口的选择进行编码。细胞阵列的输入输出都设置在阵列边缘的细胞上,将细胞的输入输出同样进行编码。编码的方式只要一一对应满足完备性、健全性和非冗余性即可。对要解决的问题进行编码就是将选择的输入输出码和所有细胞配置信息码的组合。以 3×3 阵列为例,有 8 个细胞位于阵列的边缘。阵列的每个输入或者输出编码都需要 3 位。每个细胞需要 16+8 位配置信息。若目标电路时两个输入一个输出,则编码形式见表 10-2。

表 10-2 电子阵列的编码形式

I1	I2	O	C00	C01	……	C22

其中 I1、I2 为电子阵列的输入,O 为阵列的输出,C*ij* 为第 *i* 行第 *j* 列细胞的配置信息。

(2)适应度函数设计。

将遗传算法应用于胚胎型电子细胞阵列分化,最为重要的内容就是适应度函数的设计。主要思想是对编码进行解码,通过每个细胞配置信息和输入输出的选择确定阵列电路的功能,判断其与目标电路的差距,评估个体的适应度。具体设计主要包含两个过程:一是遗传算法空间到解空间的映射,即编码信息到电路功能的映射。二是适应度的计算。

对于硬件电路来讲,编码信息到电路功能的映射只是将编码信息填入细胞的配置存储模块即可。对于在线进化来讲,速度慢但实现简单。对于离线进化,则需要通过函数来模拟电路结构。根据电子细胞阵列是由结构相同的电子单元互连而成这一结构特点,采用递归算法实现。

递归算法又称 μ-递归函数是一类从自然数到自然数的函数,它是在某种直觉意义上是“可计算的”,通过不断对自己的调用而求得最终结果的算法。递归二字源自拉丁文

recurso,原意就是召回的意思,就是通过不断地回返,将未知的解回归到已知的数值上来。求递归本质上是一种循环结构,将复杂的问题简单化,直到求出结果为止。电子细胞阵列具有良好的递归特性,非常适用于递归算法实现。递归算法的一般流程如下:

$$f(S_0)=m_0 \tag{5-7}$$

$$f(S)=g(f(S)) \tag{5-8}$$

式(5-7)为递归终止条件,公式(5-8)为迭代公式。二者都是递归算法不可或缺的组成部分。编写递归算法主要就有 3 步:①写出迭代公式;②确定递归终止条件;③将①②翻译成代码。对于比较复杂的递归算法来说,主要是迭代公式的设计。

具体的操作步骤有:

Step1　点击开始,根据当前个体的编码判断细胞阵列的输出位置,对每一个输出执行 Step2。

Step2　从个体编码中读取输出所在的细胞的配置信息,根据对应输出的编码信息回查决定输出值的来源位置。首先判断当前细胞输出是否来自功能模块的输出,是则执行 Step3,否则执行 Step4。

Step3　根据配置信息判断细胞 LUT 四个输入的来源,对于每一个输入,执行 Step4。

Step4　判断是否来自相邻细胞的输出,是则更改当前细胞位置,跳转 Step2,继续继续回查数据的来源,否则执行 Step5。

Step5　判断数据是否来自阵列的原始输入(阵列所设计的输入端口),是则执行 Step6,否则将个体适应度值设置为 0,跳转 Step7。

Step6　通过回查输入计算阵列的输出,与目标电路真值表比较,根据其相似度得到当前个体的适应度值。

Step7　个体适应度计算完毕,算法终止。

通过递归函数实现电路功能映射的适应度函数设计流程图如图 10-11 所示。

具体的 FIR 电路系统的设计主要分为 5 步:①根据设计要求设定目标电路的参数,然后将电路系统的数学形式分解为乘累加结构;②将每个乘累加结构视作为整个目标电路功能阵列的子阵列,按照 10.2 节的具体介绍确定子阵列的规模;③利用 10.3 节的方法完成子阵列的分化。④将所有的子阵列进行连接,实现目标电路功能。⑤选用自修复策略对整个阵列结构进行调整,主要有以下工作:单个细胞添加控制模块、单个细胞输入输出的微调、增加冗余细胞用于自修复,阵列添加控制块等。

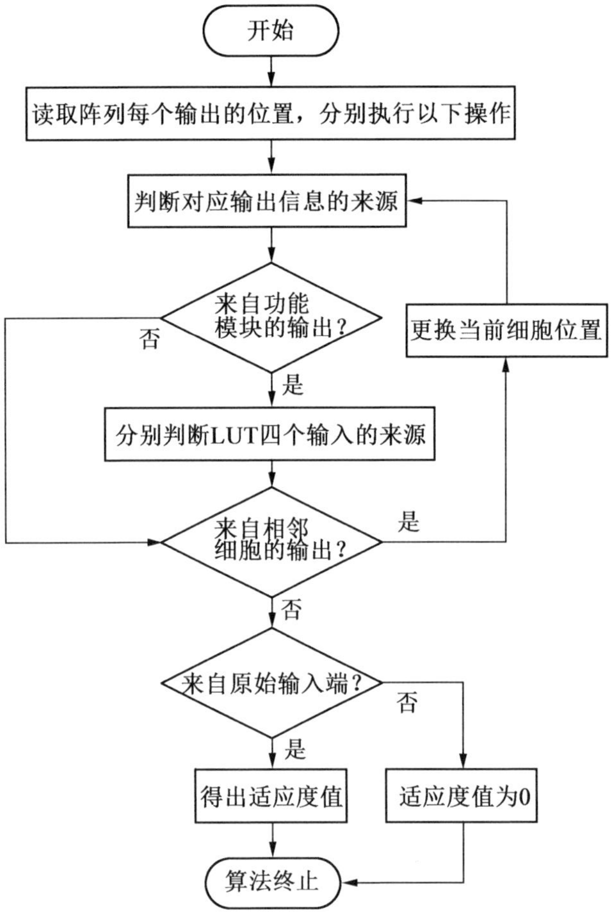

图 10-11　适应度函数设计流程图

10.4　本章小结

本章首先通过对数字系统的分析,说明了有限冲击响应系统的一般特点,针对此特点,进行了电路功能的拆分,对阵列中的细胞进行了分组。然后介绍了通过 BDD 方式确定基于结构的电子细胞阵列的规模及每个功能细胞 LUT 的真值表。最后借助演化硬件技术,将细胞阵列视为可编程逻辑器件,应用遗传算法,实现了细胞阵列的分化。本章选用 4×4+12 的乘累加器主要因为下一章将介绍的实例电路设计中的每个子阵列功能为 4×4+12。内容沿用了第 2 章电子细胞各个模块的设计方法,实现了第 2 章多细胞阵列结构对阵列细胞进行分类分组的思想。

第 11 章　脉冲压缩电路的自修复设计

针对前几章的细胞阵列结构和自修复策略，应用上一章提出的电路设计的方法，本章将选取雷达上的脉冲压缩电路作为目标电路，分析其电路原理，选定具体的参数，进行自修复的设计。确定其细胞阵列的规模，应用演化算法对细胞阵列进行分化，最后以 FPGA 的 ISE 开发环境为软件平台进行自修复脉冲压缩电路硬件的仿真与验证。

11.1　线性调频信号的脉冲压缩原理

雷达是现代战争和国防建设的重要组成部分，其性能的好坏直接影响到信息的准确度、情报的精确度等。对于简单脉冲，只有两个参数，幅度 A 和脉宽 τ，距离分辨率为 $c\tau/2$ 直接与 $c\tau$ 成正比（c 为光速），高的分辨率要求短的脉宽也就是长的带宽。同时，大的脉冲能量对应更长的探测距离，脉冲能量为 $A^2\tau$，提高探测性能需要长的脉宽对应长的时宽也就是大的带宽时宽积。对于简单脉冲来讲，其时宽为 T，带宽为 $B=1/T$，二者之积 BT 固定为 1，雷达的距离分辨率和探测距离难以兼顾，其性能受到明显的限制。而线性调频信号使得信号的时宽和带宽之积远大于 1，其脉宽 τ 也将远大于具有同等带宽的简单脉冲信号。利用脉冲压缩技术能够增强接受信号的信噪比，解决探测距离和距离分辨力之间的冲突，使得雷达能够在高的距离分辨率下具有长的探测距离，以其突出的优越性，脉冲压缩已经在雷达中得到广泛的应用。

11.1.1　线性调频信号

所谓线性调频信号就是指信号的频率随时间的变化而线性增加或减少，也称 Chirp 信号，是一种常用的雷达信号，具有良好的脉冲压缩特性。其波形定义为

$$s(t)=\mathrm{rect}\left(\frac{t}{T}\right)\mathrm{e}^{\mathrm{j}2\pi\left(f_c t+\frac{K}{2}t^2\right)} \tag{11-1}$$

信号的复包络为

$$S(t)=\mathrm{rect}\left(\frac{t}{T}\right)\mathrm{e}^{\mathrm{j}\pi K t^2} \tag{11-2}$$

式中，f_c 为载波频率；$\mathrm{rect}(t/T)$ 为矩形信号；K 为调频斜率，$K=B/T$。信号的瞬时频率为 $f_c+Kt/2$。由于 f_c 不影响信号的幅频特性，试验中采用零中频信号。通过 Matlab 绘图，BT 积为 50 的脉冲压缩信号 I、Q 路波形如图 11-1 所示。

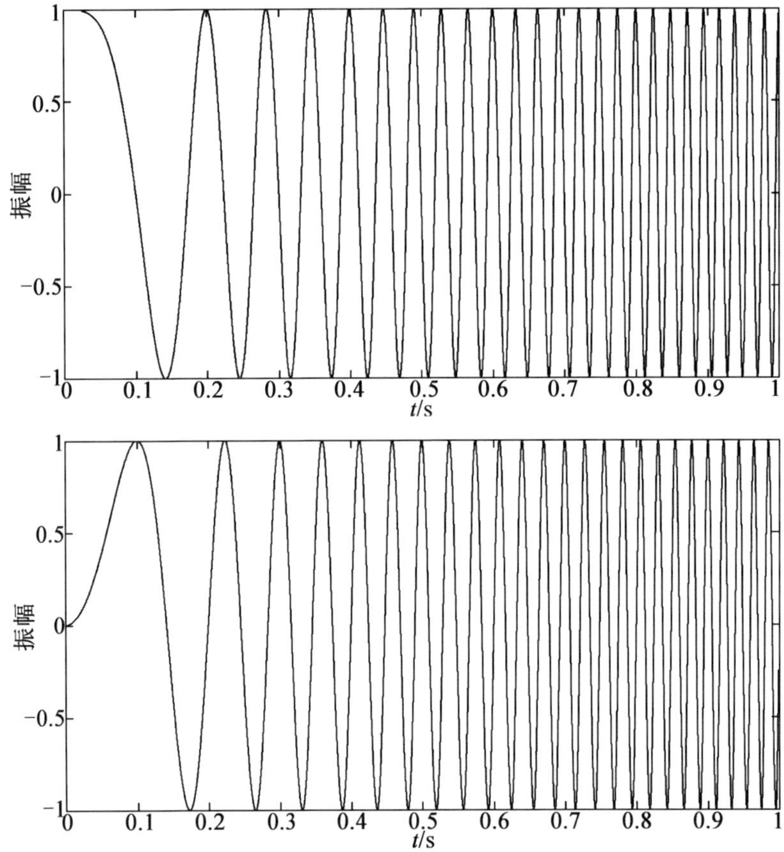

图 11-1 BT 积为 50 的线性调频信息(LFM)波形

对 LFM 进行傅里叶变换,其幅度谱呈现矩形的特性。以上信号的频谱如图 11-2 所示。

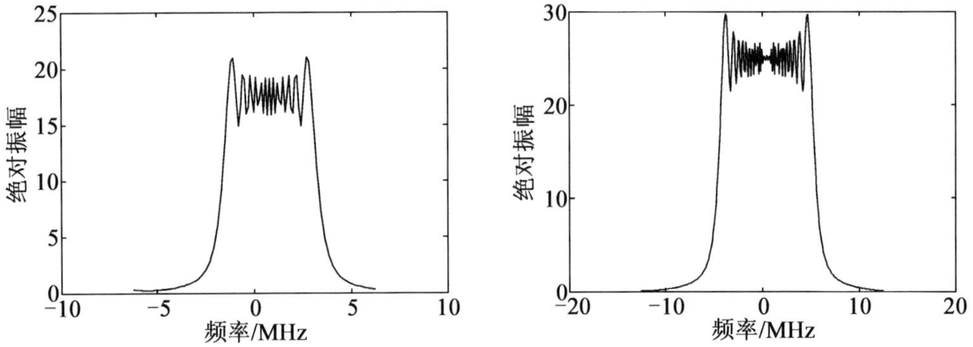

(a) BT = 50　　(b) BT = 100

图 11-2 LFM 信号的幅度谱

总之,LFM 实现了对脉冲能量(脉冲持续周期)及距离分辨率(脉宽)的分别控制。

11.1.2　匹配滤波

匹配滤波器是按照信噪比最大的准则设计的，是一种最佳线性滤波器，广泛应用于各种电子系统中。对于输入为确知信号添加白噪声的情况，它能够使得输出信号的信噪比在某一时刻达到最大。其传输函数频谱为 $H(\omega)=KS^*(\omega)\mathrm{e}^{-\mathrm{j}\omega t_0}$ 其中 $S(\omega)$ 为确知信号的频谱，t_0 为抽样时刻。其单位冲击响应为 $h(t)=Ks(t_0-t)$，其中，$s(t)$ 为确知信号的波形，K 为常数，对输出信号的幅度放大或缩小，不影响匹配滤波器抑制噪声的性能和脉冲宽度压缩的效果。$K=1$ 时 $h(t)$ 与 $s(t)$ 对于点 $t=t_0/2$ 呈偶对称关系。滤波输出的最大信噪比：

$$d_{\mathrm{m}}=\frac{2}{2\pi N_0}\int_{-\infty}^{\infty}|S(\omega)|^2\mathrm{d}\omega=\frac{2E}{N_0} \tag{11-3}$$

其中

$$E=\frac{1}{2\pi}\int_{-\infty}^{\infty}|S(\omega)|^2\mathrm{d}\omega=\int_{-\infty}^{\infty}s^2(t)\,\mathrm{d}t \tag{11-4}$$

匹配滤波设计的前提是信号已知。而匹配滤波的主要作用就是对接收信号（信号+噪声）进行正确信号的识别，判断接收信号中信号的时间。对于雷达来讲，匹配滤波一个非常重要的作用就是脉冲压缩。通过匹配滤波之后信号的脉冲宽度能够得到很好的压缩。实例如下：通过匹配滤波器，BT＝50 的 LFM 信号输出如图 11-3 所示。其脉冲宽度远小于原来的宽度 1，实现了脉冲的压缩。

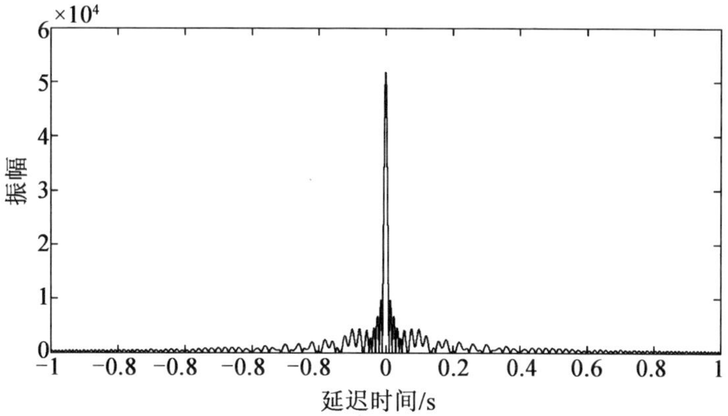

图 11-3　匹配滤波后线性调频信号的输出

总而言之，脉冲压缩技术就是通过匹配滤波器对大时宽带宽积的信号进行压缩，输出窄脉冲，使得雷达能够同时具有较高的分辨率和远的探测距离。

11.2 自修复脉冲压缩电路的设计

通过电子细胞阵列结构实现自修复电路的设计关键在于目标电路到细胞阵列的映射。为了便于实现,不宜选用细胞阵列规模过大的电路,目标电路参数的选定,是首先需要完成的任务。选定电路的具体参数,确定设计电路的功能及输入输出信号显得尤为重要。

11.2.1 脉冲压缩电路的选定

以 BT=16 的线性调频信号为例,其信号的波形图如图 11-4 所示。

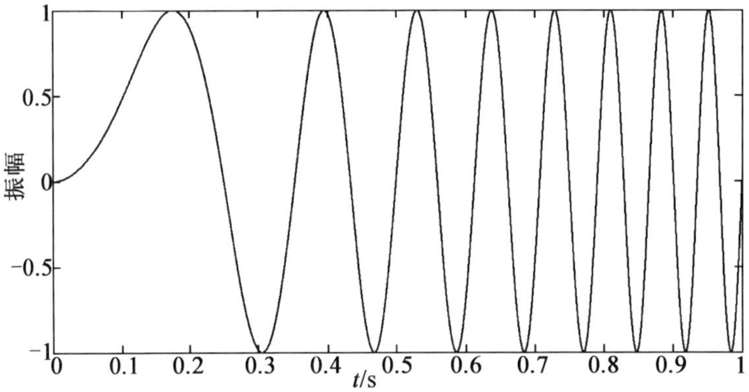

图 11-4 BT=16 的线性调频信号波行

由于信号的频率是不断变大的,如果要体现信号的基本形状,采样频率必须大于信号最大频率的两倍,采样点至少需要 32 个。也就是匹配滤波器的系数为 32 个。考虑到实现的复杂度,只截取其中的前面一半,然后信号的最高频率降低,其采样频率也相应地下降,采样点会相对更少一点。经过 Matlab 仿真,选用采样频率为 20 Hz。此时,LFM 信号的时宽为 0.5,带宽为 8,其时宽带宽积为 4,采样后的数据为:1.000 0,0.992 1,0.876 3,0.425 8,-0.425 8,-1.000 0,-0.187 4,0.992 1,-0.187 4,-0.729 0,1.000 0。

控制量化误差为-8 dB 以内,位宽不小于 4,其中第一位为符号位。所有的数据都乘以 2^4,然后四舍五入到整数,结果如下:15,15,14,11,4,0,6,15,6,2,15; 二进制形式为 1111, 1111, 1110, 1011, 0100, 0000, 0110, 1111, 0110, 0010, 1111。相应的匹配滤波单位冲击响应为:1111, 0010, 0110, 1111, 0110, 0000, 0100, 1011, 1110, 1111, 1111。

接收信号为发射信号加白噪声,设为 0, 0, 0, 0, 1, 0, 0, 0, 0, 15,15,14,11,4,0,6,15,6,2,15, 0, 0, 0, 0, 0, 0, 0, 2, 0, 0,0, 0, 1,预期的脉冲压缩后数据为 0, 0, 0, 0, 15, 2, 6, 15, 6, 225, 259, 341, 522, 496, 389, 423, 588, 611, 855, 1309, 855, 611, 588, 423, 374, 481, 508, 360, 259, 237, 30, 12, 15, 10, 28, 43, 36, 30, 4, 11, 14, 15, 15。

11.2.2　子阵列功能分析

针对以上设计,脉冲压缩电路可以映射为以下形式:

$$y(n) = \sum_{T=0}^{11} x(n - T) \times h(n) \tag{11-5}$$

$h(0) \sim h(10)$ 分别为 1111、0010、0110、1111、0110、0000、0100、1011、1110、1111、1111,其中,4 个系数同为 1111,两个同为 0110,互不相同的系数共有 7 个,需要设计 7 个不同系数的乘累加结构作为子阵列。然后将系数为 1111 的子阵列应用 4 次,系数为 0010 的子阵列应用 2 次,共 11 个子阵列组成目标电路,每个子阵列执行一个乘累加运算,将输入乘以当前的系数,然后与之前的结果相加。

由 10.1 节可知,子阵列的信号输入为信号(移位后信号)、时钟、前级累加结果(初始输出),输出为移位后信号及乘累加结果。由 10.2 节的分析可知,输入与系数的位宽保持一致,为 4 位。时钟只有高、低两个电平,只需要 1 位位宽。乘累加的结果与信号的位宽、系数的位宽,及乘累加结构的个数有关。对于本实验来讲,信号为 4 位,系数为 4 位,相乘后的结果需要 8 位,才能保证不溢出。再考虑相加情况,每一级的加都可能产生进位,阵列共有 11 个子阵列,需要累加 10 次,要保证结果最高位不溢出,则需要 4 位。也就是乘累加结果的输出需要 12 位位宽。子阵列的输入输出总结如下:输入为 1 位的时钟信号、4 位的前一级移位后的输入信号、12 位的前一级累加结果,输出为 4 位的移位后输入信号、12 位累加结果。每个子阵列的功能表示为式(11-7),其中 Y_o 为累加结果,X_i 为之前移位后的输入信号(来自前级子阵列),Y_i 为之前的累加结果(来自前级子阵列),X_o 为当前移位后输出。

$$Y_o[11:0]=X_i(n)[3:0]\times\lambda[3:0]+Y_i[11:0] \tag{11-6}$$

$$X_o=X_i(n-1) \tag{11-7}$$

11.2.3　自修复策略选择

脉冲压缩电路设计的特点就是每一个子阵列的功能一致,电子细胞比较均匀地分布于各个子阵列之中,每个子阵列出现故障的概率基本相同,底层的行列机制基本能够保证系统比较好的自修复能力,而增加单细胞替换机制的主要目的是避免细胞子阵列可靠性不均匀,再者单细胞替换增加了一定的布线资源,在给定的硬件上,单个细胞的外接端口有限的话,单细胞替换机制就不能很好的应用。因此,脉冲压缩电路的自修复策略选择行列移除机制,分布于每个子阵列之中。

11.3　仿真实现平台

通过第二节的分析和设计将目标电路映射为了 LUT 结构的电子细胞阵列。实验选择在 Xilinx ISE 软件平台上进行电路设计的仿真分析。

Xilinx ISE 软件为 Xilinx 公司推出的 FPGA/CPLD 集成编程开发环境。Xilinx ISE 软件的所有器件都需要通过 ISE 进行开发。ISE 不仅包含逻辑设计需要的一切,还有大量的内置式工具和向导,使 I/O 分配,功耗分析、HDL 仿真等逻辑设计的关键步骤变得简易和直观。其主要功能包括:设计输入、仿真、综合实现和下载。

(1)设计输入。设计输入就是将电路的功能通过某种语言描述。ISE 的设计输入工具有很多种。本书中的实验用到的主要有 3 个:HDL 代码输入和查看报告的文本编辑器(text editor),用于电路原理图输入的 ECS(engineering capture system)和用于约束文件输入的 Constraint Editor。此外,还有用于 IP 核生成的 Core Generator,用于状态机设计的 State CAD 等。同时 ISE 还可以与 Matlab 关联,直接应用 Matlab 的计算结果等。

(2)仿真。验证设计输入的正确性,对输入进行调试。ISE 的仿真工具包括自带的仿真工具 HDL Bencher 和 Model Tech 公司的 Modelsim 仿真接口。

(3)综合实现。ISE 的综合工具为 Xilinx ISE 软件自身提供的 XST,同时嵌有其他公司的 Synplify 工具。实现过程包含了代码的翻译、映射、布局布线、时序分析、引脚指定等。

(4)下载。将设计文件写入 FPGA 芯片。ISE 的下载工具包括 BitGen 和 Impact,前者将用于布局布线的设计文件转化成位流(Bit)文件,后者进行设备配置和通信,控制程序到 FPGA 芯片的烧写过程。

ISE 能够实现离线程序的编写和仿真综合,主要完成电路的输入和功能的验证,是硬件实现的准备工作。

11.4 仿真与自修复功能分析

根据 11.2 节电路的设计首先在 ISE 软件平台上进行了电路的设计,由于 11 个乘累加结构的设计与实现类似,这里选用系数为 1011 的乘累加为例,细胞阵列规模和每个细胞的配置信息已经确定,由于细胞的输入输出设计在了阵列的左侧和右侧,阵列选用列移除机制,增加 3 列细胞来是实现电路的自修复功能。

通过 modlesim 仿真,设定 10 ns 时,第 2 行第 1 列细胞发生故障,20 ns 时第 3 行第 5 列细胞发生故障,30 ns 时第 6 行第 2 列细胞发生故障,40 ns 时第 1 行第 7 列细胞发生故障,仿真结果如图 11.5 所示。

仿真结果可以看出,40 ns 之前 Sig_o 恰为 Sig_i 后移移位的输出,Add = Sig_i×11+Pre_add。而 40 ns 时,电子阵列发生第 4 次故障后,整个阵列电路功能出现故障。因此,可以得到以下结论:①电子阵列能够实现乘累加电路的功能。②阵列具有自修复能力,能够自修复 3 次故障。验证了阵列功能之后将细胞阵列进行封装如图 11-6 所示,作为一个整体,与其他电子阵列分别作为子阵列构成脉冲压缩电路。

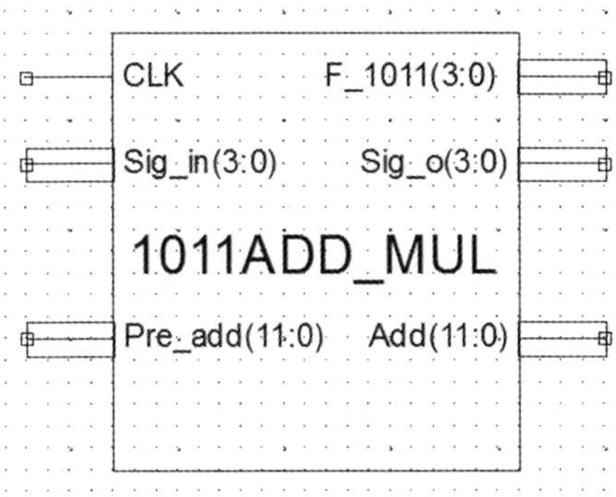

图 11-5　子阵列封装图

整体脉冲压缩电路的阵列如图 11-7 所示。其中,Signal_in[4:0]为脉冲压缩电路的输入信号。Signal_out[11:0]为脉冲压缩电路的输出。输入信号为 6.2.1 节最后一段确定的输入数据,观察其仿真后的输出。仿真结果输出如图 11-8 所示。

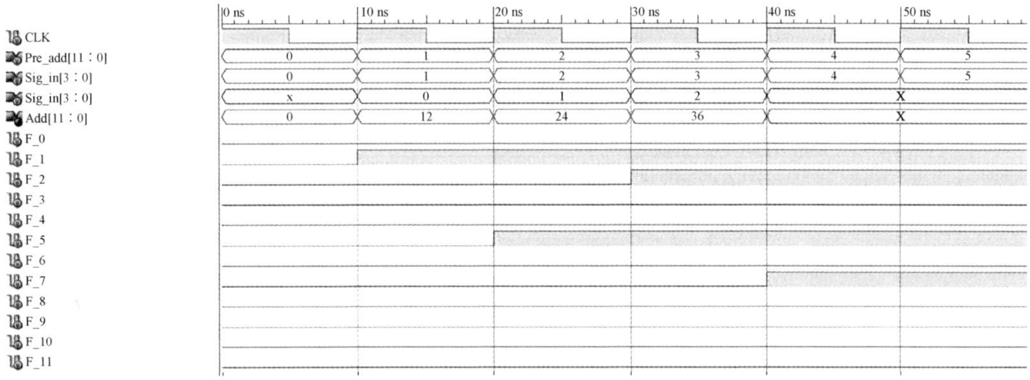

图 11-6　子阵列仿真结果图

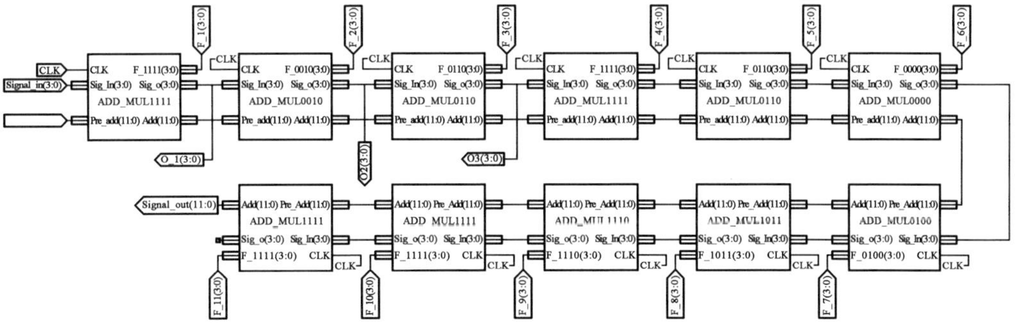

图 11-7　脉冲压缩阵列仿真图

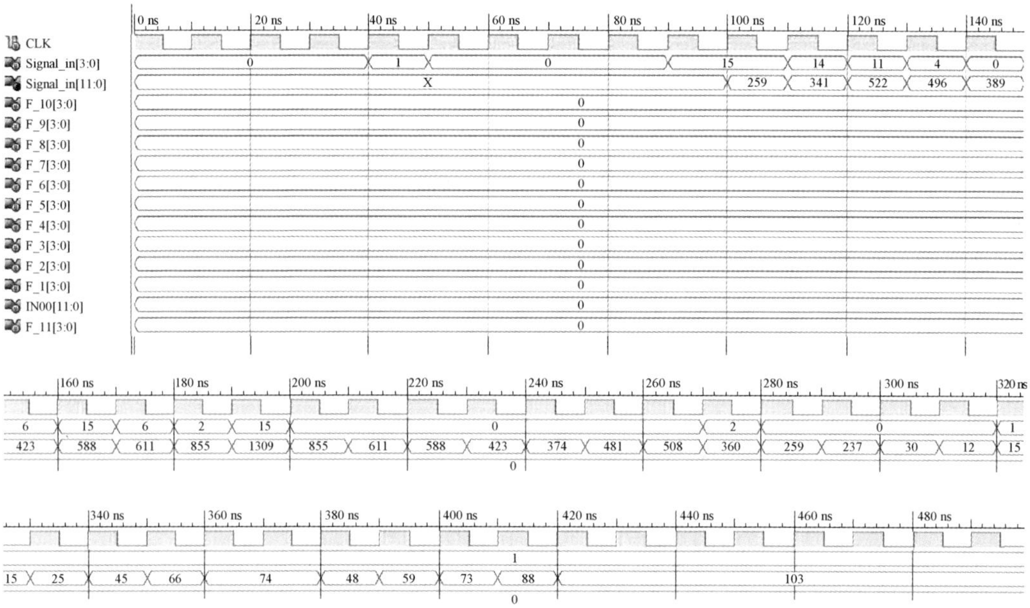

图 11-8　脉冲压缩阵列仿真结果图

仿真结果可以看出阵列的输出与预期的输出数据一致。再者,图 11-5 证实了子阵列具备自修复能力,整体阵列为子阵列的组合,因此,整体阵列也具备自修复能力。

11.5　本章小结

本章主要针对脉冲压缩电路进行了基于电子细胞阵列的自修复电路设计。主要内容包括:介绍了电路的选定、设计过程和软硬件仿真实现的平台;进行了仿真和硬件实现;展示了电路结构和运行结果。证明了脉冲压缩电路的功能和自修复能力,验证了本书理论的合理性和正确性。

第 12 章　加法器的自修复设计

在第 4 章所设计细胞簇结构的胚胎电子细胞阵列基础上，以 4 位加法器为例，对电路的实现、故障自修复的过程进行仿真实验。介绍了实验总体流程，分析了所用电子细胞簇阵列具体结构，阐述了加法器在电子细胞簇阵列上的具体实现方法，对胚胎电子细胞阵列整体的工作流程进行了系统说明。

12.1　实验总体设计

12.1.1　实验目的及流程

仿真实验的目的是进一步验证电子细胞簇结构的自修复功能。按照胚胎电子细胞阵列的实际工作过程设计总体的实验流程，具体流程如图 12-1 所示。

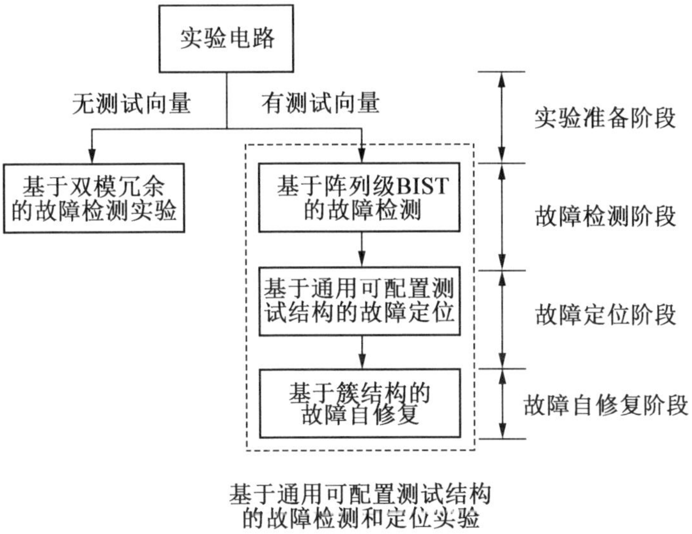

图 12-1　实验流程

实验从整体上可以分为实验准备阶段、故障检测阶段、故障定位阶段和故障自修复阶段等 4 个阶段。实验准备阶段对应的是实际工作中的设计和配置过程，在实验准备阶段，根据实验电路和胚胎电子细胞阵列结构完成实验电路的逻辑综合、逻辑映射、布局布线、测试向量生成、故障注入等工作。

12.1.2 实验环境及软件工具链

实验环境主要包括软件工具开发环境和电路结构设计仿真环境。

其中软件工具主要在 Linux 系统下,使用 QT Creator 集成开发环境进行开发。电子细胞簇结构的设计和功能仿真主要在 Windows 环境下,使用 Xilinx ISE 实现。

胚胎电子细胞阵列在实现配置、故障检测、故障定位、故障自修复的过程中都需要软件工具的支持,将这些软件工具按照一定的逻辑顺序集成起来,可以构成软件工具链。软件工具链的具体构成如图 12-2 所示,从总体上可以分为面向阵列结构设计与功能实现的阵列结构设计及功能分化流程和面向阵列测试的故障检测定位流程。

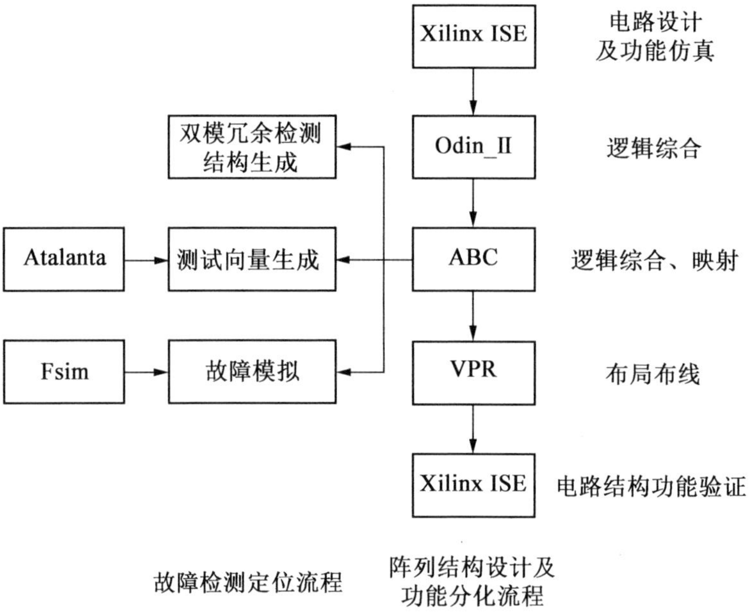

图 12-2 软件工具链的具体构成

实现阵列结构设计及功能分化流程的软件主要包括 Xilinx ISE、Odin_II、ABC、VPR 等软件工具。

其中 Xilinx ISE 主要进行电路结构设计、目标电路描述、电子细胞阵列各种功能的仿真和验证,是电子细胞阵列结构设计和功能验证的平台。

Odin_II 的主要功能是对 Xilinx ISE 设计产生的“.v”格式的 Verilog 电路描述文件进行逻辑综合,生成 BLIF 格式的电路网表文件,为下一步的逻辑优化、映射等提供基础。

ABC 是一款开源的逻辑综合软件,可以对 BLIF 格式、AIG 格式、BENCH 格式等等多种格式的电路描述文件进行逻辑综合、逻辑优化、逻辑映射和逻辑验证。

VPR 是面向 FPGA 的布局布线工具,经过修改,可以运用在胚胎电子细胞阵列的布局布线中。

实现故障检测定位流程的软件主要包括 Atalanta、Fsim 和 ABC。

ABC 是实现在逻辑综合阶段对电路进行再设计,生成双模冗余检测结构的主要工具。

Atalanta 和 Fsim 是开源的测试向量生成和故障模拟软件,处理的对象是 BENCH 格式的,由基本逻辑门电路构成的数字电路,因此无法直接应用于以 LUT 和电子细胞簇为基本逻辑单元的胚胎电子细胞阵列。为了解决这一问题,使用本章给出的等价变换方法,基于 ABC 工具,对电路进行等价变换,然后使用 Atalanta 和 Fsim 产生测试向量并进行故障模拟。

实验中的双模冗余检测结构生成、测试向量生成、故障模拟等都由故障检测定位流程实现。

12.2　电子细胞簇阵列

电子细胞簇和与电子细胞簇连接的开关盒组成了阵列的基本构成单元(basic unit, BU),电子细胞簇阵列的基本构成单元如图 12-3 所示。其中电子细胞簇的结构已在第 2 章已经进行了详细的介绍,在图 12-3 中省略了电子细胞簇中的控制单元等细节,仅展示电子细胞簇的主要参数信息。本章中设定电子细胞簇的基因容量为 4,细胞容量为 6,因此电子细胞簇中有 4 个功能细胞,2 个空闲细胞。CI 为电子细胞簇的输入,输入个数为 10。CO 为电子细胞簇的输出,输出个数为 4。

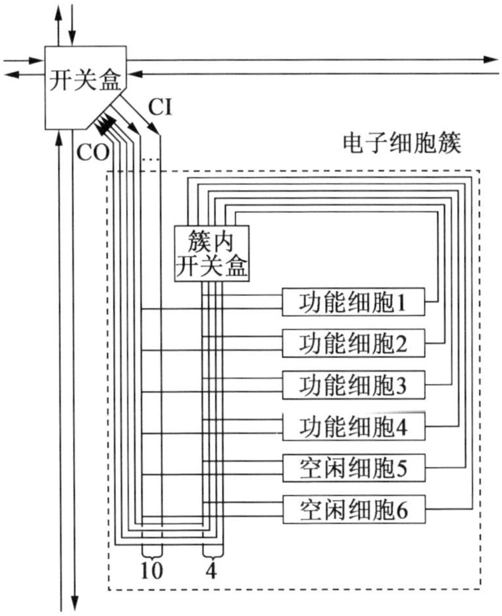

图 12-3　电子细胞簇阵列的基本构成单元

与电子细胞簇相连接的开关盒的具体结构如图 12-4 所示。

本章设计的开关盒在 N(North)、S(South)、E(East)、W(West)四个方向上,每个方向由 10 个输入端和 10 个输出端构成,例如在 S 方向,$S_i0 \sim S_i9$,代表编号为 0~9 的 10 个输入端,$S_o0 \sim S_o9$ 代表编号为 0~9 的 10 个输出端。除了 4 个方向上的输入输出端之外,开关盒还与电子细胞簇的输入输出相连接,其中 CO 为开关盒接收的来自电子细胞簇的输入,CI 为开关盒送入电子细胞簇的输出。

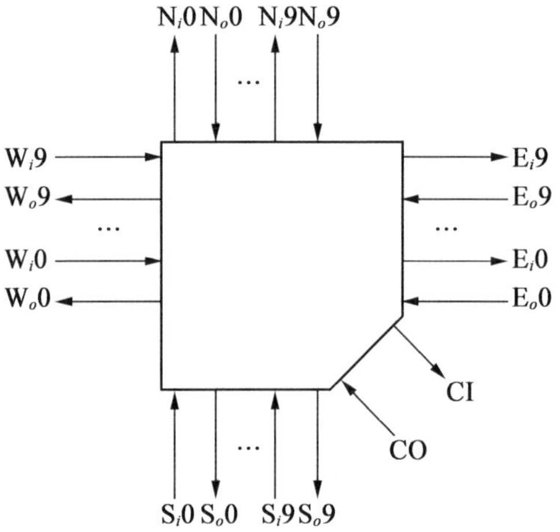

图 12-4 开关盒结构

开关盒一般由多路选择器构成,比较经典的连接结构包括 Disjoint 结构、Universal 结构、Wilton 结构等,本章中设定开关盒在 4 个方向上的连接结构为 Wilton 结构。开关盒中每一个输出端连接一个多路选择器,开关盒在 4 个方向上共有 40 路输出,加上送往电子细胞簇的 10 路输出,共 50 个输出端,因此开关盒共由 50 个多路选择器构成。

其中,开关盒在 4 个方向上的 40 个多路选择器结构相同,以 S_o0 端口的多路选择器为例,具体结构如图 12-5 所示,多路选择器接收来自 E_i8、N_i0、W_i1 三个端口的输入和来自电子细胞簇的输出 CO,并从这些输入信号中选择一路信号从 S_o0 端口输出,传递给其他的开关盒。

开关盒中输出 CI 信号的 10 个多路选择器结构相同,假设将 10 路 CI 信号编号为 $CI_9 \sim CI_0$,以其中的 CI_0 为例,与 CI_0 相连接的多路选择器结构如图 12-6 所示。其中多路选择器的输入 S 代表开关盒 S 方向的所有输入 $S_i0 \sim S_i9$,同理,E、N、W 也代表各自方向的所有输入,因此 CI_0 端多路选择器从开关盒四个方向共 40 路输入信号中选择 1 路信号从 CI_0 端输出,传递给电子细胞簇。

电子细胞簇阵列中,一个开关盒通过对 50 个多路选择器的控制,实现阵列中信号的传递。本章中仅介绍开关盒的具体结构,由于电子细胞簇阵列详细的布局布线过程并非研究的重点,因此不再对开关盒的状态和具体控制过程进行更细致的说明。

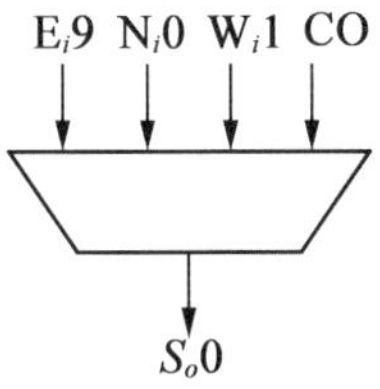

图 12-5　S_o0 端多路选择器结构

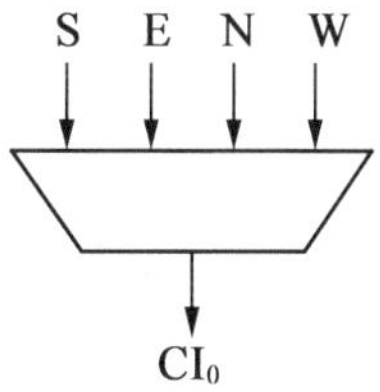

图 12-6　CI_0 端多路选择器结构

12.3　加法器在电子细胞簇阵列中的实现

12.3.1　位加法器的基本结构

在数字电路系统中，加法器具有非常广泛的应用。例如，在数值计算、数字信号处理、数字滤波器设计等领域中，加法器都是非常重要的构成单元，因此，本章针对 4 位加法器进行实验。4 位加法器的原理图如图 12-7 所示。加法器中 A_3～A_0 和 B_3～B_0 分别为两个 4 位输入数据的 8 个数据输入端口，其中 A_3 和 B_3 分别代表两个数据的高位输入端，A_0 和 B_0 分别代表两个数据的低位输入端。O_4～O_0 为加法器的 5 位输出端，O_4 为高位输出端，O_0 输出为低位输出端。

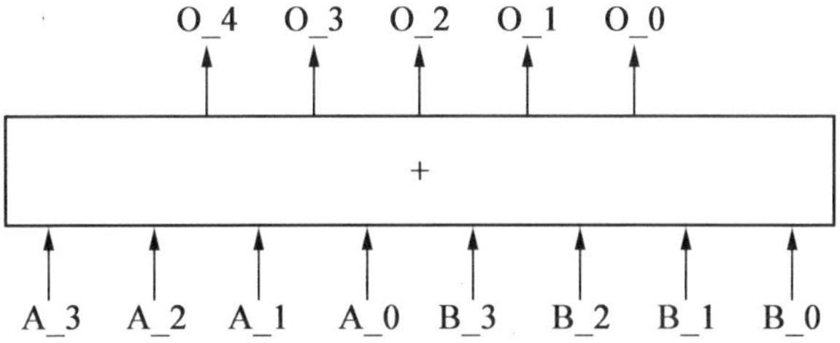

图 12-7　4 位加法器的原理图

12.3.2　加法器的逻辑综合、映射、布局布线

胚胎电子细胞阵列实现目标电路的过程也称为功能分化过程，主要包括逻辑综合、逻辑映射、打包和布局布线等步骤。使用电子细胞簇阵列实现加法器的具体流程如图 12-8 所示。

电路设计时使用 Xilinx ISE 等集成开发环境，或者直接在编辑器中编写 Verilog 格式的电路描述文件。4 位加法器的 Verilog 格式描述文件为 adder. v，具体代码如图 12-9 所示。

使用 Odin_II 将 adder. v 文件转化为 BLIF 格式的电路描述文件。然后使用 ABC 对电路进行进一步的逻辑优化，并进行逻辑映射生成 adder. blif。4 位加法器的映射结果如图 12-10 所示，实现 4 位加法器需要 7 个电子细胞，分别记为 n1～n7。

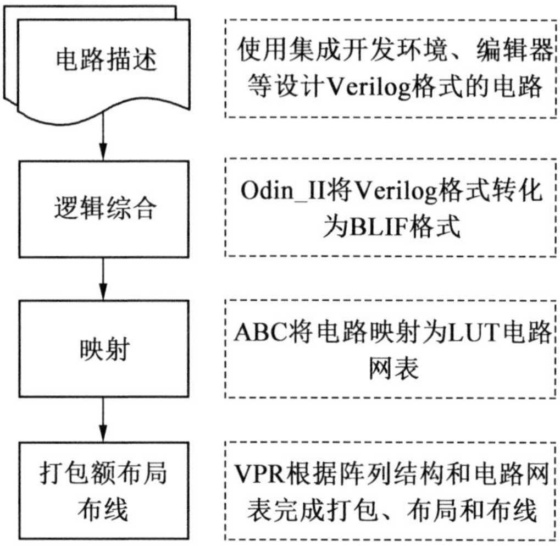

图 12-8　4 位加法器的逻辑综合、映射和布局布线

```
module adder(A, B, O);
input [3:0]A;
input [3:0]B;
output [4:0]O;
assign O=A+B;
endmodule
```

图 12-9　加法器电路描述文件

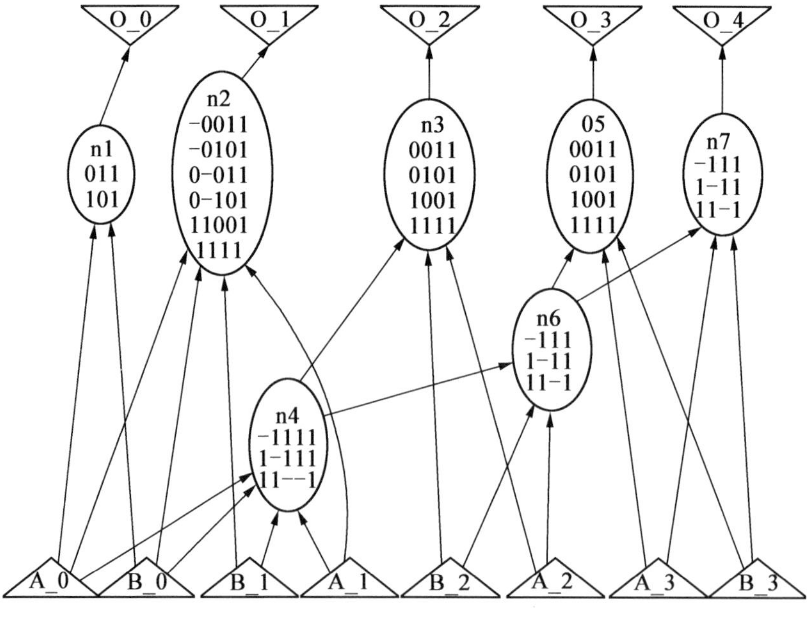

图 12-10　4 位加法器映射结果

使用 VPR 实现加法器在胚胎电子细胞簇阵列中的打包、布局和布线,具体结果如图 12-11 所示。实现 4 位加法器需要两个电子细胞簇,分别记为 C1 和 C2。n1 ~ n7 代表电子细胞簇中的 7 个工作的电子细胞,其余电子细胞为空闲细胞,S 代表簇内开关盒。

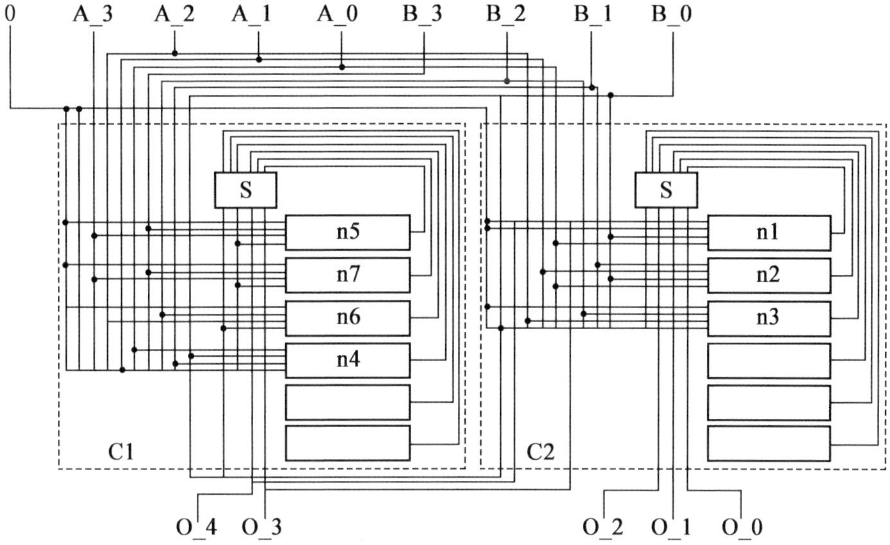

图 12-11　打包、布局和布线结果

根据电路的布局布线结果,确定电子细胞的具体基因编码,见表 12-1。基因编码由 35 位 0/1 数据构成,空闲电子细胞的基因记为 g0,电子细胞 n1 ~ n7 的基因分别记为 g1 ~ g7。

表 12-1　电子细胞基因

基因名称	基因编码	16 进制编码
g0	1101_1101_1101_1101_0000_0000_0000_0000_0_00	6eee80000
g1	1101_1101_0100_1000_0110_0110_0110_0110_0_10	6ea433332
g2	0101_1001_0100_1000_1000_0111_0111_1000_0_10	2ca443bc2
g3	1101_0110_1010_1100_1001_0110_1001_0110_0_10	6b564b4b2
g4	1000_0100_0101_1001_1110_1000_1000_1000_0_10	422cf4442
g5	1101_0111_1011_0010_1001_0110_1001_0110_0_10	6bd94b4b2
g6	1101_0110_1010_0011_1110_1000_1110_1000_0_10	6b51f4742
g7	1101_0111_1011_0010_1110_1000_1110_1000_0_10	6bd974742

以 g1 为例,基因编码最左端为最高位,最右端为最低位。g1 的高 16 位(第 35 位至第 20 位)编码“1101_1101_0100_1000”表示电子细胞的 4 个输入端选择;g1 的第 19 位至第 4 位编码“0110_0110_0110_0110”代表电子细胞中 LUT 的真值表;g1 的第 3 位编码代

表电子细胞的时序控制,“0”代表仅实现组合逻辑功能,如果为“1”则代表实现时序功能;低 2 位“10”为校验位,“10”表示电子细胞的 LUT 真值表中包含逻辑值 0 和逻辑值 1。如果为“00”,则表示电子细胞的 LUT 真值表中仅包含逻辑值 0。

4 位加法器的仿真结果如图 12-12 所示,其中 A[3:0]代表 4 位输入数据 A_3~A_0,B[3:0]代表 4 位输入数据 B_3~B_0,O[4:0]代表 5 位输出数据 O_4~O~0。gene_in 代表基因输入。gene1_1~gene1_6 为电子细胞簇 C1 中 6 个电子细胞的基因信息,gene2_1~gene2_6 为电子细胞簇 C2 中 6 个电子细胞的基因信息。load 为基因配置控制信号,高电平代表配置基因,低电平代表配置完成。fault 为故障信号,高电平代表出现故障,低电平代表无故障,fault_load 为设置的故障值。reset 为复位信号,低电平进行复位。clk 为时钟,时钟周期为 20 ns。

如图 12-12 所示,0~240 ns 时刻,电子细胞簇 C1 和 C2 首先进行基因配置,基因信息由电子细胞簇 C2 向电子细胞簇 C1 传递,240 ns 时刻,基因配置信号 load 变为低电平,两个电子细胞簇中的电子细胞完成基因配置。240~360 ns 时刻,依次输入计算数据,O[4:0]输出计算结果,证明电子细胞阵列开始执行加法器功能。

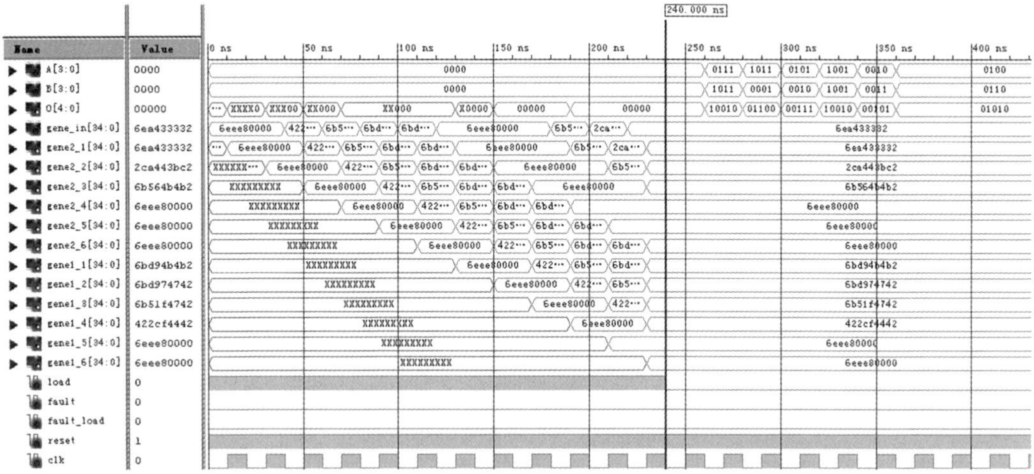

图 12-12 4 位加法器仿真结果

12.4 本章小结

本章以 4 位加法器为例,进行了电路的仿真验证,对电子细胞簇阵列的自修复过程进行了仿真,仿真结果证明了所设计电子细胞簇阵列结构的有效性,同时详细展示了基于电子细胞簇阵列结构的具体电路的应用和工作过程。

第 13 章　相控阵雷达阵列天线自修复设计

本章分析了故障对阵列天线性能的影响，获得不同位置、不同数量故障对阵列天线的不同影响规律。分析了电子系统仿生自修复方法及相控阵雷达阵列天线自修复方法，在此基础上，提出了阵列天线的移除-进化自修复方法，根据修复流程特点，设计了阵列天线多层次仿生结构。为阵列天线的仿生自修复提供了修复方法和修复结构。

13.1　故障对阵列天线性能的影响分析

为明确阵列天线发生故障时，其性能变化情况，首先进行故障对阵列天线性能影响分析。分析不同位置、数量故障对阵列天线方向图及其关键性能的影响，获得故障位置、数量对性能影响的规律，为阵列天线的修复提供指导，为自修复方法的设计提供方向。

13.1.1　阵列天线方向图基础

阵列天线由多个天线单元按一定的排列方式组成，具体实现形式有直线阵、平面阵和立体阵，根据阵列中阵元间距相同与否可分为均匀阵列和非均匀阵列，通过阵列中各阵元辐射的叠加形成空间电磁辐射分布。

方向图是表征天线产生电磁场及其能量空间分布的一个性能参量，表征了与天线等距离、不同方向的空间各点辐射场强变化。对于结构形状、电流分布和安装姿态都一样的相似元组成的直线阵，不考虑阵元间耦合，其辐射场为

$$E(\theta)=F(\theta)f_c(\theta) \tag{13-1}$$

式中，$f_c(\theta)$为单元因子；$F(\theta)$为阵因子。对于含有 N 个阵元的直线阵列天线，其阵因子为

$$F(\theta)=\sum_{n=0}^{N-1}A_n\exp(j\varphi_n)\exp(jkx_nu) \tag{13-2}$$

式中，x_n 为阵列中第 n 个阵元的位置；$k=2\pi/\lambda$ 为波长为 λ 的波数；$A_n\exp(j\varphi_n)$为阵元 n 的激励复电流；$u=\sin(\theta)$，$\theta\in[-\pi/2,\ \pi/2]$为俯仰角。

根据矩阵运算规则，式(13-2)可记为

$$F=EA \tag{13-3}$$

式中，$F=[F(\theta_m)]_M$，M 为 $F(\theta)$在 θ 角上的取样点数；$E=[\exp(jkx_nu_m)]_{M\times N}$ 为系数矩阵，其中 u_m 为均匀采样，$m\in[0,\ M-1]$，$A=[A_n\exp(j\varphi_n)]_N$，为阵列天线中所有阵元激励的集合。$A$ 为所有阵元的激励电流矩阵。

阵列天线方向图中,最大的波瓣称为主瓣,主瓣以外任何方向的辐射瓣通称为旁(副)瓣。其关键性能参数主要有副瓣电平、半功率波瓣宽度、第一零点波瓣宽度、方向系数等。

副瓣电平(side lobe level,SLL)指副瓣峰值与主瓣最大值之比,一般指主瓣旁边第一副瓣电平(通常是最大的副瓣电平),常用分贝(dB)表示。

半功率波瓣宽度(half-power beamwidth,HPBW)又称半功率波束宽度或 3 dB 波瓣宽度,主瓣最大值两边场强等于最大场强的 $1/\sqrt{2}=0.707$ 的两辐射方向之间的夹角,也称为 3 dB 波束宽度。

第一零点波瓣宽度(first nulls beamwidth, beamwidth between first nulls, FNBW)指零功率波瓣宽度,在包含主瓣的平面内,主瓣两侧第一零点间的夹角。

13.1.2 故障影响分析流程

阵列天线由 T/R 组件、辐射阵元组成多个收发通道,其故障包括 T/R 组件故障、阵元故障及其连接故障等,这些故障均会导致收发通道无法正常进行电磁信号的发射、接收,表现为阵元无法向空间发射电磁波、无法接收空间回波。因此,在后文中将阵列天线故障统一称为通道故障、阵元故障。

对于给定的阵列天线,为了充分分析不同阵元失效情况下天线性能的变化,对最大失效阵元数目范围内所有失效阵元数目、所有失效阵元组合下的阵列天线性能进行遍历计算,根据遍历计算结果进行归纳分析,获得阵元失效对阵列天线性能影响规律。

对于给定的阵列规模 N、阵元间距 d 及性能要求如 SLL 等的阵列天线,其性能分析流程如下:

step1 根据 N、d、SLL 进行方向图综合,确定各阵元激励 A_n;

step2 确定最大失效阵元数目 maxFN;

step3 对于失效阵元数目 i ($1\leqslant i<\text{maxFN}$),计算其失效阵列组合的集合 $\text{FC}=\{\text{fc}_j\}$,其中 $1\leqslant j\leqslant C_N^i$,$\text{fc}_j$ 为失效阵元数目 i 下的第 j 个失效阵元组合;

setp4 对于每一个失效阵列组合 fc_j,根据式(13-2)计算其方向图;

step5 根据性能参数定义,由方向图计算各性能参数,并记录;

step6 分析不同失效阵元组合下阵列天线性能变化,获得阵元失效对阵列天线性能影响规律。

上述分析流程伪代码如图 13-1 所示。

其中 getCoefficient( ) 为获得阵元激励函数;getFC( ) 为获得失效阵元组合函数;getPattern( ) 为方向图计算函数;getPatternPara 为阵列天线性能参数计算函数;record( ) 为计算结果记录函数。

```
A=getCoefficient(N, d, SLL);
maxFN = getMaxFN(N);
for i = 1:maxFN
FC = getFC(N, i);
for j = 1:length(FC)
    [F, FdB] = getPattern(A, FC(j));
    pVal = getPatternPara (F, FdB);
endfor
endfor
record();
```

图 13-1　失效阵元影响分析伪代码

13.1.3　故障影响分析

以 Dolph-Chebyshev 直线阵和 Taylor 直线阵为例，对不同规模的直线阵进行分析。直线阵规模 N 设置为 16,32 和 64，阵元间距 $d=0.5\lambda$，λ 为辐射电磁波波长，最大副瓣电平 SLL=-35 dB。采用 Dolph-Chebyshev 直线阵和 Taylor 直线阵综合后，计算不同失效阵元组合下阵列天线的最大副瓣电平(maxSLL)、平均副瓣电平(avSLL)、半功率波瓣宽度(HPBW)、第一零点波瓣宽度(FNBW)及方向系数 D。

13.1.3.1　Dolph-Chebyshev 直线阵分析

根据阵列天线规模及设计要求，采用 Dolph-Chebyshev 综合法计算阵列中各阵元激励，以 $N=16$ 的阵列天线为例，其阵元 n 的归一化激励 I_n 如表 13-1 所示。

表 13-1　Chebyshev 阵列天线中不同阵元激励 I_n($N=16$)

n	1	2	3	4	5	6	7	8
I_n	0.179 1	0.249 6	0.388 8	0.544 2	0.700 5	0.839 6	0.944 0	1.000 0
n	9	10	11	12	13	14	15	16
I_n	1.000 0	0.944 0	0.839 6	0.700 5	0.544 2	0.3888	0.249 6	0.179 1

在表 13-1 所示阵元激励下，利用公式(13-3)计算阵列方向图。不同规模的正常阵列天线方向图如图 13-2 所示。

Chebyshev 阵列天线的各副瓣电平相等，均等于-35 dB，阵列中阵元越多，主瓣宽度越窄，副瓣数目越多。

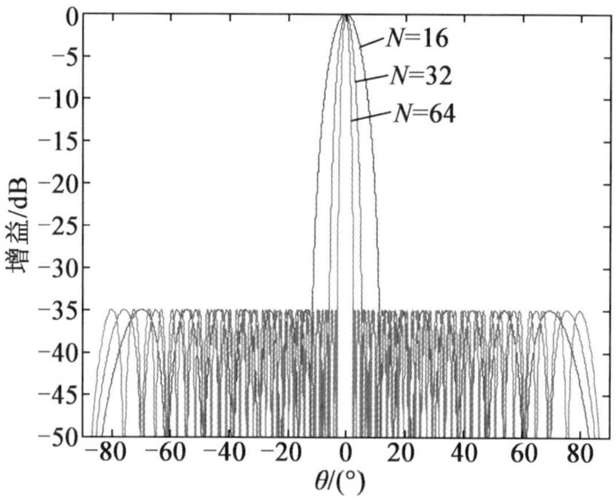

图 13-2 不同规模正常 Chebyshev 阵列天线方向图

采用 13.1.2 节所示分析流程,对 3 种规模的 Dolph-Chebyshev 直线阵进行性能分析。根据失效阵元数目不同,分为单阵元失效和多阵元失效分别进行分析。

(1)单个通道故障。

依次设置阵列天线中不同位置阵元失效,分别计算不同失效阵元下阵列天线的性能参数,以 $N=16$ 的阵列天线为例,其不同失效阵元下阵列天线性能结果见表 13-2。

表 13-2 中第一行为无失效阵元,也即正常阵列天线的性能参数值。

以正常阵列性能参数为标准,对失效阵元下阵列天线的性能参数进行归一化处理,归一化后的阵列天线性能参数随失效阵元序号变化如图 13-3 所示。

表 13-2 不同通道故障下 Chebyshev 阵列性能参数($N=16$)

失效通道序号 n	maxSLL/dB	avSLL/dB	HPBW/(°)	FNBW/(°)	D
无	-35.00	-35.00	8.46	24.01	12.94
1	-29.12	-32.47	8.74	23.84	12.52
2	-27.05	-28.94	8.79	24.58	12.39
3	-24.44	-25.73	8.79	25.96	12.18
4	-22.12	-23.15	8.74	27.17	12.02
5	-20.39	-20.84	8.51	27.92	11.95
6	-19.02	-19.37	8.29	29.30	11.96
7	-18.02	-18.46	8.06	20.36	12.02
8	-17.48	-17.91	7.95	19.51	12.07
9	-17.48	-17.91	7.95	19.51	12.07
10	-18.02	-18.46	8.06	20.36	12.02
11	-19.02	-19.37	8.29	29.30	11.96

表 13-2(续)

失效通道序号 n	maxSLL/dB	avSLL/dB	HPBW/(°)	FNBW/(°)	D
12	-20.39	-20.84	8.51	27.92	11.95
13	-22.12	-23.15	8.74	27.17	12.02
14	-24.44	-25.73	8.79	25.96	12.18
15	-27.05	-28.94	8.79	24.58	12.39
16	-29.12	-32.47	8.74	23.84	12.52

图 13-3 中,I_n 为阵元 n 的激励,maxSLL、avSLL、HPBW、FNBW、D 分别为归一化后的值。

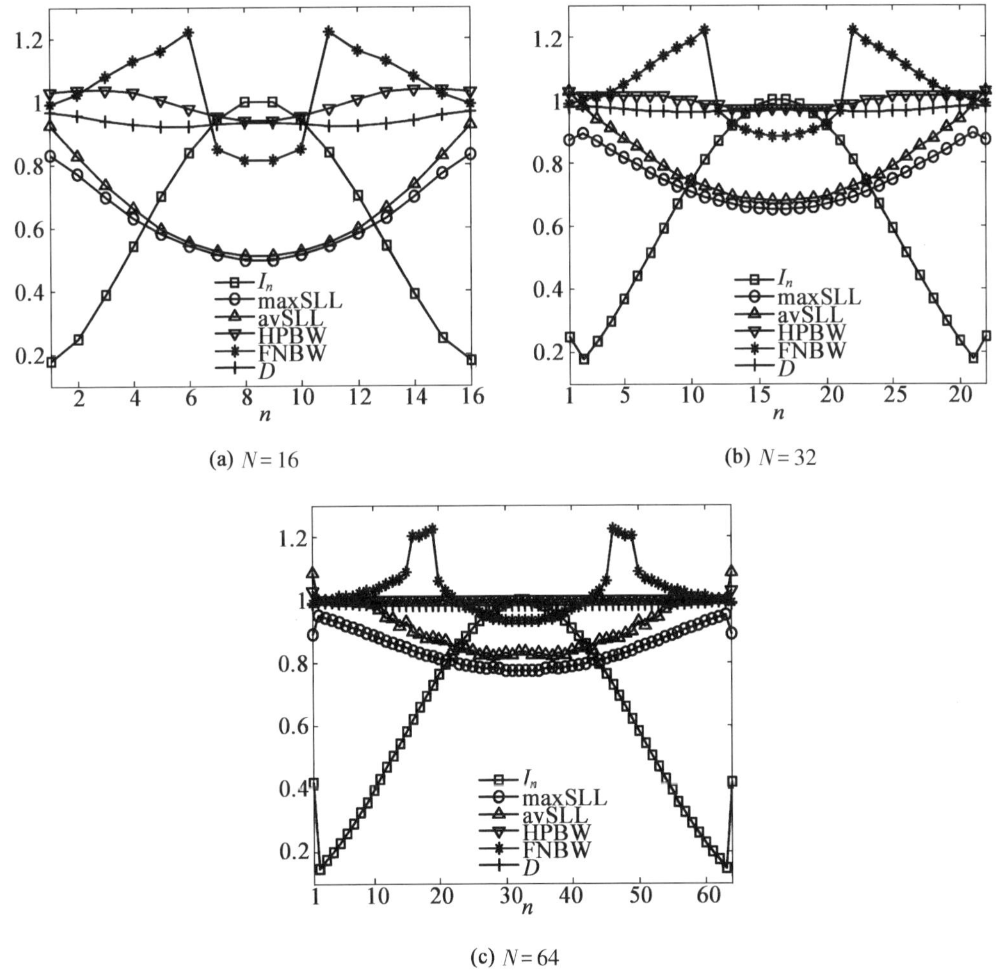

图 13-3　单失效阵元下 Chebyshev 阵列天线性能变化

图 13-3(a)、(b)、(c)分别为规模 $N=16,32,64$ 的阵列天线性能参数变化图。对于归一化后的性能参数 maxSLL、avSLL、HPBW、FNBW、D,当小于 1 时,说明失效阵元导致

该性能参数值小于正常阵列天线值，当大于 1 时，说明失效阵元下该性能参数值大于正常值。

由图 13-3 可以看出，对于不同规模阵列天线，其性能参数随失效阵元不同有以下变化规律：

①最大副瓣电平 maxSLL。maxSLL 随着失效阵元激励的增加而降低，失效阵元激励越多，最大副瓣电平 maxSLL 与正常阵列相比降低越多。

②平均副瓣电平 avSLL。avSLL 随失效阵元激励的增加而降低，其降低幅度小于 maxSLL。

③半功率波瓣宽度 HPBW。HPBW 随着失效阵元位置不同而出现不同变化，随着失效阵元位置不断靠近阵列天线中心，HPBW 先增加超过正常阵列，而后降低小于正常阵列。

第一零点波瓣宽度 FNBW。FNBW 与 HPBW 的变化规律相同，但其变化幅度较大。

方向系数 D：D 因为失效阵元而出现小幅下降，但下降幅度较小。

对比图 13-3 (a)、(b)、(c)可以发现，随着阵列规模的增加，单个阵元失效对阵列性能参数的影响降低。

(2)双通道故障。

设置阵列天线中多个阵元同时失效，计算阵列天线性能参数。在两个阵元同时失效下，规模分别为 $N=16$、32、64 的 Chebyshev 阵列天线性能变化如图 13-4 所示。其中图 13-4(a)为阵列天线的最大副瓣电平 maxSLL 随失效阵元的变化，图 13-4 (b)为阵列天线的平均副瓣电平 avSLL 随失效阵元的变化，图 13-4 (c)为阵列天线的半功率波瓣宽度 HPBW 随失效阵元的变化，图 13-4(d)为阵列天线的第一零点波瓣宽度 FNBW 随失效阵元的变化，图 13-4 (e)为阵列天线的方向系数 D 随失效阵元的变化。

图 13-4 中，x 轴、y 轴分别为失效阵元序号 n，(n_x, n_y) 对应点即为当阵列天线中 n_x、n_y 阵元同时失效时性能参数值，当 $n_x=n_y$ 时，即 $x=y$ 直线上为单阵元失效时阵列天线性能参数值。

对比图 13-4(a)、(b)、(c)、(d)、(e)中不同规模阵列天线的同一性能参数变化，可以发现性能参数变化的以下规律：

①最大副瓣电平 maxSLL。图 13-4(a)中不同规模阵列天线其 maxSLL 在中心处最大，随着(n_x, n_y)远离中心$(N/2, N/2)$而逐渐降低，且渐变边缘为直线，即 maxSLL 随着失效阵列激励之和的增加而降低。且 maxSLL 在 $x=y$、$x=-y$ 两个方向上的变化相同，即 maxSLL 与两失效阵元是否位于阵列中心同侧无关；

②平均副瓣电平 avSLL。图 13-4(b)中不同规模阵列天线的 avSLL 在 $x=y$ 直线的上方、下方分别形成两个与 $x=y$ 直线平行的区域，该区域内 avSLL 较大，随着(n_x, n_y)远离该区域，avSLL 逐渐降低。失效阵元激励之和较小时，avSLL 较低。

③半功率波瓣宽度 HPBW。图 13-4(c)中不同规模阵列天线的 HPBW 随着(n_x, n_y)远离$(N/2, N/2)$而逐渐增加，且渐变边缘为圆弧状，失效阵元激励能量之和的增加而

降低，且 HPBW 在 $x=y$、$x=-y$ 两个方向上的变化相同，即 HPBW 与两失效阵元相对于阵列中心位置无关，只与失效阵元激励能量有关。

④第一零点波瓣宽度 FNBW：图 13-4(d) 中不同规模阵列天线的 FNBW 随着失效阵元变化较小，但在 $x=y$、$x=-y$ 两个方向上出现四个马蹄形区域，该区域内 FNBW 升高，且两个方向上马蹄形区域不完全相同，即 FNBW 不仅与失效阵元激励相关，还与失效阵元相对真理中心位置有关，$x=y$ 上为两失效阵元同侧，$x=-y$ 上为两失效阵元异侧。

⑤方向系数 D。图 13-4(e) 中不同规模阵列天线 D 随着失效阵元变化图中，在 $(N/3, N/3)$、$(N/3, 2N/3)$、$(2N/3, N/3)$、$(2N/3, 2N/3)$ 四点附近出现 D 较低区域，随着失效阵元远离该 4 个区域，D 逐渐增加。

对比不同规模阵列的同一参数可以发现，maxSLL、avSLL、HPBW、FNBW 和 D 随着阵列规模的增加，其变化区间逐渐缩小。

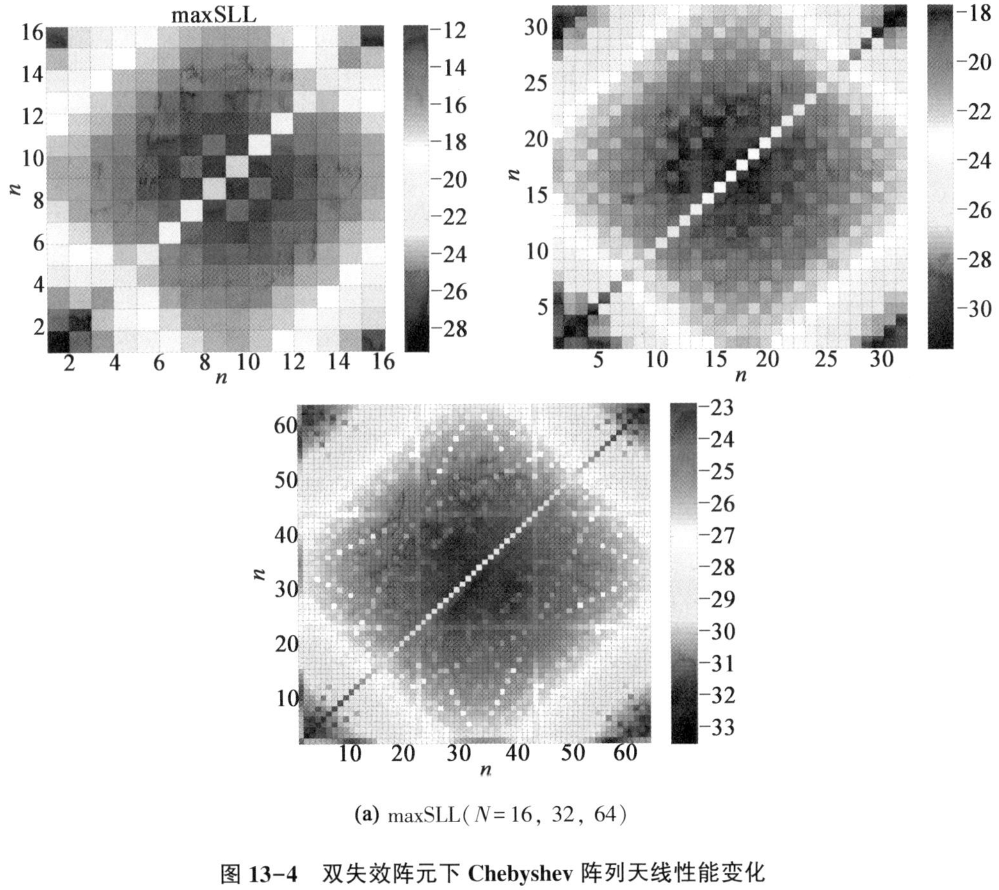

(a) maxSLL($N=16, 32, 64$)

图 13-4　双失效阵元下 Chebyshev 阵列天线性能变化

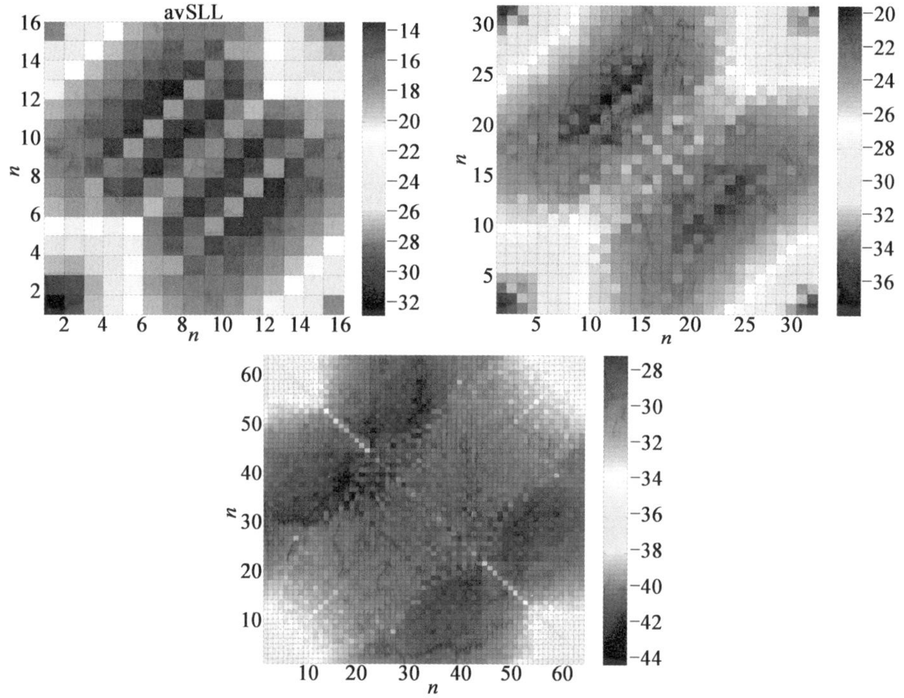

(b) avSLL(N=16, 32, 64)

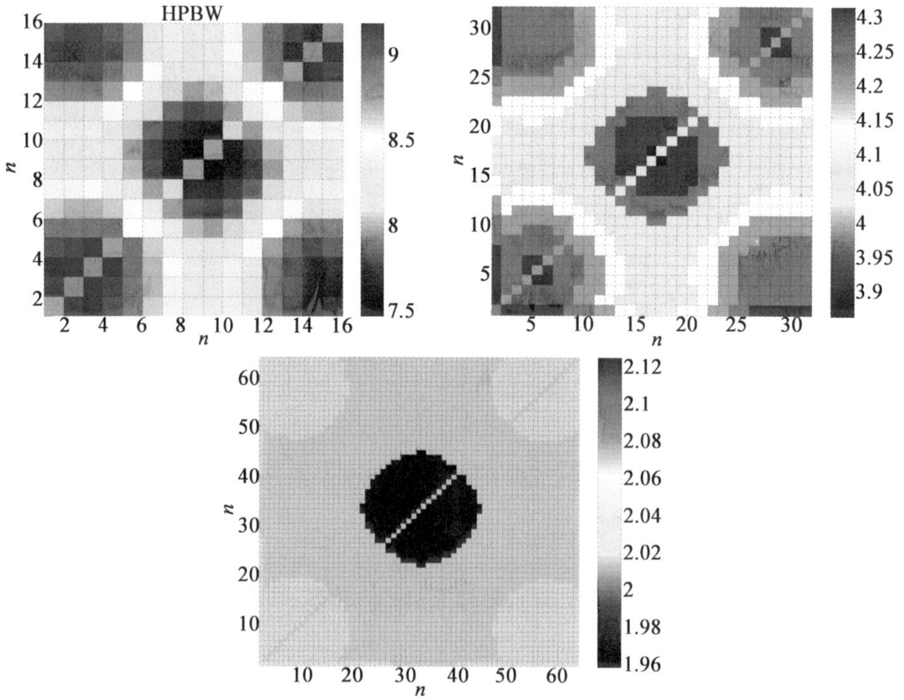

(c) HPBW(N=16, 32, 64)

图 13-4(续)

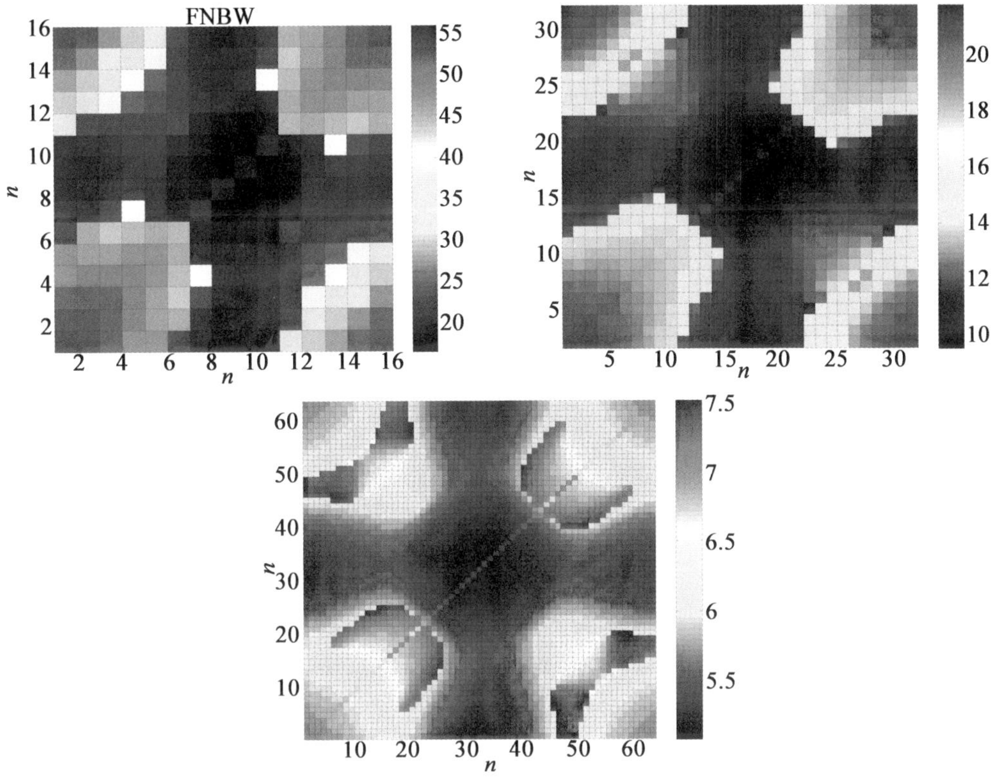

(d) FNBW(N=16, 32, 64)

图 13-4(续)

13.1.3.2　直线阵分析

根据阵列天线规模及设计要求,采用 Taylor 综合法计算阵列中各阵元激励,以 $N=32$ 的阵列天线为例,其阵元 n 的归一化激励 I_n 见表 13-3。

表 13-3　Taylor 阵列中不同阵元激励 I_n ($N=32$)

n	I_n	n	I_n	n	I_n	n	I_n
1	0.168 2	9	0.658 7	17	1.000 0	25	0.580 8
2	0.188 2	10	0.733 2	18	0.985 9	26	0.501 5
3	0.226 9	11	0.802 6	19	0.958 1	27	0.422 9
4	0.281 5	12	0.864 7	20	0.917 2	28	0.348 2
5	0.348 2	13	0.917 2	21	0.864 7	29	0.281 5
6	0.422 9	14	0.958 1	22	0.802 6	30	0.226 9
7	0.501 5	15	0.985 9	23	0.733 2	31	0.188 2
8	0.580 8	16	1.000 0	24	0.658 7	32	0.168 2

在表 13-3 所示阵元激励下,利用公式(13-3)计算阵列方向图。不同规模的正常阵列天线方向图如图 13-5 所示。

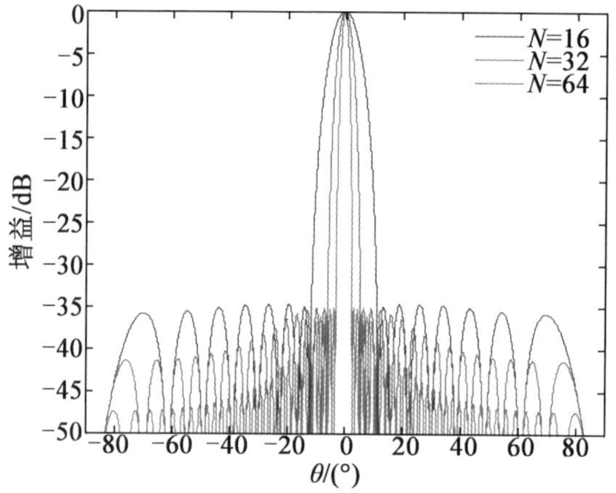

图 13-5 不同规模正常 Taylor 阵列天线方向图

Taylor 阵列的最大副瓣为-35 dB,阵列中阵元数目越多,主瓣宽度越窄,副瓣电平下降越快。当阵列中阵元数目较少时,如 $N=16$,Taylor 阵列天线方向图的副瓣电平下降较少,与 Chebyshev 阵列天线方向图相似。

(1)单个通道故障

依次设置阵列天线中不同位置阵元失效,分别计算不同失效阵元下阵列天线的性能参数,以正常阵列性能参数为标准,对失效阵元下阵列天线的性能参数进行归一化处理,归一化后的阵列天线性能参数随失效阵元序号变化如图 13-6 所示。

从图 13-6(a)、(b)、(c)中可以发现与图 13-3 相似的性能参数变化规律。

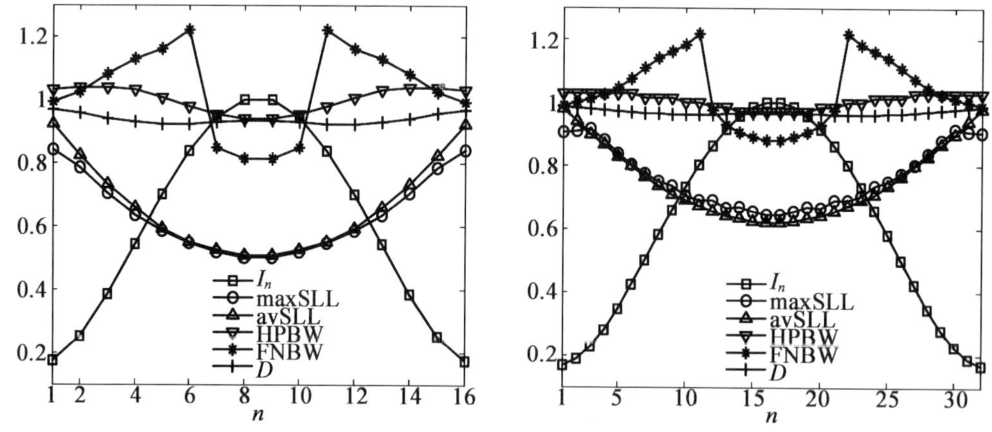

(a) $N=16$ (b) $N=32$

图 13-6 不同失效阵元下 Taylor 阵列天线性能变化

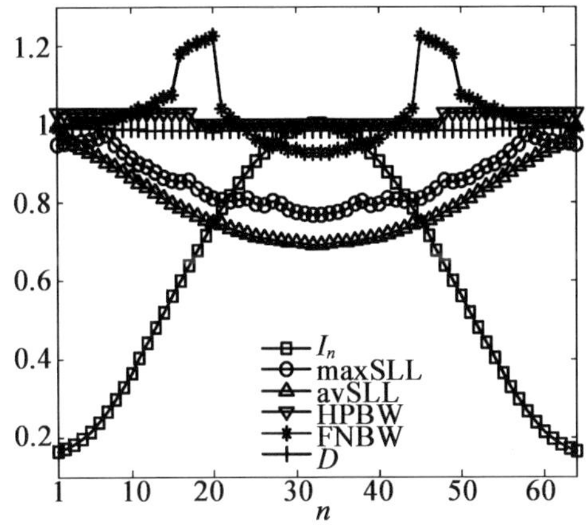

(c) $N=64$

图 13-6(续)

(2) 双通道故障

在两个通道同时发生故障情况下，规模分别为 $N=16,32,64$ 的 Taylor 阵列天线性能变化如图 13-7 所示。

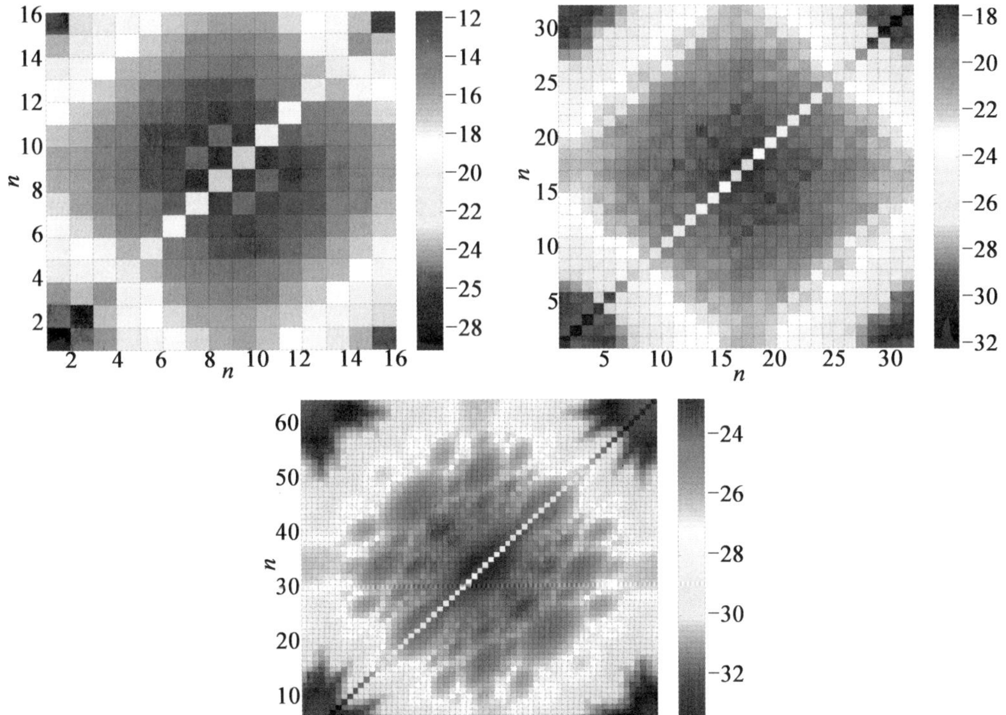

(a) maxSLL($N=16,\ 32,\ 64$)

图 13-7　双失效阵元下 Taylor 阵列天线性能变化

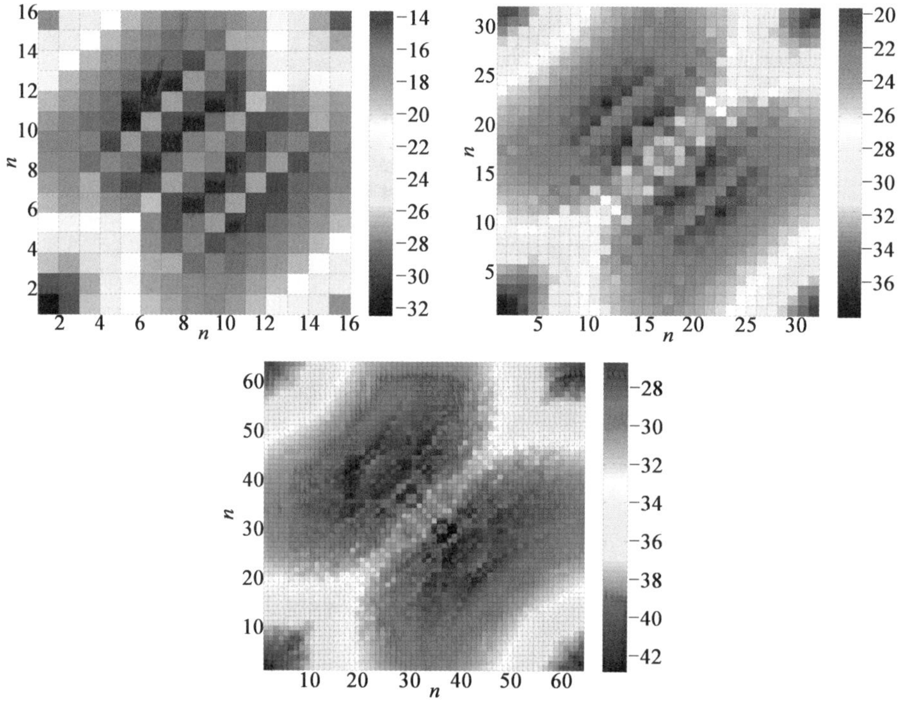

(b) avSLL(N=16, 32, 64)

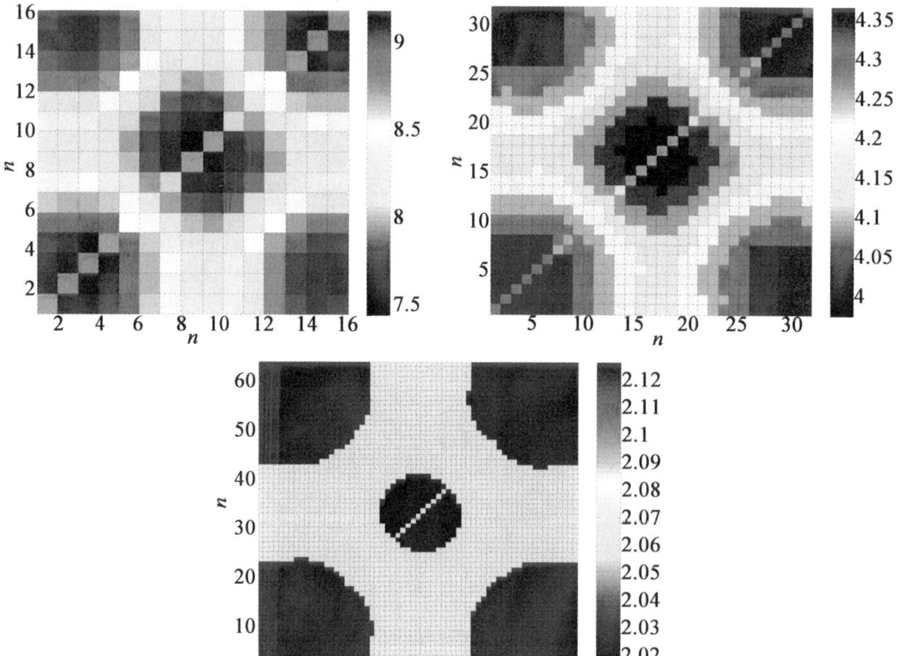

(c) HPBW(N=16, 32, 64)

图 13-7(续)

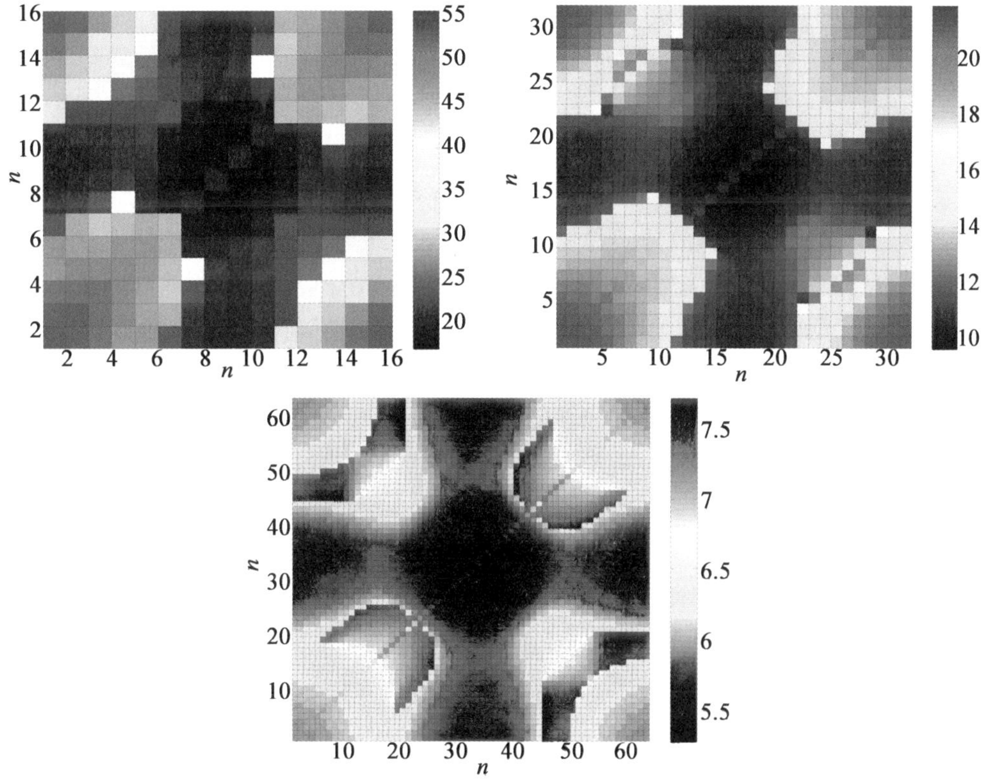

(d) FNBW(N=16, 32, 64)

图 13-7(续)

图 13-7 所示各参数随失效阵元位置(n_x, n_y)变化与图 13-4 保持一致,验证了 13.1.3 节中 maxSLL、avSLL、HPBW、FNBW、D 与失效阵元激励、位置之间的关系。

分析了通道故障对阵列天线性能参数的影响。分析结果指出了最大副瓣电平、平均副瓣电平、半功率波瓣宽度、第一零点波瓣宽度和方向系数与失效阵元激励、位置之间的关系,为阵列天线的自修复方法设计提供了方向。

综合 13.1.3.1 节和 13.1.3.2 节分析,可以得出通道故障对直线阵列天线性能影响规律如下:

(1)最大副瓣电平随失效阵元激励之和提高而增加,失效阵元激励之和越大,最大副瓣电平越高;

(2)平均副瓣电平受失效阵元位置影响,特定位置的阵元失效使得平均副瓣电平快速提高,同时失效阵元激励之和较小时,平均副瓣电平较低;

(3)半波瓣宽度随着失效阵元激励能量之和增加而降低;

(4)第一零点波瓣宽度随失效阵元变化幅度较小,但特定区域的阵元失效会增加第一零点波瓣宽度;

(5)方向系数受失效阵元位置影响,失效阵元位于阵列 $N/3$、$2N/3$ 附近时,方向系数影响较小;

(6)阵列天线规模越大,单个失效阵元对阵列天线性能影响越小;

(7)失效阵元数目越多,对阵列天线性能影响越大。

13.2 相控阵雷达阵列天线仿生自修复方法研究

阵列天线结构复杂,其故障不易修复。在时效性要求极高的现代战场上,也无法及时修复。自修复技术成为提高阵列天线生存能力的新途径,其实时检测阵元状态,自适应调整正常阵元的激励幅值、相位,保证阵列天线方向图性能,实现故障阵元下方向图的自修复。现有研究以阵列中各辐射单元(阵元)激励的可配置为基础,通过对正常阵元激励的重配置,最大程度恢复阵列天线性能,实现阵列天线性能的自修复。当前研究主要集中于重配置激励的计算,其计算方法有群智能算法、迭代 FFT 和解析计算法等。

13.2.1 基于群智能算法的自修复方法

基于群智能算法的仿生自修复方法通过阵元激励初始化、适应度评估、阵元激励更新、适应度和最大步数判断进行阵列中阵元激励的计算,并通过激励的重配置实现阵列天线的进化自修复。基于群智能算法的自修复方法主要包括以下步骤:

(1)阵元激励初始化,即根据阵列天线阵元初始激励分布、正常性能要求及失效阵元位置,生成由多个个体组成的初始种群,种群中每个个体通过编码表示一种阵列激励分布,是阵列天线重配置激励的潜在解。

(2)适应度评估,对求解过程中每一组阵元激励的适应度进行评估,其适应度值由评价函数计算获得。根据种群中每个个体所表示的阵列激励分布,进行阵列天线方向图的计算,并根据方向图及其性能参数与正常状态下的方向图、性能参数间的距离、相似度等,确定各个体的适应度,种群中适应度最高的个体,代表了当前种群的最优解。阵列天线修复计算过程中,适应度评估可通过方向图波形相似度、关键性能参数距离或二者综合获得。

(3)阵元激励更新,根据种群当前适应度、历史适应度和最优个体的适应度,进行种群个体的更新。不同的智能算法其更新方法不同,遗传算法通过个体的交叉、变异实现更新,粒子群算法通过个体位置迁移完成更新,蚁群算法中根据路径上的信息量确定位置的更新。种群的更新,即潜在解的优化、调整过程,其目的是不断提高种群及最优个体的适应度,不断接近最优潜在解。

(4)适应度和最大步数判断,群智能算法进行重配置激励求解时,通常设置求解最大部署和求解目标的适应度,并根据适应度、最大步数确定算法是否继续计算。当种群中最优个体适应度达到预期适应度时,表明当前最优阵元激励已满足方向图、性能参数要求,可以停止计算;当当前计算步数已达到最大步数时,需要停止计算。

研究者进行了多种群智能算法的阵列天线方向图自修复研究。S. Liang 等采用布谷鸟搜索-鸡群优化算法(cuckoo search-chicken swarm optimization, CSCSO)进行了阵列天线自修复研究；S. K. Mandal、R. Muralidaran 等采用差分进化算法（differential evolution algorithm）进行了方向图自修复计算；A. Nasir、H. Patidar 等使用萤火虫算法（firefly algorithm, FA）进行阵列天线自修复研究；O. P. Acharya 等对比分析了粒子群算法（particle swarm optimization, PSO）和细菌觅食优化算法（bacteria foraging optimization, BFO）在阵列天线自修复中的性能；R. Muralidharan 等采用量子粒子群算法（quantum particle swarm optimization, QPSO）进行了阵列天线自修复计算。陆军工程大学张宏伟研究了粒子群算法的自修复方法；中电第五十四所牛传峰、厦门大学刘颜回等研究了遗传算法（genetic algorithms, GA）的阵列天线自修复。此外，自适应遗传算法（adaptive genetic algorithm, AGA）、花授粉算法（flower pollination algorithm）、递归智能优化算法（recursive intelligent optimizer, RIO）、鲸鱼优化算法（whale optimization algorithm, WOA）等智能算法也被广泛用于阵列天线修复、补偿研究。

基于群智能算法的自修复方法以阵列天线正常状态下的方向图及其关键性能参数为进化目标，通过调整阵列中剩余正常阵元的激励信号幅值、相位，在阵列天线功率空间合成基础上，充分利用剩余正常阵元的辐射信号，通过阵列天线激励信号的计算、重配置，实现阵列天线方向图自修复。但存在以下问题：

①大规模阵列天线计算搜索空间巨大。群智能算法以阵元激励幅值、相位为求解对象，计算搜索空间随阵列规模增加呈指数增长。对于大规模阵列天线，搜索空间巨大，计算过程十分耗时。

②非均匀阵列天线评估过程计算量大。计算过程中需对迭代过程中的每代种群、每个个体进行适应度评估，而方向图是评估个体适应度的重要指标。对于大规模阵列天线，特别是非均匀阵列天线，方向图计算量大，群智能算法的群体、迭代搜索过程中的阵列天线适应度评估过程耗时严重，严重影响计算速度。

基于群智能算法的阵列天线方向图自修复方法，对于大规模、非均匀阵列，计算量巨大，自修复过程耗时严重，难以满足工程需求。

13.2.2　基于迭代 FFT 的自修复方法

对于均匀阵列天线，其阵列天线方向图与阵元激励的计算模型与傅里叶变换具有一致性，能够通过快速傅里叶变换（fast Fourier transform，FFT）、快速傅里叶逆变换（inverse fast Fourier transform，IFFT）实现方向图与阵元激励间的快速计算。基于迭代 FFT 的阵列天线自修复方法通过 FFT、IFFT 进行阵元激励与阵列方向图间迭代计算，在迭代过程中，实时根据正常方向图、关键性能要求和故障位置调整阵元激励，最终获得能够满足修复要求的重配置激励，并通过激励重配置实现阵列天线自修复。

基于迭代 FFT 的阵列天线方向图自修复方法以阵元激励与方向图间的傅里叶/逆傅里叶变换为基础，计算过程快速，可用于大规模阵列天线的自修复。但在计算过程中，通过对方向图但仅适于均匀阵列天线，对于非均匀阵列天线无能为力。

学者将 FFT 与群智能算法相结合，研究了 FFT 与遗传算法相结合的阵列天线方向图综合、校准方法,利用 FFT 的快速方向图计算能力,进行群智能算法求解过程中个体适应度评估,提高了群智能算法的计算速度。

13.2.3 基于解析计算的自修复方法

解析法以阵列天线方向图函数为基础,通过数值解析计算,获得阵列天线中各阵元的激励。当阵列天线中发生故障时,通过对方向图函数非迭代解析计算,获得正常阵元的重配置激励,实现阵列天线的修复。

杜克大学的柳清伙教授、空军工程大学的王布宏教授、电子科技大学的陈客松教授、马来西亚理工大学的 M. K. A. Rahim 等研究了基于矩阵束法的阵列天线方向图综合、修复,通过矩阵束法进行阵列天线正常、故障状态下的方向图函数解析计算,获得阵列天线阵元激励;国防科技大学的 Z. L. Wang 使用方向图函数的最小二乘解进行阵列天线方向图重构;Y. S. Chen 等采用累积和(cumulative sum, CUSUM)方法,建立了方向图修复模型,并使用最小二乘解进行阵列天线的重配置;S. U. Klhan 等采用共轭对称法进行阵列天线中故障阵元的修复。

基于解析计算的阵列天线方向图自修复方法通过方向图函数的数值计算、参数估计,快速获得阵元重配置激励信息,计算速度快,可用于大规模、不同排列形式的阵列天线方向图自修复。限制解析法应用范围的是解析误差,如何降低解析计算误差,是解析计算的研究重点。

13.2.4 阵列天线自修复方法分析

经过对群智能算法、迭代 FFT、解析计算等不同阵列天线自修复计算方法梳理分析,可以发现,现有技术均以阵列天线各收发通道幅值、相位的可配置为基础,通过故障状态下阵元激励的计算、求解,获得在理论上最大程度消除故障影响的阵元激励,通过阵元激励重配置,使得修复后阵列天线方向图和性能参数最大程度靠近正常状态。现有阵列天线自修复方法都属于进化型仿生自修复方法,存在以下问题:

(1)计算速度问题。群智能算法和迭代 FFT 均通过迭代计算,在解析计算方法中,由于方向图的计算函数缺少解析解,通常也采用迭代计算方法进行最小二乘解的估算;迭代使得重配置激励的计算速度较慢,特别是群智能算法,其计算速度较为缓慢,对于大规模阵列天线,其计算速度难以满足实际修复需求;

(2)理论计算与阵列天线辐射实际误差问题。群智能算法、迭代 FFT、解析计算均以阵列天线方向图模型为基础,通过数值计算、分析,获得阵元激励值,使得阵列天线方向图及性能参数与预期要求误差最小。但阵列天线信号发射、接收过程中,受阵元耦合、通道间一致性等因素影响,实际辐射情况与理论计算结果存在偏差,影响阵列天线修复效果。

13.3　阵列天线的仿生结构

13.3.1　基于 TR 细胞的阵列天线自修复结构

依据胚胎型仿生硬件理论,根据相控阵雷达阵列天线基本功能、结构要求,设计基于 TR 细胞的阵列天线自修复结构,如图 13-8 所示。

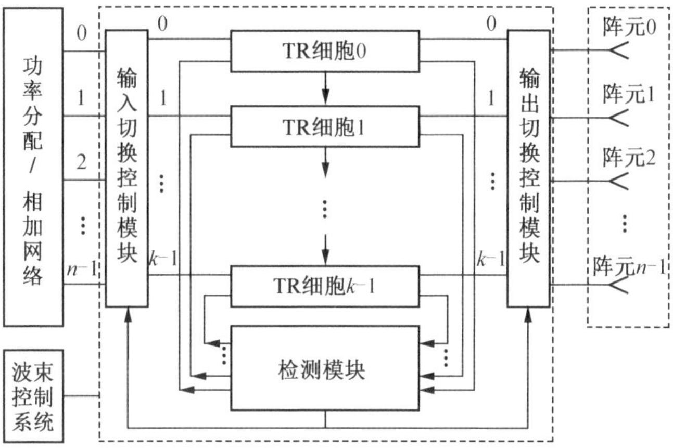

图 13-8　基于 TR 细胞的阵列天线自修复结构

图 13-8 所示基于 TR 细胞的阵列天线自修复结构由阵元阵列、TR 细胞阵列、功率分配/相加网络、波束控制系统组成。其中 TR 细胞阵列是基于细胞型仿生硬件理论对原 T/R 组件的重设计,由 k 个 TR 细胞(T_0、T_1、…、T_{k-1})、检测模块、输入切换控制模块和输出切换模块等构成:

①TR 细胞实现射频信号的收发及信号相位、幅值的调节;

②检测模块实时检测 TR 细胞状态,并根据检测结果发出故障信号,控制 TR 细胞、输入切换模块和输出切换模块;

③输入切换模块根据检测模块结果,进行功率分配/相加网络和 TR 细胞输入间的连接切换;

④输出切换模块与输入切换模块功能相似,进行 TR 细胞输出和阵元间的连接切换。

(1)TR 细胞结构。

TR 细胞阵列中,k 个 TR 细胞构成细胞串,其中 $k \geq n$,$k-n$ 为 TR 细胞备份数目,即修复故障次数。正常状态下,前 n 个(T_0、T_1、…、T_{n-1})为工作细胞,进行 n 个阵元(A_0、A_1、…、A_{n-1})的信号收发及调节,后 $k-n$ 个(T_n、T_{n+1}、…、T_{k-1})为备份细胞。当工作 TR 细胞发生故障时,故障细胞及其后细胞功能依次后移,由后一个细胞实现前一个细胞的功能,直至使用一个备份细胞。

TR 细胞结构框图如图 13-9 所示,由射频收发模块、基因库和地址产生器组成。

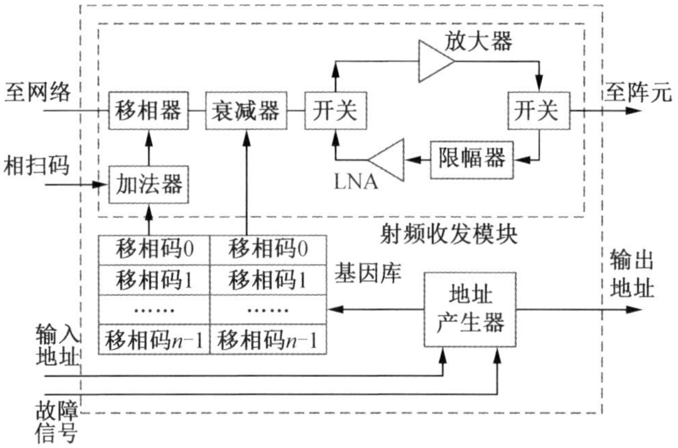

图 13-9　TR 细胞结构框图

射频收发模块由可控衰减器、可控移相器、发射通路放大器、接收通路限幅器和低噪声放大器(low noise amplifier, LNA)、收发开关、加法器等组成,其一端连接功率分配/相加网络、一端连接阵元,进行发射、接收射频信号的幅值、相位调节和功率放大,其在不同的移相码、衰减码配置下,对收/发信号进行不同的相位、幅值调节,以实现阵元特定的收发信号。加法器接收波束控制系统发送的相扫码,并将其与移相码相加,生成移相器控制码,实现波束的空间扫描。

基因库存储整个阵列天线的 n 个配置基因,每个基因由衰减码、移相码两部分组成,分别控制射频收发模块中的衰减器的衰减量和移相器的移相量。选择不同的基因,可配置射频收发模块实现不同的衰减、功能。整个 TR 细胞阵列中每个细胞分别执行不同的基因,使得不同阵元的收发信号幅值、相位按一定规律分布,从而实现预期波束。

地址产生器根据输入地址 A_{di} 和故障信号 F 产生本细胞地址信号 A_{do},并根据该地址选择表达基因库内相应基因。A_{di}、F、A_{do} 间的关系为

$$A_{do}=A_{di}+\overline{F} \tag{13-4}$$

即当细胞正常时,其故障信号 $F=0$,细胞地址为输入地址加 1;当细胞发生故障时,其故障信号 $F=1$,细胞输入地址与输出地址相等。

相邻 TR 细胞的输出地址、输入地址相互连接,构成 TR 细胞串。每个 TR 细胞根据其状态及所处位置执行相应移相器、衰减器配置,并通过输入切换控制模块和输出切换控制模块连接至功率分配/相加网络和相应辐射阵元,对收/发射频信号进行不同的相位、幅值调理。各 TR 细胞在细胞串中的位置依次递增,其所表达的基因库中的基因也依次递增。当出现故障 TR 细胞时,故障细胞的输出地址与其输入地址相等,则故障 TR 细胞后面的细胞计算所得地址与原故障 TR 细胞相同,将代替故障 TR 细胞执行相应的射频信号相位、幅值调节,完成阵列天线的自修复。

(2)输入/输出切换控制模块。

阵列天线中阵元、功率分配/相加网络端口均为 n,TR 细胞阵列中细胞数目为 k,其中 n 个为工作细胞,且工作细胞位置随着细胞状态的变化而不断改变。输入/输出切换控制模块维持 n 个工作细胞与功率分配/相加网络、阵元的连接,当工作细胞发生故障时,及时断开故障细胞连接,并根据自修复过程中工作细胞的位置变化,及时调整切换,保证工作细胞与功率分配/相加网络、阵元的连接,完成阵列天线的自修复。

输入切换控制模块和输出切换控制模块结构相同。以输出切换控制模块为例,其进行 k 个 TR 细胞 T_0、T_1、…、T_{k-1} 与 n 个阵元 A_0、A_1、…、A_{n-1} 间的切换控制,根据 TR 细胞阵列故障信号,控制连接方式,使阵列中 n 个工作细胞始终与对应的 n 个阵元连接。考虑 TR 细胞 T_i 与阵元间的连接,则存在以下情况:

①初始状态下,所有 TR 细胞正常,$f_j=0, j=0, 1, \cdots, k-1$,则 T_i 与阵元 A_i 相连接;

②当 T_i 故障时,$f_i=1$,T_i 断开与阵元连接;

③当 T_i 正常,T_i 前 TR 细胞出现故障时,即 $f_i=0, f_j=1, j\in\{0, 1, \cdots, i-1\}$,则 T_i 连接至 A_i 前面的阵元,所连接阵元序号为 $i-\sum_{j=0}^{i-1} f_j$。

综合上述 3 种连接情况,则 T_i 的连接可表示为

$$T_i = \overline{f_i} A_{i-\sum_{j=0}^{i-1} f_j} \tag{13-5}$$

为了实现式(13-3)所示逻辑,采用多路选择器(multiplexer, MUX)、开关将 T_i 与 $k-n$ 个阵元 A_i、A_{i-1}、…、$A_{i-(k-n)}$ 相连,其连接如图 13-10 所示。

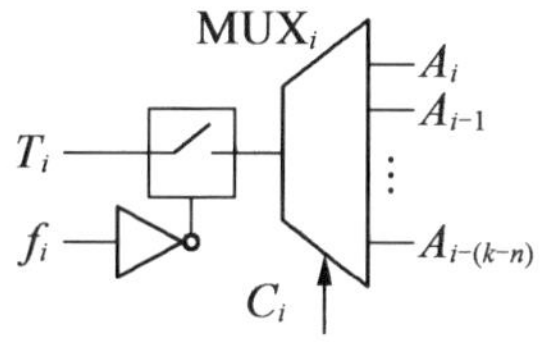

图 13-10　TR 细胞切换控制结构

图 13-10 所示 TR 细胞切换控制中,T_i 的故障信号 f_i 通过非门、开关进行 T_i 连接/断开的控制。当 T_i 正常时,$f_i=0$,非门输出 1 控制开关闭合,T_i 经多路选择器选择一个阵元连接;当 T_i 发生故障时,$f_i=1$,非门输出 0 控制开关断开,T_i 断开与阵元的连接,不再使用。多路开关 MUX_i 控制 T_i 与 A_i、A_{i-1}、…、$A_{i-(n-k)}$ 的连接选择,其控制信号 C_i 为

$$C_i = \sum_{j=0}^{i-1} f_j \tag{13-6}$$

图 13-10 所示 TR 细胞切换控制中,多路选择器的选择端的端口数目不小于 $k-n+1$,因此控制信号 C_i 的宽度为

$$\text{width}(C_i) = \lceil \log_2(k-n+1) \rceil \tag{13-7}$$

式中,width(C_i)表示信号的宽度;$\lceil \cdot \rceil$为向上取整函数,多路选择端的前 $k-n+1$ 个端口连接对应阵元,后续端口置空。

对于阵列内所有 TR 细胞,按照图 13-8 所示切换控制结构进行设计,即 $i=1,2,\cdots,k-1$,将虚拟阵元、序号 $i-(k-n)<0$ 的阵元置为空,可得阵列输出切换控制模块,其结构如图 13-11 所示。

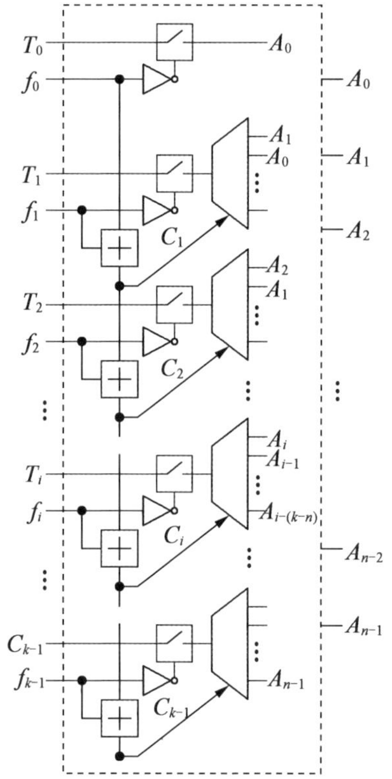

图 13-11 输出切换控制模块结构

图 13-11 所示输出切换控制模块由 k 个开关、非门和 $k-1$ 个加法器、多路选择器组成。对于 T_0,其仅连接一个阵元 A_0,其余连接阵元序号 $0-(k-n)<0$,因此未采用多路选择器,开关直接连接至阵元 A_0;对于 $i>n-1$ 的 TR 细胞 T_i,其所连部分阵元序号大于 $n-1$,对应连接为空。

13.3.2 故障细胞移除自修复流程

初始状态下,TR 细胞阵列中的前 n 个 TR 细胞与功率分配/相加网络、辐射阵元相连接,根据其位置表达相应的基因,在不同的衰减码、移相码配置下,使得阵列天线不同位置的阵元辐射信号幅值、相位按一定规律变化,从而在空间合成符合要求的波束。

阵列天线运行过程中,TR 细胞阵列中的检测模块实时检测各 TR 细胞状态。当某 TR 细胞发生故障时,检测模块将该细胞对应的状态标志位标记为 1,即为故障状态。

在状态标志位驱动下,故障 TR 细胞及其后细胞功能依次后移,直至使用一个备份细胞,使得工作细胞数目维持为 n;同时,输入切换控制模块、输出切换控制模块根据状态标志位变化,及时断开故障 TR 细胞与功率分配/相加网络、阵元的连接,保持工作细胞的连接状态，完成阵列天线的自修复。

以 $n=3$、$k=5$ 的阵列天线为例，由 3 个阵元 A_0、A_1、A_2 和 5 个 TR 细胞 $T_0 \sim T_4$ 组成。初始状态下前 3 个细胞（$T_0 \sim T_2$）执行细胞基因（gene0 ~ gene2），连接辐射阵元，如图 13-12(a) 所示，T_3、T_4 为备份细胞。

当细胞 T_1 发生故障时，其地址产生器的输出与 T_0 的相同，在地址控制下 T_2 选择表达基因 gene1，执行 T_1 功能；备份细胞 T_3 表达基因 gene2，代替执行 T_2 功能；同时输出切换控制模块断开 T_1 与阵元 A_1 的连接，而将 T_2、T_3 代替 T_1、T_2 连接至阵元 A_1、A_2，修复完成后，阵元 A_0、A_1、A_2 输入、输出信号功能正常，如图 13-12(b) 所示。

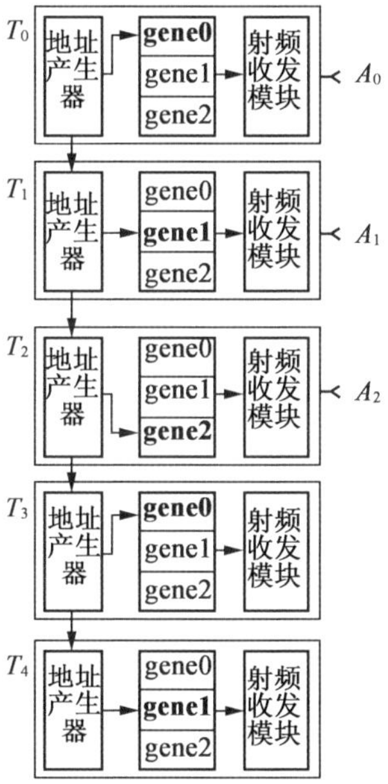

(a) 正常阵列天线

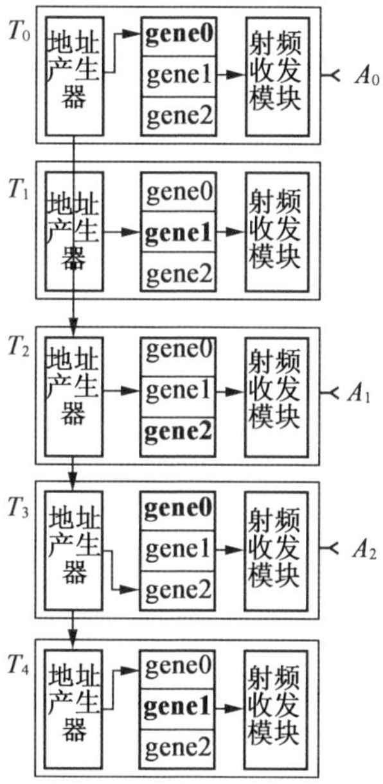

(b) 修复后阵列天线

图 13-12　阵列天线自修复过程

13.4　仿真实验

以包含 16 个阵元的直线阵列天线的自修复为例，对本章所提自修复结构进行仿真验证。以本章所提 TR 细胞为基本单元，构建新型自修复阵列。为了进行 TR 细胞的移除自修复，在 16 个 TR 细胞完成阵列功能外，配置 6 个冗余 TR 细胞，为自修复过程提供冗余资源。各细胞编号分别为 TRC_0 ~ TRC_21。

在 Xilinx ISE 12.2 环境中对阵列天线修复控制部分进行实现，并利用 ISE 自带的仿真软件 ISim 进行自修复过程的仿真。根据 Xilinx ISE 仿真结果中各 TR 细胞移相器、衰减器配置码，在 Matlab 中计算阵列天线方向图及其主副瓣比、最大副瓣电平等关键参数，以分析自修复效果。

仿真实验中,分析单 TR 细胞故障、连续多 TR 细胞故障、非连续多 TR 细胞故障等情况下阵列天线自修复。

13.4.1 阵列天线状态及仿真设置

对于 16 阵元、阵元间距为 0.5λ(λ 为辐射电磁波波长)的直线阵,各阵元分别即为 0,1,…,15。采用 Dolph-Chebyshev 幅值加权综合,其阵元 j 的归一化激励 I_j 如表 13-4 所示。

表 13-4 阵元归一化激励

j	I_j	j	I_j	j	I_j	j	I_j
0	0.179 1	4	0.700 5	8	1.000 0	12	0.544 2
1	0.249 6	5	0.839 6	9	0.944 0	13	0.388 8
2	0.388 8	6	0.944 0	10	0.839 6	14	0.249 6
3	0.544 2	7	1.000 0	11	0.700 5	15	0.179 1

TR 细胞中采用 6 位数控衰减器进行各阵元幅值控制。衰减器控制码为 000000~111111,对应衰减量为 0~31.5 dB,以 0.5 dB 为间隔。数控衰减器的衰减量是步进非连续的,各阵元选择与激励归一化值最接近的衰减量。本章仅采用 Dolph-Chebyshev 幅值加权,未进行相位加权,因此各移相器控制码均为 000000(采用 6 位数控移相器),则 21 个 TR 细胞的控制码见表 13-5。

表 13-5 TR 细胞控制码

i	TRC_i	i	TRC_i
0	000000011110	11	000000000110
1	000000011000	12	000000001011
2	000000010000	13	000000010000
3	000000001011	14	000000011000
4	000000000110	15	000000011110
5	000000000011	16	000000 000000
6	000000000001	17	000000 000000
7	000000000000	18	000000 000000
8	000000000000	19	000000 000000
9	000000000001	20	000000 000000
10	000000000011	21	000000 000000

表 13-5 中各控制码的低 6 位为衰减器控制码、高 6 位为移相器控制码；TR 细胞 16~21 为冗余细胞，其控制码均为 000000 000000。

在表 13-5 所示配置下，由 22 个 TR 细胞、16 个阵元构成的直线阵其方向图如图 13-13 所示，其最大副瓣电平(maxSLL)、平均副瓣电平(avSLL)、半功率波瓣宽度(HPBW)、第一零点波瓣宽度(FNBW)等关键技术指标见表 13-6。

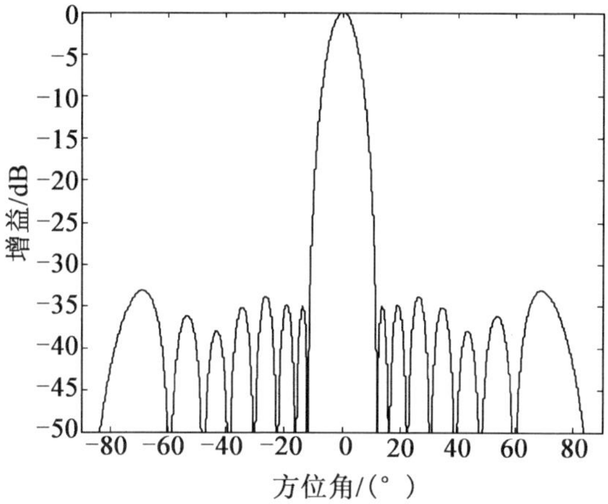

图 13-13 正常状态直线阵方向图

表 13-6 正常状态直线阵方向图关键指标

指标	maxSLL/dB	avSLL/dB	HPBW/(°)	FNBW/(°)
数值	-33.17	-35.14	8.48	23.95

仿真中 $k=22$，$n=16$，输出切换模块中多路选择器选择端的端口数目不小于 $k-n+1=7$，因此选择 1~8 多路选择器，其控制信号宽度为 $\lceil \log_2(k-n+1) \rceil = 3$。

Xilinx ISE 能够进行 TR 细胞存储、地址、自修复结构的切换控制等数字电路的仿真，而包含射频信号的射频收发模块、检测模块、阵元无法在 Xilinx ISE 中仿真实现。为了验证阵列天线自修复控制过程，仿真过程中，手动设置各 TR 细胞故障信号值 f_i，为修复过程提供启动信号；将各 TR 细胞的衰减器控制码通过输出切换控制开关送入所连接阵元，在 Matlab 中根据各阵元上衰减器控制码计算阵列天线方向图及关键参数。通过各 TR 细胞状态、表达基因及各阵元上衰减码变化，验证所提自修复结构的修复能力，并通过 Matlab 的方向图计算，进行自修复能力的确认。

13.4.2 单 TR 细胞故障自修复

系统运行过程中，设置单个 TR 细胞 TRC_4 发生故障，发生故障 TR 细胞所连接阵元其辐射信号为 0，即阵元 4 辐射信号变为 0，则此时阵列天线方向图如图 1-3 所示，其最大副瓣电平(maxSLL)、平均副瓣电平(avSLL)、半功率波瓣宽度(HPBW)、第一零点波瓣宽度(FNBW)等关键技术指标见表 13-7。

由图 13-14、表 13-7 可以看出,TRC_4 细胞发生故障使得阵列天线方向图发生较大畸变,最大副瓣电平由-33.17 dB 升高至-22.00 dB,平均副瓣电平由-35.14 dB 升高至-23.15 dB,同时半功率波瓣宽度、第一零点波瓣宽度均变宽。

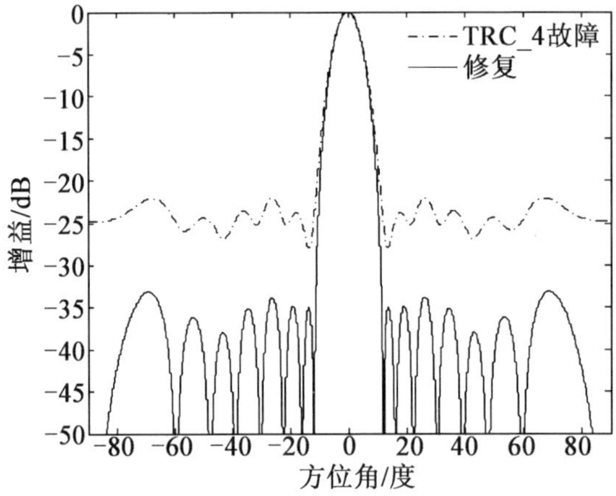

图 13-14　TRC_4 发生故障及修复后方向图

表 13-7　TRC_4 故障及修复后方向图关键指标

指标		maxSLL/dB	avSLL/dB	HPBW/(°)	FNBW/(°)
数值	故障	-22.00	-23.15	8.71	27.14
	修复	-33.17	-35.14	8.48	23.95

本章所设计自修复结构使得阵列天线在发生故障时及时进行 TR 细胞功能、阵元连接的调整,进行阵列天线自修复,其自修复过程如图 13-15 所示。

图 13-15 中,TRC_*i*_AtConf(i=0, 1, …, 21)为系统中第 i 个 TR 细胞 TRC_*i* 所输出衰减器控制码;F*i* 为第 i 个 TR 细胞的状态信号;Antenna_*j*_AtConf(j=0, 1, …, 15)为系统中第 j 个阵元 Antenna_*j* 所连接 TR 细胞的衰减器控制码,即阵元辐射信号所经衰减器的控制码。

在 200 ns,TRC_4 细胞发生故障,其故障信号置高,即 F4=1。TRC_4 及其后细胞的位置信息发生变化,细胞功能依次后移,所输出衰减器控制码 TRC_i_AtConf(i=0, 1, …, 21)发生变化。TRC_5 输出原 TRC_4 衰减器控制码 000110,TRC_6 输出原 TRC_5 衰减器控制码 000011,…,直至使用一个备份细胞 TRC_16,TRC_16 输出原 TRC_15 衰减器控制码 011110。

在输出切换控制模块控制下,TRC_4 TR 细胞所连接阵元 Antenna_4 断开与其连接,连接至执行原 TRC_4 功能的 TRC_5 细胞,其后阵元所连接 TR 细胞也依次后移,保证每个阵元上所配置衰减器控制码 Antenna_*j*_AtConf(j=0, 1, …, 15)保持不变。修复完成后,各阵元对应衰减器的控制码与表 13-5 所示初始衰减器控制码相同,在此配置下,阵列天线方向图、关键指标如图 13-21、表 13-7 所示,与图 13-20、表 13-6 所示初始状态相同,完成了阵列天线在单个 TR 细胞故障下的自修复,且阵列天线性能修复如初始状态。

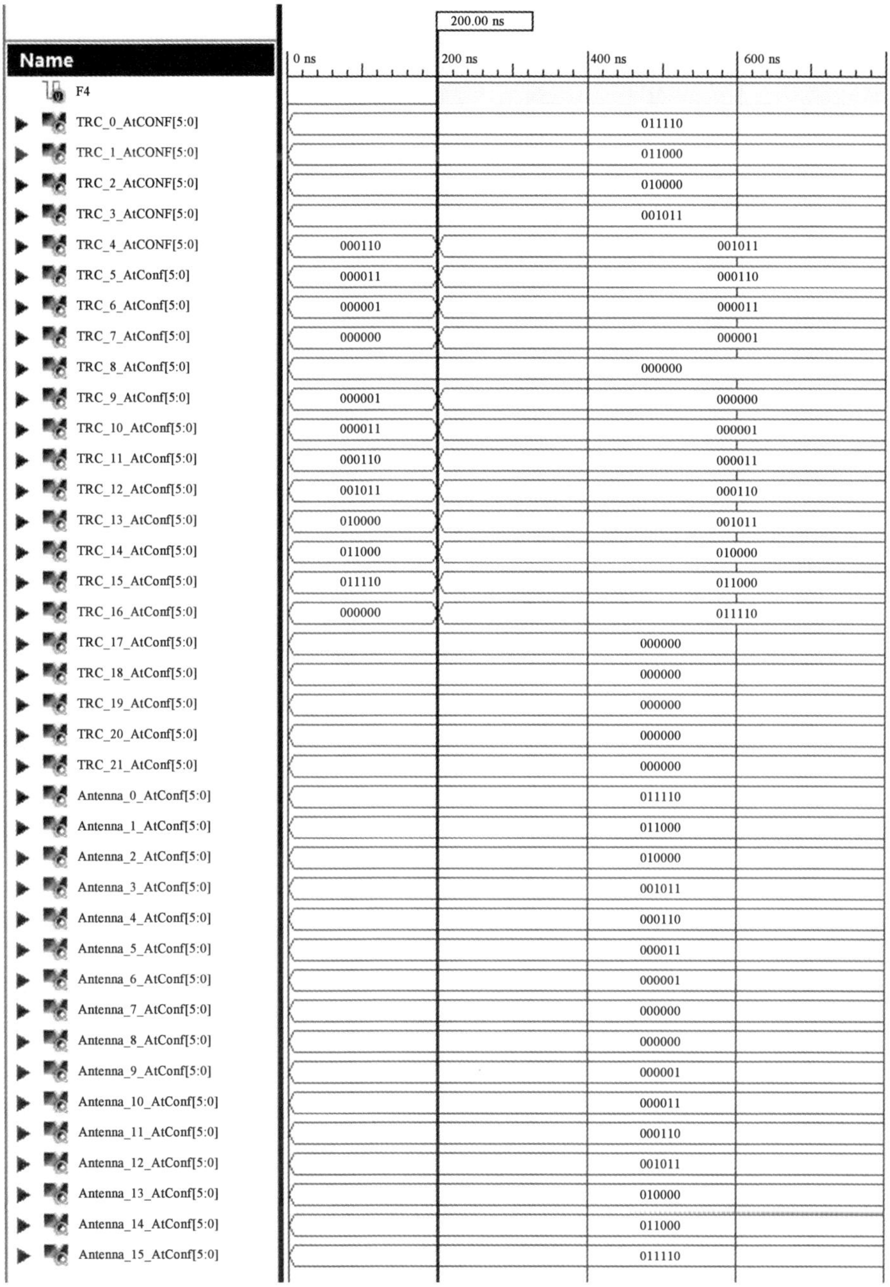

图 13-15　单 TR 细胞故障自修复过程

13.4.3　连续多 TR 细胞故障自修复

系统运行过程中,设置连续两个 TR 细胞 TRC_7、TRC_8 同时发生故障,则阵元 Antenna_7、Antenna_8 对应辐射信号为 0,则此时阵列天线方向图如图 13-16 所示,其最大副瓣电平(maxSLL)、平均副瓣电平(avSLL)、半功率波瓣宽度(HPBW)、第一零点波瓣宽度(FNBW)等关键技术指标见表 13-8。

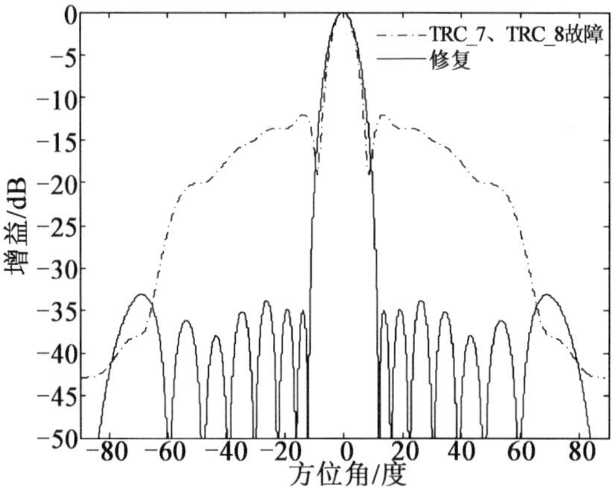

图 13-16 TRC_7、TRC_8 发生故障及修复方向图

表 13-8 TRC_7、TRC_8 故障及修复方向图关键指标

指标		maxSLL/dB	avSLL/dB	HPBW/(°)	FNBW/(°)
数值	故障	-12.01	-12.84	7.59	17.44
	修复	-33.17	-35.14	8.48	23.95

由图 13-16、表 13-8 所示阵列天线方向图及其关键指标可以看出，当 TRC_7、TRC_8 两个相邻 TR 细胞发生故障时，阵列天线方向图发生了严重畸变，其最大副瓣电平、平均副瓣电平分别升高至-12.01 dB、-12.84 dB。这是由于 TRC_7、TRC_8 处于阵列天线中间，其归一化激励电流均为 1.0，即其信号在阵列天线所有阵元中最大，因此 TRC_7、TRC_8 故障对阵列天线性能影响较大。

故障驱动下，其自修复过程如图 13-17 所示。在 200 ns，TRC_7、TRC_8 两个相邻 TR 细胞同时发生故障，其故障信号同时为高，即 F7 = 1，F8 = 1。在故障信号驱动下，TRC_7、TRC_8 及其后 TR 细胞的位置信息发生变化，发生故障的 TRC_7、TRC_8 细胞功能被其后正常细胞执行，细胞功能依次后移，直至使用两个正常的备份细胞 TRC_16、TRC_17。

由图 13-17 修复过程可以看出，在 TRC_7、TRC_8 发生故障后，TRC_7、TRC_8 及其后 TR 细胞所输出衰减器控制码发生变化，TRC_9 输出原 TRC_7 衰减器控制码 000000，TRC_10 输出原 TRC_8 衰减器控制码 000000，……，备份细胞 TRC_16 输出原 TRC_14 衰减器控制码 011000，备份细胞 TRC_17 输出原 TRC_15 衰减器控制码 011110。

在输出切换模块控制下，与 TRC_7、TRC_8 相连接的阵元 Antenna_7、Antenna_8 断开与故障细胞连接，而连接至执行 TRC_7、TRC_8 功能的 TRC_9、TRC_10 细胞，其后阵元所连接 TR 细胞也依次后移，直至阵元 Antenna_15 连接至 TRC_17。

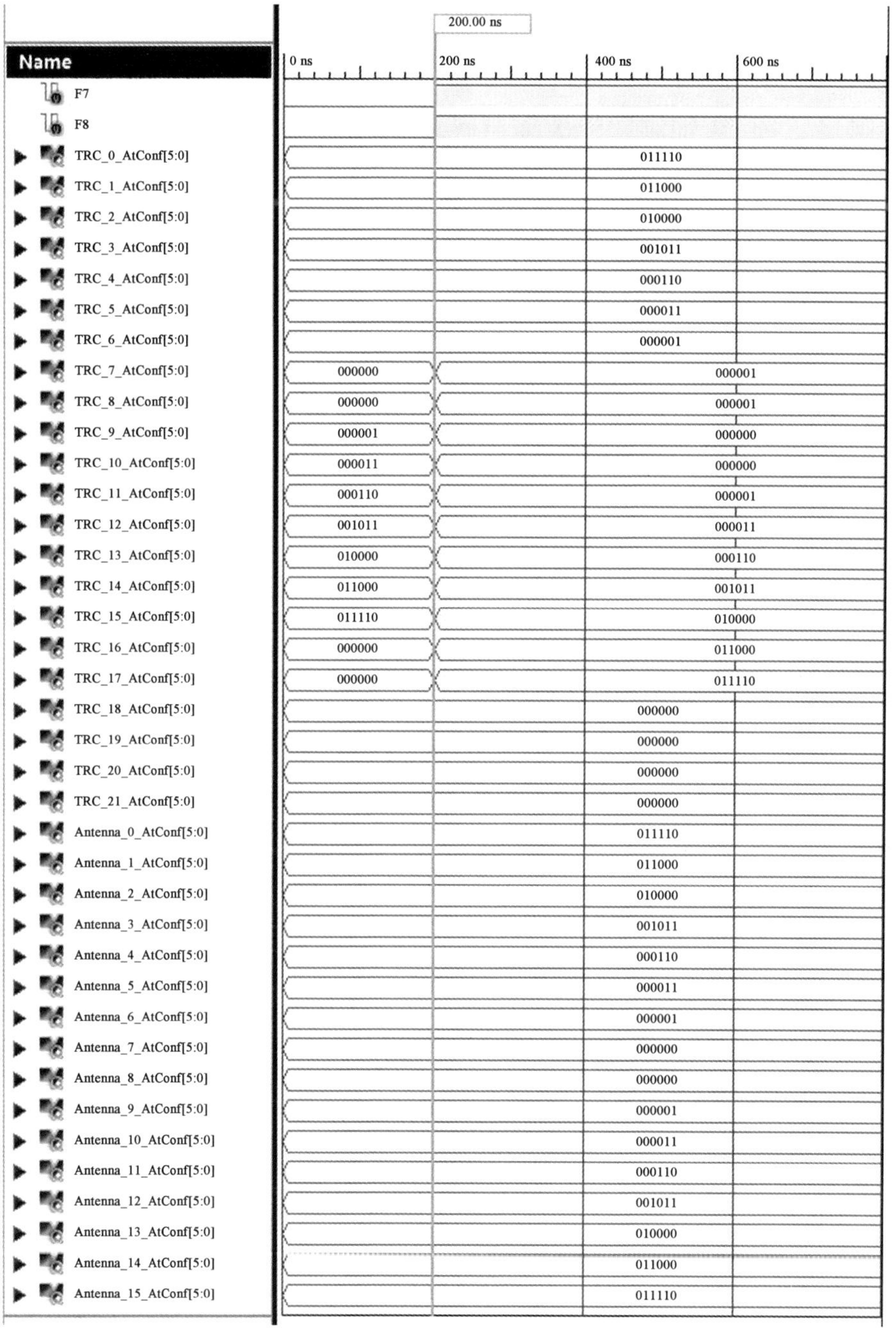

图 13-17　连续多 T/R 细胞故障自修复过程

通过 TR 细胞执行功能的后移、阵元连接 TR 细胞的后移，保证了每个阵元所配置衰减器控制码 Antenna_j_AtConf(j=0, 1, …, 15)保持不变。修复完成后，各阵元上所配置衰减器控制码与初始衰减器控制码相同，此时阵列天线方向图如图 13-16 所示，与图 13-13 所示初始状态方向图相同。方向图关键技术指标如表 13-8 所示，与表 13-6 所示初始状态相同,完成了阵列天线在相邻两个 T/R 细胞故障下的自修复,且其性能修复至阵列天线初始状态。

13.4.4 多 TR 细胞次序故障自修复

当连续多个 TR 细胞次序发生故障时,其自修复过程如图 13-18 所示。

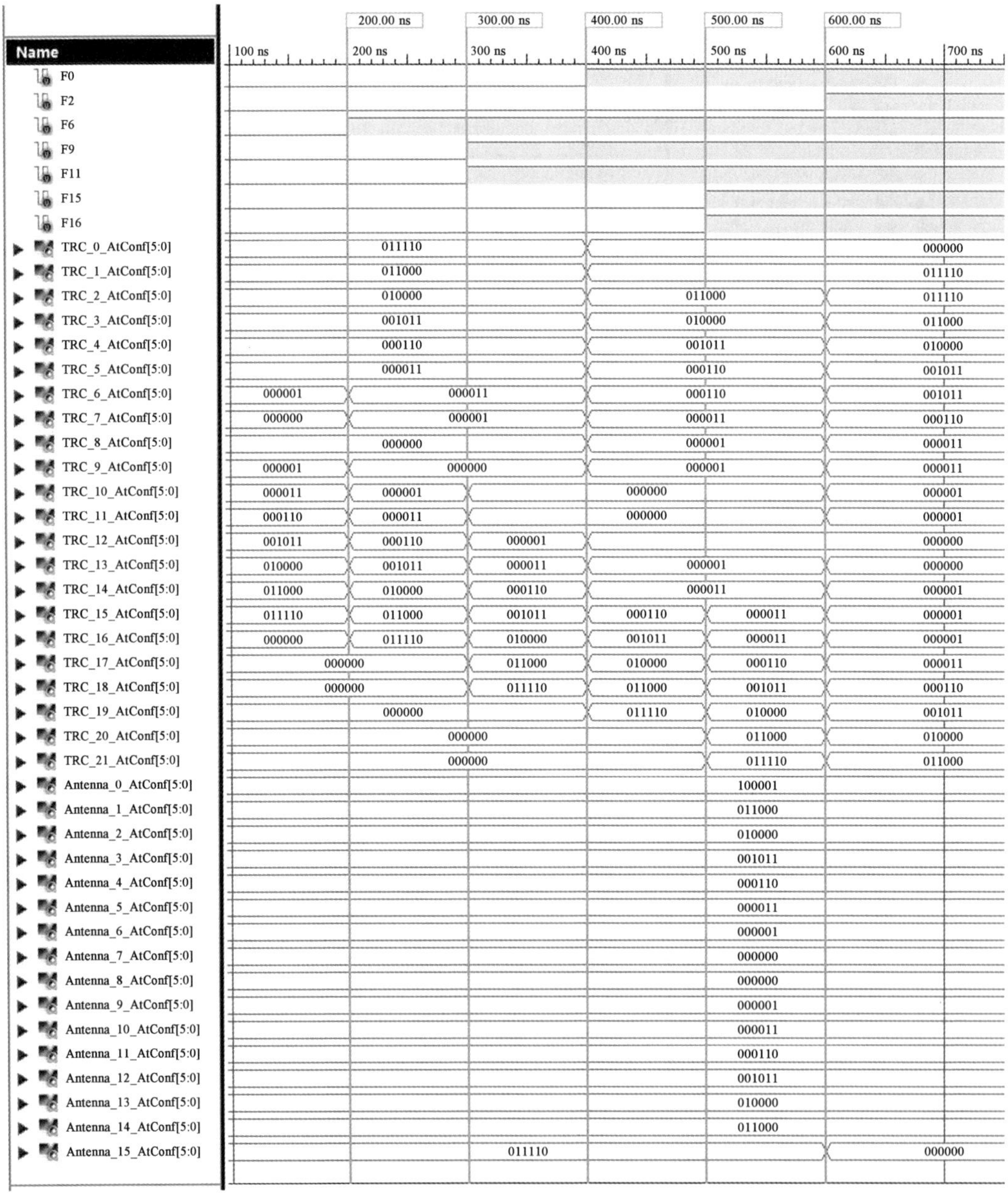

图 13-18 多个 TR 细胞次序发生故障自修复过程

在 200 ns,TRC_6 发生故障,其故障信号 F6=1;在 300 ns,TRC_9、TRC_11 同时发生故障,其故障信号 F9=1、F11=1;在 400 ns,TRC_0 发生故障,其故障信号 F0=1;在 500 ns,TRC_15、TRC_16 同时发生故障,其故障信号 F15=1、F16=1;在 600 ns,TRC_2 发生故障,其故障信号 F2=1。

由图 13-18 所示修复过程可以看出,在 200 ns、300 ns、400 ns、500 ns 等细胞发生故障时,故障 TR 细胞后的细胞功能依次后移,阵元在输出切换控制模块控制下,所连接 TR 细胞也依次后移,使得阵元始终连接至正常 TR 细胞,且其所配置衰减器控制码保持不变,完成了阵列天线在单 TR 细胞故障、相邻 TR 细胞同时故障、非相邻 TR 细胞同时故障、多 TR 细胞次序故障等多种条件下的自修复。

在 500 ns TRC_15、TRC_16 两个 TR 细胞发生故障后,系统累计故障细胞数目为 6,与系统冗余 TR 细胞数目相等。因此,阵列天线在完成 TRC_15、TRC_16 故障修复后,系统中已没有冗余备份 TR 细胞。在 600 ns,TRC_2 细胞发生故障时,阵列天线中的 TR 细胞根据修复规则,TRC_2 及其后的 T/R 细胞功能依次后移,阵列天线所连接 TR 细胞也依次后移,阵元 Antenna_14 连接至系统中最后一个正常 TR 细胞 TRC_21,使得阵元 Antenna_15 失去对应 TR 细胞连接,虽然仿真显示器衰减器控制码为 000000,但实际上由于缺少所连接 TR 细胞,阵元 Antenna_15 无输入射频信号,其激励信号为 0。此时,阵列天线中各阵元 j 对应衰减量控制码 Antenna_j_AtConf、衰减量 AS_j 及归一化激励 I_j 见表 13-9。

在表 13-9 所示配置下,阵列天线方向图如图 13-19 所示。

表 13-9　修复后阵元衰减控制码、衰减量及归一化激励

j	AC_j	AS_j/dB	I_j	j	AC_j	AS_j/dB	I_j
0	011110	15.0	0.177 8	8	000000	0.0	1.000 0
1	011000	12.0	0.251 2	9	000001	0.5	0.944 1
2	010000	8.0	0.398 1	10	000011	1.5	0.841 4
3	001011	5.5	0.530 9	11	000110	3.0	0.707 9
4	000110	3.0	0.707 9	12	001011	5.5	0.530 9
5	000011	1.5	0.841 4	13	010000	8.0	0.398 1
6	000001	0.5	0.944 1	14	011000	12.0	0.251 2
7	000000	0.0	1.0000	15	–	–	0

图 13-19 所示阵列天线方向图最大副瓣电平(maxSLL)、平均副瓣电平(avSLL)、半功率波瓣宽度(HPBW)、第一零点波瓣宽度(FNBW)等关键技术指标见表 13-10。

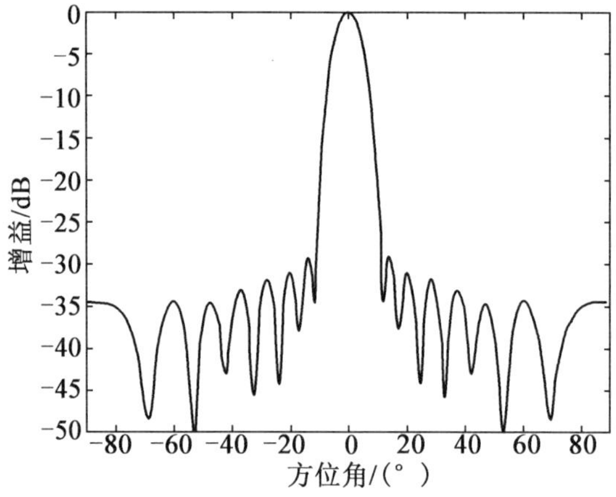

图 13-19 无冗余 TR 细胞修复结果

由图 13-19 所示方向图、表 13-10 所示关键技术指标可以看出,阵列天线的方向图已经畸变,最大副瓣电平由-33.17 上升至-29.17,平均副瓣电平由-35.14 上升至-32.69,半功率波瓣宽度、第一零陷波瓣宽度均有增加,分别由 8.48、23.95 增加至 8.77、23.78。

表 13-10 无冗余 TR 细胞修复直线阵方向图关键指标

指标	maxSLL/dB	avSLL/dB	HPBW/(°)	FNBW/(°)
数值	-29.17	-32.69	8.77	23.78

在 500 ns 后,阵列天线中已无冗余 TR 细胞,使得 600 ns TRC_2 发生故障时,虽然阵列天线各部分按照自修复操作进行了细胞功能、阵元连接的依次后移,保证了阵元 Antenna_0~Antenna_14 的衰减器控制码的正常,但阵元 Antenna_15 失去连接 T/R 细胞,导致阵列天线自修复失败,阵列天线各项性能下降。

13.4.5 修复结果分析

通过单 TR 细胞故障、连续多 TR 细胞故障、非连续多 TR 细胞故障等不同故障情况下阵列天线自修复实验可以看出,本章所提阵列天线自修复结构能够完成不同故障情况下的阵列天线自修复。自修复过程中,在 TR 细胞、切换控制模块共同控制下,完成了 TR 细胞功能、阵元连接 TR 细胞的同时下移,实现了故障 TR 细胞的移除,消除了故障对阵列天线性能影响。项目组研究提出的阵列天线自修复方法、结构具有以下特点:

(1)所提自修复方法、结构能够完成不同故障情况下的阵列天线自修复,当系统中具有备份 TR 细胞时,可修复系统至初始状态,达到理想修复效果;当系统中没有备份 TR 细胞时,通过自修复,仍可提升阵列天线性能。

(2)修复过程在组合电路控制下完成,通过 TR 细胞与功率合成/分配网络、辐射单元间的快速切换,实现阵列天线的快速自修复,在理想情况下,可达到实时修复效果。实际系统中,修复速度受输入/输出切换控制模块中的开关限制,修复时间等于开关切换时间,在微秒、纳秒级别,提高了阵列天线修复速度。

(3)通过故障 TR 细胞移除、备份 TR 细胞替换实现自修复,修复完成后,各阵元辐射信号与阵列天线初始状态相同。各 TR 细胞高度一致的理想状态下,阵元间互耦情况与初始状态保持一致,避免了阵元互耦变化对修复结果的影响。实际系统中,由于 TR 细胞存在一定的移相、幅值衰减偏差,使得修复后阵元间互耦情况发生变化,系统设计中,通过 TR 细胞调试、补偿降低不一致性来减小互耦的改变,提高了自修复效果。

(4)所提自修复结构通过冗余 TR 细胞代替故障 TR 细胞实现自修复,修复次数受冗余 TR 细胞数量限制,实际应用中,可根据 TR 细胞规模、阵元阵列规模及阵列天线自修复需求,进行 TR 细胞数量配置。随着技术的进步,T/R 组件集成度不断提高,其体积也不断降低,为 TR 细胞集成设计奠定了基础。同时,阵元阵列规模受阵元数量、阵元间距、辐射信号频率限制,而 TR 细胞的集成化设计,为在阵元阵列相同空间内,配置一定数量的冗余 TR 细胞提供了基础。

通过仿真实验对所提相控阵雷达阵列天线自修复方法、自修复结构进行了初步实现,实验结果验证了所提自修复方法、结构的可行性,为下一步研究奠定了基础。

13.5　本章小结

本章分析了不同位置、数量故障对阵列天线性能的影响,研究了相控阵雷达阵列天线的基于群智能、基于迭代 FFT 和基于解析计算的自修复方法,分析了现有自修复方法的优缺点。基于胚胎型仿生电子系统理论,设计了基于 TR 细胞的阵列天线自修复结构,该自修复结构可自动移除阵列中的故障 TR 细胞,消除故障对阵列天线的影响,实现阵列天线的自修复。通过仿真实验,验证了所提阵列天线自修复结构的可行性,该结构为阵列天线的自修复提供了新思路。

参考文献

[1] 张勇，魏靖林. 可编程逻辑器件架构设计展望[J]. 辽宁大学学报(自然科学版)，2019，46(4)：327-336.

[2] 侯剑舒，金星. 可编程逻辑器件的现状及发展趋势[J]. 中国仪器仪表，2005(5)：31-32.

[3] 田生宏，田培成. 可编程逻辑器件 CPLD 和 FPGA 的特点和应用[J]. 科技视界，2015(18)：134+229.

[4] 王晓丽. 可编程逻辑器件 CPLD/FPGA 的发展[J]. 科技信息(科学教研)，2007(28)：55.

[5] 刘春保. “伽利略”系统故障事件分析[J]. 国际太空，2019(8)：28-31.

[6] 孟泽，柴晋飞，王剑峰. 相控阵雷达在高功率微波弹攻击下的生存能力分析[J]. 舰船电子对抗，2017，40(1)：29-34.

[7] 任雪峰，钱国栋. 相控阵雷达抗高功率微波武器损毁能力分析[J]. 雷达与对抗，2019，39(3)：5-7.

[8] 张少波. 电子设备的高功率微波武器防护探索[J]. 科学技术创新，2019(14)：41-42.

[9] 蔡彪，林宇，刘波. 天宫一号目标飞行器 GNC 分系统容错策略设计[J]. 空间控制技术与应用，2011，37(6)：40-46.

[10] 刘波，林宇，彭飞，等. 天宫一号目标飞行器控制计算机的设计与验证[J]. 空间控制技术与应用，2011，37(6)：28-33.

[11] 吕光临. 基于战场快修的以任务可靠性为中心的某高炮保障方案评估[D]. 长沙：国防科学技术大学，2011.

[12] 胡涛，杨春辉，刘欧. 潜艇自航模系统可靠性优化设计[J]. 海军工程大学学报，2014，26(5)：77-82.

[13] 潘洪升，王卓健. 航空装备体系可靠性仿真与优化分析[J]. 火力与指挥控制，2017，42(12)：154-159.

[14] 孟田珍. 电子细胞阵列结构研究和数字自修复电路设计[D]. 石家庄：军械工程学院，2014.

[15] DE GARIS H. Genetic programming artificial nervous systems artificial embryos and embryological electronics[C]// Parallel Problem Solving from Nature. Berlin, Heidelberg: Springer Berlin Heidelberg, 1991: 117-123.

[16] 王友仁, 姚睿, 朱开阳, 等. 仿生硬件理论与技术的研究现状与发展趋势分析[J]. 中国科学基金, 2004, 18(5): 273-277.

[17] 王友仁, 崔坚, 游霞, 等. 仿生硬件及其进展[J]. 中国空间科学技术, 2004, 24(6): 32-42.

[18] YAO X, HIGUCHI T. Promises and challenges of evolvable hardware[J]. IEEE transactions on systems, man, and cybernetics, part C (applications and reviews), 1999, 29(1): 87-97.

[19] DE GARIS H. EVOLVABLE HARDWARE genetic programming of a Darwin machine[C]// Artificial Neural Nets and Genetic Algorithms. Vienna: Springer Vienna, 1993: 441-449.

[20] MANGE D, STAUFFER A. Introduction to embryonics: towards new self-repairing and self-reproducing hardware based on biological-like properties[M]. Chichester: John Wiley, 1994.

[21] SIPPER M, SANCHEZ E, MANGE D, et al. A phylogenetic, ontogenetic, and epigenetic view of bio-inspired hardware systems[J]. IEEE transactions on evolutionary computation, 1997, 1(1): 83-97.

[22] SANCHEZ E, MANGE D, SIPPER M, et al. Phylogeny, ontogeny, and epigenesis: Three sources of biological inspiration for softening hardware[C]// Evolvable Systems: From Biology to Hardware. Berlin, Heidelberg: Springer Berlin Heidelberg, 1997: 33-54.

[23] NEI M, KUMAR S. Molecular evolution and phylogenetics [M]. Oxford University Press, 2000.

[24] 彭奕欣. 鲸的起源与演化[J]. 生物学通报, 2003, 38(1): 1-4.

[25] 祁飞燕, 施鹏. 脊椎动物附肢发育及进化机制的研究进展[J]. 科学通报, 2016, 61(32): 3413-3420.

[26] 谢曼, 李元香. 演化硬件及其进展[J]. 武汉大学学报(自然科学版), 1999, 45(5): 761-766.

[27] 赵曙光, 刘贵喜, 杨万海. 可进化硬件的基本原理与关键技术[J]. 系统工程与电子技术, 2002, 24(1): 70-73.

[28] 姚睿. 数字进化硬件关键技术研究[D]. 南京: 南京航空航天大学, 2008.

[29] WEST G B, BROWN J H, ENQUIST B J. A general model for ontogenetic growth[J]. Nature, 2001, 413(6856): 628-631.

[30] MANGE D, STAUFFER A, TEMPESTI G. Embryonics: A microscopic view of the moleculararchitecture[C]// Evolvable Systems: From Biology to Hardware. Berlin, Heidelberg: Springer Berlin Heidelberg, 1998: 185-195.

[31] MANGE D, SANCHEZ E, STAUFFER A, et al. Embryonics: A new methodology for

designing field-programmable gate arrays with self-repair and self-replicating properties[J]. IEEE transactions on very large scale integration (VLSI) systems, 1998, 6(3): 387-399.

[32] ORTEGA-SANCHEZ C A. Embryonics: A bio-inspired fault-tolerant multicellular system[D]. York, Yorkshire and the Humber, UK: The University of York, 2000.

[33] GOLDBERG A D, ALLIS C D, BERNSTEIN E. Epigenetics: A landscape takes shape [J]. Cell, 2007, 128(4): 635-638.

[34] BIRD A. Perceptions of epigenetics[J]. Nature, 2007, 447(7143): 396-398.

[35] HOSSEINZADEH A, BAZIAR M, ALIDADI H, et al. Application of artificial neural network and multiple linear regression in modeling nutrient recovery in vermicompost under different conditions[J]. Bioresource technology, 2020, 303: 122926.

[36] 李博, 李骏旻, 李毅能, 等. 人工神经网络在岛屿近岸海浪模拟中的应用[J]. 厦门大学学报(自然科学版), 2020, 59(3): 420-427.

[37] GRATZER K, SERVY H, CHICHE L. Artificial intelligence: Guidelines for internists [J]. La revue de medecine interne, 2020, 41(3): 189-191.

[38] CLANCY T R. Artificial intelligence and nursing: The future is now[J]. The journal of nursing administration, 2020, 50(3): 125-127.

[39] ORTEGA-SÁNCHEZ C, TYRRELL A. MUXTREE revisited: Embryonics as a reconfiguration strategy in fault-tolerant processor arrays[C]// Evolvable Systems: From Biology to Hardware. Berlin, Heidelberg: Springer Berlin Heidelberg, 1998: 206-217.

[40] BARKER W, HALLIDAY D M, THOMA Y, et al. Fault tolerance using dynamic reconfiguration on the POEtic tissue[J]. IEEE transactions on evolutionary computation, 2007, 11(5): 666-684.

[41] THOMA Y, TEMPESTI G, SANCHEZ E, et al. POEtic: An electronic tissue for bio-inspired cellular applications[J]. Biosystems, 2004, 76(1/2/3): 191-200.

[42] TYRRELL A M, SUN H. A honeycomb development architecture for robust fault-tolerant design[C]//First NASA/ESA Conference on Adaptive Hardware and Systems (AHS'06). June 15-18, 2006, Istanbul. IEEE, 2006: 281-287.

[43] BRADLEY D, ORTEGA-SANCHEZ C, TYRRELL A. Embryonics immunotronics: A bio-inspired approach to fault tolerance[C]//Proceedings of The Second NASA/DoD Workshop on Evolvable Hardware. July 15-15, 2000, Palo Alto, CA, USA. IEEE, 2000: 215-223.

[44] BRADLEY D W, TYRRELL A M. Immunotronics-novel finite-state-machine architectures with built-in self-test using self-nonself differentiation[J]. IEEE transactions on evolutionary computation, 2002, 6(3): 227-238.

[45] GREENSTED A J, TYRRELL A M. Implementation results for a fault-tolerant multicellular architecture inspired by endocrine communication[C]//2005 NASA/DoD Conference on Evolvable Hardware (EH'05). June 29-July 1, 2005, Washington, DC, USA. IEEE, 2005: 253-261.

[46] SHAYANI H, BENTLEY P, TYRRELL A M. A cellular structure for online routing of digital spiking neuron axons and dendrites on FPGAs[C].//Proceedings of the 8th International Conference on Evolvable Systems: From Biology to Hardware, 2008:273-284.

[47] JACKSON A H, TYRRELL A M. Implementing asynchronous embryonic circuits using AARDVArc[C]//Proceedings 2002 NASA/DoD Conference on Evolvable Hardware. July 15-18, 2002, Alexandria, VA, USA. IEEE, 2002: 231-240.

[48] JACKSON A H, TYRRELL A M. Asynchronous embryonics with reconfiguration [C]// Evolvable Systems: From Biology to Hardware. Berlin, Heidelberg: Springer Berlin Heidelberg, 2001: 88-99.

[49] ORTEGA-SANCHEZ C, MANGE D, SMITH S, et al. Embryonics: A bio-inspired cellular architecture with fault-tolerant properties[J]. Genetic programming and evolvable machines, 2000, 1(3): 187-215.

[50] CANHAM R O, TYRRELL A M. A hardware artificial immune system and embryonic array for fault tolerant systems[J]. Genetic Programming and Evolvable Machines, 2003(4):359-382.

[51] ORTEGA C, TYRRELL A. Self-repairing multicellular hardware: A reliability analysis[C]// Advances in Artificial Life. Berlin, Heidelberg: Springer Berlin Heidelberg, 1999: 442-446.

[52] ORTEGA C, TYRRELL A. Reliability analysis in self-repairing embryonic systems [C]//Proceedings of the First NASA/DoD Workshop on Evolvable Hardware. July 21-21, 1999,Pasadena, CA, USA. IEEE, 1999: 120-128.

[53] ORTEGA C. Reliability analysis of self-repairing bio-inspired cellular hardware [C]//IEE Half-day Colloquium on Evolutionary Hardware Systems. London, UK. IEE, 1999: 2-2.

[54] GREENSTED A J, TYRRELL A M. RISA: A hardware platform for evolutionary design[C]//2007 IEEE Workshop on Evolvable and Adaptive Hardware (WEAH2007). April 1-5, 2007, Honolulu, HI, USA. IEEE, 2007: 1-7.

[55] BREMNER P, LIU Y, SAMIE M, et al. SABRE: A bio-inspired fault-tolerant electronic architecture[J]. Bioinspiration & biomimetics, 2013, 8(1): 016003.

[56] MANGE D, GOEKE M, MADON D, et al. Embryonics: A new family of coarse-grained field-programmable gate array with self-repair and self-reproducing properties

[C]//1996 IEEE International Symposium on Circuits and Systems (ISCAS). May 15-15, 1996, Atlanta, GA, USA. IEEE, 1996: 25-28.

[57] TEMPESTI G, MANGE D, STAUFFER A. A robust multiplexer-based FPGA inspired by biological systems[J]. Journal of systems architecture, 1997, 43(10): 719-733.

[58] RESTREPO H F, MANGE D. A 2-by-n hybrid cellular automaton implementation using a bio-inspired FPGA[C].// International Work-Conference on Artificial Neural Networks, 2001:39-46.

[59] RESTREPO H F, MANGE D. An embryonics implementation of a self-replicating universal turing machine[C]// Evolvable Systems: From Biology to Hardware. Berlin, Heidelberg: Springer Berlin Heidelberg, 2001: 74-87.

[60] MANGE D, SIPPER M, STAUFFER A, et al. Toward self-repairing and self-replicating hardware: The Embryonics approach[C]//Proceedings of The Second NASA/DoD Workshop on Evolvable Hardware. July 15-15, 2000, Palo Alto, CA, USA. IEEE, 2000: 205-214.

[61] STAUFFER A, MANGE D, PETRAGLIO E, et al. Self-replication of 3D universal structures[C]//Proceedings of 2004 NASA/DoD Conference on Evolvable Hardware, 2004. June 26-26, 2004, Seattle, WA, USA. IEEE, 2004: 283-287.

[62] TYRRELL A M, SANCHEZ E, FLOREANO D, et al. POEtic tissue: An integrated architecture for bio-inspired hardware[C]// Evolvable Systems: From Biology to Hardware. Berlin, Heidelberg: Springer Berlin Heidelberg, 2003: 129-140.

[63] MANUEL MORENO J, THOMA Y, SANCHEZ E, et al. Hardware realization of a bio-inspired POEtic tissue[C]//Proceedings of 2004 NASA/DoD Conference on Evolvable Hardware, 2004. June 26-26, 2004, Seattle, WA, USA. IEEE, 2004: 237-244.

[64] STAUFFER A, MANGE D, ROSSIER J. Design of self-organizing bio-inspired systems[C]//Second NASA/ESA Conference on Adaptive Hardware and Systems (AHS 2007). August 5-8, 2007, Edinburgh, UK. IEEE, 2007: 413-419.

[65] TEMPESTI G, MANGE D, PETRAGLIO E, et al. Developmental processes in silicon: An engineering perspective[C]//NASA/DoD Conference on Evolvable Hardware, 2003. Proceedings. July 9-11, 2003, Chicago, IL, USA. IEEE, 2003: 255-264.

[66] TEMPESTI G, MANGE D, STAUFFER A, et al. The BioWall: An electronic tissue for prototyping bio-inspired systems[C]//Proceedings 2002 NASA/DoD Conference on Evolvable Hardware. July 15-18, 2002, Alexandria, VA, USA. IEEE, 2002: 221-230.

[67] STAUFFER A, MANGE D, TEMPESTI G, et al. BioWatch: A giant electronic bio-

inspired watch[C]//Proceedings Third NASA/DoD Workshop on Evolvable Hardware. EH-2001. July 12-14, 2001, Long Beach, CA, USA. IEEE, 2001: 185-192.

[68] STAUFFER A, MANGE D, TEMPESTI G, et al. A self-repairing and self-healing electronic watch: The BioWatch[C]// Evolvable Systems: From Biology to Hardware. Berlin, Heidelberg: Springer Berlin Heidelberg, 2001: 112-127.

[69] TEMPESTI G, MANGE D, MUDRY P A, et al. Self-replicating hardware for reliability[J]. ACM journal on emerging technologies in computing systems, 2007, 3(2): 9.

[70] MORENO J M, THOMA Y, SANCHEZ E. POEtic: A prototyping platform for bio-inspired hardware[C]// Evolvable Systems: From Biology to Hardware. Berlin, Heidelberg: Springer Berlin Heidelberg, 2005: 177-187.

[71] SANCHEZ E, PEREZ-URIBE A, UPEGUI A, et al. PERPLEXUS: Pervasive computing framework for modeling complex virtually-unbounded systems[C]//Second NASA/ESA Conference on Adaptive Hardware and Systems (AHS 2007). August 5-8, 2007, Edinburgh, UK. IEEE, 2007: 587-591.

[72] BROUSSE O, SASSATELLI G, GIL T, et al. The perplexus programming framework: Combining bio-inspiration and agent-oriented programming for the simulation of large scale complex systems[C]// Evolvable Systems: From Biology to Hardware. Berlin, Heidelberg: Springer Berlin Heidelberg, 2008: 402-407.

[73] UPEGUI A, THOMA Y, SANCHEZ E, et al. The perplexus bio-inspired reconfigurable circuit[C]//Second NASA/ESA Conference on Adaptive Hardware and Systems (AHS 2007). August 5-8, 2007, Edinburgh, UK. IEEE, 2007: 600-605.

[74] THOMA Y, UPEGUI A. UbiManager: A software tool for managing ubichips[C]// 2008 NASA/ESA Conference on Adaptive Hardware and Systems. June 22-25, 2008, Noordwijk, Netherlands. IEEE, 2008: 213-219.

[75] UPEGUI A, THOMA Y, SATIZÁBAL H F, et al. Ubichip, ubidule, and MarXbot: A hardware platform for the simulation of complex systems[C]// Evolvable Systems: From Biology to Hardware. Berlin, Heidelberg: Springer Berlin Heidelberg, 2010: 286-298.

[76] SAMIE M, DRAGFFY G, POPESCU A, et al. Prokaryotic bio-inspired model for embryonics[C]//2009 NASA/ESA Conference on Adaptive Hardware and Systems. July 29-August 1, 2009, San Francisco, CA, USA. IEEE, 2009: 163-170.

[77] SAMIE M, DRAGFFY G, POPESCU A, et al. Prokaryotic bio-inspired system[C]// 2009 NASA/ESA Conference on Adaptive Hardware and Systems. July 29-August 1, 2009, San Francisco, CA, USA. IEEE, 2009: 171-178.

[78] SAMIE M, DRAGFFY G, PIPE T. UNITRONICS: A novel bio-inspired fault tolerant

cellular system[C]//2011 NASA/ESA Conference on Adaptive Hardware and Systems (AHS). June 6-9, 2011, San Diego, CA, USA. IEEE, 2011: 58-65.

[79] SAMIE M, DRAGFFY G, TYRRELL A M, et al. Novel bio-inspired approach for fault-tolerant VLSI systems[J]. IEEE transactions on very large scale integration (VLSI) systems, 2013, 21(10): 1878-1891.

[80] SAMIE M, DRAGFFY G, KIELY J. Novel embryonic array with neural network characteristics[C]//Second NASA/ESA Conference on Adaptive Hardware and Systems (AHS 2007). August 5-8, 2007, Edinburgh, UK. IEEE, 2007: 420-430.

[81] SAMIE M, FARJAH E, DRAGFFY G. Cyclic metamorphic memory for cellular bio-inspired electronic systems[J]. Genetic programming and evolvable machines, 2008, 9(3): 183-201.

[82] SAMIE M, DRAGFFY G, PIPE T. Novel bio-inspired self-repair algorithm for evolvable fault tolerant hardware systems[C]//Proceedings of the 11th Annual Conference Companion on Genetic and Evolutionary Computation Conference: Late Breaking Papers. Montreal Québec Canada. ACM, 2009: 2143-2148.

[83] THOMAS A, RÜCKAUER M, BECKER J. HoneyComb: An application-driven online adaptive reconfigurable hardware architecture[J]. International journal of reconfigurable computing, 2012, 2012(1): 832531.

[84] BOESEN M R, MADSEN J. eDNA: A bio-inspired reconfigurable hardware cell architecture supporting self-organisation and self-healing[C]//2009 NASA/ESA Conference on Adaptive Hardware and Systems. July 29-August 1, 2009, San Francisco, CA, USA. IEEE, 2009: 147-154.

[85] KIM S, CHU H, YANG I, et al. A hierarchical self-repairing architecture for fast fault recovery of digital systems inspired from paralogous gene regulatory circuits[J]. IEEE transactions on very large scale integration (VLSI) systems, 2012, 20(12): 2315-2328.

[86] PRODAN L, UDRESCU M, VLADUTIU M. Survivability of embryonic memories: Analysis and design principles[C]//2005 NASA/DoD Conference on Evolvable Hardware (EH'05). June 29-July 1, 2005, Washington, DC, USA. IEEE, 2005: 280-289.

[87] 刘慧，朱明程. 一种新型仿生硬件容错系统：胚胎电子系统[J]. 半导体技术，2002，27(5)：29-32.

[88] 荣昊亮，俞承芳. 基于胚胎细胞阵列可容错系统的FPGA验证[J]. 复旦学报(自然科学版)，2006，45(1)：127-130.

[89] 赵倩，俞承芳. 胚胎阵列在容错系统中的应用[J]. 信息与电子工程，2006，4(2)：153-156.

[90] 赵倩，俞承芳．胚胎阵列容错系统中单细胞替换的实现[J]．复旦学报(自然科学版)，2006，45(4)：550-554.

[91] 马薇薇，王友仁．基于多路选择器的胚胎电子系统的设计与实现[J]．微电子学与计算机，2006，23(6)：5-8.

[92] 杨姗姗．胚胎型仿生硬件细胞电路设计与自修复方法研究[D]．南京：南京航空航天大学，2007.

[93] 王海滨．胚胎电子系统配置控制技术研究[D]．南京：南京航空航天大学，2008.

[94] 王海滨，徐贵力，王友仁．胚胎电子系统动态重构的设计与实现[J]．计算机测量与控制，2008，16(10)：1463-1465.

[95] 谷銮．胚胎型硬件重构控制配置技术研究[D]．南京：南京航空航天大学，2007.

[96] 张宇．可重构硬件容错技术研究[D]．南京：南京航空航天大学，2009.

[97] XU G L, XIA Z H, WANG H B, et al. Design of embryo-electronic systems capable of self-diagnosing and self-healing and configuration control[J]. Chinese Journal of Aeronautics, 2009,22(6):637-643.

[98] 袁鹏．自主容错可重构电路的设计与实现[D]．南京：南京航空航天大学，2012.

[99] 张砦．面向数字系统芯片级自修复的胚胎硬件关键技术研究[D]．南京：南京航空航天大学，2016.

[100] ZHANG Z, QIU Y, YUAN X L. A new distributed self-repairing strategy for transient fault cell in embryonics circuit[C]// Intelligent Distributed Computing XII. Cham: Springer International Publishing, 2018: 167-177.

[101] ZHANG Z, QIU Y, YUAN X L, et al. A self-healing strategy with fault-cell reutilization of bio-inspired hardware[J]. Chinese journal of aeronautics, 2019, 32(7): 1673-1683.

[102] 王敏，王友仁，张砦．三维可重构阵列互连资源在线分布式容错方法[J]．计算机应用研究，2013，30(8)：2360-2363.

[103] 王敏．三维可重构阵列自主容错方法研究[D]．南京：南京航空航天大学，2013.

[104] 杨姗姗，王友仁．胚胎型仿生电路中具有自修复性能的存储器设计[J]．计算机测量与控制，2009，17(1)：164-166.

[105] 王敏，王友仁，张砦，等．三维结构可重构阵列在线自诊断与容错方法[J]．仪器仪表学报，2013，34(3)：650-656.

[106] 郝国锋，王友仁，张砦，等．可重构硬件内建自测试与容错机制研究[J]．仪器仪表学报，2011，32(4)：856-862.

[107] 郝国锋．可重构硬件自诊断与自修复技术研究[D]．南京：南京航空航天大学，2011.

[108] 郝国锋，王友仁，张砦，等．可重构硬件芯片级故障定位与自主修复方法[J]．

电子学报, 2012, 40(2): 384-388.
[109] 张砦, 王友仁. 基于可靠性分析的胚胎硬件容错策略选择方法[J]. 系统工程理论与实践, 2013, 33(1): 236-242.
[110] ZHANG Z, WANG Y R. Method to self-repairing reconfiguration strategy selection of embryonic cellular array on reliability analysis[C]//2014 NASA/ESA Conference on Adaptive Hardware and Systems (AHS). July 14-17, 2014, Leicester, UK. IEEE, 2014: 225-232.
[111] 张砦, 王友仁. 基于可靠性优化的芯片自愈型硬件细胞阵列布局方法[J]. 航空学报, 2014, 35(12): 3392-3402.
[112] 张砦, 王友仁. 应用设计过程的胚胎硬件细胞单元粒度优化方法[J]. 航空学报, 2016, 37(11): 3502-3511.
[113] 李廷鹏. 基于总线结构的仿生自修复技术研究[D]. 长沙: 国防科学技术大学, 2012.
[114] 王南天. 胚胎型仿生自修复硬件设计关键技术研究[D]. 长沙: 国防科学技术大学, 2016.
[115] 卓清琪. 基于膜计算理论的仿生电子阵列自组织与自修复方法研究[D]. 长沙: 国防科学技术大学, 2016.
[116] 马啸. 基于任务图分割与膜计算的仿生阵列自组织方法[D]. 长沙: 国防科学技术大学, 2016.
[117] 吕启. 仿生自组织计算阵列体系结构关键技术研究[D]. 长沙: 国防科学技术大学, 2011.
[118] XU J Q, DOU Y, LV Q, et al. Etissue: A bio-inspired match-based reconfigurable hardware architecture supporting hierarchical self-healing and self-evolution[C]//2011 NASA/ESA Conference on Adaptive Hardware and Systems (AHS). June 6-9, 2011, San Diego, CA, USA. IEEE, 2011: 311-318.
[119] WANG N T, LI Y, YU Z Y, et al. Online test method of FPGA solder joint resistance with low power consumption[J]. Microelectronics reliability, 2015, 55(9/10): 1867-1871.
[120] 尹素. 基于细胞互检测的仿生电子阵列故障检测方法及结构设计[D]. 长沙: 国防科技大学, 2017.
[121] 王南天, 钱彦岭, 李岳, 等. 胚胎型在线自修复 FIR 滤波器研究[J]. 仪器仪表学报, 2012, 33(6): 1385-1391.
[122] 周贵峰. 基于胚胎型细胞电路的 FIR 滤波器仿生自修复技术研究[D]. 长沙: 国防科学技术大学, 2010.
[123] 林坤华. 面向数字信号处理的胚胎阵列研究[D]. 长沙: 国防科学技术大学, 2011.

[124] 朱赛, 蔡金燕, 孟亚峰, 等. 胚胎电子细胞的部分基因循环存储结构[J]. 国防科技大学学报, 2016, 38(1): 78-85.

[125] ZHU S, CAI J Y, MENG Y F. Partial-DNA cyclic memory for bio-inspired electronic cell[J]. Genetic programming and evolvable machines, 2016, 17(2): 83-117.

[126] 蔡金燕, 朱赛, 孟亚峰. 一种新型的仿生电子细胞基因存储结构[J]. 电子学报, 2016, 44(8): 1915-1923.

[127] KUMAR G V, SRIVALLI A. A novel structure of embryonics electronic cell array[C]//2015 International Conference on Signal Processing and Communication Engineering Systems. January 2-3, 2015. Guntur, India. IEEE, 2015: 5-9.

[128] 朱赛, 蔡金燕, 孟亚峰, 等. 基于功能重分化的 LUT 型胚胎电子阵列进化自修复[J]. 微电子学与计算机, 2015, 32(9): 10-17.

[129] 朱赛. 仿生电子系统移除-进化自修复方法研究[D]. 石家庄: 军械工程学院, 2015.

[130] 朱赛, 蔡金燕, 孟亚峰, 等. 具有进化能力的新型胚胎电子自修复系统[J]. 北京理工大学学报, 2015, 35(12): 1297-1302.

[131] 王涛. 总线胚胎电子细胞阵列结构设计与自修复策略研究[D]. 石家庄: 军械工程学院, 2016.

[132] WANG T, CAI J Y, MENG Y F, et al. Design of a bio-inspired embryonic cellular array based on bus structure[J]. Journal of circuits, systems and computers, 2020, 29(6): 2050099.

[133] WANG T, CAI J Y, MENG Y F. A novel embryonics electronic cell array structure based on functional decomposition and circular removal self-repair mechanism[J]. Advances in mechanical engineering, 2017, 9(9): 168781401772008.

[134] 李丹阳, 蔡金燕, 孟亚峰, 等. 一种簇结构的胚胎电子细胞阵列[J]. 兵工学报, 2018, 39(3): 537-552.

[135] 李丹阳. 胚胎电子细胞阵列结构与故障检测方法研究[D]. 石家庄: 陆军工程大学, 2017.

[136] 王涛, 蔡金燕, 孟亚峰. 一种基于 LUT 和二模冗余的胚胎数字电路故障检测方法[J]. 微电子学与计算机, 2016, 33(7): 102-105.

[137] 李丹阳, 蔡金燕, 孟亚峰, 等. 基于双模冗余的胚胎电子细胞阵列在线故障检测[J]. 北京航空航天大学学报, 2017, 43(6): 1112-1122.

[138] 李丹阳, 蔡金燕, 孟亚峰, 等. 一种新的胚胎电子细胞阵列测试结构[J]. 北京航空航天大学学报, 2018, 44(2): 349-362.

[139] 李丹阳, 蔡金燕, 孟亚峰, 等. 基因循环存储模块的 SEU 自检[J]. 半导体技术, 2016, 41(4): 312-318.

[140] 王博, 孟亚峰. 胚胎电子细胞剩余码/berger 码联合编码自检方法[J]. 北京航空航天大学学报, 2021, 47(4): 875-884.

[141] 王博. 胚胎电路自检测与基因压缩关键技术研究[D]. 石家庄: 陆军工程大学, 2018.

[142] 朱赛, 蔡金燕, 孟亚峰, 等. 具有故障细胞的胚胎电子阵列上目标电路评估[J]. 兵工学报, 2016, 37(11): 2120-2127.

[143] 朱赛, 蔡金燕, 孟亚峰, 等. 胚胎电子细胞中基因备份数目优选方法[J]. 北京航空航天大学学报, 2016, 42(2): 328-336.

[144] 朱赛, 蔡金燕, 孟亚峰, 等. 用于胚胎电子阵列的实验系统[J]. 电光与控制, 2015, 22(4): 70-74.

[145] 孟繁卿. 一种开关盒外置的胚胎硬件结构及 EDA 软件设计[D]. 石家庄: 陆军工程大学, 2017.

[146] 张子惠. 数字电路仿生自修复方法研究[D]. 哈尔滨: 哈尔滨工业大学, 2014.

[147] 俞洋, 王鹤潼, 滕跃. 仿生自修复电路中基本逻辑单元设计[J]. 电子测量技术, 2016, 39(11): 11-15.

[148] 滕跃. 面向胚胎型仿生硬件的电路划分算法研究[D]. 哈尔滨: 哈尔滨工业大学, 2016.

[149] 肖艺, 鲁华祥, 陈刚, 等. 基于仿生学的多层自适应容错重构阵列研究[J]. 仪器仪表学报, 2016, 37(2): 437-445.

[150] 李春洋. 基于多态系统理论的可靠性分析与优化设计方法研究[D]. 长沙: 国防科学技术大学, 2010.

[151] 潘刚, 尚朝轩, 蔡金燕, 等. 基于 Semi-Markov 模型的多态系统不完全维修决策[J]. 航空学报, 2017, 38(2): 320192.

[152] LISNIANSKI A, LEVITIN G. Multi-state system reliability: assessment, optimization andapplications[M]. Singapore: World Scientific, 2003.

[153] LISNIANSKI A, FRENKEL I, DING Y. Multi-state system reliability analysis and optimization for engineers and industrial managers[M]. London: Springer, 2010.

[154] HILDER J A, WALKER J A, TYRRELL A M. Optimising variability tolerant standard cell libraries[C]//2009 IEEE Congress on Evolutionary Computation. May 18-21, 2009, Trondheim, Norway. IEEE, 2009: 2273-2280.

[155] 林勇, 罗文坚, 钱海, 等. n×n 阵列胚胎电子系统应用中的优化设计问题分析[J]. 中国科学技术大学学报, 2007, 37(2): 171-176.

[156] ORTEGA-SANCHEZ C, TYRRELL A, MANGE D, et al. Reliability analysis of a self-repairing embryonic machine[C]//Proceedings of the 26th Euromicro Conference. EUROMICRO 2000. Informatics: Inventing the Future. September 5-7, 2000, Maastricht, Netherlands. IEEE, 2000: 356-361.

[157] 刘慧，朱明程. 仿生容错系统的可靠性分析[J]. 半导体技术，2003，28(2)：36-40.

[158] STORN R, PRICE K. Differential evolution-A simple and efficient heuristic for global optimization over continuous spaces[J]. Journal of global optimization, 1997, 11(4): 341-359.

[159] KURUP D G, HIMDI M, RYDBERG A. Synthesis of uniform amplitude unequally spaced antenna arrays using the differential evolution algorithm[J]. IEEE transactions on antennas and propagation, 2003, 51(9): 2210-2217.

[160] 官伯林，贾建援，朱应敏. 基于自适应差分进化算法的三轴光电跟踪策略[J]. 机械工程学报，2012，48(10)：14-22.

[161] 张锟，徐青，王一凡，等. 自适应差分进化算法在边坡滑面搜索中的应用[J]. 岩土力学，2017，38(5)：1503-1509.

[162] 杜正聪，冯大海. 自适应差分演化粒子滤波器[J]. 电路与系统学报，2013，18(2)：79-85.

[163] KU J H, CAI Z H, ZHENG B, et al. The research of self-adaptive differential evolution algorithm with opposition-based mechanisms[J]. Applied mechanics and materials, 2014, 543/544/545/546/547: 1706-1710.

[164] DE CASTRO L N, VON ZUBEN F J. Learning and optimization using the clonal selection principle[J]. IEEE transactions on evolutionary computation, 2002, 6(3): 239-251.

[165] 焦李成，杜海峰. 人工免疫系统进展与展望[J]. 电子学报，2003，31(10)：1540-1548.

[166] 张著洪，陶娟. 求解非线性区间数规划的微免疫优化算法研究[J]. 计算机研究与发展，2014，51(12)：2633-2643.

[167] LI L J, LIN Q Z, LIU S B, et al. A novel multi-objective immune algorithm with a decomposition - based clonal selection [J]. Applied soft computing, 2019, 81: 105490.

[168] PARPINELLI R S, BENITEZ C M V, LOPES H S. Parallel approaches for the artificial bee colony algorithm[C]// Handbook of Swarm Intelligence, 2011,8(1):329-345.

[169] 戚玉涛，刘芳，焦李成. 基于分布式人工免疫算法的数值优化[J]. 电子学报，2009，37(7)：1554-1561.

[170] 孙学刚，负超，崔一辉. 改进免疫算法在函数优化中的应用[J]. 北京航空航天大学学报，2010，36(10)：1180-1183.

[171] 赵辉，李牧东，翁兴伟. 分布式人工蜂群免疫算法求解函数优化问题[J]. 控制与决策，2015，30(7)：1181-1188.

[172] 舒万能. 人工免疫算法的优化及其关键问题研究[D]. 武汉：武汉大学, 2013.

[173] 孙宁. 人工免疫优化算法及其应用研究[D]. 哈尔滨：哈尔滨工业大学, 2006.

[174] CHELLAPILLA K. Combining mutation operators in evolutionary programming[J]. IEEE transactions on evolutionary computation, 1998, 2(3)：91-96.

[175] 彭坤, 果琳丽, 向开恒, 等. 基于混合法的月球软着陆轨迹优化[J]. 北京航空航天大学学报, 2014, 40(7)：910-915.

[176] CUI L R, WU B. Extended Phase-type models for multistate competing risk systems [J]. Reliability engineering & system safety, 2019, 181：1-16.

[177] 胡宇驰. 应用马尔科夫状态图法进行可靠性评估[J]. 电子科技大学学报, 2001, 30(2)：175-180.

[178] 宋月, 刘三阳, 冯海林. 相邻 k-out-of-n：F 多状态可修系统的可靠性分析[J]. 系统工程与电子技术, 2006, 28(2)：310-312.

[177] 翟庆庆, 杨军, 彭锐, 等. 基于多值决策图的温储备系统可靠性建模方法[J]. 北京航空航天大学学报, 2016, 42(3)：459-464.

[180] AMARI S V, PHAM H, MISRA R B. Reliability characteristics of k-out-of-n warm standby systems[J]. IEEE transactions on reliability, 2012, 61(4)：1007-1018.

[181] 彭江艳, 何平. 温储备可修系统在两种开关模式下的可靠性[J]. 西南交通大学学报, 2003, 38(3)：253-257.

[182] LI X H, YAN R F, ZUO M J. Evaluating a warm standby system with components having proportional hazard rates[J]. Operations research letters, 2009, 37(1)：56-60.

[183] AMARI S V, DILL G. Redundancy optimization problem with warm-standby redundancy[C]//2010 Proceedings - Annual Reliability and Maintainability Symposium (RAMS). January 25-28, 2010, San Jose, CA, USA. IEEE, 2010：1-6.

[184] AKHTAR S. Reliability of k-out-of-n：G systems with imperfect fault-coverage [J]. IEEE transactions on reliability, 1994, 43(1)：101-106.

[185] AMARI S V, PHAM H, DILL G. Optimal design of k-out-of-n：G subsystems subjected to imperfect fault-coverage[J]. IEEE transactions on reliability, 2004, 53(4)：567-575.

[186] SHE J, PECHT M G. Reliability of a k-out-of-n warm-standby system[J]. IEEE transactions on reliability, 1992, 41(1)：72-75

[187] LIU Y, HUANG H Z. Optimal replacement policy for multi-state system under imperfect maintenance[J]. IEEE transactions on reliability, 2010, 59(3)：483-495.

[188] SHEU S H, ZHANG Z G. An optimal age replacement policy for multi-state systems [J]. IEEE transactions on reliability, 2013, 62(3)：722-735.

[189] LIU Y W, KAPUR K C. Customer's cumulative experience measures for reliability

of non-repairable aging multi-state systems[J]. Quality technology & quantitative management, 2007, 4(2): 225-234.

[190] AVEN T, JENSEN U. Stochastic Models in Reliability[M]. Cham: Springer New York, 2013.

[191] 王涛, 蔡金燕, 孟亚峰, 等. 基于多态系统的总线胚胎电子阵列可靠性分析[J]. 北京航空航天大学学报, 2018, 44(3): 593-604.

[192] 王涛, 蔡金燕, 孟亚峰, 等. 胚胎电子细胞阵列中空闲细胞的配置[J]. 航空学报, 2017, 38(4): 320266.